·重金属污染防治丛书·

锑的环境地球化学过程

何孟常 等 著

科学出版社

北 京

内 容 简 介

锑已经成为全球性的新兴污染物。环境中锑污染、锑环境地球化学过程及效应等，近年来引起学术界的重视。针对中国特色矿产锑矿资源开采利用过程中产生的锑污染问题，本书系统总结含锑矿物淋溶释放、环境中黏土矿物、铁锰氧化物对锑的吸附，以及铁锰氧化物和水胶体介导下的锑的氧化过程和机理，包括3篇。第1章绪论简要介绍锑的基本特性、国内外研究进展；第1篇包括第2～5章，主要总结硫化锑、氧化锑、天然含锑矿物和刹车片中锑的溶解释放特征；第2篇包括第6～8章，重点论述典型矿物（高岭土、膨润土、氧化钛、铁氧化物）对锑的吸附过程和机理，以及混凝法对锑的去除效果和机理；第3篇包括第9～16章，重点总结铁锰氧化物及水胶体介导的锑氧化动力学过程和机理。

本书可供高等院校和科研院所从事重金属污染过程及元素环境地球化学研究人员及学生参考，也可供从事锑污染防治与矿山修复治理工程技术人员阅读参考。

图书在版编目（CIP）数据

锑的环境地球化学过程/何孟常等著. —北京：科学出版社，2024.6
（重金属污染防治丛书）
ISBN 978-7-03-078533-6

Ⅰ.① 锑… Ⅱ.① 何… Ⅲ.① 锑-环境化学-地球化学-研究
Ⅳ.① X131.3

中国国家版本馆 CIP 数据核字（2024）第 099738 号

责任编辑：徐雁秋 刘 畅/责任校对：高 嵘
责任印制：彭 超/封面设计：苏 波

科学出版社 出版
北京东黄城根北街 16 号
邮政编码：100717
http://www.sciencep.com

武汉精一佳印刷有限公司印刷
科学出版社发行 各地新华书店经销
*

开本：787×1092 1/16
2024 年 6 月第 一 版 印张：21
2024 年 6 月第一次印刷 字数：536 000
定价：299.00 元
（如有印装质量问题，我社负责调换）

《锑的环境地球化学过程》撰写组

何孟常　　席建红　　胡星云

孔令昊　　王向琴　　吴智君

杨海琳　　王　颖　　王雯婷

《重金属污染防治》丛书序

重金属污染具有长期性、累积性、潜伏性和不可逆性等特点,严重威胁生态环境和群众健康,治理难度大、成本高。长期以来,重金属污染防治是我国环保领域的重要任务之一。2009 年,国务院办公厅转发了环境保护部等部门《关于加强重金属污染防治工作的指导意见》,标志着重金属污染防治上升成为国家层面推动的重要环保工作。2011 年,《重金属污染综合防治"十二五"规划》发布实施,有力推动了重金属的污染防治工作。2013 年以来,习近平总书记多次就重金属污染防治做出重要批示。2022 年,《关于进一步加强重金属污染防控的意见》提出要进一步从重点重金属污染物、重点行业、重点区域三个层面开展重金属污染防控。

近年来,我国科技工作者在重金属防治领域取得了一系列理论、技术和工程化成果,社会、环境和经济效益显著,为我国重金属污染防治工作起到了重要的科技支撑作用。但同时应该看到,重金属环境污染风险隐患依然突出,重金属污染防治仍任重道远。未来特征污染物防治工作将转入深水区。一方面,环境法规和标准日益严苛,重金属污染面临深度治理难题。另一方面,处理对象转向更为新型、更为复杂、更难处理的复合型污染物。重金属污染防治学科基础与科学认知能力尚待系统深化,重金属与人体健康风险关系研究刚刚起步,标准规范与管理决策仍需有力的科学支撑。我国重金属污染防治的科技支撑能力亟需加强。

为推动我国重金属污染防治及相关领域的发展,组建了"重金属污染防治丛书"编委会,各分册主编来自中南大学、广州大学、浙江工业大学、中国地质大学(北京)、北京师范大学、山东大学、昆明理工大学、南京大学、东华理工大学、华中农业大学、华北电力大学、同济大学、武汉科技大学等高校和生态环境部华南环境科学研究所(生态环境部生态环境应急研究所)、中国科学院地球化学研究所、中国科学院生态环境研究中心、广东省科学院生态环境与土壤研究所、中国科学院过程工程研究所等科研院所,都是重金属污染防治相关领域的领军人才和知名学者。

丛书分为八个版块,主要包括前沿进展、多介质协同基础理论、水/土/气/固多介质中重金属污染防治技术及应用、毒理健康及放射性核素污染防治等。各分册介绍了相关主题下的重金属污染防治原理、方法、应用及工程化案例,介绍了一系列理论性强、创新性强、关注度高的科技成果。丛书内容系统全面、案例丰富、图文并茂，反映了当前重金属污染防治的最新科研成果和技术水平，有助于相关领域读者了解基本知识及最新进展，对科学研究、技术应用和管理决策均具有重要指导意义。丛书亦可作为高校和科研院所研究生的教材及参考书。

丛书是重金属污染防治领域的集大成之作，各分册及章节由不同作者撰写，在体例和陈述方式上不尽一致但各有千秋。丛书中引用了大量的文献资料，并列入了参考文献，部分做了取舍、补充或变动，对于没有说明之处，敬请作者或原资料引用者谅解，在此表示衷心的感谢。丛书中疏漏之处在所难免，敬请读者批评指正。

柴立元

中国工程院院士

前　言

锑是中国特色矿产资源，也是我国八大有色金属之一，储量和产量均为世界之最。锑矿采选、冶炼活动会带来严重的锑污染问题，近年我国锑污染事故频发。锑已成为全球性新兴污染物。锑与砷虽属同一主族元素，但锑的溶液化学特性更复杂，增加了研究难度。与其他元素相比，锑的研究基础也相当薄弱。

针对我国锑资源丰富、锑矿开采和使用量大的情况，考虑到锑的潜在危害性，我们团队从20世纪80年代末率先开启环境中锑污染研究，在多项国家自然科学基金和其他项目连续资助下，通过现场调查、原位观测、模拟试验、模型方法、量子计算、同步辐射等多学科先进方法和技术手段，历经20余年潜心研究，围绕锑"污染成因、形成机制、赋存状态、界面过程"等核心科学问题进行了系统研究，取得了系列原创性成果。团队具体开展了含锑矿物淋溶释放动力学过程和机理研究、典型矿物对锑的吸附过程和机理研究、铁锰及天然水胶体介导的锑氧化动力学过程和机理研究等，旨在揭示含锑矿物淋溶、溶解机理、锑的吸附分配规律和氧化动力学过程。项目团队也发展成为国内外从事锑污染研究具有影响力的队伍，推动并引领锑元素环境地球化学研究。

本书系统总结所取得的研究成果，这对锑矿区锑污染特征和区域环境地球化学过程形成完整系统化的认知、解释区域锑污染过程和途径具有重要的理论意义，也为进一步认识锑的环境地球化学循环提供基础数据，可为我国锑矿区重金属污染防控提供理论支持，对解释区域锑的地球化学异常、促进绿色矿山可持续快速发展具有重要的理论意义和应用价值。

本书研究成果得到多项国家自然科学基金项目（42030706、21677014、41273105、21177011、40873077、20777009、29977002）支持，多位博士生和硕士生参与研究工作，一并表示感谢。

本书可能存在疏漏，敬请读者们指正。

何孟常

2023 年 12 月

目　　录

第1章 绪 论

1.1 锑及其化合物概述

1.1.1 锑的基本性质

锑（antimony，Sb），原子序数为 51，是一种带有银色光泽的灰色金属，性脆易碎，无延展性，其莫氏硬度为 3，密度为 6.692 g/cm^3（20 ℃），熔点为 630.5 ℃，沸点为 1 590 ℃。锑有灰锑、黑锑、黄锑和爆锑 4 种同素异形体，常温下只有灰锑稳定。锑在地壳中的丰度估计为 0.2～0.5 ppm[①]。尽管这种元素并不丰富，但它依然在超过一百种矿物中存在。虽然自然界中有一些锑单质存在，但多数锑依然存在于它最主要的矿石——辉锑矿（主要成分为 Sb_2S_3）中。

锑的主要价态为−3、0、+3 和+5。它是一种常温下较稳定的金属，即使加热至 100～250 ℃也不会被氧化。当超过熔点时，Sb 会燃烧生成 Sb_2O_3，加热到 700～800 ℃的熔融 Sb 会分解 H_2O 分子产生氢。Sb 不溶于水、稀盐酸和浓氢氟酸，而溶于浓盐酸、浓硫酸和浓硝酸。常温下 Sb 与卤族元素激烈反应，生成相应的卤化物。三价锑的标准电极电位为+0.1 V，其电化当量为 1.514 g/（A·h）。锑有两种稳定同位素（^{121}Sb 和 ^{123}Sb），^{121}Sb 的自然丰度为 57.36%，^{123}Sb 的自然丰度为 42.64%。Sb 还有 35 种放射性同位素，其中 ^{125}Sb 的半衰期最长为 2.75 年。此外，目前已发现 29 种亚稳态 Sb。其中最稳定的是 ^{124}Sb，半衰期为 60.20 天，它可以用作中子源。比稳定同位素 ^{123}Sb 轻的同位素倾向于发生 β^+ 衰变，而较重的同位素更易发生 β 衰变。

1.1.2 锑及其化合物的应用

金属锑除用于电镀外，很少单独使用，但多以其他金属为基体配成各种各样的合金。锑及其化合物主要用于生产阻燃剂、电池中的合金材料、滑动轴承和焊接剂、刹车片中的摩擦材料及聚酯切片材料合成中的稳定剂和催化剂等。

（1）阻燃剂：锑的氧化物——三氧化二锑（Sb_2O_3）可用于制造耐火材料，是目前工业上锑的最主要用途。Sb_2O_3 几乎总是与卤化物阻燃剂一起使用。Sb_2O_3 形成锑的卤化物的过程可以减缓燃烧，这些化合物与氢原子、氧原子和羟基自由基反应，最终使火熄灭（Hastie，1973），这是它具有阻燃效应的原因。商业中这些阻燃剂被广泛应用于儿童服装、玩具、飞机和汽车座套的生产。Sb_2O_3 也用作玻璃纤维复合材料（俗称玻璃钢）工业中聚酯树脂的添加剂，例如轻型飞机的发动机盖（Grund et al.，2000）。

---

① 1 ppm＝10^{-6}

（2）合金：锑能与铅形成用途广泛的合金，这种合金的硬度和机械强度相比于锑均有所提高。在铅酸电池中，添加锑可极大改变电极性质，并能减少放电时副产物氢气的生成（Grund et al.，2000）。锑也用于减摩合金（如巴比特合金）、子弹、铅弹、网线外套、铅字合金、焊料、铅锡锑合金及硬化制作管风琴的含锡较少的合金（Holmyard，2008）。

（3）刹车片：刹车片材料的耐磨和耐热性能十分重要。摩擦性能调节剂是一类添加到摩擦材料中能改进摩擦系数和磨损率的物质，它对摩擦材料的摩擦特性影响很大。三硫化二锑（Sb_2S_3）是一种重要的摩擦性能调节剂。例如，刹车片中通常会添加 3%左右的 Sb_2S_3 来改善其摩擦性能。

（4）催化剂：聚酯纤维是合成纤维的第一大品种，由聚酯纤维制作的服装具有舒适、挺括、易洗快干等特点。聚酯还广泛地用作包装、工业丝及工程塑料等的原料。聚酯的生产从工艺路线上可分为对苯二甲酸二甲酯路线和对苯二甲酸路线，缩聚反应是聚酯生产过程的关键步骤，无论采用哪种生产工艺路线，缩聚反应都需要用金属化合物作为催化剂。采用对苯二甲酸二甲酯和乙二醇可合成聚对苯二甲酸乙二醇酯（PET），这种聚合物可通过熔体纺丝制得性能优良的纤维。锑系催化剂与其他催化剂相比，具有活性适中、副反应少且价格较低的优点，因此在聚酯工业中被广泛使用。目前，90%以上的聚酯装置采用锑系化合物作为催化剂。其中，使用最为普遍的锑系催化剂是乙二醇锑（$Sb_2(OCH_2CH_2CO)_3$）、乙酸锑（$Sb(CH_3COO)_3$）和三氧化二锑（Sb_2O_3）。目前聚酯行业锑系催化剂的添加量为 185～300 mg/kg。

（4）其他应用：锑还可用于去除玻璃中气泡的澄清剂、颜料、n-型硅晶圆掺杂剂、中红外探测仪原材料（锑化铟）、抗原虫剂（酒石酸锑钾）、兽医药剂、安全火柴（Sb_2S_3）、中子源（^{124}Sb）等。

1.1.3　主要含锑矿物

目前，在地壳中已发现的含锑矿物达 120 多种，主要以 4 种形式存在：①自然化合物与金属互化物，如自然锑矿、锑铜矿、锑金矿等；②硫化物及硫盐类，如辉锑矿、辉锑银铅矿、辉锑铁矿、硫锑铁矿、黝铜矿、脆硫锑铅矿、斜硫汞锑矿等；③氧化物，如方锑矿、锑华、黄锑华等；④卤化物或含卤化物，如氯氧锑铅矿等（Anderson，2012）。但具有工业利用价值的锑含量（质量分数，下同）在 20%以上的锑矿物仅有 10 种，即辉锑矿（含 Sb 71.4%）、方锑矿（含 Sb 83.3%）、锑华（含 Sb 83.3%）、锑赭石（含 Sb 74%～79%）、黄锑华（含 Sb 74.5%）、硫氧锑矿（含 Sb 75.2%）、自然锑（含 Sb 100%）、硫汞锑矿（含 Sb 51.6%）、脆硫锑铅矿（含 Sb 35.5%）和黝铜矿（含 Sb 25%）。

1.2　含锑矿物的淋溶释放

1.2.1　矿物溶解的理论基础

金属矿床是地球上金属的重要富集体之一，其所含金属向水体的迁移必须经由溶解作用过程和水的参与，因此金属矿物的溶解作用是金属进入水环境的一个重要途径。在自然条件下，大部分矿物的溶解速率是相当慢的，矿物溶解速率决定了环境中矿物的移动性和寿命（Ashley et al.，2003）。Stumm（1997）等科学家提出了许多概念和数学模型来预测氧化物、硫化物、碳酸盐和硅酸盐等矿物溶解速率，还根据反应机理建立了朗缪尔（Langmuir）吸附模型和表面络合模型（surface complexation model，SCM）（White et al.，1994；Bruno et al.，1991；Nicholson et al.，1988）。无论是氧化物矿物还是硫化物矿物，大量实验数据和数学模型的模拟结果均表明，质子和配体促进矿物溶解的过程是矿物风化的关键过程（Biber et al.，1994；Furrer et al.，1986），现重点介绍质子和配体促进矿物溶解的理论基础。相关数学模型最初是根据金属氧化物矿物表面反应推导而来的，但也同样适用于金属硫化物矿物的情况，因为已经有研究证实了硫化物在矿物表面形成两性的羟基官能团的方式与氧化物一样（Davis et al.，1995；Rönngren et al.，1991；Park et al.，1987）。下面仅以氧化物矿物为例进行具体介绍。

1. 质子促进矿物溶解

Stumm（1997）认为由 pH 引起的矿物表面电荷的改变是影响矿物溶解的一个重要因素，当反应体系处于矿物零电点（point of zero charge，PZC）的 pH 时，溶解速率最小，而当反应体系的 pH 高于或低于矿物零电点时，矿物的溶解速率均有所提高。Wieland 等（1988）根据不同的等温方程式建立了质子促进矿物溶解的数学模型。

根据弗罗因德利希（Freundlich）等温式，金属氧化物质子化活性位点 $\{\equiv MOH_2^+\}$ 的浓度为

$$\{\equiv MOH_2^+\} = \frac{K_F}{[H^+]_{ZPC}^m}[H^+]^m \tag{1.1}$$

则有

$$[H^+] = \frac{[H^+]_{ZPC}}{K_F^{\frac{1}{m}}}\{\equiv MOH_2^+\}^{\frac{1}{m}} \tag{1.2}$$

式中：M 为金属元素；m 为吸附顺序数；K_F 为弗罗因德利希常数；ZPC 为零电点。受 pH 变化影响的溶解速率方程为

$$R_H = K_H[H^+]^n \tag{1.3}$$

式中：R_H 为质子化速率；K_H 为质子化速率常数；n 为反应级数。

将上述[H⁺]代入式（1.3），且进一步将 $\frac{[H^+]_{ZPC}^n}{K_F^{\frac{n}{m}}} \cdot K_H$ 表示为 k_H'，则式（1.3）可简化为

$$R_H = \frac{[H^+]_{ZPC}}{K_F^{\frac{n}{m}}} \cdot \{\equiv MOH_2^+\}^{\frac{n}{m}} \cdot K_H = k_H'\{\equiv MOH_2^+\}^i \tag{1.4}$$

式中：$i=n/m$，为中心金属离子在晶格结构中的氧化态，是整数值。该值在 Al(III)、Fe(III)、Mg(II)、Be(II) 和 Si(IV) 的研究中得到确认（Furrer et al.，1986）。

上述数学模型可以用图 1.1 中金属氧化物质子化反应式表示。

上述过程中，氧化物矿物表面的羟基质子化分 4 步，前 3 步是快速发生且可逆的过程，第 4 步是 H_2O 亲核攻击金属配合物中的金属离子而使金属离子与氧化物矿物表面分

离，产生新的表面层，从而进行新一轮的质子化，这一过程是缓慢发生的，是整个溶解过程的限速步骤。

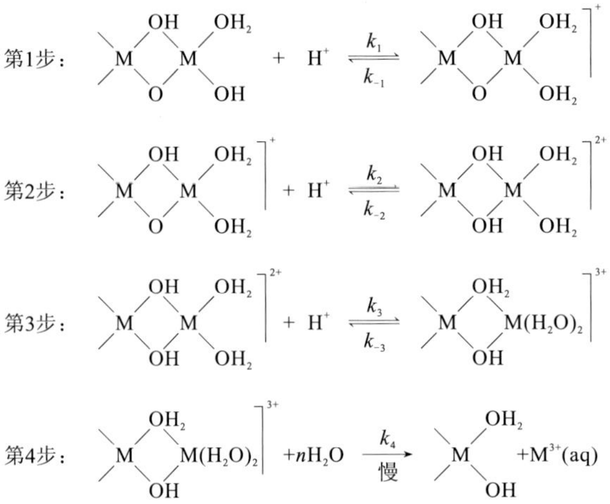

图 1.1 质子促进三价金属氧化物溶解的 4 步反应机制

M 为金属元素，$k_1 \sim k_4$ 为反应速率常数，$k_{-1} \sim k_{-3}$ 为第 1~3 步逆反应的速率常数，引自 Furrer 等（1986）

根据 Langmuir-Freundlich 等温方程[式（1.5）]，建立质子化促进矿物溶解的动力学模型。

$$n_i = \frac{b(Kc_i)^\beta}{1+(Kc_i)^\beta} \tag{1.5}$$

式中：n_i 为单位质量或表面积的吸附量；c_i 为表面额外物质的浓度；b 为一个容量参数；K 为 Langmuir 吸附常数；β 为 Freundlich 吸附指数。

在矿物表面吸附物质浓度极低的情况下，即 $c_i \ll 1$ 时，且进一步将 bK^β 表示为 A，则式（1.5）简化为

$$n_i \approx Ac_i^\beta \tag{1.6}$$

将上述理论应用到质子化的模型中，得

$$\{=MOH_2^+\} = A[H^+]^\beta \tag{1.7}$$

即质子化活性位点的浓度与[H$^+$]的 β 次方成一定比例。

假设反应速率（R_H）与质子化活性位点（$\{=MOH_2^+\}$）的浓度的某一指数值 m 成比例，则有

$$R_H = k\{=MOH_2^+\}^m = kA[H^+]^{m\beta} = k'[H^+]^{m\beta} \tag{1.8}$$

矿物溶解速率最终成为[H$^+$]分数幂函数。

2. 配体促进矿物溶解

自然环境中存在丰富的天然有机质（natural organic matter，NOM），通过分子结构中的各种配体与矿物发生相互作用，在矿物-水界面促进或者抑制矿物的溶解（Ludwig et al.，1995），影响矿物在水环境中的迁移性。研究表明，NOM 中占比较大的低分子量有机酸（low-molecular-weight organic acid，LMWOA）在矿物风化过程中起很大作用。它们对矿物溶解的促进或者抑制主要取决于配体的类型、结构、含量、溶解体系的酸碱度等。例如，草酸、邻苯二酚、水杨酸分子中的配体与矿物表面金属中心形成 5 原子或者 6 原子单齿螯合环配合物，通常对氧化物矿物的溶解表现出促进作用；无机磷酸盐、

砷酸盐、硼酸盐、硫酸盐、铬酸盐等分子中的配体与矿物表面金属中心形成多核的表面配合物，通常对矿物的溶解表现出抑制作用；具有丰富疏水基团配位的长链羧酸，由于阻塞了矿物表面的大部分区域，通常对矿物溶解表现出抑制作用；与矿物表面金属离子形成单原子螯合配体的苯甲酸酯，对矿物的溶解无影响；腐殖酸既可以促进也可以抑制矿物的溶解，主要取决于不同来源的腐殖酸分子结构中的主要官能团、配体的类别和含量（He，2007；Martínez et al.，2004；Ravichandran et al.，1998）。另外，配体对矿物溶解的影响通常与 pH 有关。例如，磷酸盐、砷酸盐和亚硒酸盐在 pH<5 时促进针铁矿溶解，pH>5 时抑制其溶解（Bondietti et al.，1993）；表面螯合物在低 pH 时通过一定程度的质子化转化成单原子螯合配体，对矿物的溶解促进作用消失（Furrer et al.，1986）。

关于 NOM 促进矿物溶解的机制，大量研究表明关键过程是配体（ligand，L）通过与矿物表面金属离子（M）的交换，形成表面配合物（M-L），这些配合物会加速或抑制金属离子从矿物表面的释放。在配体存在的矿物溶解体系中，质子和配体共同影响矿物的溶解，实际的溶解速率是质子与配体共同作用下矿物溶解速率的叠加（Debela et al.，2010；Biber et al.，1994；Furrer et al.，1986）。

配体作用下的溶解速率 R_L 和表面配合物的浓度成比例，如下：

$$R_L = k\{\text{M-L}\} \tag{1.9}$$

由于 M-L 配合物的浓度与液相中配体 L 的浓度呈非线性的关系，R_L 可用一个非整数的反应级数表示为[L]的函数，即

$$R_L = k[\text{L}]^{\beta} \tag{1.10}$$

R_L 有时也与 H^+ 浓度有关，当一种表面螯合物的极化效应不足以使螯合物分离时，必须吸附额外的质子来降低反应活化能，二者协同作用促进矿物溶解（Furrer et al.，1986）。以草酸氢盐与三价金属离子的配合作用为例，图 1.2 说明配体促进矿物溶解的机制。

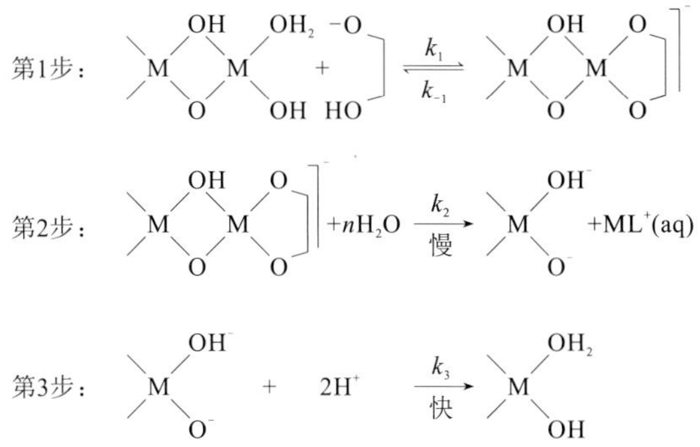

图 1.2　配体促进三价金属氧化物溶解的机制 1

M 为金属元素，$k_1 \sim k_3$ 为反应速率常数，引自 Furrer 等（1986）

第 1 步反应是金属离子水合物与有机配体形成整体带负电荷的表面螯合物，这是一个快速且可逆的过程。第 2 步是水分子亲核攻击表面螯合物使其脱离矿物表面，产生络合形态的金属离子，并暴露出新的金属离子表面层，这是一个缓慢的过程，是整个矿物溶解过程的限速步骤。第 3 步是新表面层的质子化，随后进行新一轮的配合反应。

另有一种反应机制认为，上述步骤 1 中的表面螯合物一旦形成，会首先经历一个快速的质子化过程，形成电中性的表面螯合物，之后才是受水分子进攻而脱离矿物表面。具体过程见图 1.3。

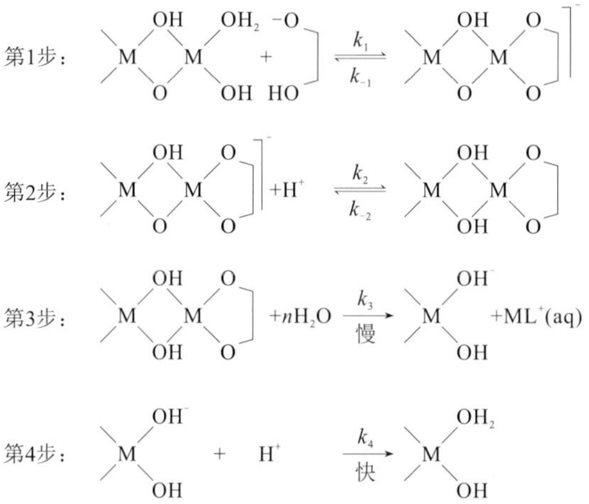

图 1.3　配体促进三价金属氧化物溶解的机制 2

M 为金属元素，$k_1 \sim k_4$ 和 $k_{-1} \sim k_{-2}$ 为反应速率常数，引自 Furrer 等（1986）

3. 光照促进矿物溶解

大部分金属矿物具有半导体性质（Xu et al.，2000），当能量等于或大于能隙（即 $h\nu \geqslant E_g$）的光照射到半导体上时，半导体粒子吸收光被激发产生光生电子-空穴对，处于激发态的电子-空穴对又能重新合并，使光能以热能或其他形式散发。当反应体系中有合适的俘获剂或表面陷阱态存在时，电子-空穴对的重新合并得到抑制，催化剂表面会发生氧化还原反应。由于光生空穴为正电性，易捕获电子而复原，呈现出强氧化性，可以夺取半导体颗粒表面被吸附物质或溶剂中的电子，使原来不吸收光的物质被活化并被氧化，空穴一般与表面吸附的 H_2O 或 OH^- 反应形成具有强氧化性的·OH；光生电子为负电性，呈现出高还原性，电子受体通过接受表面的电子而被还原，表面吸附的氧分子通常与电子反应，是表面羟基的另一来源。上述过程产生的·OH、O_2^- 和·OOH 等都是氧化性很强的活泼自由基，能将矿物溶解过程中释放的低价金属氧化至高价态，打破溶解平衡，进而促进矿物溶解。已有研究表明，光照能促进 As(III)、Mn(II) 和 Sb(III) 的氧化，也能促进铁氧化物和锰氧化物的溶解（Fan et al.，2014；Borer et al.，2009；Yoon et al.，2008；Nico et al.，2002；Waite et al.，1984）。另外，光照条件下 CdS 的溶解证实了半导体矿物的光催化对自身的氧化溶解作用（Davis et al.，1995；Hsieh et al.，1991）。

1.2.2　含锑矿物及产品中锑的溶出

锑的生物地球化学氧化还原过程显著影响其环境归趋。现有研究主要从人为污染角度探究锑在各环境介质中的含量、形态分布及生物有效性，以及在水溶液、土壤和沉积物中的吸附和氧化还原特征（He et al.，2012；Wang et al.，2010；Filella et al.，2009；He，2007），而环境中锑的天然来源、锑矿物的溶解、风化过程、生物地球化学循环鲜有研究。Mitsunobu 等（2010）研究了土壤尾矿中 Sb(V) 还原为 Sb(III)。Majzlan 等（2011）借助电磁脉冲（electromagnetic pulse，EMP）、微束 X 射线衍射（micro-X-ray diffraction，μ-XRD）和透射电镜（transmission electron microscope，TEM）等手段，利用矿物学、地球化学和微生物评价方法，研究了斯洛伐克尾矿中锑和砷的氧化还原转化过程。以往学者针对辉锑矿、锑华、方锑矿和黄锑矿开展了天然源中锑的移动性研究，包括氧化溶解、质子化作用、胶体作用、无机阴离子等对锑溶解动力学的影响（Biver et al.，2013，2012a，2012b）。但是，实际矿物远远比单一矿物复杂，仍有很多科学问题有待解答，例如：①天然锑矿物的溶解特征；②水中溶解性有机质（dissolved organic matter，DOM）对天然锑矿物溶解特征的影响；③锑硫化矿物氧化还原反应的发生机制和电子传递过程；④微生物对天然锑矿物溶解特征的影响；⑤化学-微生物联合作用对天然锑矿物溶解特征的影响。这些问题对揭示锑的地球化学循环、解释区域锑的地球化学异常具有理论意义。

　　锑产品中锑的释放不仅引起环境污染，还会对人体健康产生风险。目前关注较多的是 PET 矿泉水瓶和饮料瓶中锑的溶解释放。现有的研究报道了锑在 PET 瓶中的存在形态、不同国家 PET 瓶中锑含量和溶出量及不同环境因素（如光照和 pH）对 PET 瓶中锑释放的影响（Takahashi et al.，2008；Westerhoff et al.，2008；Shotyk et al.，2006）。

1.2.3　矿物溶解分析技术

　　除从溶液化学得到矿物溶解的动力学规律外，通过多种分析技术对矿物-水界面溶解反应过程产物进行表征也可为反应机理的探究提供有价值的线索。如用能量色散 X 射线谱（X-ray energy dispersive spectrum，EDS）和软 X 射线透射电镜（soft X-ray transmission electron microscopy，STEM）技术识别和定位表面元素分布（Leclere et al.，2022）；X 射线光电子能谱（X-ray photoelectron spectroscopy，XPS）、电子能量损失能谱（electron energy loss spectroscopy，EELS）和 X 射线光电子发射显微术（X-ray photoemission electron microscopy，X-PEEM）等表面敏感光谱技术可以确定元素的氧化态（Gong et al.，2022；Igami et al.，2021）；同步辐射技术[如 X 射线吸收近边结构（X-ray absorption near edge structure，XANES）和扩展 X 射线吸收精细结构（extended X-ray absorption fine structure，EXAFS）]可识别元素周围的原子环境和结合方式，加深对金属在矿物-微生物界面转化的理解，有助于研究自然样品在矿物-微生物界面的转化过程（Karimian et al.，2023；Mo et al.，2021）；分子轨道（molecular orbital，MO）理论计算提供了一种从分子水平上确切地解释反应动力学机理的途径（Kim et al.，2021）；同位素示踪有助于推测反应机理（Strachan et al.，2022；Tichomirowa et al.，2009）。这些技术在研究地球化学循环尺度上矿物与水或者矿物与微生物界面之间的相互作用中将会发挥越来越大的作用。以往学者总结了应用于矿物-微生物界面研究的不同表面分析技术的特点及局限性（表 1.1）（Geesey et al.，2002），这些技术的应用使从分子水平上研究矿物表面的微观结构和化学过程得以实现。

表 1.1　矿物溶解分析技术特点及局限性

技术	特点	空间信息	结构信息	局限性
X 射线衍射（XRD）	矿物学表征	否	是	晶体相
同步 X 射线衍射（Syn-XRD）	原位探测矿物相变	是	是	晶体相
扫描电镜-能量色散 X 射线谱（SEM-EDS）	元素、微生物和固体之间的空间关系；定量分析	是	有限	有限的化学或者矿物学信息
透射电镜（TEM）	高度分辨的元素、微生物和固体之间的空间关系	是	有限	有限的化学或者矿物学信息
高分辨率透射电镜（HR-TEM）	纳米级晶体结构；晶体和微生物结构之间的空间关系	是	是	晶体相
能量过滤透射电镜（EF-TEM）	识别无机相和微生物细胞结构之间的无定型相和晶体相的空间关系	是	是	元素图像
X 射线光电子能谱（XPS）	表面敏感性，氧化态，有机和无机化合物	否	否	表面污染的干扰
X 射线吸收近边结构（XANES）光谱	反映吸收原子周围环境中原子几何配置，而且反映凝聚态物质费米能级附近低能位的电子态的结构	是	是	光束线的可及性
扩展 X 射线吸收精细结构（EXAFS）光谱	物质内部吸收原子周围短程有序的结构状态	是	是	光束线的可及性

注：SEM-EDS（scanning electron microscope-energy dispersive spectrum）为扫描电镜-能量色散 X 射线谱；HR-TEM（high resolution transmission electron microscopy）为高分辨透射电镜；EF-TEM（energy filtered transmission electron microscopy）为能量过滤透射电镜

1.3　锑的吸附特征

天然存在的黏土矿物、氧化物和有机质对重金属的吸附行为是影响环境中重金属污染物分布、迁移转化和生物有效性的重要地球化学过程。

1.3.1　黏土矿物对锑的吸附

锑在黏土矿物表面吸附的研究相当有限。当 Sb(V)的浓度较低时，离子强度对其在高岭土表面的吸附无显著影响，但吸附量随 pH 升高明显减小，介质中 PO_4^{3-} 与 Sb(V)在高岭土表面产生竞争吸附效应（Rakshit et al.，2015；Biver et al.，2011），这可能是因为 PO_4^{3-} 的加入改变了高岭土的表面电荷。Sb(III)和 Sb(V)在高岭土和绿脱石表面的吸附过程极为缓慢，且都形成较为紧密的内圈络合（Ilgen et al.，2011）。Sb(V)在高岭土表面的吸附密度远低于蒙脱土（Biver et al.，2011），第一性原理分子动力学对 Sb(V)在蒙脱土表面吸附的研究表明，在矿物的内层空间 $Sb(OH)_6^-$ 与 Al^{3+}/Fe^{3+} 形成化学键，在矿物边缘则可能是配体交换机理（Zhang et al.，2022）。磷灰石对 Sb(III)有较强的吸附（Leyva et al.，2001），pH 对吸附没有影响，这可能是因为磷灰石表面存在大量的活性位点。当体系中 Sb(III)质量浓度为 0.05～50 mg/L 时，几乎 100%的 Sb(III)在 0.5 h 内被吸附。三水铝石对

Sb(V)吸附较强，且随 pH 升高吸附减弱，表面络合模型认为 Sb(V)与该矿物可能形成单齿双核的内圈络合（Rakshit et al.，2011）。

1.3.2 铁锰氧化物对锑的吸附

早期研究表明 Sb(V)在 α-Fe$_2$O$_3$ 表面的吸附随 pH 升高及温度下降减弱，Sn(IV)对 Sb(V)的吸附有明显的抑制作用（Ambe，1987）。MnOOH、Al(OH)$_3$ 和 FeOOH 对 Sb(III)均有较强的吸附（Thanabalasingam et al.，1990），吸附能力顺序是 MnOOH>Al(OH)$_3$>FeOOH，加入乙酸钠对吸附有明显的抑制作用，随 pH 升高，吸附减弱。

多数研究认为 Sb(V)在针铁矿表面的吸附受 pH 影响显著，且在酸性条件下达吸附最大值，而 Sb(III)的吸附则对 pH 变化不敏感（Leuz et al.，2006），离子强度对 Sb(V)在针铁矿表面的吸附只在 pH>6 时较为显著。Sb(III)在针铁矿表面的吸附极快，且符合 Langmuir 及 Freundlich 等温方程式，15 min 可达最大吸附，而 Sb(V)的吸附相当缓慢，平衡时间需要 7 天（Leuz et al.，2006；Watkins et al.，2006）。很多研究认为矿物表面吸附的 Sb(III)部分会被氧化为 Sb(V)，进而解吸进入液相中。吸附在不定形 Fe(OH)$_3$ 表面的 Sb(III)在一天之内有 40%被氧化为 Sb(V)，7 天后超过 99%的 Sb(III)被氧化（Belzile et al.，2001）。氧气存在下，针铁矿表面吸附的 Sb(III)被快速地氧化为 Sb(V)（Leuz et al.，2006）。与针铁矿不同，绿锈对 Sb(V)具有很高的亲和力，而且能将吸附在表面的 Sb(V)还原为 Sb(III)（Mitsunobu et al.，2008）。Sb(V)在铁氧化物和 Fe(OH)$_3$ 表面 pH-吸附曲线与在针铁矿表面的类似（McComb et al.，2007；Tighe et al.，2005），傅里叶衰减全反射红外光谱（attenuated total reflectance-infrared spectroscopy，ATR-IR）结果表明 Sb(V)在铁氧化物表面既形成内源络合（Sb-O-Fe），又形成外源络合。除吸附外，Sb(V)还可能与矿物共沉淀，这可能是 Sb(V)在酸性环境中长期停留的机理（Rastegari et al.，2022）。而 Sb(III)和 Sb(V)在赤铁矿表面的停留机理则与表面负电荷相关，当浓度低时，形成单层吸附，当浓度高时，则可能有沉淀生成（Yan et al.，2022）。

EXAFS 光谱技术被广泛用于分析离子与矿物表面的键合机理。Mitsunobu 等（2010）用该方法拟合认为 Sb(V)与 Fe、Al 氧化物主要形成内源络合。Sun 等（2023）将 EXAFS 光谱技术与密度泛函理论相结合，研究 Sb(III)和 Sb(V)在针铁矿表面吸附，结果表明无机锑在针铁矿表面形成共用边与共用角的络合。晶体截断杆（crystal truncation rod，CTR）模型拟合结果表明 Sb(V)在赤铁矿表面形成三齿几何构型的内源络合（Qiu et al.，2018）。

1.3.3 有机质对锑的吸附

土壤中的腐殖酸具有螯合重金属离子的能力，因而可以将大量的锑固定在土壤的有机层中（Steely et al.，2007）。腐殖酸的表面带有负电荷，因而对中性络合物 Sb(OH)$_3$ 的结合要大于 Sb(OH)$_6^-$（Buschmann et al.，2004）。三种不同来源的商业腐殖酸吸附 Sb(III)的研究表明，三种腐殖酸对 Sb(III)的吸附特性不尽相同，其中两种腐殖酸对 Sb(III)的最大吸附在 pH=6.1 左右，而另一种腐殖酸对 Sb(III)的吸附在 pH<6 时不受 pH 变化的影响，当 pH>6 时，吸附快速减弱（Buschmann et al.，2004）。天然环境中总 Sb(III)的 30%与天然有机质结合，与酚羟基形成中性络合物，与羧羟基形成负电荷的络合物。Buschmann 等（2004）提出了 Sb(III)在腐殖酸表面结合的两种机理：①配体交换，同时释放 1～2 个羟基；②形成带负电荷的络合物。氢键、螯合作用也可能使 Sb(III)固定在腐殖酸表面。

Bowen 等（1979）研究了一种商业泥炭腐殖酸对 Sb(III)的吸附，发现有 2 种 Sb(III)-腐殖酸络合物存在，75%的 Sb(III)被分子量为 8 000 g/mol 的腐殖酸吸附，25%的 Sb(III)被分子量为 1 000 g/mol 的腐殖酸吸附，pH 为 9～11 时，分子量为 1 000 g/mol 的腐殖酸对 Sb(III)的吸附增加，pH 为 2～4 时，2 种 Sb(III)-腐殖酸络合物都被破坏。有学者定量研究了 Sb(III)和 Sb(V)在某种陆地腐殖酸表面的吸附。腐殖酸对 Sb_2O_3 和酒石酸锑钾溶解而来的 Sb(III)的吸附饱和量不相同，最高可达到 53 μmol/g，当初始摩尔浓度小于 10 μmol/L 时，对 Sb(V)没有吸附，当初始摩尔浓度增大到 75 μmol/L 时，对 Sb(V)的吸附达到饱和，但比 Sb(III)的饱和吸附量要少得多，只有 8 μmol/g（Pilarski et al.，1995），而腐殖酸对 Sb(III)的吸附要大于 Sb(V)（Buschmann et al.，2004）。Tighe 等（2005）研究了某种粉末腐殖酸对 Sb(V)的吸附，当 Sb(V)的初始浓度很低时，腐殖酸对 Sb(V)的吸附量比 Pilarski 等（1995）的研究结果要大得多，这可能是因为两项研究所用的腐殖酸来源不同，所以在性质上有很大的差别，另外实验条件不同也可能会导致实验结果不同。Tighe 等（2005）认为腐殖酸吸附 Sb(V)的机理可能是 Sb(V)与腐殖酸内的铁、铝杂质络合，但并没有直接的微观证据来证明其观点。

1.3.4　土壤和沉积物对锑的吸附

沉积物中的 Sb 大部分被可交换态铁铝所固定（Crecelius et al.，1975）。但关于沉积物对 Sb 的吸附-解吸的报道还很少。

矿物及有机质广泛存在于土壤中，因此土壤对 Sb 的吸附作用也影响 Sb 在环境中的归趋。King（1988）最早报道了土壤对 Sb 的吸附作用。研究发现 50%～100%加入的 Sb 可以被几种土壤吸附，而且土壤吸附的 Sb 绝大部分是不可交换的。土壤中常见的阴离子中 PO_4^{3-} 与 Sb(V)产生竞争吸附，因而可以推断土壤吸附 Sb 的机理主要是配体交换（Nakamaru et al.，2008，2006），与 Sb 同一族的 As(V)及抗生素会抑制 Sb(V)在黑土表面的吸附（Fan et al.，2021，2020），且 pH 升高会促进抗生素的抑制作用。土壤表面吸附的 Sb 有 20%～40%是可交换态的，磷酸根可交换的 Sb 占土壤中 Sb 总量的 0.2%～1.3%。pH 降低使土壤表面的可变正电荷增加，带负电荷的 Sb(V)在土壤表面的最大吸附都发生在酸性环境下（Fan et al.，2020；Nakamaru et al.，2008，2006；Tighe et al.，2005）。动力学研究表明 Sb(V)在钙质土表面的吸附较为缓慢，7 天达到平衡（Martínez-Lladó et al.，2011）。Sb(V)在几种土壤表面的吸附都很好地符合 Frendlich 模型和 Langmuir 模型（Fan et al.，2013；Tighe et al.，2005）。

EXAFS 光谱分析表明污染区土壤中 Sb(V)主要与 Fe 的羟基氧化物结合（Scheinost et al.，2006；Takaoka et al.，2005），透射电镜与光电子能谱分析也表明土壤表面吸附的 Sb 主要与 Fe 氧化物成键（Shangguan et al.，2015），另两项研究认为土壤中的不定形组分和 Fe、Al 的含量是影响其对 Sb 吸附能力的重要因素（Fan et al.，2013；Takaoka et al.，2005）。表面络合模型的拟合结果认为在富含 Fe 的红土（lateritic soil）表面，Sb(III)和

Sb(V)形成了双齿单核和双核的结构（Vithanage et al.，2013）。然而，不同土壤由于基本理化性质与主要成分的差别，也可能存在不同的吸附机理（Zhang et al.，2014）。

1.4　锑的氧化还原

近年来，国内外学者发表了一系列关于锑的综述性文章。瑞士日内瓦大学的 Filella 等综述了人体中锑的来源、摄取途径及不同组织中锑的含量（Filella et al.，2012；Belzile et al.，2011）；并分析其发生相关溶液化学和微生物作用（Filella et al.，2007，2002a，2002b），以及水体、沉积物和土壤中锑与多种络合物的相互作用（Filella et al.，2012；Filella，2011）。Tschan 等（2009）也对土壤-植物系统中的锑进行了介绍。国内学者也开始逐渐重视锑污染研究，本书作者是国内最早进行锑污染的研究者之一（何孟常 等，1992）。2011 年，作者在 *Science of the Total Environment* 上发表了综述性文章 Antimony pollution in China（He et al.，2012），论述了我国锑污染的途径、不同介质中锑污染状况及对人体的健康风险，并指出了锑矿开采及冶炼区域的周边环境已受到严重的锑污染。国内其他学者也相继开展了有关锑的环境化学和环境生物地球化学研究（席建红 等，2013；李明顺 等，2013；朱静 等，2010；吴丰昌 等，2008；宁增平 等，2007）。近年来，国内外学者对锑研究表现出极大的兴趣。

1.4.1　锑的氧化还原电位

图 1.4 所示为 Sb(III)/Sb(V)的氧化还原电位与其他氧化还原电对 H_2O_2/H_2O、O_2/H_2O、Fe(II)/Fe(III)、Mn(II)/Mn(IV)和 S(−II)/S(IV)之间的相对大小（Leuz et al.，2006）。通过热

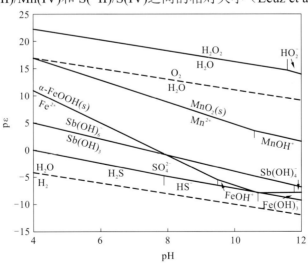

图 1.4　天然水体中锑和其他物质的 pε-pH 图

$[H_2O_2]=10^{-7}$ mol/L，$p(O_2)=0.2$，$[Mn(II)]=10^{-6}$ mol/L，$[Fe(II)]=10^{-7}$ mol/L，$[Sb(III)]=10^{-10}$ mol/L，

$[Sb(V)]=10^{-8}$ mol/L，[S(−II)]=[S(VI)]，离子强度=0

力学模拟可知，在 pH 3～12 内，Sb(V)可被 S(-II)还原为 Sb(III)，H_2O_2、O_2 和锰氧化物可能是 Sb(III)的氧化剂，而铁氧化物与锑的氧化还原电位相差不大，在酸性条件下的氧化还原电位略高于锑，可能与 Sb(III)的反应速率较慢。

1.4.2 锑的氧化还原研究进展

环境中许多元素和污染物的生物地球化学循环（biogeochemical cycles）都是由氧化还原过程（redox processes）驱动的，氧化还原过程深刻地影响着各种元素及污染物的形态、毒性、迁移及生物有效性，对生物地球化学氧化还原过程的研究是了解和预测污染物环境行为及保护环境的关键，为环境修复提供技术支持及科学依据。环境中的氧化还原活性元素（As 和 Sb 等）和基团，受环境中矿物、天然有机质等影响较大，与腐殖质和矿物表面结合能促进离子、分子或有机污染物的氧化或还原，对其环境归趋产生显著和深远的影响。

1. Sb(III)氧化的研究进展

目前，国内外对环境中 Sb(III)的氧化研究主要集中在溶解氧、过氧化氢（Leuz，2006；Quentel et al.，2004）、碘酸盐（Quentel et al.，2006）、锰氧化物（Wang et al.，2012；季海冰 等，2008；何孟常 等，2003；Belzile et al.，2001）和有机质（Tserenpil et al.，2011；Buschmann et al.，2005，2004）等环境物质。

1）天然水体中的溶解性无机氧化剂对 Sb(III)的氧化作用

在天然水体中，Sb(III)与溶解氧之间的反应速率较慢。当溶液 pH>10 时，Sb(III)与氧气的反应速率与 Sb(III)的浓度和氢离子浓度的对数呈线性相关。当 pH 为 10.9～12.9 时，Sb(III)的氧化速率常数为 $3.5×10^{-8}～2.5×10^{-6}$ s^{-1}；当 pH 为 3.6～9.8 时，200 天内均未发现明显的 Sb(III)氧化（Leuz et al.，2005）。这说明在天然水环境中，溶解氧并不是 Sb(III)的有效的氧化剂。但是，溶解氧可能通过其他途径影响 Sb(III)的氧化。在天然水体中，通过光化学反应，溶解氧可诱导 H_2O_2 的产生。当 pH 为 8.1～11.7 时，H_2O_2 氧化 Sb(III)的速率与 Sb(III)和 H_2O_2 的浓度成正比。$Sb(OH)_3$ 与 H_2O_2 不反应，而 $Sb(OH)_4^-$ 才与 H_2O_2 反应。当 pH 为 8 时，Sb(III)氧化的半衰期相对较短，在 H_2O_2 的摩尔浓度为 10^{-6} mol/L 时为 117 天（Leuz et al.，2005；Quentel et al.，2004）。碘酸盐氧化 Sb(III)受 pH 控制，pH 小于 9 时，不发生氧化反应。同样，$Sb(OH)_3$ 也不与碘酸盐反应，而 $Sb(OH)_4^-$ 才与碘酸盐发生氧化反应（Quentel et al.，2004）。这说明 pH 是控制 Sb(III)氧化速率的重要因素之一。

2）矿物对 Sb(III)的吸附氧化作用

矿物广泛分布于水体、土壤及大气颗粒物中，由于矿物（黏土矿物、铁锰氧化物等）具有巨大的比表面积，可吸附并加速污染物的氧化还原反应，进而影响污染物的迁移和转化过程。

锰氧化物可以强烈吸附和氧化 Sb(III)。Wang 等（2012）等运用 XANES 光谱技术研究了锰氧化物对 Sb(III)的吸附和氧化过程，发现吸附在锰氧化物表面的锑主要以 Sb(V)

形式存在，锰氧化物为 Sb(III)的强氧化剂。天然锰氧化物也可以有效地氧化 Sb(III)，当 pH 为 7.2 时，Sb(III)氧化半衰期为 0.29 天（Belzile et al.，2001）。

与锰系矿物相比，铁系矿物具有较低的氧化还原电位，对 Sb(III)的氧化反应速率较低。但铁系矿物一般具有较大的比表面积，能深远影响 Sb(III)的可移动性。目前，铁系矿物与锑相互作用研究主要集中在不同铁氧化物对 Sb(III)及 Sb(V)的吸附上（Shan et al.，2014；Xi et al.，2013；Mitsunobu et al.，2010；Wu et al.，2010；Leuz et al.，2006），而对 Sb(III)的氧化作用研究较少。

研究发现，在黑暗条件下，吸附在铁氧化物表面的 Sb(III)的形态发生了变化（Qi et al.，2016）。Fe(III)的氧化还原电位低于 Sb(III)，推测吸附在铁氧化物表面的氧气是 Sb(III)的主要氧化剂。但是氧气对 Sb(III)的氧化速率较低，可能是因为铁氧化物巨大的比表面积增加了其反应接触面积（Guo et al.，2014；Leuz et al.，2006）。然而，也有研究表明，Sb(III)与铁氧化物可能发生内源络合作用，通过铁与锑之间的电子转移，Sb(III)被氧化为 Sb(V)（Belzile et al.，2001）。因此，Sb(III)在铁氧化物表面的氧化机理还存在争议。然而，在光照条件下，Sb(III)在针铁矿表面及其溶液中发生了迅速的氧化（Fan et al.，2014）。针铁矿是一种光敏物质，受光照激发产生的•OH 是 Sb(III)的主要氧化剂。天然水体中铁系矿物的光化学反应可能对 Sb(III)的氧化有重要影响。

一些学者也对两种矿物共存体系中锑的氧化过程进行了研究。曲久辉课题组运用 XPS 技术研究了 Sb(III)在 FeOOH 和 MnO_2 矿物表面的吸附及氧化机理，发现 FeOOH 的主要作用为吸附 Sb(III)和 Sb(V)，而 MnO_2 矿物则主要起氧化 Sb(III)的作用，FeOOH-MnO_2 二元氧化物可有效去除污染水体中的锑（Xu et al.，2011）。由于 Sb(V)的毒性相对较弱，且考虑铁和锰的氧化物对锑的吸附作用，在自然环境中广泛存在的铁和锰的氧化物对锑具有去毒效应（Belzile et al.，2001）。

3）天然有机质对 Sb(III)的氧化作用

天然有机质（NOM）具有很多有机官能团，这些有机官能团可与锑结合，影响锑在环境中的赋存形态，并进一步影响锑的毒性、生物有效性及环境风险。Sb(III)能与胡敏酸（humic acid，HA）上的羧基和酚基官能团结合，形成电中性和带负电的螯合体。在水环境中，大约有30%的 Sb(III)通过上述作用与胡敏酸结合。胡敏酸能吸附并催化氧化 Sb(III)，而 Sb(III)一旦被氧化，就会从胡敏酸表面重新释放到环境中，胡敏酸所含的二硫基与醌基可能参与了该氧化过程（Buschmann et al.，2004）。在水体及表层土壤中，光照也是控制锑形态转化的重要因素。有光照时锑的氧化速率是黑暗时的 9 000 倍；光氧化速率随着胡敏酸初始浓度的升高而增大，但并不呈线性关系，可能是因为不同胡敏酸浓度下其表面参加光照氧化的官能团各异；光氧化速率随 pH 升高而增大，可能是因为苯氧自由基参与了光氧化过程，而光氧化速率并不受离子强度的影响（Buschmann et al.，2005）。Sh 等（2012）运用 XANES 和 EXAFS 光谱技术对土壤中吸附了 Sb(III)的胡敏酸-锑复合物进行了分析，发现在胡敏酸表面上存在 Sb(III)和 Sb(V)，被吸附的 Sb(III)部分氧化成 Sb(V)，但氧化过程缓慢。

4）微生物对 Sb(III)的氧化作用

微生物广泛分布于天然水体及土壤环境中。研究发现，一些微生物也可对 Sb(III)的氧化造成影响。目前，关于微生物对 Sb(III)氧化影响的研究还较少（Lehr et al.，2007）。Li 等（2013）从锑矿山周边土壤中发现了一些控制锑氧化还原的细菌，*Acinetobacter* sp. JL7、*Comamonas* sp. JL25、*Comamonas* sp. JL40、*Comamonas* sp. S44、*Stenotrophomonas* sp. JL9 和 *Variovorax* sp. JL23. Strain S44 等菌株可有效氧化 Sb(III)。目前对天然水环境中 Sb(III)的氧化作用研究较少，且对其机理研究不够深入，亟须进一步研究以了解 Sb(III) 在天然水环境中的转化。

2. Sb(V)还原的研究进展

与锑的氧化相比，目前关于锑的还原过程的研究更少。研究发现，Sb(V)与一种混合 Fe(II)-Fe(III)氧化矿物——绿锈在非生物条件下可发生反应，用 X 射线吸收精细结构（X-ray absorption fine structure，XAFS）和高效液相色谱-电感耦合等离子体质谱联用（high performance liquid chromatography-inductively coupled plasma-mass spectrometry，HPLC-ICP-MS）等技术发现绿锈能在非生物条件下还原 Sb(V)。与砷不同，Sb(V)与绿锈的亲和力大于 Sb(III)，表明 Sb(V)的还原导致水相中 Sb(III)浓度升高。基于这些结论可知，在无氧化环境中，绿锈能够很大程度上影响锑的迁移（Mitsunobu et al.，2009）。两种普遍存在的含 Fe(II)的矿物（磁铁矿和四方硫铁矿）也能够把 Sb(V)还原为 Sb(III)（Kirsch et al.，2008）。在无氧环境中，Sb(V)可被硫离子还原为 Sb(III)，并以 Sb_2S_3 的形式沉淀析出（Polack et al.，2009）。另外，在厌氧沉积物中，Sb(V)也可通过微生物的异化呼吸作用被还原（Kulp et al.，2013）。

1.4.3 铁系化合物对污染物的催化氧化

在天然环境中，Fe(II)、Fe(III)及铁系矿物是铁的三种主要赋存形态。其中，天然水体中溶解性的 Fe(III)主要以配合物的形式存在，可通过光分解反应产生各种自由基和溶解态 Fe(II)。溶解态 Fe(II)也可被氧气氧化为 Fe(III)。另外，Fe(III)也可发生水解作用形成氢氧化铁胶体，而后转化为铁氧化物。铁氧化物及硫化物又可通过热力学溶解过程析出溶解态铁。铁的循环过程强烈支配着天然水体中各种污染物的归趋，对污染物的迁移和转化产生重要影响。天然水体中铁的形态及形态转化见图 1.5。

颗粒>0.40 μm   胶体/纳米颗粒0.40~0.02 μm   溶解态<0.02 μm

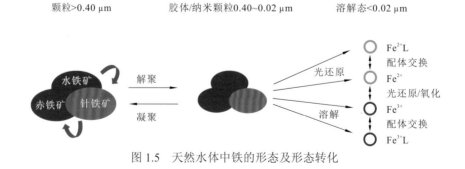

图 1.5 天然水体中铁的形态及形态转化

1. Fe(II)催化氧化过程中自由基的产生

Fe(II)广泛存在于厌氧环境及铁循环过程中。当 Fe(II)从无氧环境进入有氧环境时，在近中性或者碱性条件下会被氧气催化氧化，进而产生·OH 和 Fe(IV)中间体（Reinke et al.，1994）。这一反应在芬顿反应中也存在（Liochev et al.，2002；Kremer，1999；Pignatello et al.，1999；Bossmann et al.，1998）。其简化反应过程（Leuz et al.，2006）如下：

$$Fe^{2+} + O_2 \longrightarrow Fe^{3+} + O_2^{\cdot-} \tag{1.11}$$

$$Fe^{2+} + O_2^{\cdot-} + 2H^+ \longrightarrow Fe^{3+} + H_2O_2 \tag{1.12}$$

$$O_2^{\cdot-} + HO_2^{\cdot} + H^+ \longrightarrow O_2 + H_2O_2 \tag{1.13}$$

$$Fe^{2+} + H_2O_2 \longrightarrow Fe^{3+} + \cdot OH \tag{1.14}$$

$$Fe^{II}OH^+ + H_2O_2 \longrightarrow INT-OH \tag{1.15}$$

$$INT-OH \longrightarrow Fe(IV) \tag{1.16}$$

$$INT-OH + H^+ \longrightarrow INT \tag{1.17}$$

产生的·OH 和 Fe(IV)强烈影响有机污染物或重金属的归趋及形态分布。Leuz 等（2006）研究了 Fe(II)与 O_2 和 Fe(II)与 H_2O_2 共存体系中 Sb(III)的氧化过程，并与 As(III)的氧化过程进行了比较。在 Fe(II)与 O_2 共存的溶液中，Sb(III)的氧化速率随 pH 的升高而加快。而在 Fe(II)与 H_2O_2 共存的情况下，当 pH 为 3 和 7 时，Sb(III)的氧化速率分别是前者的 7 000 倍和 20 倍，当 pH 为 4 时，·OH 自由基是 Sb(III)主要的氧化剂，Sb(III)的氧化速率是 As(III)的 10 倍左右。

某些溶解性有机质的存在影响 Fe(II)的氧化速率。研究表明，乙二胺四乙酸（EDTA）、柠檬酸增强了 Fe(II)的氧化速率（Jones et al.，2015；Seibig et al.，1997；Theis et al.，1974）。Fe(II)与小分子有机酸能形成络合物，这些 Fe(II)络合物更容易被氧气氧化，这一过程也增加了活性氧自由基的产生速率。虽然 EDTA 增强了 Fe(II)的氧化速率及活性氧自由基的产生速率，但是 As(III)的氧化却被抑制，可能因为 EDTA 也是自由基的捕捉剂（Wang et al.，2013）。

Fe(II)与有机物的共氧化可迅速分解有机物，对重金属的形态也可造成影响。同时，Fe(II)氧化产生的铁氧化物可吸附污染物，降低其移动性。目前，对 Fe(II)氧化产生活性中间体的过程及机理仍存在较大的争议，对 Fe(II)共氧化降解、氧化污染物的研究不够深入。

2. Fe(III)络合物对污染物的光氧化反应

1）Fe(III)的光催化反应

在天然水体中，Fe(III)主要以络合物的形式存在，其存在形式强烈依赖溶液酸碱度。在强酸介质中，Fe(III)主要以 $Fe(H_2O)_6^{3+}$ 的形式存在。但随着溶液 pH 升高，离子态 Fe(III)逐渐向不同络合物形态铁（羟基配位形态铁）转化。不同羟基配位铁之间存在如下平衡，其中 K 为平衡常数，单位为 M（即 mol/L），形态分布见图 1.6。

$$Fe^{3+} + H_2O \Longrightarrow Fe(OH)^{2+} + H^+ \quad K = 2.7 \times 10^{-3} \text{ M} \tag{1.18}$$

$$Fe^{3+} + 2H_2O \rightleftharpoons Fe(OH)_2^+ + 2H^+ \quad K = 1.3 \times 10^{-8} \text{ M} \tag{1.19}$$

$$2Fe^{3+} + 2H_2O \rightleftharpoons Fe_2(OH)_2^{4+} + 2H^+ \quad K = 6 \times 10^{-4} \text{ M} \tag{1.20}$$

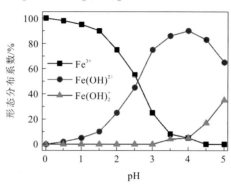

图 1.6　Fe(III)羟基络合物的形态分布

在 300～400 nm 波长范围内，上述几种铁的络合物可发生配体-金属电荷转移（ligand-to-metal charge-transfer，LMCT）过程，在该过程中，羟基上的电子转移到 Fe(III)上，产生 Fe(II)和·OH，其反应方程式为

$$Fe(III) - (OH) + h\nu \longrightarrow Fe(II) + \cdot OH \tag{1.21}$$

不同羟基铁络合物的光量子产率不同，如表 1.2 所示（Benkelberg et al.，1995；Knight et al.，1975；Baxendale et al.，1955）。其中，在酸性环境中存在的 $Fe(OH)^{2+}$ 是 Fe(III)的主要形式，在 280 nm 处的光量子产率达到 0.31。

表 1.2　不同 Fe(III)形态产生·OH 自由基的光量子产率

Fe(III)形态	λ_{max}/nm	ε/(M^{-1} cm^{-1})	λ/nm	光量子产率
$Fe(H_2O)_6^{3+}$	240	4 250	254	0.065
	—	—	≤300	0.05
$Fe(OH)^{2+}$	297	2 030	280	0.14～0.19
	205	4 640		0.31
$Fe_2(OH)_2^{4+}$	335	5 000	350	0.007

除了上述反应产生的·OH，Fe(III)光解反应还伴有很多副反应，可生成 $O_2^{\cdot-}$ 和 H_2O_2。其反应与芬顿反应的产物类似，生成的活性物质和自由基可氧化或还原污染物，因此这一反应已被广泛应用于有机污染物的降解研究中（王兆慧 等，2012；欧晓霞 等，2010；Emett et al.，2001），反应示意如图 1.7（Larson et al.，1991）所示。

这一反应在表层水体及云层里广泛存在，对氧化还原敏感性元素及有机物的迁移、转化有重要影响。

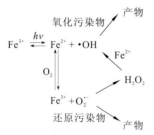

图 1.7　Fe(III)溶液光降解污染物的示意图

2）Fe(III)有机络合物光催化反应

在天然水体中含有大量的溶解性有机质（DOM），它们大部分可与铁发生络合作用。因此，自然界中的绝大多数溶解性 Fe(III)都以铁的有机络合形态存在。铁的有机配合形态一般具有较高的光量子产率，例如，草酸铁配合物在 300 nm 处的 $\varphi_{Fe(III)}$ 约为 1.24，而 $Fe(OH)_2^+$ 的 $\varphi_{Fe(III)}$ 只有 0.14 左右。在光激发下，铁离子与多羟基有机酸配体形成的铁的配合物能够进行配体-金属电荷转移过程，进而发生一系列复杂的光化学反应生成 Fe(II)及 $\cdot OH$。研究发现，酸性大气降水中 Fe(III)-草酸的光化学反应导致了草酸的降解和 H_2O_2 的产生，在富含 Fe(III)-草酸的大气中，这一反应可能是大气中 H_2O_2、O_2^-、$HO_2^\cdot$、$\cdot OH$ 等自由基的主要来源（Faust et al.，1993；Zuo et al.，1992）。铁有机配合物的环境光化学深刻影响有机污染物（Liu et al.，2010；Kwan et al.，2004；Zhou et al.，2004；Mazellier et al.，2001；Balmer et al.，1999）及重金属（Kocar et al.，2003）在环境中的形态及归趋，成为近年来环境科学领域的研究热点。

以草酸铁配合物为例，草酸铁配合物在光照条件下能够发生草酸到 Fe(III)的电子转移，进而发生一系列反应，其主要反应历程见以下方程式及图 1.8（Balmer et al.，1999）。

$$Fe^{III}(C_2O_4)_2^- \xrightarrow{h\nu} Fe^{II}(C_2O_4) + C_2O_4^{\cdot-} \qquad (1.22)$$

$$Fe^{III}(C_2O_4)_3^{3-} \xrightarrow{h\nu} Fe^{II}(C_2O_4)_2^{2-} + C_2O_4^{\cdot-} \qquad (1.23)$$

$$C_2O_4^{\cdot-} \longrightarrow CO_2 + CO_2^{\cdot-} \qquad (1.24)$$

$$CO_2^{\cdot-} + O_2 \longrightarrow CO_2 + O_2^{\cdot-} \qquad (1.25)$$

$$HO_2^\cdot + HO_2^\cdot \longrightarrow H_2O_2 + O_2 \qquad (1.26)$$

$$HO_2^\cdot + O_2^{\cdot-} + H^+ \longrightarrow H_2O_2 + O_2 \qquad (1.27)$$

$$HO_2^\cdot \rightleftharpoons O_2^{\cdot-} + H^+ \qquad (1.28)$$

$$Fe^{2+} + H_2O_2 \longrightarrow Fe^{3+} + HO\cdot + OH^- \qquad (1.29)$$

$$Fe^{II}(C_2O_4) + H_2O_2 \longrightarrow Fe^{III}(C_2O_4)^+ + HO\cdot + OH^- \qquad (1.30)$$

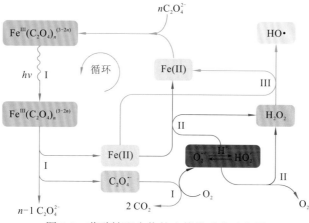

图 1.8　草酸铁配合物的光催化反应示意图

然而，铁的有机络合物光解过程中也可能产生一些其他自由基。Fe(II)或 Fe(III)与有机配体（如卟啉和卟啉类化合物）生成的络合物可与 H_2O_2、氧分子及其他氧化剂反应生成高价态的氧化铁中间体，其中铁呈现 IV 价或 V 价，类似反应也可产生·OH。Pignatello（1992）通过环己烷光芬顿反应降解的动力学研究，发现在光芬顿反应过程中有新的氧化性配合物 Fe(IV)生成：

$$[Fe^{III}\text{-OOH}] + h\nu \Longleftrightarrow [Fe^{III}\text{-OOH}]^{\cdot 2+} \tag{1.31}$$

$$[Fe^{III}\text{-OOH}]^{\cdot 2+} \Longleftrightarrow Fe^{II} + HO_2 \tag{1.32}$$

$$[Fe^{III}\text{-OOH}]^{\cdot 2+} \longrightarrow \{Fe^{II}\text{-O} \Longleftrightarrow Fe^{IV} = O\} + \cdot OH \tag{1.33}$$

因此，铁配合物的光分解是一个复杂的过程。目前，对铁的有机络合物光分解反应中高价铁生成的机理还存在争议。研究铁的有机络合物的光分解反应对了解铁在自然界中的循环和环境中有机污染物及重金属的归趋有重要意义。

3. 铁系矿物的光催化反应

铁氧化物及铁硫化物广泛分布于天然水体及土壤中。环境中常见的铁系矿物主要包括针铁矿（α-FeOOH）、纤铁矿（γ-FeOOH）、赤铁矿（α-Fe$_2$O$_3$）、磁铁矿（Fe$_3$O$_4$）、磁赤铁矿（γ-Fe$_2$O$_3$）和黄铁矿（FeS$_2$）等。这些铁系矿物大多为半导体，禁带宽度在 2～2.3 eV。根据半导体光催化理论，当能量大于或等于禁带宽度的光照射到这些铁系矿物上时，价带上的电子受到激发穿过禁带转移到导带上，在导带上生成带负电的高能电子（e^-），同时在价带上生成带正电的具有强氧化性的空穴（h^+），产生电子/空穴对。其中，空穴可与 OH$^-$ 或 H$_2$O 反应生成·OH，电子（e^-）可与 O$_2$ 反应生成 HO$_2^\cdot$ 及 O$_2^{\cdot -}$ 等活性中间体（Leland et al.，1987）：

$$铁系矿物 + h\nu \longrightarrow e^- + h^+ \tag{1.34}$$

$$H_2O + h^+ \longrightarrow H^+ + \cdot OH \tag{1.35}$$

$$OH^- + h^+ \longrightarrow \cdot OH \tag{1.36}$$

$$e^- + O_2 \longrightarrow O_2^{\cdot -} \tag{1.37}$$

$$O_2^{\cdot -} + HO_2^\cdot \longrightarrow HO_2^- + O_2 \tag{1.38}$$

$$HO_2^- + H^+ \longrightarrow H_2O_2 \tag{1.39}$$

然而，目前关于铁系矿物的光催化原理还存在一些争议。有些学者认为，铁系矿物导带上的光生电子的传递途径有多种方式，一种如图 1.8 所示，光生电子可传递给 O$_2$，产生 O$_2^{\cdot -}$，但大多研究认为，氧气并不能直接捕获光生电子（Bandara et al.，2001），Turchi 等（1990）认为导带电子可被铁系矿物表面的 Fe(III)捕获产生 Fe(II)。因此，对光生电子的最终归宿问题还存在争议。但不可否认的是，在天然水体及土壤中，通过光催化产生的活性物质和自由基对污染物的迁移及转化有重要影响（Schoonen et al.，1998）。

铁系矿物的禁带宽度普遍较低，大都在 2.2 eV 附近，也就是说，波长低于 563.5 nm以下的光就能激发铁系矿物。因此，铁系矿物不但可以吸收紫外光，而且对可见光也有一定的吸收现象。但是，只有 200～400 nm 的紫外光才对铁系矿物的半导体光催化起作用，在这一范围内的波长可使铁系矿物表面原子氧上的电子向铁上转移，即发生配体-金属电荷转移（LMCT）。而波长高于 400 nm 的光则主要作用于金属离子本身的 d-d 跃迁。

铁系矿物可有效地光催化各种环境物质。除光催化反应外，铁系矿物还可通过参与光敏化反应降解或氧化某些物质。这两种过程具有明显的区别（吕康乐，2006）。如上所述，半导体光催化可通过产生各种自由基氧化或还原特定物质，而半导体光敏化反应则是吸附到半导体表面的某些物质，在光照下可产生激发态分子，这种激发态分子可向半导体的导带上传递电子，生成自由基和导带电子。在这一过程中，半导体本身并没有被激发，而只起到电子传递的作用。

Leland 等（1987）研究了常见氧化铁和羟基氧化铁的各种性质。从表 1.3（Leland et al.，1987）中可以看出，铁系矿物的颗粒大小对电子转移没有明显影响。铁系矿物表面电子转移的标准速率常数 k^0 变化范围较大，说明不同铁系矿物的晶体结构对电子转移的贡献率较高。电子和空穴的结合速率很快，因此并没有观测到空穴和电子的迁移。各种铁氧化物对草酸和亚硫酸盐的催化氧化能力有很大的差异，且氧化速率与粒径、禁带宽度和比表面积无关。

表 1.3　常见氧化铁和羟基氧化铁的能量和动力学数据

铁氧化物	$d^a/\mu m$	nE_F^*	$k^0/$（cm/s）	k_{Ox}/s^{-1}	k_{SO}/s^{-1}	BG /ev	N_{CB}/cm^{-3}
α-Fe$_2$O$_3$	0.14（10.2）[b]	-0.52	3.7×10^{-8}	1.2×10^{-4}	42×10^{-4}	2.02	2.0×10^{17}
γ-Fe$_2$O$_3$	0.39	+0.02	1.0×10^{-7}	17.3×10^{-4}	25×10^{-4}	2.03	2.0×10^{17}
δ-FeOOH	0.19	+0.33	5.5×10^{-6}	4.6×10^{-4}	6.0×10^{-4}	1.94	2.5×10^{17}
β-FeOOH	0.19（56.5）[b]	+0.54	2.5×10^{-4}	0.41×10^{-4}	4.4×10^{-4}	2.12	4.0×10^{17}
γ-FeOOH	0.37	+0.41	5.7×10^{-6}	12×10^{-4}	52×10^{-4}	2.06	1.8×10^{17}
α-FeOOH	0.17	-0.16	6.0×10^{-9}	2.5×10^{-4}	2.7×10^{-4}	2.10	3.3×10^{17}
FeO$_x$ SiO$_2$	0.32（273）[b]		4.0×10^{-8}		20×10^{-4}		1.4×10^{17}
Pt/α-Fe$_2$O$_3$			1.0×10^{-5}				2.0×10^{17}
α-Fe$_2$O$_3$		-0.58					
α-Fe$_2$O$_3$		-0.52					

注：上标 a 为流体动力学直径（hydrodynamic diameter）；b 为 BET（Brunauer-Emmett-Teller），矿物的比表面积（surface area，m^2/g）；nE_F^* 为 pH 12 时电子的准费米能级（quasi-Fermi level for electrons，vs. SCE at pH 12.0）；k^0 为电子转移的标准速率常数（standard heterogeneous rate constant for electron transfer）；k_{Ox} 为草酸氧化的伪一级反应速率常数（pseudo-first-order rate constrant for oxalate oxidation）；k_{SO} 为亚硫酸盐氧化的伪一级反应速率常数（pseudo-first-order rate constrant for sulfite oxidation）；BG 为禁带宽度（band gap）；N_{CB} 为电子的稳态浓度（steady-state concentration of electrons）。引自 Leland 等（1987）

除了铁系矿物的半导体光催化作用，在光照条件下一些物质也可吸附到铁系矿物表面，通过配体-金属电荷转移（LMCT）过程影响铁系矿物和所吸附物质的归趋。当水体中只存在铁氧化物时，水体中只有因热力学平衡过程而溶解出的铁；而在溶解性有机质存在的环境中，有机质上的羧基等基团可吸附在铁氧化物表面并与 Fe(III)配合，这种配合物的光催化性质和结构与上述的 Fe(III)-羟基络合物类似，在太阳光照射下也可发生 LMCT 过程产生各种自由基。铁氧化物上的 Fe(III)被还原为 Fe(II)并释放到水体中，成为表层水体和云层中 Fe(II)的主要来源之一。在光照条件下的铁氧化物-有机质配合物体系中，铁氧化物的溶解速率大大增加（Qiu et al.，2013；Xu et al.，2008；Sulzberger et al.，1995）。例如，赤铁矿在草酸存在的条件下能发生光致溶解，铁以 Fe(II)的形式释放出来，而后被氧化为 Fe(III)（Siffert et al.，1991）。溶解出的 Fe(II)和 Fe(III)会与溶解性有机质络合，使该体系更为复杂。铁氧化物−草酸体系光催化反应过程见图 1.9（Sulzberger et al.，1995）。

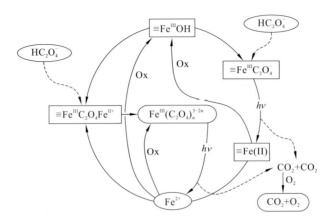

图 1.9　铁氧化物表面铁循环通过光诱导的异相光芬顿反应示意图

Ox 表示有机物质

天然水体的铁循环过程中可产生多种活性中间体和氧化剂（H_2O_2，$O_2^{\cdot-}$，$HO_2\cdot$，$\cdot OH$，Fe(III)），对 Sb(III) 的形态转化可能有重要的影响。铁络合物及矿物在自然环境中广泛分布，因此其光催化过程可能是天然水体中 Sb(III) 氧化为 Sb(V) 的主要途径之一。

1.4.4　锰氧化物的吸附氧化特性

锰氧化物与锰水合氧化物（下面统称锰氧化物）广泛分布于土壤、沉积物和海洋锰结核中。由于其零电点（PZC）低，比表面积大，负电荷量高，表面活性强，锰氧化物是土壤和水体中重要的吸附载体、氧化还原主体之一和化学反应的接触催化剂（鲁安怀 等，2000；陈英旭 等，1993；刘铮，1991）。环境化学、界面化学与土壤化学的交叉领域越来越关注锰氧化物界面有毒污染物质的环境行为和转化过程。

锰原子的价层电子构型为 $3d^2 4s^2$，最高氧化态为 +7，能形成氧化态为 −2、−1、0、+1、+2、+3、+4、+5、+6 的化合物，比较稳定的是 Mn(VII)(d^0 构型)、Mn(VI)(d^1 构型)、Mn(IV)(d^3 构型)和 Mn(II)($d5^0$ 构型)的化合物（刘承帅，2007）。其中，自然界锰氧化物中的锰则主要以 Mn^{2+} 和 Mn^{4+} 两种价态存在，也有一些矿物以 Mn^{3+} 形式存在，通常处于亚稳状态。Mn^{2+}、Mn^{3+} 和 Mn^{4+} 通常与 O^{2-}、OH^- 或 H_2O 形成配位八面体，MnO_6 或 $Mn(HO)_6$ 八面体通过共棱或共顶角形成层状结构、隧道结构和一些低价的氧化锰矿物（冯雄汉，2003）。八面体中普遍存在 Mn^{2+}、Mn^{3+} 和 Mn^{4+} 的同晶替代，导致 Mn—O 平均键长的变化，从而使这些矿物的晶胞参数互不相同，同时，为了维持电中性，也伴随着 OH^- 对 O^{2-} 的同晶替代。因此除了软锰矿和拉锰矿是以 MnO_2 的组成形式存在（Giovanoli et al.，1970；Giovanoli，1969），其他各种锰氧化物的化学组成没有固定的计量形式，以不同的稳态和亚稳态的原子结构组成存在。即便是同一种矿物类型，其结构特征和晶胞参数也会因成因和组成不同而有所不同（赵巍，2009）。在外界酸度、氧化还原条件及阴阳离子影响下，不同的锰氧化物之间可以相互转换（刘承帅，2007）。表 1.4 为土壤和沉积物中存在的锰氧化物的一般结构参数。

表 1.4　常见锰氧化物组成和特征

	矿物名称及简称	组成	晶系	层系和结构	晶胞参数	土壤中
α-MnO₂	锰钡矿 hollandite	$(Ba, K)_{1-2}(Mn^{4+}Mn^{3+})_8O_{16}\cdot xH_2O$	四方晶系	隧道结构型，2×2型孔道	$a=0.988$　$c=0.284$	存在
	锰铅矿 coronadite	$(Pb)_{1-2}(Mn^{4+}Mn^{3+})_8O_{16}\cdot xH_2O$	四方晶系	隧道结构型，2×2型孔道	$a=0.984$　$c=0.286$	存在
	锰钾矿 cryptomelane	$K(Mn^{4+}Mn^{3+})_8O_{16}\cdot xH_2O$	四方晶系	隧道结构型，2×2型孔道	$a=0.984$　$c=0.285$	存在
	锰钠矿 manjiroite	$(Na)_{1-2}(Mn^{4+}Mn^{3+})_8O_{16}\cdot xH_2O$	四方晶系	隧道结构型，2×2型孔道	—	少见
β-MnO₂	软锰矿 pyrolusite	MnO_2	四方晶系	隧道结构型，1×1型孔道	$a=0.439$　$c=0.287$	少见
γ-MnO₂	拉锰矿或斜方锰矿 ramsdellite	MnO_2	斜方晶系	隧道结构型，1×2型孔道	$a=0.453$　$b=0.927$　$c=0.287$	少见
δ-MnO₂	水钠锰矿 birnessite	$Na_{0.31}Mn_{0.69}^{4+}Mn^{3+}O_2\cdot xH_2O$	六方晶系	层状结构型	$a=0.295$　$b=0.295$　$c=0.733$	常见
	水羟锰矿 vernadite	$(Mn^{4+}, Fe^{3+}, Ca, Na)(O, OH)_2\cdot nH_2O$	六方晶系	层状结构型	$a=0.286$　$c=0.470$	常见
Mn₃O₄	黑锰矿 hausmannite	$Mn^{2+}Mn_2^{3+}O_4$	四方晶系	尖晶石结构	$a=0.576$　$c=0.944$	常见
—	钡硬锰矿 romanechite	$(Ba, K, Mn, Co)_2Mn_5O_{16}\cdot xH_2O$	单斜晶系		$a=0.596$　$b=0.288$　$c=1.385$	存在
—	钙锰矿 todorokite	$(Na_{0.40}, Ca_{0.14}, K_{0.01})(Mn_{5.61}^{4+}Mg_{0.43})\cdot 4.59H_2O$	单斜晶系		$a=0.977$　$b=0.285$　$c=0.956$	存在
—	锂硬锰矿 lithiophorite	$(Al, Li)MnO_2(OH)_2$	单斜晶系		$a=0.506$　$c=0.291$	少见
—	黑锌锰矿 chalcophanite	$ZnMn_3O_3\cdot 3H_2O$	三斜晶系		$a=0.754$　$b=0.754$　$c=0.822$	少见
α-MnOOH	斜方水锰矿 groutite	$Mn^{3+}OOH$	六方晶系	硬水铝石型		可能存在
β-MnOOH	六方水锰矿 feiknechtite	$Mn^{3+}OOH$	未知			未知
γ-MnOOH	水锰矿 manganite	$Mn^{3+}OOH$	单斜晶系	类似软锰矿结构	$a=0.888$　$b=0.525$　$c=0.571$	少见

1. 锰氧化物的表面化学性质及应用

氧化锰矿物表面属水合氧化物表面，表面电荷为可变电荷，依赖溶液的 pH。各种锰氧化物的零电点较低，除强酸性环境外，土壤中各种锰矿都带有很高的负电荷。同时独特的隧道、层状结构使锰氧化物像沸石分子筛一样具有较大的比表面积和较好的阳离子交换性能，如合成锰钾矿的理论阳离子交换容量可以达到 270 cmol/kg（1 cmol = 0.01 mol）（Tsuji et al.，2000；Ooi et al.，1987）。锰氧化物在土壤环境、水环境甚至大气环境有毒有害物质的吸附和氧化过程中发挥着重要的作用。

2. 锰氧化物的吸附特性

锰氧化物在自然环境中对痕量元素等具有强烈的吸附和富集能力，土壤中的 Co、Ni、Cu、Pb、Zn 和 Cd 等重金属元素多与锰氧化物和铁氧化物相结合或与它们的含量呈正相关（冯雄汉，2003；Shuman，1982；Suare et al.，1976）。锰氧化物对不同金属元素的吸附特征和机制不同，主要取决于金属元素的性质。碱金属和碱土金属的水化半径较大，其在锰氧化物表面的吸附为静电吸附或非专性的交换吸附（于天仁，1996；Murray，1974）。重金属和过渡金属元素在锰氧化物表面的吸附属于选择性吸附和专性吸附，与吸附离子的性质和氧化锰表面特性密切相关（赵巍，2009）。不同金属离子在锰氧化物上的吸附亲和力和吸附量不同。当土壤 pH>5 时，锰氧化物对金属离子的吸附量的顺序为 $Pb^{2+}>Cu^{2+}>Co^{2+}>Ni^{2+}>Zn^{2+}>Mn^{2+}>Ca^{2+}>Mg^{2+}>Na^+$（Weaver et al.，2002；Spark et al.，1995；Mellin et al.，1993；Fu et al.，1991；Loganathan et al.，1973；McKenzie，1967）。锰氧化物吸附重金属、过渡金属时伴随着 H^+ 的解吸，若矿物表面吸附有 Mn^{2+} 或与重金属发生氧化还原反应，则同时释放 Mn^{2+}（Fu et al.，1991；McKenzie，1980；Murray，1975a）。吸附 1 mol 重金属释放 1~2 mol 的 H^+。由于吸附离子的电荷量大于释放 H^+ 的电荷量，氧化锰矿物表面的负电荷量会逐渐减少，甚至改变电荷性质而带正电（Loganathan et al.，1977；Murray，1975b）。锰氧化物对过渡金属、重金属的专性吸附机理可能有三种：①与表面羟基进行络合反应，形成以配位键相连的羟基络合物；②与表面的 Mn^{2+} 交换，生成稳定的内圈络合物；③与结构中的 Mn 同晶置换，成为结构阳离子（冯雄汉，2003）。

3. 锰氧化物的氧化特性

具有较小晶粒和结晶程度的三价和四价锰氧化物易于参加氧化反应，被称为易还原态锰，还原态锰与二价锰（水溶态和交换态锰）之间保持着动态平衡。土壤的氧化还原电位越低，二价锰越多。当 pH 为 0~8 时，Mn^{2+}、Mn^{3+}、Mn^{4+} 氧化还原体系的氧化趋势因 pH 的升高而增强，二价锰氧化成四价锰，三价锰存在于 pH 7 左右，pH 8 以上则形成稳定的 $MnO_2 \cdot H_2O$（鲁安怀 等，2000）。锰氧化物具有较高的氧化还原点位，MnO_2+H^+/Mn^{2+} 的标准电极电位（1.23 V）与 O_2+H^+/H_2O 的标准电极电位（1.229 V）接近。但锰氧化物的吸附能力强、表面活性高，常比溶解氧更易于参加溶液中的氧化还原反应，是土壤中最强的固体氧化剂（Driehaus et al.，1995；Scott et al.，1995）。

参 考 文 献

陈英旭, 朱祖祥, 何增耀, 1993. 环境中氧化锰对Cr(III)氧化机理的研究. 环境科学学报, 13(1): 45-50.

冯雄汉, 2003. 几种常见氧化锰矿物的合成、转化及表面化学性质. 武汉: 华中农业大学.

何孟常, 季海冰, 赵承易, 2003. 锑(III)在合成性δ态-MnO_2表面的氧化机理. 环境科学学报, 23(4): 483-487.

何孟常, 谢南岳, 1992. 环境中的锑. 环境保护(1): 32, 44.

季海冰, 何孟常, 潘荷芳, 等, 2008. Sb(III)在不同形态MnO_2表面的吸附特征. 环境污染与防治, 30(8): 56-61.

李明顺, 李洁, 王革娇, 2013. 微生物对锑的代谢机制研究进展. 华中农业大学学报(自然科学版), 32(5): 15-19.

刘承帅, 2007. 铁锰氧化物/水界面有机污染物的氧化降解研究. 广州: 中国科学院广州地球化学研究所.

刘铮, 1991. 土壤与植物中锰的研究进展. 土壤学进展(6): 1-10.

鲁安怀, 卢晓英, 任子平, 等, 2000. 天然铁锰氧化物及氢氧化物环境矿物学研究. 地学前缘, 7(2): 473-483.

吕康乐, 2006. 二氧化钛表面杂多酸和氟离子修饰对吸附和光催化降解有机物的影响. 杭州: 浙江大学.

宁增平, 肖唐付, 2007. 锑的表生地球化学行为与环境危害效应. 地球与环境, 35(2): 176-182.

欧晓霞, 王崇, 张凤杰, 等, 2010. 三价铁及其络合物光化学行为的研究进展. 环境保护科学, 36(4): 33-36.

王兆慧, 宋文静, 马万红, 等, 2012. 铁配合物的环境光化学及其参与的环境化学过程. 化学进展, 24(2): 423-432.

吴丰昌, 郭建阳, 郑建, 等, 2008. 锑的环境生物地球化学循环与效应研究展望. 地球科学进展, 23(4): 350-356.

席建红, 张桂枝, 薛万华, 等, 2013. 天然有机质对锑的吸附及氧化. 山西大同大学学报(自然科学版), 29(1): 40-41, 47.

于天仁, 1996. 可变电荷土壤电化学. 北京: 科学出版社.

赵巍, 2009. 水钠锰矿吸附Pb^{2+}微观机理研究. 武汉: 华中农业大学.

朱静, 郭建阳, 王立英, 等, 2010. 锑的环境地球化学研究进展概述. 地球与环境(1): 109-116.

Ambe S, 1987. Adsorption kinetics of antimony(V) ions onto α-ferric oxide surfaces from an aqueous solution. Journal of Immunology, 3(4): 489-493.

Anderson C G, 2012. The metallurgy of antimony. Geochemistry, 72: 3-8.

Ashley P M, Craw D, Graham B P, et al., 2003. Environmental mobility of antimony around mesothermal stibnite deposits, New South Wales, Australia and southern New Zealand. Journal of Geochemical Exploration, 77(1): 1-14.

Balmer M E, Sulzberger B, 1999. Atrazine degradation in irradiated iron/oxalate systems: Effects of pH and oxalate. Environmental Science & Technology, 33: 2418-2424.

Bandara J, Tennakone K, Kiwi J, 2001. Surface mechanism of molecular recognition between aminophenols and iron oxide surfaces. Langmuir, 17: 3964-3969.

Baxendale J H, Magee J, 1955. The photochemical oxidation of benzene in aqueous solution by ferric ion. Transactions of the Faraday Society, 51: 205-213.

Belzile N, Chen Y W, Wang Z, 2001. Oxidation of antimony(III) by amorphous iron and manganese oxyhydroxides. Chemical Geology, 174(4): 379-387.

Belzile N, Chen Y, Filella M, 2011. Human exposure to antimony: I. Sources and intake. Critical Reviews in Environmental Science and Technology, 41: 1309-1373.

Benkelberg H J, Warneck P, 1995. Photodecomposition of iron(III) hydroxo and sulfato complexes in aqueous solution: Wavelength dependence of OH^- and SO_4^{2-} quantum yields. The Journal of Physical Chemistry, 99: 5214-5221.

Biber M V, Afonso M D S, Stumm W, 1994. The coordination chemistry of weathering: IV. Inhibition of the dissolution of oxide minerals. Geochimica et Cosmochimica Acta, 58(9): 1999-2010.

Biver M, Krachler M, Shotyk W, 2011. The desorption of antimony(V) from sediments, hydrous oxides, and clay minerals by carbonate, phosphate, sulfate, nitrate, and chloride. Journal of Environmental Quality, 40: 1143-1152.

Biver M, Shotyk W, 2012a. Experimental study of the kinetics of ligand-promoted dissolution of stibnite (Sb_2S_3). Chemical Geology, 294-295: 165-172.

Biver M, Shotyk W, 2012b. Stibnite (Sb_2S_3) oxidative dissolution kinetics from pH 1 to 11. Geochimica et Cosmochimica Acta, 79: 127-139.

Biver M, Shotyk W, 2013. Stibiconite (Sb_3O_6OH), senarmontite (Sb_2O_3) and valentinite (Sb_2O_3): Dissolution rates at pH 2-11 and isoelectric points. Geochimica et Cosmochimica Acta, 109: 268-279.

Bondietti G, Sinniger J, Stumm W, 1993. The reactivity of Fe(III) (hydr)oxides: Effects of ligands in inhibiting the dissolution. Colloids and Surfaces A: Physicochemical and Engineering Aspects, 79(2-3): 157-167.

Borer P, Sulzberger B, Hug S J, et al., 2009. Photoreductive dissolution of iron(III) (hydr)oxides in the absence and presence of organic ligands: Experimental studies and kinetic modeling. Environmental Science & Technology, 43(6): 1864-1870.

Bossmann S H, Oliveros E, Göb S, et al., 1998. New evidence against hydroxyl radicals as reactive intermediates in the thermal and photochemically enhanced Fenton reactions. The Journal of Physical Chemistry A, 102(28): 5542-5550.

Bowen H J M, Page E, Valente I, et al., 1979. Radio-tracer methods for studying speciation in natural waters. Journal of Radioanalytical Chemistry, 48(1): 9-16.

Bruno J, Casas I, Puigdomènech I, 1991. The kinetics of dissolution of UO_2 under reducing conditions and the influence of an oxidized surface layer (UO_{2+x}): Application of a continuous flow-through reactor. Geochimica et Cosmochimica Acta, 55(3): 647-658.

Buschmann J, Canonica S, Sigg L, 2005. Photoinduced oxidation of antimony(III) in the presence of humic acid. Environmental Science & Technology, 39: 5335-5341.

Buschmann J, Sigg L, 2004. Antimony(III) binding to humic substances: Influence of pH and type of humic acid. Environmental Science & Technology, 38: 4535-4541.

Crecelius E A, Bothner M H, Carpenter R, 1975. Geochemistries of arsenic, antimony, mercury, and related elements in sediments of Puget Sound. Environmental Science & Technology, 9(4): 325-333.

Davis A P, Hsieh Y H, Huang C P, 1995. Photo-oxidative dissolution of CdS(s): The effect of complexing agents. Chemosphere, 31(4): 3093-3104.

Debela F, Arocena J M, Thring R W, et al., 2010. Organic acid-induced release of lead from pyromorphite and its relevance to reclamation of Pb-contaminated soils. Chemosphere, 80(4): 450-456.

Driehaus W, Seith R, Jekel M, 1995. Oxidation of arsenate(III) with manganese oxides in water treatment. Water Research, 29(1): 297-305.

Emett M T, Khoe G H, 2001. Photochemical oxidation of arsenic by oxygen and iron in acidic solutions. Water Research, 35(3): 649-656.

Fan J X, Wang Y J, Cui X D, et al., 2013. Sorption isotherms and kinetics of Sb(V) on several Chinese soils with different physicochemical properties. Journal of Soils and Sediments, 13: 344-353.

Fan J X, Wang Y J, Fan T T, et al., 2014. Photo-induced oxidation of Sb(III) on goethite. Chemosphere, 95: 295-300.

Fan Y, Zheng C, Lin Z, et al., 2021. Influence of sulfamethazine (SMT) on the adsorption of antimony by the black soil: Implication for the complexation between SMT and antimony. Science of the Total Environment, 760: 143318.

Fan Y, Zheng C, Liu H, et al., 2020. Effect of pH on the adsorption of arsenic(V) and antimony(V) by the black soil in three systems: Performance and mechanism. Ecotoxicology and Environmental Safety, 191: 110145.

Faust B C, Zepp R G, 1993. Photochemistry of aqueous iron(III)-polycarboxylate complexes : Roles in the chemistry of atmospheric and surface waters. Environmental Science & Technology, 27: 2517-2522.

Filella M, 2011. Antimony interactions with heterogeneous complexants in waters, sediments and soils: A review of data obtained in bulk samples. Earth-Science Reviews, 107(3): 325-341.

Filella M, Belzile N, Chen Y W, 2002a. Antimony in the environment: A review focused on natural waters: I. Occurrence. Earth-Science Reviews, 57(1): 125-176.

Filella M, Belzile N, Chen Y W, 2002b. Antimony in the environment: A review focused on natural waters: II. Relevant solution chemistry. Earth-Science Reviews, 59(1): 265-285.

Filella M, Belzile N, Chen Y W, 2012. Human exposure to antimony: II. Contents in some human tissues often used in biomonitoring (hair, nails, teeth). Critical Reviews in Environmental Science and Technology, 42: 1052-1115.

Filella M, Belzile N, Lett M C, 2007. Antimony in the environment: A review focused on natural waters: III. Microbiota relevant interactions. Earth-Science Reviews, 80(3): 195-217.

Filella M, Williams P A, Belzile N, 2009. Antimony in the environment: Knowns and unknowns. Environmental Chemistry, 6(2): 95-105.

Fu G, Allen H E, Cowan C E, 1991. Adsorption of cadmium and copper by manganese oxide. Soil Science, 152: 72-81.

Furrer G, Stumm W, 1986. The coordination chemistry of weathering: I. Dissolution kinetics of δ-Al_2O_3 and BeO. Geochimica et Cosmochimica Acta, 50(9): 1847-1860.

Geesey G G, Neal A L, Suci P A, et al., 2002. A review of spectroscopic methods for characterizing microbial transformations of minerals. Journal of Microbiological Methods, 51(2): 125-139.

Giovanoli R, 1969. A simplified scheme for polymorphism in the manganese dioxides. Chimia, 23: 470-472.

Giovanoli R, Stähli E, Feitknecht W, 1970. Über oxidhydroxide des vierwertigen mangans mit schichtengitter: I. Mitteilung. Natriummangan (II, III) manganat(IV). Helvetica Chimica Acta, 53(2): 209-220.

Gong P, Li C, Yi Q, et al., 2022. Enhanced adsorption of inorganic arsenic by Mg-calcite under circumneutral conditions. Geochimica et Cosmochimica Acta, 335: 85-97.

Grund S C, Hanusch K, Breunig H J, et al., 2000. Antimony and antimony compounds//Ullmann's Encyclopedia of Industrial Chemistry. Weinheim: Wiley-VCH.

Guo X, Wu Z, He M, et al., 2014. Adsorption of antimony onto iron oxyhydroxides: Adsorption behavior and surface structure. Journal of Hazardous Materials, 276: 339-345.

Hastie J W, 1973. Mass spectrometric studies of flame inhibition: Analysis of antimony trihalides in flames. Combustion and Flame, 21(1): 49-54.

He M, 2007. Distribution and phytoavailability of antimony at an antimony mining and smelting area, Hunan, China. Environmental Geochemistry and Health, 29: 209-219.

He M, Wang X, Wu F, et al., 2012. Antimony pollution in China. Science of the Total Environment, 421-422: 41-50.

Holmyard E, 2008. Inorganic chemistry: A textbook for colleges and schools. Holyoke: Hazen Press.

Hsieh Y H, Huang C P, 1991. Photooxidative dissolution of CdS(s) Part I: Important factors and mechanistic aspects. Colloids and Surfaces, 53(2): 275-295.

Igami Y, Muto S, Takigawa A, et al., 2021. Structural and chemical modifications of oxides and OH generation by space weathering: Electron microscopic/spectroscopic study of hydrogen-ion-irradiated Al_2O_3. Geochimica et Cosmochimica Acta, 315: 61-72.

Ilgen A, Trainor T, 2011. Sb(III) and Sb(V) sorption onto Al-rich phases: Hydrous Al oxide and the clay minerals kaolinite KGa-1b and oxidized and reduced nontronite NAu-1. Environmental Science & Technology, 46: 843-851.

Jones A M, Griffin P J, Waite T D, 2015. Ferrous iron oxidation by molecular oxygen under acidic conditions: The effect of citrate, EDTA and fulvic acid. Geochimica et Cosmochimica Acta, 160: 117-131.

Karimian N, Johnston S G, Tavakkoli E, et al., 2023. Mechanisms of arsenic and antimony co-sorption onto jarosite: An X-ray absorption spectroscopic study. Environmental Science & Technology, 57(12): 4813-4820.

Kim Y, Marcano M C, Kim S, et al., 2021. Reduction of uranyl and uranyl-organic complexes mediated by magnetite and ilmenite: A combined electrochemical AFM and DFT study. Geochimica et Cosmochimica Acta, 293: 127-141.

King L D, 1988. Retention of metals by several soils of the southeastern United States. Journal of Environmental Quality, 17(2): 239-246.

Kirsch R, Scheinost A, Rossberg A, et al., 2008. Reduction of antimony by nano-particulate magnetite and mackinawite. Mineralogical Magazine, 72: 185-189.

Knight R J, Sylva R N, 1975. Spectrophotometric investigation of iron(III) hydrolysis in light and heavy water at 25℃. Journal of Inorganic and Nuclear Chemistry, 37(3): 779-783.

Kocar B D, Inskeep W P, 2003. Photochemical oxidation of As(III) in ferrioxalate solutions. Environmental Science & Technology, 37(8): 1581-1588.

Kremer M, 1999. Mechanism of the Fenton reaction: Evidence for a new intermediate. Physical Chemistry Chemical Physics, 1: 3595-3605.

Kulp T, Miller L, Braiotta F, et al., 2013. Microbiological reduction of Sb(V) in anoxic freshwater sediments. Environmental Science & Technology, 48: 218-226.

Kwan C Y, Chu W, 2004. A study of the reaction mechanisms of the degradation of 2, 4-dichlorophenoxyacetic acid by oxalate-mediated photooxidation. Water Research, 38(19): 4213-4221.

Larson R A, Schlauch M B, Marley K A, 1991. Ferric ion promoted photodecomposition of triazines. Journal of Agricultural and Food Chemistry, 39(11): 2057-2062.

Leclere B, Derluyn H, Gaucher E C, et al., 2022. Diffusion driven barite front nucleation and crystallisation in sedimentary rocks. Geochimica et Cosmochimica Acta, 337: 49-60.

Lehr C R, Kashyap D R, Mcdermott T R, 2007. New insights into microbial oxidation of antimony and arsenic. Applied and Environmental Microbiology, 73(7): 2386-2389.

Leland J K, Bard A J, 1987. Photochemistry of colloidal semiconducting iron oxide polymorphs. The Journal of Physical Chemistry, 91: 5076-5083.

Leuz A K, 2006. Redox reactions of antimony in the aquatic and terrestrial environment. Zurich: Swiss Federal Institute of Technology in Zurich.

Leuz A K, Hug S J, Wehrli B, et al., 2006. Iron-mediated oxidation of antimony(III) by oxygen and hydrogen peroxide compared to arsenic(III) oxidation. Environmental Science & Technology, 40(8): 2565-2571.

Leuz A K, Johnson C A, 2005. Oxidation of Sb(III) to Sb(V) by O_2 and H_2O_2 in aqueous solutions. Geochimica et Cosmochimica Acta, 69(5): 1165-1172.

Leyva A, Marrero J, Smichowski P, et al., 2001. Sorption of antimony onto hydroxyapatite. Environmental Science & Technology, 35: 3669-3675.

Li J, Wang Q, Zhang S, et al., 2013. Phylogenetic and genome analyses of antimony-oxidizing bacteria isolated from antimony mined soil. International Biodeterioration & Biodegradation, 76: 76-80.

Liochev S I, Fridovich I, 2002. The Haber-Weiss cycle-70 years later: An alternative view. Redox Report, 7(1): 55-57.

Liu G, Zheng S, Xing X, et al., 2010. Fe(III)-oxalate complexes mediated photolysis of aqueous alkylphenol ethoxylates under simulated sunlight conditions. Chemosphere, 78(4): 402-408.

Loganathan P, Burau R G, 1973. Sorption of heavy metal ions by a hydrous manganese oxide. Geochimica et Cosmochimica Acta, 37(5): 1277-1293.

Loganathan P, Burau R G, Fuerstenau D W, 1977. Influence of pH on the sorption of Co^{2+}, Zn^{2+} and Ca^{2+} by a hydrous manganese oxide. Soil Science Society of America Journal, 41(1): 57-62.

Ludwig C, Casey W H, Rock P A, 1995. Prediction of ligand-promoted dissolution rates from the reactivities of aqueous complexes. Nature, 375(6526): 44-47.

Majzlan J, Lalinská B, Chovan M, et al., 2011. A mineralogical, geochemical, and microbiogical assessment of the antimony- and arsenic-rich neutral mine drainage tailings near Pezinok, Slovakia. American Mineralogist, 96(1): 1-13.

Martínez C E, Jacobson A R, Mcbride M B, 2004. Lead phosphate minerals: Solubility and dissolution by model and natural ligands. Environmental Science & Technology, 38(21): 5584-5590.

Martínez-Lladó X, Valderrama C, Rovira M, et al., 2011. Sorption and mobility of Sb(V) in calcareous soils of Catalonia (NE Spain): Batch and column experiments. Geoderma, 160(3-4): 468-476.

Mazellier P, Sulzberger B, 2001. Diuron degradation in irradiated, heterogeneous iron/oxalate systems: The rate-determining step. Environmental Science & Technology, 35(16): 3314-3320.

McComb K, Craw D, Mcquillan A, 2007. ATR-IR spectroscopic study of antimonate adsorption to iron oxide. Langmuir, 23: 12125-12130.

McKenzie R M, 1967. The sorption of cobalt by manganese minerals in soils. Australian Journal of Soil Research, 5(2): 235-246.

McKenzie R M, 1980. The adsorption of lead and other heavy metals on oxides of manganese and iron. Australian Journal of Soil Research, 18: 61-73.

Mellin T A, Lei G, 1993. Stabilization of 10Å-manganates by interlayer cations and hydrothermal treatment: Implications for the mineralogy of marine manganese concretions. Marine Geology, 115(1-2): 67-83.

Mitsunobu S, Takahashi Y, Sakai Y, 2008. Abiotic reduction of antimony(V) by green rust $(Fe_4(II)Fe_2(III)(OH)_{12}SO_4·3H_2O)$. Chemosphere, 70(5): 942-947.

Mitsunobu S, Takahashi Y, Sakai Y, et al., 2009. Interaction of synthetic sulfate green rust with antimony(V). Environmental Science & Technology, 43(2): 318-323.

Mitsunobu S, Takahashi Y, Terada Y, 2010. Micro-XANES evidence for the reduction of Sb(V) to Sb(III) in soil from Sb mine tailing. Environmental Science & Technology, 44(4): 1281-1287.

Mo X, Siebecker M G, Gou W, et al., 2021. EXAFS investigation of Ni(II) sorption at the palygorskite-solution interface: New insights into surface-induced precipitation phenomena. Geochimica et Cosmochimica Acta, 314: 85-107.

Murray J W, 1974. The surface chemistry of hydrous manganese dioxide. Journal of Colloid and Interface Science, 46(3): 357-371.

Murray J W, 1975a. The interaction of cobalt with hydrous manganese dioxide. Geochimica et Cosmochimica Acta, 39(5): 635-647.

Murray J W, 1975b. The interaction of metal ions at the manganese dioxide-solution interface. Geochimica et Cosmochimica Acta, 39(4): 505-519.

Nakamaru Y, Sekine K, 2008. Sorption behavior of selenium and antimony in soils as a function of phosphate ion concentration. Soil Science & Plant Nutrition, 54: 332-341.

Nakamaru Y, Tagami K, Uchida S, 2006. Antimony mobility in Japanese agricultural soils and the factors affecting antimony sorption behavior. Environmental Pollution, 141(2): 321-326.

Nicholson R V, Gillham R W, Reardon E J, 1988. Pyrite oxidation in carbonate-buffered solution: 1. Experimental kinetics. Geochimica et Cosmochimica Acta, 52(5): 1077-1085.

Nico P S, Anastasio C, Zasoski R J, 2002. Rapid photo-oxidation of Mn(II) mediated by humic substances. Geochimica et Cosmochimica Acta, 66(23): 4047-4056.

Park S W, Huang C P, 1987. The surface-acidity of hydrous CdS(s). Journal of Colloid and Interface Science, 117(2): 431-441.

Pignatello J J, 1992. Dark and photoassisted Fe^{3+}-catalyzed degradation of chlorophenoxy herbicides by hydrogen peroxide. Environmental Science & Technology, 26: 944-951.

Pignatello J J, Liu D, Huston P, 1999. Evidence for an additional oxidant in the photoassisted fenton reaction. Environmental Science & Technology, 33(11): 1832-1839.

Pilarski J, Waller P, Pickering W, 1995. Sorption of antimony species by humic acid. Water, Air, and Soil Pollution, 84(1): 51-59.

Polack R, Chen Y W, Belzile N, 2009. Behaviour of Sb(V) in the presence of dissolved sulfide under controlled anoxic aqueous conditions. Chemical Geology, 262(3): 179-185.

Qi P, Pichler T, 2016. Sequential and simultaneous adsorption of Sb(III) and Sb(V) on ferrihydrite: Implications for oxidation and competition. Chemosphere, 145: 55-60.

Qiu C, Majs F, Douglas T A, et al., 2018. In situ structural study of Sb(V) adsorption on hematite ($1\bar{1}02$) using X-ray surface scattering. Environmental Science & Technology, 52(19): 11161-11168.

Qiu H, Zhang S, Pan B, et al., 2013. Oxalate-promoted dissolution of hydrous ferric oxide immobilized within nanoporous polymers: Effect of ionic strength and visible light irradiation. Chemical Engineering Journal, 232: 167-173.

Ooi K, Miyai Y, Katoh S, 1987. Ion-exchange properties of ion-sieve-type manganese oxides prepared by using different kinds of introducing ions. Separation Science and Technology, 22(7): 1779-1789.

Quentel F, Filella M, Elleouet C, et al., 2004. Kinetic studies on Sb(III) oxidation by hydrogen peroxide in aqueous solution. Environmental Science & Technology, 38(10): 2843-2848.

Quentel F, Filella M, Elleouet C, et al., 2006. Sb(III) oxidation by iodate in seawater: A cautionary tale. Science of the Total Environment, 355(1): 259-263.

Rakshit S, Sarkar D, Datta R, 2015. Surface complexation of antimony on kaolinite. Chemosphere, 119: 349-354.

Rakshit S, Sarkar D, Punamiya P, et al., 2011. Antimony sorption at gibbsite-water interface. Chemosphere, 84(4): 480-483.

Rastegari M, Karimian N, Johnston S G, et al., 2022. Antimony(V) incorporation into schwertmannite: Critical insights on antimony retention in acidic environments. Environmental Science & Technology, 56(24): 17776-17784.

Ravichandran M, Aiken G R, Reddy M M, et al., 1998. Enhanced dissolution of cinnabar (mercuric sulfide) by dissolved organic matter isolated from the Florida everglades. Environmental Science & Technology, 32(21): 3305-3311.

Reinke L A, Rau J M, Mccay P B, 1994. Characteristics of an oxidant formed during iron(II) autoxidation. Free Radical Biology and Medicine, 16(4): 485-492.

Rönngren L, Sjöberg S, Sun Z, et al., 1991. Surface reactions in aqueous metal sulfide systems: 2. Ion exchange and acid/base reactions at the ZnS H_2O interface. Journal of Colloid and Interface Science, 145(2): 396-404.

Scheinost A C, Rossberg A, Vantelon D, et al., 2006. Quantitative antimony speciation in shooting-range soils by EXAFS spectroscopy. Geochimica et Cosmochimica Acta, 70(13): 3299-3312.

Schoonen M A A, Xu Y, Strongin D R, 1998. An introduction to geocatalysis. Journal of Geochemical

Exploration, 62(1): 201-215.

Scott M J, Morgan J J, 1995. Reactions at oxide surfaces: I. Oxidation of As(III) by synthetic birnessite. Environmental Science & Technology, 29(8): 1898-1905.

Seibig S, Van Eldik R, 1997. Kinetics of [Fe^{II}(edta)] oxidation by molecular oxygen revisited: New evidence for a multistep mechanism. Inorganic Chemistry, 36(18): 4115-4120.

Sh T, Liu C Q, Wang L, 2012. Antimony coordination to humic acid: Nuclear magnetic resonance and X-ray absorption fine structure spectroscopy study. Microchemical Journal, 103: 68-73.

Shan C, Ma Z, Tong M, 2014. Efficient removal of trace antimony(III) through adsorption by hematite modified magnetic nanoparticles. Journal of Hazardous Materials, 268: 229-236.

Shangguan Y, Qin X, Zhao L, et al., 2015. Effects of iron oxide on antimony(V) adsorption in natural soils: Transmission electron microscopy and X-ray photoelectron spectroscopy measurements. Journal of Soils and Sediments, 16: 509-517.

Shotyk W, Krachler M, Chen B, 2006. Contamination of Canadian and European bottled waters with antimony from PET containers. Journal of Environmental Monitoring, 8(2): 288-292.

Shuman L M, 1982. Separating soil iron- and manganese-oxide fractions for microelement analysis. Soil Science Society of America Journal, 46(5): 1099-1102.

Siffert C, Sulzberger B, 1991. Light-induced dissolution of hematite in the presence of oxalate: A case study. Langmuir, 7(8): 1627-1634.

Spark K M, Johnson B B, Wells J D, 1995. Characterizing heavy-metal adsorption on oxides and oxyhydroxides. European Journal of Soil Science, 46(4): 621-631.

Steely S, Amarasiriwardena D, Xing B, 2007. An investigation of inorganic antimony species and antimony associated with soil humic acid molar mass fractions in contaminated soils. Environmental Pollution, 148(2): 590-598.

Strachan D, Neeway J J, Pederson L, et al., 2022. On the dissolution of a borosilicate glass with the use of isotopic tracing: Insights into the mechanism for the long-term dissolution rate. Geochimica et Cosmochimica Acta, 318: 213-229.

Stumm W, 1997. Reactivity at the mineral-water interface: Dissolution and inhibition. Colloids and Surfaces A: Physicochemical and Engineering Aspects, 120(1): 143-166.

Suare D L, Langmuir D, 1976. Heavy metal relationship in Pennsylvania soil. Geochimica et Cosmochimica Acta, 40(6): 589-598.

Sulzberger B, Laubscher H, 1995. Reactivity of various types of iron(III) (hydr)oxides towards light-induced dissolution. Marine Chemistry, 50(1): 103-115.

Sun Q, Liu C, Fan T, et al., 2023. A molecular level understanding of antimony immobilization mechanism on goethite by the combination of X-ray absorption spectroscopy and density functional theory calculations. Science of the Total Environment, 865: 161294.

Takahashi Y, Sakuma K, Itai T, et al., 2008. Speciation of antimony in PET bottles produced in Japan and China by X-ray absorption fine structure spectroscopy. Environmental Science & Technology, 42(24): 9045-9050.

Takaoka M, Fukutani S, Yamamoto T, et al., 2005. Determination of chemical form of antimony in contaminated soil around a smelter using X-ray absorption fine structure. Analytical Sciences, 21(7): 769-773.

Thanabalasingam P, Pickering W F, 1990. Specific sorption of antimony(III) by the hydrous oxides of Mn, Fe, and Al. Water, Air, and Soil Pollution, 49(1): 175-185.

Theis T L, Singer P C, 1974. Complexation of iron(II) by organic matter and its effect on iron(II) oxygenation. Environmental Science & Technology, 8: 569-573.

Tichomirowa M, Junghans M, 2009. Oxygen isotope evidence for sorption of molecular oxygen to pyrite surface sites and incorporation into sulfate in oxidation experiments. Applied Geochemistry, 24(11): 2072-2092.

Tighe M, Lockwood P, Wilson S, 2005. Adsorption of antimony(V) by floodplain soils, amorphous iron(III) hydroxide and humic acid. Journal of Environmental Monitoring, 7: 1177-1185.

Tschan M, Robinson B H, Schulin R, 2009. Antimony in the soil-plant system: A review. Environmental Chemistry, 6: 106-115.

Tserenpil S, Liu C Q, 2011. Study of antimony(III) binding to soil humic acid from an antimony smelting site. Microchemical Journal, 98(1): 15-20.

Tsuji M, Tamaura Y, 2000. Thermodynamic study of Mn^+/H^+ exchanges on a cryptomelane-type manganic acid. Solvent Extraction and Ion Exchange, 18(1): 187-202.

Turchi C S, Ollis D F, 1990. Photocatalytic degradation of organic water contaminants: Mechanisms involving hydroxyl radical attack. Journal of Catalysis, 122(1): 178-192.

Vithanage M, Rajapaksha A U, Dou X, et al., 2013. Surface complexation modeling and spectroscopic evidence of antimony adsorption on iron-oxide-rich red earth soils. Journal of Colloid and Interface Science, 406: 217-224.

Waite T D, Morel F M M, 1984. Coulometric study of the redox dynamics of iron in seawater. Analytical Chemistry, 56(4): 787-792.

Wang X, He M, Lin C, et al., 2012. Antimony(III) oxidation and antimony(V) adsorption reactions on synthetic manganite. Geochemistry, 72: 41-47.

Wang Y, Liang J B, Liao X D, et al., 2010. Photodegradation of sulfadiazine by goethite-oxalate suspension under UV light irradiation. Industrial & Engineering Chemistry Research, 49(8): 3527-3532.

Wang Z, Bush R T, Liu J, 2013. Arsenic(III) and iron(II) co-oxidation by oxygen and hydrogen peroxide: Divergent reactions in the presence of organic ligands. Chemosphere, 93(9): 1936-1941.

Watkins R, Weiss D, Dubbin W, et al., 2006. Investigations into the kinetics and thermodynamics of Sb(III) adsorption on goethite (α-FeOOH). Journal of Colloid and Interface Science, 303(2): 639-646.

Weaver R M, Hochella Jr M F, Ilton E S, 2002. Dynamic processes occurring at the Cr_{aq}^{III}-manganite (γ-MnOOH) interface: Simultaneous adsorption, microprecipitation, oxidation/reduction, and dissolution. Geochimica et Cosmochimica Acta, 66(23): 4119-4132.

Westerhoff P, Prapaipong P, Shock E, et al., 2008. Antimony leaching from polyethylene terephthalate (PET) plastic used for bottled drinking water. Water Research, 42(3): 551-556.

White A F, Peterson M L, Hochella M F, 1994. Electrochemistry and dissolution kinetics of magnetite and ilmenite. Geochimica et Cosmochimica Acta, 58(8): 1859-1875.

Wieland E, Wehrli B, Stumm W, 1988. The coordination chemistry of weathering: III. A generalization on the dissolution rates of minerals. Geochimica et Cosmochimica Acta, 52(8): 1969-1981.

Wu Z, He M, Guo X, et al., 2010. Removal of antimony(III) and antimony(V) from drinking water by ferric chloride coagulation: Competing ion effect and the mechanism analysis. Separation and Purification Technology, 76(2): 184-190.

Xi J, He M, Wang K, et al., 2013. Adsorption of antimony(III) on goethite in the presence of competitive anions. Journal of Geochemical Exploration, 132: 201-208.

Xu N, Gao Y, 2008. Characterization of hematite dissolution affected by oxalate coating, kinetics and pH. Applied Geochemistry, 23(4): 783-793.

Xu W, Wang H, Liu R, et al., 2011. The mechanism of antimony(III) removal and its reactions on the surfaces of Fe-Mn Binary Oxide. Journal of Colloid and Interface Science, 363(1): 320-326.

Xu Y, Schoonen M A A, 2000. The absolute energy positions of conduction and valence bands of selected semiconducting minerals. American Mineralogist, 85(3-4): 543-556.

Yan L, Chan T, Jing C, 2022. Mechanistic study for antimony adsorption and precipitation on hematite facets. Environmental Science & Technology, 56(5): 3138-3146.

Yoon S H, Lee J H, OH S, et al., 2008. Photochemical oxidation of As(III) by vacuum-UV lamp irradiation. Water Research, 42(13): 3455-3463.

Zhang C, Liu L, Chen X, et al., 2022. Mechanistic understanding of antimony(V) complexation on montmorillonite surfaces: Insights from first-principles molecular dynamics. Chemical Engineering Journal, 428: 131157.

Zhang H, Li L, Zhou S, 2014. Kinetic modeling of antimony(V) adsorption-desorption and transport in soils. Chemosphere, 111: 434-440.

Zhou D, Wu F, Deng N, 2004. Fe(III)-oxalate complexes induced photooxidation of diethylstilbestrol in water. Chemosphere, 57(4): 283-291.

Zuo Y, hoigne J, 1992. Formation of hydrogen peroxide and depletion of oxalic acid in atmospheric water by photolysis of iron(III)-oxalato complexes. Environmental Science & Technology, 26: 1014-1022.

▶ 第 1 篇

含锑矿物淋溶释放动力学过程和机理

第 2 章　硫化锑的溶解动力学和机理

自然界中锑主要以辉锑矿（硫化锑，Sb_2S_3）存在。Sb_2S_3 溶度积常数 $K_{sp}=1.2\times10^{-59}$，是极难溶于水的化合物。但是在以硫化锑为主要矿物类型的锑矿石采矿区、尾渣堆存区及周边区域，地下水、土壤孔隙水中锑浓度远远高于对照区。为何在实际环境中 Sb_2S_3 的溶解度变大，是何原因促使 Sb_2S_3 溶解，溶解机理是什么，本章将主要分析光照和溶解性有机质对 Sb_2S_3 溶解的影响。

2.1　研　究　方　法

2.1.1　光照作用下 Sb_2S_3 的溶解实验

1. 太阳光实验

溶解反应在烧杯中分批次进行，取 250 mL 超纯水，投加 0.05 g Sb_2S_3，通过磁力搅拌进行混合。控制温度于（25±2）℃。实验同时在太阳光照和避光条件下进行，历时 120 min，每隔 30 min 取样，并用 0.22 μm 乙酸纤维素膜过滤，收集滤液，6 h 内测定。

2. 模拟太阳光实验

利用 500 W 长弧氙灯作为光源，将其置于距离反应溶液上液面 50 cm 处，考察光照下不同环境条件对 Sb_2S_3 溶解的影响，其他过程与太阳光实验相同。

2.1.2　天然有机质存在下 Sb_2S_3 的溶解实验

1. 无光照条件

溶解反应在烧杯中进行，取 250 mL 反应液和 0.2 g/L Sb_2S_3 置于反应器中，并用锡纸包裹使其避光，通过磁力搅拌将固液混合均匀进行溶解实验。反应液的离子强度用 0.1 mol/L $NaClO_4$ 调节，溶液 pH 分别用 0.05 mol/L 的 2-吗啉乙磺酸（MES）、3-吗啉丙磺酸（MOPS）和 NaOH 调节为 3.7、6.6 和 8.9。溶解性有机质为 1 mmol/L 草酸、柠檬酸、酒石酸、乙二胺四乙酸、邻苯二酚、水杨酸、甘氨酸、硫代乳酸、葡萄糖、木糖醇和邻苯二酚。实验开始后，前 20 min 每隔 10 min 取样，后续每隔 20 min 取样，用 0.22 μm 乙酸纤维素膜过滤，稀释测定，样品不隔夜保存。

2. 光照条件

以长弧氙灯为光源，考察上述溶解性有机质存在下硫化锑的溶解。光照实验方法参考 2.1.1 小节中模拟太阳光实验。

2.1.3 Sb$_2$S$_3$的表征及数据分析

1. Sb$_2$S$_3$比表面积测定

采用多点 BET（Brunauer-Emmett-Teller）法测定 Sb$_2$S$_3$ 的比表面积为 1.086 m^2/g。

2. 紫外-可见光谱吸收性能

Sb$_2$S$_3$对光谱的吸收性能由紫外-可见-漫反射分光光度计进行测定。以硫酸钡作参比和底板，扫描波长为 230～700 nm。

3. 数据分析

在避光条件下，Sb$_2$S$_3$的溶解平衡表示为

$$Sb_2S_3(s) + 6H_2O(l) \rightleftharpoons 2Sb(OH)_3(aq) + 3H_2S(aq) \quad (2.1)$$

在溶解氧存在的条件下，Sb$_2$S$_3$的溶解反应表示为

$$Sb_2S_3(s) + 6O_2 + 6H_2O(l) \rightleftharpoons 2Sb(OH)_3(aq) + 3H_2SO_4(aq) \quad (2.2)$$

根据以上条件下的溶解反应方程，Sb$_2$S$_3$ 的溶解速率（r）通过溶液中总锑（Sb$_{tot}$）的质量浓度随时间的变化来计算，如下：

$$r = -\frac{d(Sb_2S_3)}{dt} = \frac{d[Sb_{tot}]}{2dt} \quad (2.3)$$

Sb(III)的氧化速率（r_{ox}）通过溶液中 Sb(V)质量浓度随时间增加的量来计算：

$$r_{ox} = -\frac{d\{Sb(III)\}_{oxidaion}}{dt} = \frac{d[Sb(V)]}{dt} \quad (2.4)$$

Sb$_{tot}$ 和 Sb(V)的质量浓度（mg/m^2）均利用 Sb$_2$S$_3$的比表面积进行归一化处理。

2.2 光照作用下 Sb$_2$S$_3$ 的溶解动力学和机理

2.2.1 光照对 Sb$_2$S$_3$ 溶解的影响

从图 2.1 可以看出，Sb$_2$S$_3$对 230～700 nm 的光均有吸收，这说明光照极有可能影响 Sb$_2$S$_3$的溶解。

Sb$_2$S$_3$的溶解结果（图 2.2）显示，光照条件下总锑的质量浓度均高于无光条件下总锑质量浓度，说明太阳光促进了 Sb$_2$S$_3$的溶解。实验进一步考察 pH=6 条件下光照和氧气对 Sb$_2$S$_3$溶解的影响。结果发现，光照条件下总锑的释放速率远远高于无光条件

下[图 2.3（a）]，而且，在光照条件下，反应体系中 Sb(V)的质量浓度有快速升高[图 2.3（b）~（c）]。经过 4 h 的光反应，在有氧条件下，有 37%的 Sb₂S₃溶解；在无光及有氧条件下，有 19.6%的 Sb₂S₃溶解；在无光及无氧的条件下，仅有 0.2%的 Sb₂S₃溶解。相应地，在光照及有氧条件下，有 26.5%的 Sb(III)被氧化；在无光及有氧条件下，有 9.9%的 Sb(III)被氧化；在无光及无氧条件下，有 3%的 Sb(III)被氧化。上述结果说明光照作用不仅提高了 Sb₂S₃的溶解速率，而且促进了 Sb(III)向 Sb(V)的氧化。

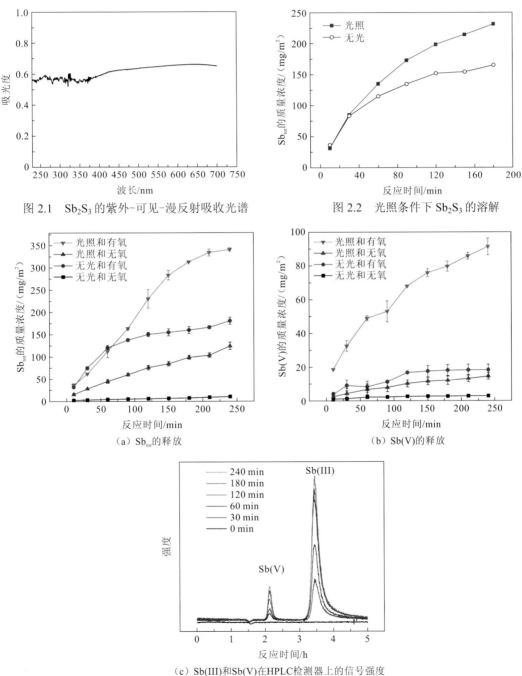

图 2.1　Sb₂S₃的紫外-可见-漫反射吸收光谱

图 2.2　光照条件下 Sb₂S₃的溶解

（a）Sb$_{tot}$的释放

（b）Sb(V)的释放

（c）Sb(III)和 Sb(V)在 HPLC 检测器上的信号强度

图 2.3　pH=6 条件下光照对 Sb₂S₃溶解的影响

这是因为 Sb_2S_3 作为一种半导体光矿物，当 Sb_2S_3 接受光照时，会被激发产生高化学反应性的电子和空穴对，这些电子和空穴分别具有高的还原性和氧化性，在反应体系中会进行氧化还原反应产生一系列具有强氧化性的自由基，这些自由基会将溶液中释放的 Sb(III)和硫化物氧化，从而促进溶解反应的进行。下面将从 Sb(III)和硫化物的氧化两方面分别讨论 Sb_2S_3 的溶解。

2.2.2　总锑的释放及 Sb(III)的氧化

1. pH 的影响

在无光和光照条件下，不同 pH 对 Sb_2S_3 溶解和 Sb(III)氧化的影响结果见图 2.4（a）和（c）。不同 pH 下 Sb_2S_3 的溶解速率和 Sb(III)的氧化速率见表 2.1。从图和表可以看出：①在光照和无光反应条件下，总锑（Sb_{tot}）和 Sb(V)的生成速率均随 pH 的升高而增加；②光照条件下，所有 pH 条件下的 Sb_{tot} 和 Sb(V)的浓度及释放速率均大于无光反应相应 pH 条件的速率。这是因为：①Sb_2S_3 溶解产生 $Sb(OH)_3$［一种弱酸，通常写作 H_3SbO_3（亚锑酸）］，H_3SbO_3 可以解离为 $H_2SbO_3^-$ 或者 $H_4SbO_4^-$［式（2.5）和式（2.6）］，因此，随着 pH 升高，更多的 H_3SbO_3 转化为 $H_2SbO_3^-$ 或者 $H_4SbO_4^-$，促使 Sb_2S_3 的溶解反应平衡右移，从而提高 Sb_2S_3 的溶解度；②光照条件下，Sb_2S_3 被激发产生电子和空穴对［式（2.7）］，空穴可以捕捉 H_2O 和氢氧根离子（OH^-）的电子，产生羟基自由基（$\cdot OH$）［式（2.8）和式（2.9）］，$\cdot OH$ 能将 Sb(III)氧化为 Sb(V)［式（2.10）］。因此，随着 pH 升高，OH^- 浓度升高，$\cdot OH$ 的产生量就会增加，从而能氧化更多的 Sb(III)，破坏原本的溶解平衡，促进 Sb_2S_3 的溶解。

$$H_3SbO_3 \Longrightarrow H_2SbO_3^- + H^+ \tag{2.5}$$

$$H_3SbO_3 + H_2O \Longrightarrow H_4SbO_4^- + H^+ \tag{2.6}$$

$$Sb_2S_3 + h\nu \longrightarrow Sb_2S_3(e_{cb}^- + h_{vb}^+) \tag{2.7}$$

$$Sb_2S_3(h_{vb}^+) + H_2O \longrightarrow Sb_2S_3 + \cdot OH + H^+ \tag{2.8}$$

$$Sb_2S_3(h_{vb}^+) + OH^- \longrightarrow Sb_2S_3 + \cdot OH \tag{2.9}$$

$$Sb(OH)_3^0 + 2\cdot OH + H_2O \longrightarrow Sb(OH)_6^- + H^+ \tag{2.10}$$

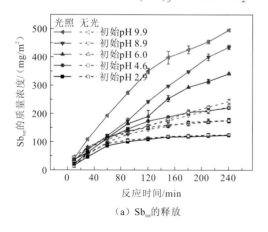

（a）Sb_{tot} 的释放

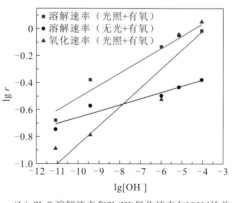

（b）Sb_2S_3 溶解速率和Sb(III)氧化速率与[OH^-]的关系

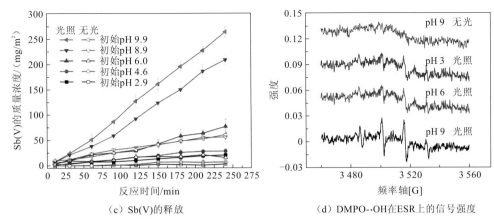

（c）Sb(V)的释放　　　　　　　（d）DMPO-·OH在ESR上的信号强度

图 2.4　pH 对 Sb$_2$S$_3$ 溶解速率的影响

DMPO 为 5,5-二甲基-1-吡咯啉-N-氧化物

表 2.1　不同条件下 Sb$_2$S$_3$ 的溶解速率和 Sb(III) 的氧化速率

pH	光照+有氧	无光+有氧	光照+无氧	无光+无氧	光照+有氧+IPA	光照+无氧+IPA
Sb$_2$S$_3$ 的溶解速率/[mg/（m^2·min）]						
2.9	0.21	0.18	0.21	0.006	—	—
4.6	0.42	0.27	—	—	—	—
6.0	0.74	0.32	0.23	0.016	—	—
8.9	0.90	0.37	0.26	0.024	0.85	0.10
9.9	0.97	0.42	—	—		
Sb(III) 的氧化速率/[mg/（m^2·min）]						
2.9	0.13	0.009	0.038	0.0030	—	—
4.6	0.13	0.036	—	—	—	—
6.0	0.30	0.062	0.052	0.0074	—	—
8.9	0.91	0.23	0.17	0.014	0.70	0.08
9.9	1.13	0.23	—	—		

注：IPA 为异丙醇

通过电子自旋共振（electron spin resonance，ESR）波谱技术检测光照条件下 pH 3、pH 6、pH 9 及无光 pH 9 条件下的·OH，结果 [图 2.4（d）] 显示，无光条件下，自旋加合物强度为 0；光照条件下，自旋加合物的强度随着 pH 的升高而升高，说明随着 pH 的升高，·OH 的产生量增加。

根据图 2.4（a）和（c）的结果可知，Sb$_2$S$_3$ 溶解速率与·OH，归根结底与 OH$^-$ 存在一定的线性关系，如下：

$$r = \frac{d\{Sb_2S_3(s)\}}{dt} = \frac{d[Sb(aq)]}{2dt} \propto [\cdot OH] \propto [OH^-] \quad\quad (2.11)$$

式（2.11）是一个零级反应方程，表明 Sb$_2$S$_3$ 的溶解速率与 [OH$^-$] 呈正相关关系。对图 2.4（a）进行线性拟合，得出：当 pH 为 2.9、4.6、6.0、8.9 和 9.9 时，在光照条件下，Sb$_2$S$_3$ 溶解速率分别为 0.21 mg/（m^2·min）、0.42 mg/（m^2·min）、0.74 mg/（m^2·min）、

$0.90\ \text{mg/(m}^2\cdot\text{min)}$ 和 $0.97\ \text{mg/(m}^2\cdot\text{min)}$；无光条件下，其溶解速率分别为 $0.18\ \text{mg/(m}^2\cdot\text{min)}$、$0.27\ \text{mg/(m}^2\cdot\text{min)}$、$0.32\ \text{mg/(m}^2\cdot\text{min)}$、$0.37\ \text{mg/(m}^2\cdot\text{min)}$ 和 $0.42\ \text{mg/(m}^2\cdot\text{min)}$。由于 Sb_2S_3 的溶解速率和 Sb(III)氧化速率随 pH 升高而升高，为了进一步量化 OH^- 浓度的影响，式（2.11）可写为式（2.12）的形式：

$$r = k \cdot [OH^-]^m \tag{2.12}$$

式中：k 为 Sb_2S_3 的溶解速率常数；m 为溶解速率与 $[OH^-]$ 关系的期望值（0～1）。对图 2.4（b）的数据进行拟合，求出无光和光照条件下 k 分别为 $0.64\ \text{min}^{-1}$ 和 $2.54\ \text{min}^{-1}$，m 分别等于 $0.046\ \text{mg/(m}^2\cdot\text{min)}$ 和 $0.091\ \text{mg/(m}^2\cdot\text{min)}$。因此，在无光和光照条件下，$Sb_2S_3$ 溶解速率与 $[OH^-]$ 的关系分别表达为式（2.13）和式（2.14），可以看出，在光照条件下，Sb_2S_3 的溶解速率更依赖 OH^- 浓度。

$$r = 0.64 \cdot [OH^-]^{0.046} \tag{2.13}$$

$$r = 2.54 \cdot [OH^-]^{0.091} \tag{2.14}$$

另外，从图 2.4（c）发现不同 pH 条件下，Sb(V)浓度随时间的变化也同 Sb_{tot} 的变化相似，因此认为 Sb(III)的溶解速率也与 $[OH^-]$ 存在一定的线性关系，按照以上处理方式，通过线性拟合，得出 Sb(III)溶解速率与 $[OH^-]$ 关系的表达式为

$$r_{ox} = 3.52 \cdot [OH^-]^{0.14} \tag{2.15}$$

从以上速率表达式可以看出，pH 对 Sb(III)的氧化速率影响更大，在 pH 8.9 和 9.9 时，有约 50% 的 Sb(III)被氧化，但是无光的条件下，仅有约 22% 的 Sb(III)被氧化，这间接证明了·OH 的重要性。

进一步用异丙醇（IPA）对 pH 9.0 条件下的·OH 进行掩蔽，结果（图 2.5）表明，在光照条件下，·OH 被消除之后，不仅总锑的释放速率从 $0.26\sim0.90\ \text{mg/(m}^2\cdot\text{min)}$ 降低到 $0.10\sim0.85\ \text{mg/(m}^2\cdot\text{min)}$，Sb(III)的氧化速率也相应降低，这进一步说明·OH 在 Sb(III)的氧化和 Sb_2S_3 的溶解过程中起到较重要的作用。

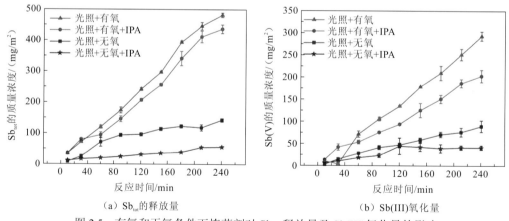

图 2.5　有氧和无氧条件下掩蔽剂对 Sb_{tot} 释放量及 Sb(III)氧化量的影响

2. 溶解氧的影响

为了证实溶解氧对 Sb_2S_3 溶解的影响，分别在无光和光照条件下进行除氧实验，结果见图 2.6。从表 2.1 可以看出，在无光条件下，从有氧到无氧 Sb_2S_3 的溶解速率从 0.18～

0.37 mg/（$m^2 \cdot min$）几乎降为 0，溶液中也几乎不存在 Sb(V)，说明溶解氧对 Sb_2S_3 的溶解有很大影响。这是因为在金属硫化物溶解的过程中，其表面的质子化是反应的初始步骤，一旦 Sb_2S_3 表面质子化，就会形成表面羟基[式（2.16）]，可能生成巯基锑酸盐 $Sb(OH)_x(SH)_y^{3-x-y}$[式（2.17）]，其标准氧化还原电位为 −0.6 V（Planer-Friedrich et al.，2011；Bard et al.，1975），很容易被氧化为五价巯基锑酸盐。

$$Sb_2S_3 + H_2O \Longrightarrow Sb_2S_3 \cdot H_2O \tag{2.16}$$

$$Sb_2S_3 \cdot H_2O \longrightarrow Sb(OH)_x(SH)_y^{3-x-y} \tag{2.17}$$

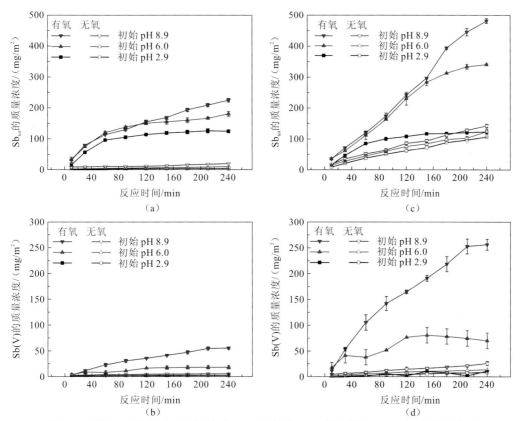

图 2.6 不同 pH 条件下，溶解氧对 Sb_2S_3 溶液中 Sb_{tot} 释放量及 Sb(III)氧化量的影响

（a）与（b）为无光条件；（c）与（d）为光照条件

但在光照条件下，从有氧到无氧 Sb_2S_3 的溶解速率从 0.21～0.90 mg/（$m^2 \cdot min$）降低到 0.21～0.26 mg/（$m^2 \cdot min$），并且发现即使无溶解氧存在，体系中仍检测到 Sb(V)。通过线性拟合，计算 pH 8.9 时不同条件下 Sb_2S_3 的溶解速率：光照+有氧为 0.90 mg/（$m^2 \cdot min$）、光照+无氧为 0.26 mg/（$m^2 \cdot min$）、无光+有氧为 0.37 mg/（$m^2 \cdot min$）、无光+无氧为 0.024 mg/（$m^2 \cdot min$）。对比上述结果发现，在光照条件下，氧气对 Sb_2S_3 的溶解有较大影响，主要是因为光照条件下，溶解氧可被光致电子还原生成 $O_2^{\bullet-}$，产生较强的氧化作用[式（2.18）和式（2.19）]。关于 CdS 和 ZnS 的研究已经证实金属硫化物的导带电子能与氧气作用生成 $O_2^{\bullet-}$，且 $O_2^{\bullet-}$ 能直接参与氧化反应（Spikes，1981）。

$$Sb_2S_3(e_{cb}^-) + O_2 \longrightarrow Sb_2S_3 + O_2^{\bullet-} \tag{2.18}$$

$$Sb(OH)_3^0 + 2O_2^{\cdot -} + 3H_2O + H^+ \longrightarrow Sb(OH)_6^- + 2H_2O_2 \qquad (2.19)$$

3. 过氧化氢的影响

有研究表明 Sb(III)能被 50～500 µmol/L 的 H_2O_2 在碱性条件下氧化（Quentel et al.，2004）。根据光催化反应机理，在光照下 Sb_2S_3 的氧化性溶解反应体系中也可能有 H_2O_2 产生（Sin et al.，2014；Zhang et al.，2014；Gaya et al.，2008；Fox et al.，1993），如下：

$$O_2^{\cdot -} + H^+ \longrightarrow HOO\cdot \qquad (2.20)$$

$$HOO\cdot + e_{cb}^- \longrightarrow HOO^- \qquad (2.21)$$

$$HOO^- + H^+ \longrightarrow H_2O_2 \qquad (2.22)$$

然而，在 pH 3.0、pH 6.0 和 pH 9.0 条件下，均未检测到 H_2O_2（检出限<0.1 mg/L）。可能是因为：①极少或者没有 H_2O_2 产生，导致响应浓度值低于方法检出限；②产生的 H_2O_2 在光照条件下分解[式（2.23）]，因此在后面的讨论中忽略 H_2O_2 的影响。

$$H_2O_2 + hv \longrightarrow 2\cdot OH \qquad (2.23)$$

4. 光致空穴的影响

从图 2.5 发现，当 pH 为 9.0 时，即使没有·OH 和氧气的存在，反应体系中仍有 46 mg/m² 的 Sb_{tot} 和 23 mg/m² 的 Sb(V)存在，说明还有其他氧化性物质存在。用氧化还原电极测得 120 min 和 240 min 时反应液的氧化还原电位（相对于标准氢电极）为-0.053 V 和 -0.073 V。在 Sb_2S_3 等电点 pH 2.0 条件下，其价带能量估计值为-4.72 V（Xu et al.，2000），当 pH>2.0 时，价带能量低于-4.72 V。由此可见，反应体系的氧化还原电位远高于 Sb_2S_3 价带能量。根据光催化反应中光致电子在半导体界面的迁移规律，电子能从 Sb(III)直接转移到 Sb_2S_3 价带，实现自身的氧化[式（2.24）]。

$$Sb(OH)_3^0 + 2Sb_2S_3(h_{vb}^+) + 3H_2O \longrightarrow Sb(OH)_6^- + 2Sb_2S_3 + 3H^+ \qquad (2.24)$$

2.2.3 硫化物的氧化及硫代锑酸盐的生成对硫化锑溶解的影响

除 Sb 的氧化加速 Sb_2S_3 的溶解之外，S 价态的转化也控制着 Sb_2S_3 的溶解平衡（Ullrich et al.，2013）。与 Sb(III)的氧化一样，硫化物的氧化也可以促使 Sb_2S_3 的溶解平衡右移，从而促进 Sb_2S_3 的溶解。Biver 等（2012）的研究已经证实，即使是在无光的条件下，由辉锑矿溶解释放的硫化物也可以被快速氧化。在 pH 2.9 和 pH 9.9 条件下，光照反应 4 h 后，SO_4^{2-} 的摩尔浓度分别为 0.67 µmol/L 和 1.3 µmol/L；无光反应 4 h 后，SO_4^{2-} 的摩尔浓度分别为 0.19 µmol/L 和<0.1 µmol/L。由此可见，光照提高了 SO_4^{2-} 的浓度，进一步说明光照增加了 H_2S 的氧化。另外，光照反应结束后，pH 2.9 和 pH 9.9 条件下溶液中总溶解性硫的摩尔浓度分别为 9.6 mmol/L 和 281 mmol/L，远远高于相同条件下 SO_4^{2-} 的浓度。这表明硫化物的氧化产物不是 SO_4^{2-}，而可能是介于-2 价和+6 价的元素硫、硫代硫酸盐、亚硫酸盐等形式。根据硫化物被氧气氧化反应的过程（Kenneth et al.，1972），溶解释放的 H_2S 解离平衡产生 HS^-，HS^- 可以被氧化生成 S^0、$S_2O_3^{2-}$ 和 SO_4^{2-}[式（2.25）～式（2.28）]。

$$2HS^- + O_2 + 2H^+ \longrightarrow 2H_2O + 2S^0 \qquad (2.25)$$

$$2HS^- + 2O_2 \longrightarrow H_2O + S_2O_3^{2-} \qquad (2.26)$$

$$2S_2O_3^{2-} + 4O_2 \longrightarrow 2SO_4^{2-} + 2S^0 \qquad (2.27)$$

$$2HS^- + 4O_2 \longrightarrow 2SO_4^{2-} + 2H^+ \qquad (2.28)$$

尽管有研究证明 $S_2O_3^{2-}$ 发生歧化反应生成 S^0 的过程[式（2.27）]十分缓慢，但在辉锑矿溶解的相关研究中，已有证据显示有 S^0 产生（Biver et al.，2012）。4 h 反应后，S/Sb 的物质的量比在 pH 2.9 和 pH 9.9 条件下分别为 0.05 和 0.47，小于理论物质的量比 3/2，也说明有 S^0 沉淀生成。另外，Ullrich 等（2013）的研究结果表明 Sb_2S_3 溶解过程中，HS^- 的氧化可以提高锑的释放速率，主要的氧化产物是 $S_2O_3^{2-}$。因此推测 S^0 和 $S_2O_3^{2-}$ 是硫化物氧化的主要产物。

此外，硫代亚锑酸盐和硫代锑酸盐的生成也会促使 Sb_2S_3 溶解平衡右移。Filella 等（2002）总结了在 $T \leqslant 30\,℃$ 时，Sb 在硫化物水溶液中的形态（表 2.2）。Sb(III)与 S 之间结合的形态，简单的形式主要有 SbS_2^- 和 SbS_3^{3-}，聚合的形式主要有 $Sb_2S_4^{2-}$、$Sb_4S_7^{2-}$、$SbS(SH)_2^-$、$Sb(SH)_3$ 和 $Sb_2S_2(SH)_2$。Sb(V)与 S 之间的形态主要有 SbS_4^{3-}、$SbS(SH)_3$ 和 $Sb(SH)_4^+$（Sherman et al.，2000）。Wood（1989）研究认为，当溶液中 Sb 摩尔浓度小于 0.1 mol/L 时，Sb 与 S 仅可能存在一些简单的形式，不可能以聚合形式存在。在该研究体系中，Sb 的最高摩尔浓度仅有 9×10^{-4} mol/L，远远小于 0.1 mol/L，因此认为 Sb-S 以 SbS_2^- 和 SbS_3^{3-} 络合物形态存在。

2.2.4　Sb_2S_3 光催化氧化溶解的机理

综合以上分析，本小节提出光促 Sb_2S_3 溶解的光催化反应机制（图 2.7）。在光照条件下，Sb_2S_3 存在一个溶解平衡，同时，Sb_2S_3 受光激发产生电子-空穴对，电子具有强还原性，空穴具有强氧化性。它们分别与溶液中的水分子或者溶解氧发生氧化还原反应，产生具有强氧化性的·OH、$O_2^{·-}$ 等活性物种。这些活性物种将溶液中的 Sb(III)和 H_2S 氧化，Sb(III)的氧化产物主要是 Sb(V)，H_2S 的主要氧化产物是 S 和 $S_2O_3^{2-}$，从而更大程度地促进反应平衡右移，促进 Sb_2S_3 的溶解。进一步通过 Sb 和 S 不同价态间的标准电极电势：在酸性条件（298 K）下，O(0)/O(-II)的标准电极电势是 1.229 V，S(0)/S(-II)、S(II)/S(0)、S(IV)/S(0)和 S(VI)/S(IV)的标准电极电势分别为 0.142 V、0.600 V、0.449 V 和 0.173 V，Sb(V)/Sb(III)的标准电极电势为 0.581 V；在碱性条件（298 K）下，S(0)/S(-II)、S(IV)/S(II)和 S(VI)/S(IV)的标准电极电势分别为 -0.48 V、-0.58 V 和 -0.93 V，Sb(V)/Sb(III)的标准电极电势为 -0.58 V（Bard et al.，1985；Milazzo et al.，1978），在酸性和碱性条件下，虽然 Sb(III)和硫化物的氧化过程均能促进 Sb_2S_3 的溶解，却有不同的优先顺序：在酸性条件下，H_2S 的氧化首先促进 Sb_2S_3 的溶解，而后 Sb(III)和 H_2S 的协同氧化作用更大程度地促进 Sb_2S_3 的溶解；在碱性条件下，Sb(III)的氧化首先促进 Sb_2S_3 的溶解，而后二者协同促进 Sb_2S_3 的溶解。

表 2.2 硫化物水溶液中 Sb 的形态 （$T \leqslant 30$ ℃）

硫代锑酸盐的种类	锑化物	硫化物/(mol/L)	pH	温度	方法	参考文献
$SbS_4(H_2O)_2^{3-}$	Sb_2S_5	2.0 $(NH_4)_2S$	>12[a]	18		Brintzinger等 (1934)
SbS_2^-, SbS_3^{3-}, $Sb_2S_5^{4-}$	晶体	0.005~3.0 Na_2S	>12[a]	20	化学分析和显微镜观察	Fiala等 (1950)
SbS_2^-, SbS_3^{3-}	胶体	0.005~0.1 H_2S, K_2S	0.6~12.3	25	溶解	Akeret (1953)
SbS_2^-	胶体	0.04 H_2S	8~9	20	溶解	Babko等 (1956)
$SbS(OH)_2^-$		—	10~11			
SbS_3^{3-}	胶体	0.005~0.1 Na_2S	>12[a]	16, 30	溶解	Wei等 (1961)
$Sb_2S_4^{2-}$	胶体	0.03~0.06 Na_2S	12.5	30	溶解	Dubey等 (1962)
$Sb_4S_7^{2-}$	晶体	0.06~0.92 Na_2S	>12[a]	25	溶解	Arntson等 (1966)
SbS_3^{3-}		excess Na_2S	>12[a]	25	溶解	Milyutina等 (1967)
SbS_3^{3-}, $Sb_2S_5^{4-}$, $Sb_4S_7^{2-}$	0~0.12 Sb_2S_3	0.25~2.5 Na_2S	>12[a]	25	电位测定法	Shestitko等 (1971)
$Sb_2S_4^{2-}$, $HSb_2S_4^-$, $H_2Sb_2S_4$		—	3~9	25	重新解释	Kolpakova (1982)
SbS_4^{3-}	0.02~0.06 Sb_2S_5	0.13~1.0 Na_2S	>12[a]	25	电位测定法	Shestitko等 (1975)
SbS_3^{3-}, SbS_2O^{3-}	—	Na_2S 过量, Na_2S 不足	—	25	电镜, 电位计	Chazov (1976)
$HSb_2S_5^-$	辉锑矿	H_2S	3.2~9	50, 95		Kolpakova (1982)
$H_2Sb_2S_4$ (high pH), $HSb_2S_4^-$ （pH 5~9）, $Sb_2S_2^{2-}$	晶体	0.001~0.1 mol/kg 总游离 S	3~11	25	溶解	Krupp (1988)
0.1 mol/kg Sb:$Sb_2S_4^{2-}$, $Sb_4S_7^{2-}$ <0.06 mol/kg Sb: SbS_2^-, SbS_3^{3-}	Sb_2S_3	0.95 mol/kg Na_2S	12.95	25	拉曼光谱	Wood (1989)
$H_2Sb_2S_4$, $HSb_2S_4^-$, $Sb_2S_4^{2-}$		—	2~13	25	对已发表溶解度数据的重新解读	Spycher等 (1989)
$SbS(SH)_2^-$, $SbS_2(SH)^{2-}$, $Sb_2S_2(SH)_2$		—	—	—	量子力学计算	Tossell (1994)
$Sb_2S_4^{2-}$	结晶体	0.914 mol/kg Na_2S_4	>12[a]	20	拉曼	Gushchina等 (2000)
$Sb(HS)_4^+$		(a) 1.15 mol/kg Na_2S; (b) 0.2 mol/kg NaHS+0.06 mol/kg NaOH; (c) 0.2 mol/kg NaHS+0.66 mol/kg NaOH	—	<150	扩展 X 射线吸收精细结构光谱	Sherman等 (2000)
SbS_4^{3-}, SbS_3^{3-}, $Sb_2S_2(SH)_2$	—	0.009~2.5 NaHS	8~12.3	Sb_2S_3	扩展 X 射线吸收精细结构光谱	Mosselmans等 (2000)

注: a 表示根据参考文献的实验条件推测得到的结果

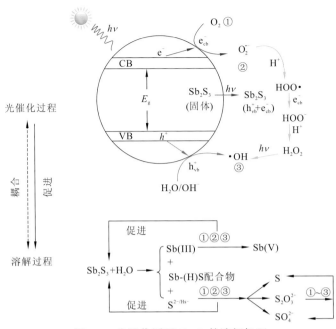

图 2.7 光照作用下 Sb_2S_3 的溶解机理

CB：conduction band，导带；VB：valence band，价带

2.3 有机质作用下 Sb_2S_3 的溶解动力学和机理

2.3.1 不同 pH 下天然有机质对 Sb_2S_3 溶解速率的影响

1. pH 3.7 条件下 Sb_2S_3 的溶解

当 pH 为 3.7 时，溶解性有机质对 Sb_{tot} 和 Sb(III) 释放速率的影响结果（图 2.8）显示：①溶液中 Sb_{tot} 和 Sb(III)的释放量几乎一样；②Sb_{tot} 和 Sb(III)浓度的升高在前 60 min 呈线性，之后趋于缓慢；③乙二胺四乙酸（EDTA）、酒石酸、硫代乳酸、柠檬酸和邻苯二酚促进了 Sb_2S_3 的溶解；④邻苯二甲酸抑制了 Sb 的释放。

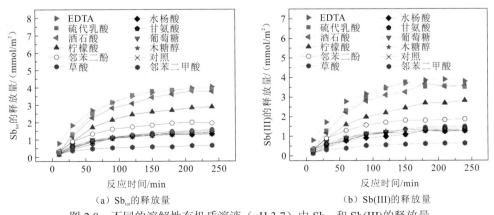

（a）Sb_{tot} 的释放量 （b）Sb(III)的释放量

图 2.8 不同的溶解性有机质溶液（pH 3.7）中 Sb_{tot} 和 Sb(III)的释放量

2. pH 6.6 条件下 Sb$_2$S$_3$ 的溶解

当 pH 为 6.6 时，溶解性有机质对 Sb$_{tot}$ 和 Sb(III)释放速率的影响结果（图 2.9）显示：①溶液中 Sb$_2$S$_3$ 溶解释放出的 Sb$_{tot}$ 浓度几乎等于 Sb(III)；②硫代乳酸和邻苯二酚显著促进了 Sb$_2$S$_3$ 的溶解，而邻苯二甲酸和水杨酸对 Sb 的释放有轻微的抑制作用，其他有机质对 Sb$_2$S$_3$ 的溶解几乎无影响；③pH 6.6 条件下，硫代乳酸溶液中 Sb 的释放量与 pH 3.7 条件下相同，而邻苯二酚溶液中 Sb 的释放量较 pH 3.7 条件下有所增加。

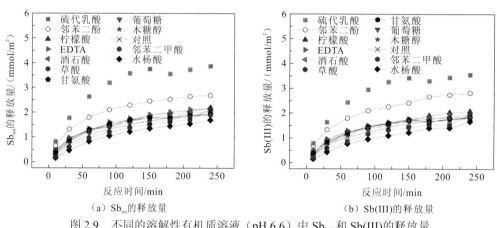

（a）Sb$_{tot}$的释放量　　　　　（b）Sb(III)的释放量

图 2.9　不同的溶解性有机质溶液（pH 6.6）中 Sb$_{tot}$ 和 Sb(III)的释放量

3. pH 8.6 条件下 Sb$_2$S$_3$ 的溶解

当 pH 为 8.6 时，溶解性有机质对 Sb$_{tot}$ 和 Sb(III)释放速率的影响结果（图 2.10）显示：①溶液中 Sb$_{tot}$ 的量较 Sb(III)高，尤其是邻苯二酚溶液中，Sb(III)仅占溶液中 Sb$_{tot}$ 的一半左右，说明在碱性条件下，Sb$_2$S$_3$ 溶解释放出的 Sb(III)发生了转化；②与 pH 6.6 的结果相比，相同的是，邻苯二酚和硫代乳酸对 Sb 溶解释放有较强的促进作用；不同的是，在 pH 8.6 条件下，邻苯二酚和硫代乳酸对 Sb$_{tot}$ 释放的促进作用几乎相同，对 Sb(III)的转化却不同。

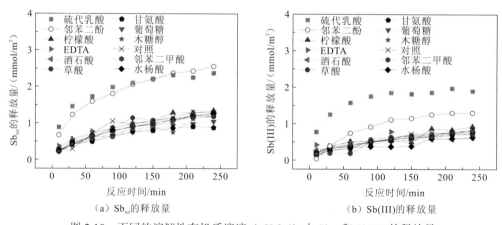

（a）Sb$_{tot}$的释放量　　　　　（b）Sb(III)的释放量

图 2.10　不同的溶解性有机质溶液（pH 8.6）中 Sb$_{tot}$ 和 Sb(III)的释放量

4. 不同 pH 下 Sb₂S₃ 的溶解速率

不同 pH 条件下 0～150 min 时 Sb₂S₃ 的溶解速率(表 2.3 和图 2.11)结果显示:①EDTA、酒石酸、硫代乳酸和柠檬酸在酸性和近中性 pH 条件下对 Sb₂S₃ 溶解的促进作用较为明显,在以上溶液中,pH 3.7 条件下,Sb₂S₃ 的溶解速率分别约为空白组溶解速率的 3 倍、2.7 倍、3 倍和 2 倍。然而当 pH 呈碱性时,硫代乳酸对 Sb₂S₃ 溶解的促进作用逐渐减弱,而 EDTA、酒石酸和柠檬酸对 Sb₂S₃ 溶解的促进作用消失;②邻苯二酚对 Sb₂S₃ 溶解的促进作用几乎不随 pH 的变化而变化,当 pH 为 3.7～8.6 时,邻苯二酚均能很好地促进 Sb₂S₃ 溶解;③葡萄糖、木糖醇、甘氨酸、水杨酸和邻苯二甲酸这些含醇羟基或者苯环的羧酸对 Sb₂S₃ 溶解几乎无影响或者在某些情况下有抑制作用。例如,邻苯二甲酸在酸性条件下对 Sb₂S₃ 溶解有很明显的抑制作用,其溶解速率仅约为空白溶液中的 49%。

表 2.3　不同 pH 条件下溶解性有机质溶液中 Sb₂S₃ 的溶解速率　[单位: mg/(m²·min)]

溶解性有机质	pH 3.7	pH 6.6	pH 8.6	pH 6.6	
	1 mmol/L			5 mmol/L	10 mmol/L
空白	0.597	0.779	0.475	1.370	1.004
草酸	0.627	0.864	0.548	1.230	1.071
柠檬酸	1.236	0.889	0.511	3.531	1.887
酒石酸	1.601	1.601	0.457	2.271	1.893
EDTA	1.814	1.814	0.481	1.954	1.242
水杨酸	0.615	0.871	0.469	1.181	0.706
邻苯二甲酸	0.292	0.706	0.450	1.339	0.731
甘氨酸	0.627	0.877	0.384	1.278	1.090
硫代乳酸	1.802	1.838	1.132	2.143	2.435
木糖醇	0.572	0.822	0.426	1.528	1.120
葡萄糖	0.645	0.864	0.396	1.181	0.931
邻苯二酚	0.901	1.205	1.077	3.190	2.240

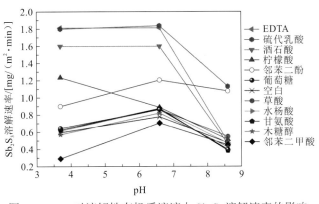

图 2.11　pH 对溶解性有机质溶液中 Sb₂S₃ 溶解速率的影响

2.3.2　天然有机质浓度对 Sb_2S_3 溶解速率的影响

从图 2.12 可以看出：①除硫代乳酸外，其他溶解性有机质在 5 mmol/L 时均出现 Sb_2S_3 溶解速率的峰值，随后溶解速率出现一定程度的降低；如当溶液中柠檬酸和邻苯二酚的摩尔浓度从 1 mmol/L 升高到 5 mmol/L 时，Sb_2O_3 的溶解速率相应地增加了 4.7 倍和 2.2 倍。这是因为随着溶解性有机质摩尔浓度升高，配体的数量增加，更多的可溶性 Sb(III) 被络合，促使溶解平衡右移，促进了 Sb_2S_3 的溶解。当溶解性有机质摩尔浓度升高到 10 mmol/L 时，因为过量的溶解性有机质吸附到矿物表面，阻止了 Sb 从矿物表面向溶液的迁移，Sb_2S_3 的溶解速率反而降低；②硫代乳酸溶液中，Sb 的释放量随硫代乳酸浓度的升高而增加；③柠檬酸、邻苯二酚和酒石酸在 1 mmol/L 溶解性有机质溶液中，对 Sb_2S_3 的溶解速率影响并不显著，但随着其摩尔浓度升高至 5 mmol/L，其对 Sb_2S_3 的溶解速率的影响显著升高。

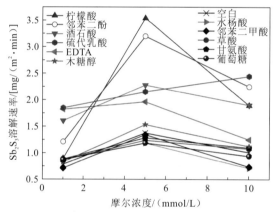

图 2.12　不同浓度的溶解性有机质对 Sb_2S_3 溶解速率的影响

2.3.3　不同条件对 Sb 释放比例的影响

表 2.4 列出了在不同条件下，经过 4 h 反应后，Sb 的释放量占 Sb_2S_3 中总 Sb 的比例。结果表明：①在相同溶解性有机质剂量下，pH 对 Sb 的释放量产生比较大的影响。在 pH 3.7 条件下，对 Sb_2S_3 溶解的促进作用最大的 3 种有机质为 EDTA、硫代乳酸、酒石酸；在 pH 6.6 条件下，为硫代乳酸、邻苯二酚、柠檬酸；在 pH 8.6 条件下，为邻苯二酚、硫代乳酸和柠檬酸；②相同 pH 条件下，溶解性有机质的剂量对锑的释放也有较大影响。当溶解性有机质的剂量从 1 mmol/L 升高到 5 mmol/L 时，柠檬酸、酒石酸和邻苯二酚溶液中 Sb 释放比例达到 100%，硫代乳酸溶液中达到 91%。当溶解性有机质剂量从 5 mol/L 升高到 10 mmol/L 时，除硫代乳酸外，其他溶液中 Sb 的释放比例均降低，其中酒石酸溶液中，Sb 释放比例降低最多，降低了约 30%。

表 2.4 　不同条件的溶解性有机质溶液中 Sb 的释放比例 　　　　　　（单位：%）

溶解性有机质	pH3.7	pH 6.6	pH 8.6	pH 6.6	
	1 mmol/L			5 mmol/L	10 mmol/L
空白	24.5	35.6	23.7	44.6	40.0
草酸	28.6	37.2	21.9	44.8	27.8
柠檬酸	53.2	40.4	24.8	100	83.9
酒石酸	69.5	39.8	22.8	100	69.6
EDTA	74.4	38.7	23.4	77.3	62.4
水杨酸	24.2	31.2	23.4	36.5	32.5
邻苯二甲酸	11.9	39.6	21.9	50.7	29.8
甘氨酸	26.3	35.7	16.1	66.5	39.1
硫代乳酸	72.4	71.4	43.8	91.0	100
木糖醇	27.4	35.2	22.0	54.5	48.9
葡萄糖	25.5	34.9	19.3	62.6	43.4
邻苯二酚	35.6	49.6	47.1	100	93.3

2.3.4　溶解速率与解离常数及稳定常数的关系

通过考察不同条件下 Sb_2S_3 溶解速率的对数值和溶解性有机质的酸性解离常数 pK_a 之间的关系（图 2.13），发现：在酸性和近中性 pH 条件下，二者几乎没有线性关系，但总体趋势是 Sb_2S_3 溶解速率随着 pK_a 的升高有略微减小；而在碱性 pH 条件下，Sb_2S_3 溶解速率的对数值与 pK_a 之间有着明显的线性关系（$R^2 = 0.852$），具体如下：

$$\lg r = 0.052 pK_a - 0.57 \tag{2.29}$$

Sb_2S_3 溶解速率随着溶解性有机质 pK_a 的升高而升高。说明在碱性 pH 条件下，Sb_2S_3 的溶解速率与溶解性有机质的解离常数的相关关系有助于预测 Sb_2S_3 在复杂溶解性有机质影响下的溶解速率。

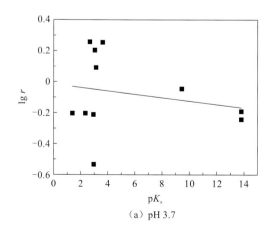

（a）pH 3.7

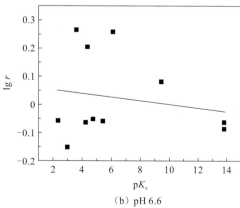

（b）pH 6.6

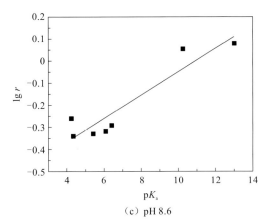

（c）pH 8.6

图 2.13　不同 pH 下溶解性有机质的解离常数与 Sb_2S_3 溶解速率的关系

另外，Sb_2S_3 的溶解速率与 Sb(III)-配合物的稳定常数之间几乎没有线性相关性。从图 2.14 可以看出，在酸性和近中性 pH 条件下，Sb_2S_3 的溶解速率随着络合物稳定常数的升高有上升趋势。但在碱性 pH 条件下，Sb_2S_3 的溶解速率随着络合物稳定常数的升高而降低。这说明溶解性有机质的解离常数及 Sb 与有机配体之间形成的络合物的稳定常数不是决定溶解性有机质溶液中 Sb_2S_3 溶解速率的主要因素，表面络合物与 Sb_2S_3 的分离过程才是整个溶解过程的限速步骤。若溶液条件利于表面络合物从 Sb_2S_3 表面分离，Sb_2S_3 的溶解会加快；若溶液条件不利于二者分离，即使能形成稳定的表面络合物，Sb_2S_3 的溶解也会受到抑制。

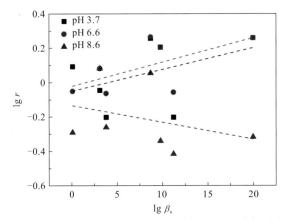

图 2.14　Sb(III)-有机配体络合物的稳定常数与 Sb_2S_3 溶解速率的关系

2.4　光照作用下溶解性有机质对 Sb_2S_3 溶解动力学的影响

2.4.1　不同 pH 下天然有机质对 Sb_2S_3 溶解速率的影响

1. pH 3.7 条件下 Sb_2S_3 的溶解

当 pH 为 3.7 时，溶解性有机质溶液中 Sb_{tot} 和 Sb(III) 的释放速率结果（图 2.15）显示：①EDTA、酒石酸、硫代乳酸和柠檬酸极大促进了 Sb_2S_3 的溶解，其他有机质对 Sb_2S_3 的溶解几乎无影响；②溶液中 Sb_{tot} 浓度高于 Sb(III)，说明光照下有小部分的 Sb(III)被氧化；③光照条件下，相同溶解性有机质存在的溶液中 Sb(III)的释放量均高于无光条件下的释放量；④所有溶解性有机质溶液中，Sb 的释放量均高于对照组实验（无光），而在无光条件下邻苯二甲酸溶液中 Sb 的释放明显受到抑制。

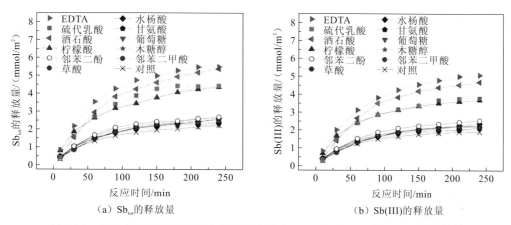

（a）Sb_{tot} 的释放量　　　　　　　　（b）Sb(III) 的释放量

图 2.15　光照条件下不同溶解性有机质溶液（pH 3.7）中 Sb_{tot} 和 Sb(III)的释放量

2. pH 6.6 条件下 Sb_2S_3 的溶解

当 pH 为 6.6 时，溶解性有机质溶液中 Sb_{tot} 和 Sb(III)的释放速率结果（图 2.16）显示：①硫代乳酸和邻苯二酚明显地促进了 Sb_2S_3 的溶解，而其他溶解性有机质对 Sb_2S_3 的溶解几乎无影响。②在所有的溶解性有机质溶液中，Sb_{tot} 的浓度明显高于 Sb(III)，说明存在 Sb(III)的氧化，且其氧化程度高于酸性条件。③光照作用极大促进了溶解性有机质溶液中 Sb 的释放。例如，硫代乳酸和邻苯二酚溶液中 Sb_{tot} 的释放量分别从无光条件下的 2.5 mmol/m² 和 4 mmol/m² 升至光照条件下的 4 mmol/m² 和 5 mmol/m²。其他溶解性有机质溶液中，Sb_{tot} 的量从无光条件下的 1.5~1.75 mmol/m² 升至光照条件下的 3.5~3.75 mmol/m²。这说明溶解性有机质和光照协同促进了 Sb_2S_3 的溶解。

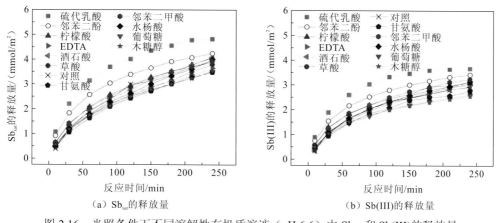

（a）Sb_{tot} 的释放量　　　　　　　　（b）Sb(III) 的释放量

图 2.16　光照条件下不同溶解性有机质溶液（pH 6.6）中 Sb_{tot} 和 Sb(III)的释放量

3. pH 8.6 条件下 Sb$_2$S$_3$ 的溶解

当 pH 为 8.6 时，溶解性有机质溶液中 Sb$_{tot}$ 和 Sb(III) 的释放速率结果（图 2.17）显示：①草酸对 Sb(III) 的释放几乎无影响，除草酸以外的其他溶解性有机质均对 Sb(III) 的释放有很好的促进作用；②在所有的溶解性有机质溶液中，Sb(III) 的释放速率随着反应时间的延长而加快；③在所有的溶解性有机质溶液中，Sb$_{tot}$ 的释放量显著高于 Sb(III)，表明在碱性条件下大量的 Sb(III) 被氧化。在邻苯二酚溶液中，约 73% 的 Sb(III) 被氧化。同样地，在硫代乳酸溶液中，约 63% 的 Sb(III) 被氧化，远远高于 pH 6.6 和 pH 3.7 条件下被氧化的量，其他的溶解性有机质溶液中，有 30%～45% 的 Sb(III) 被氧化。由于在碱性条件下 Sb$_2$S$_3$ 光催化的性质，更多的 OH$^-$ 被氧化成 •OH，所以更多的 Sb(III) 被氧化。

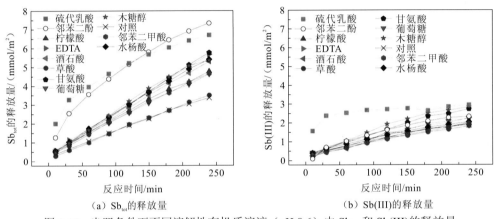

（a）Sb$_{tot}$ 的释放量   （b）Sb(III) 的释放量

图 2.17　光照条件下不同溶解性有机质溶液（pH 8.6）中 Sb$_{tot}$ 和 Sb(III) 的释放量

4. 不同 pH 下 Sb$_2$S$_3$ 的溶解速率

不同 pH 条件下 0～150 min Sb$_2$S$_3$ 的溶解速率结果（表 2.5 和图 2.18）显示，溶解性有机质均不同程度地促进了 Sb$_2$S$_3$ 的溶解，pH 3.7 条件下，在 EDTA、酒石酸和硫代乳酸溶液中，Sb$_2$S$_3$ 的溶解速率分别约为空白组溶解速率的 2.6 倍、2.3 倍和 2.1 倍。邻苯二酚碱性溶液中，Sb$_2$S$_3$ 的溶解速率约为空白对照组的 2.8 倍。结果进一步显示：①EDTA、酒石酸和柠檬酸溶液中，Sb$_2$S$_3$ 的溶解速率随 pH 的升高而降低；②硫代乳酸、邻苯二酚、甘氨酸、木糖醇、水杨酸溶液中，Sb$_2$S$_3$ 的溶解速率随 pH 的升高而升高。上述结果与有机质的酸性解离常数有关。

表 2.5　光照条件下不同 pH 的溶解性有机质溶液中 Sb$_2$S$_3$ 的溶解速率 ［单位：mg/（m^2·min）］

溶解性有机质	pH 3.7	pH 6.6	pH 8.6	pH 6.6	
	1 mmol/L			5 mmol/L	10 mmol/L
空白	0.95	1.47	0.97	1.05	1.47
草酸	1.13	1.32	0.97	1.27	1.16
柠檬酸	1.83	1.53	1.40	2.03	2.28
酒石酸	2.18	1.45	1.46	1.85	2.15

溶解性有机质	pH 3.7	pH 6.6	pH 8.6	pH 6.6	
	1 mmol/L			5 mmol/L	10 mmol/L
EDTA	2.44	1.35	1.57	1.50	1.53
水杨酸	1.05	1.38	1.55	1.28	1.22
邻苯二甲酸	1.08	1.52	1.35	1.35	1.06
甘氨酸	1.07	1.26	1.55	1.25	1.07
硫代乳酸	2.03	2.13	2.77	2.26	2.48
木糖醇	1.09	1.30	1.61	1.32	1.53
葡萄糖	1.03	1.30	1.33	1.17	1.21
邻苯二酚	1.19	1.78	2.68	2.47	2.35

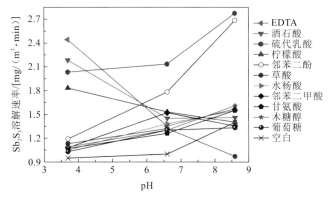

图 2.18　光照条件下不同 pH 的溶解性有机质溶液对 Sb_2S_3 溶解速率的影响

2.4.2　天然有机质浓度对 Sb_2S_3 溶解速率的影响

图 2.19 结果表明：①随着硫代乳酸、邻苯二酚、柠檬酸和酒石酸剂量的增加，Sb_2S_3 的溶解速率明显升高。当溶液中柠檬酸的摩尔浓度从 1 mmol/L 升至 5 mmol/L 和 10 mmol/L 时，Sb_2S_3 的溶解速率相应地升高了 1.3 倍和 1.5 倍。这是因为随着溶解性有机质浓度升高，配体的数量增加，更多的可溶性 Sb(Ⅲ)被络合，促使溶解平衡右移，促进了 Sb_2S_3 的溶解。②当邻苯二酚的摩尔浓度从 1 mmol/L 升至 5 mmol/L 时，Sb_2S_3 的溶解速率相应地升高了 1.4 倍，然而，当其摩尔浓度持续升至 10 mmol/L 时，Sb_2S_3 的溶解速率有降低趋势，说明过多的邻苯二酚阻碍了 Sb_2S_3 的溶解。③其他溶解性有机质溶液中，Sb_2S_3 的溶解速率随着溶解性有机质剂量的增加而降低。④与无光条件下的结果进行对比发现，在 5 mmol/L 溶解性有机质溶液中，光照抑制了 Sb_2S_3 的溶解。例如在柠檬酸和邻苯二酚溶液中，光照作用下 Sb_2S_3 的溶解速率分别为 2.03 mg/（m^2·min）和 2.47 mg/（m^2·min），而在无光条件下，Sb_2S_3 的溶解速率分别为 3.53 mg/（m^2·min）和 3.19 mg/（m^2·min），明显高于光照条件下的溶解速率。邻苯二酚的抑制作用源于两方面：一是其作为还原剂被氧化过程消耗空穴，与 Sb(Ⅲ)的氧化过程形成竞争；二是其自身及氧化产物水杨酸或者邻苯二甲酸吸附到 Sb_2S_3 表面，阻碍 Sb 的迁移。

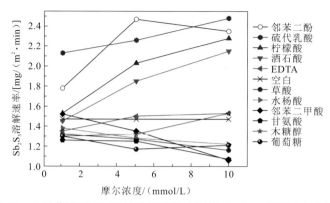

图 2.19　光照作用下不同浓度的溶解性有机质对 Sb_2S_3 溶解速率的影响

2.4.3　不同条件对 Sb 释放比例的影响

不同条件下，Sb 的释放量占 Sb_2S_3 中总 Sb 的比例（表 2.6）显示，在 pH 3.7 条件下，溶解性有机质对 Sb_2S_3 溶解的促进作用从大到小依次为：EDTA（100%）>酒石酸（99.3%）>硫代乳酸（82.0%）>柠檬酸（80.8%），其他有机质几乎无影响。在 pH 6.6 和 pH 8.6 条件下，上述有机质的促进作用较 pH 3.7 条件下有所降低。但是邻苯二酚对 Sb 释放的影响随着 pH 升高而升高，当 pH 从 3.7 升高至 6.6 和 8.6 时，Sb 的释放比例从 49.8%升高至 78.5%和 100%。

表 2.6　光照作用下不同条件的溶解性有机质溶液中 Sb 的释放比例　　　（单位：%）

溶解性有机质	pH 3.7	pH 6.6	pH 8.6	pH 6.6	
	1 mmol/L			5 mmol/L	10 mmol/L
空白	41.3	72.1	62.1	54.5	72.1
草酸	48.5	70.3	64.5	63.6	58.6
柠檬酸	80.8	75.4	88.1	83.2	96.7
酒石酸	99.3	75.6	97.8	85.6	94.4
EDTA	100	67.6	100	71.6	79.7
水杨酸	48.2	73.8	99.7	68.2	64.0
邻苯二甲酸	46.4	72.7	86.1	69.5	55.6
甘氨酸	43.6	64.4	100	63.5	54.1
硫代乳酸	82.0	89.2	100	99.4	97.8
木糖醇	45.1	65.0	89.2	67.2	80.7
葡萄糖	42.0	64.9	85.4	62.6	62.9
邻苯二酚	49.8	78.5	100	100	97.5

另外，随着溶解性有机质剂量从 1 mmol/L 升高到 5 mmol/L 和 10 mmol/L，Sb 释放量增加的大小顺序依次为：邻苯二酚、硫代乳酸、酒石酸和柠檬酸。当溶解性有机质剂量从 1 mmol/L 增加到 5 mmol/L 时，在硫代乳酸、邻苯二酚和酒石酸溶液中，Sb 的释放

比例分别从 89.2%、78.5% 和 75.6% 升高到 99.4%、100% 和 85.6%。然而，当三种溶液浓度升高至 10 mmol/L 时，邻苯二酚和硫代乳酸溶液中 Sb 的释放比例有略微降低。

图 2.20 所示为有光和无光时不同条件下 Sb 的释放比例（反应 4 h）。总体来看，光照对 Sb 的释放比例影响较显著。

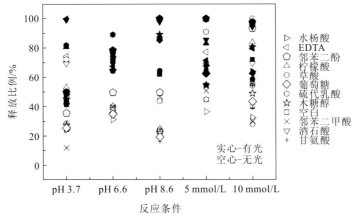

图 2.20 有光和无光时不同条件的溶解性有机质溶液中 Sb 的释放比例

除此之外，由于光照作用下存在 Sb(III) 的氧化，溶液中 Sb(V) 也会与溶解性有机质发生络合反应，为了进一步分析 Sb(III) 的氧化对不同条件的溶解性有机质溶液中 Sb_2S_3 溶解的影响，计算反应 4 h 后溶液中 $Sb(III)/Sb_{tot}$（质量比）（表 2.7）。图 2.21 表明 Sb(III) 在溶液中的比例随着 pH 升高而降低，说明在碱性条件下，有更多的 Sb(III) 被氧化，这是由于光照条件下 Sb_2S_3 具有光催化的性质，在碱性条件下产生了更多具有氧化性的 •OH。

表 2.7 光照作用下反应 240 min 后不同条件的溶解性有机质溶液中 $Sb(III)/Sb_{tot}$ 的值

有机配体	pH 3.7	pH 6.6	pH 8.6	pH 6.6	
	1 mmol/L			5 mmol/L	10 mmol/L
空白	0.85	0.75	0.55	0.80	0.75
草酸	0.86	0.81	0.52	0.86	0.86
柠檬酸	0.84	0.76	0.41	0.79	0.76
酒石酸	0.87	0.72	0.38	0.82	0.84
EDTA	0.92	0.82	0.40	0.82	0.80
水杨酸	0.90	0.79	0.38	0.79	0.88
邻苯二甲酸	0.89	0.82	0.42	0.78	0.84
甘氨酸	0.91	0.80	0.47	0.75	0.78
硫代乳酸	0.85	0.76	0.36	0.80	0.84
木糖醇	0.89	0.73	0.59	0.80	0.73
葡萄糖	0.91	0.74	0.48	0.82	0.77
邻苯二酚	0.94	0.81	0.36	0.81	0.73

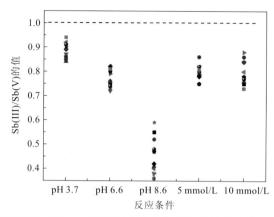

图 2.21　光照作用下反应 240 min 后不同条件的溶解性有机质溶液中 Sb(III)/Sb(V)的值

2.4.4　溶解速率与解离常数及稳定常数的关系

图 2.22 结果表明：在酸性和近中性条件下，Sb_2S_3 溶解速率的对数值和溶解性有机质的酸性解离常数 pK_a 之间不存在线性关系，但总体趋势是 Sb_2S_3 溶解速率随着 pK_a 的升高而减小；但在碱性条件下，Sb_2S_3 溶解速率的对数值与 pK_a 之间呈现明显的线性关系（$R^2=0.772$），即

$$\lg r = 0.04 pK_a - 0.09 \tag{2.30}$$

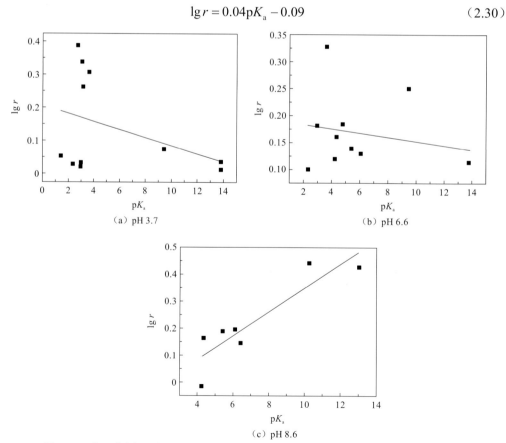

图 2.22　光照作用下不同 pH 的溶解性有机质解离常数与 Sb_2S_3 溶解速率的关系

Sb$_2$S$_3$ 溶解速率随着溶解性有机质 pK_a 的升高而增大，这说明在碱性条件下，Sb$_2$S$_3$ 溶解速率与溶解性有机质解离常数之间存在的相关关系有助于预测 Sb$_2$S$_3$ 在复杂溶解性有机质影响下的溶解速率。

图 2.23 和图 2.24 结果表明，光照条件下 Sb$_2$S$_3$ 的溶解速率与 Sb(III)/Sb(V)-有机配体的稳定常数之间没有线性相关性，这说明溶解性有机质的解离常数和 Sb-有机配体络合物的稳定常数不是决定 Sb$_2$S$_3$ 溶解速率的关键因素。间接说明表面络合物与 Sb$_2$S$_3$ 的分离过程是整个溶解过程的限速步骤，若溶液条件利于表面络合物从 Sb$_2$S$_3$ 分离，Sb$_2$S$_3$ 的溶解会加快；若溶液条件不利于二者分离，即使能形成稳定的表面络合物，Sb$_2$S$_3$ 的溶解也会受到抑制。

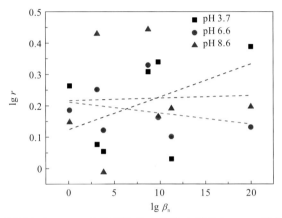

图 2.23 光照作用下 Sb(III)-有机配体络合物稳定常数与 Sb$_2$S$_3$ 溶解速率的关系

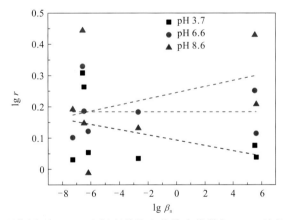

图 2.24 光照作用下 Sb(V)-有机配体络合物稳定常数与 Sb$_2$S$_3$ 溶解速率的关系

参 考 文 献

Akeret R, 1953. Üeber die Löslichkeit von antimon(3) sulfid. Zurich: Eidgenössische Technische Hochschule Zurich, 2271: 74-75.

Arntson R H, Dickson F W, Tunell G, 1966. Stibnite (Sb$_2$S$_3$) solubility in sodium sulfide solutions. Science, 153(3744): 1673-1674.

Babko A K, Lisetskaya G S, 1956. Equilibrium in reactions of formation of thiosalts of tin, antimony, and arsenic in solution. Journal of Inorganic Chemistry-Ussr, 1(5): 95-107.

Bard A J , Lund H, 1975. Encyclopedia of electrochemistry of the elements. New York: Marcel Dekker.

Bard A J, Parsons R, Jordan J, 1985. Standard potentials in aqueous solution. New York: Routledge.

Biver M, Shotyk W, 2012. Stibnite (Sb_2S_3) oxidative dissolution kinetics from pH 1 to 11. Geochimica et Cosmochimica Acta, 79: 127-139.

Brintzinger H, Osswald H, 1934. Die Anionengewichte einiger Sulfosalze in wäßriger Lösung. Zeitschrift für Anorganische und Allgemeine Chemie, 220(2): 172-176.

Chazov V N, 1976. Determination of the composition and certain standard potentials of water-soluble sodium thioantimonite. Russian Journal of Physical Chemistry, 50: 3006-3007.

Chen K Y, Morris J C, 1972. Kinetics of oxidation of aqueous sulfide by O_2. Environmental Science & Technology, 6(6): 529-537.

Dubey K P, Ghosh S, 1962. Studies on thiosalts: IV. Formation of thiosalt from antimonous sulphide. Zeitschrift für Anorganische und Allgemeine Chemie, 319: 204-208.

Fiala R, Konopik N, 1950. Über das dreistoffsystem Na_2S-Sb_2S-H_2O II: Die auftretenden Bodenkörper und ihre Lö-lichkeit. Monatshefte für Chemie und verwandte Teile anderer Wissenschaften, 81: 505-519.

Filella M, Belzile N, Chen Y W, 2002. Antimony in the environment: A review focused on natural waters: II. Relevant Solution Chemistry. Earth-Science Reviews, 59(1-4): 265-285.

Filella M, Belzile N, Lett M C, 2007. Antimony in the environment: A review focused on natural waters : III. Microbiota relevant interactions. Earth-Science Reviews, 80(3-4): 195-217.

Fox M A, Maria T D, 1993. Heterogeneous photocatalysis. Chemical Reviews, 93(1): 341-357.

Gaya U I, Abdullah A H, 2008. Heterogeneous photocatalytic degradation of organic contaminants over titanium dioxide: A review of fundamentals, progress and problems. Journal of Photochemistry and Photobiology C-Photochemistry Reviews, 9(1): 1-12.

Gushchina L V, Borovikov A A, Shebanin A P, 2000. Formation of antimony(III) complexes in alkali sulfide solutions at high temperatures: An experimental Raman spectroscopic study. Geochemistry International, 38: 510-513.

Kenneth Y, Chen J C M, 1972. Kinetics of oxidation of aqueous sulfide by O_2. Environmental Science & Technology, 6(6): 529-537.

Kolpakova N N, 1982. Laboratory and field studies of ionic equilibria in the Sb_2S_3-H_2O-H_2S system. Geochemistry International, 19: 46-54.

Krupp R E, 1988. Solubility of stibnite in hydrogen sulfide solutions, speciation, and equilibrium constants, from 25 to 350 ℃. Geochimica et Cosmochimica Acta, 52(12): 3005-3015.

Milazzo G, Caroli S, Braun R D, 1978. Tables of standard electrode potentials. Journal of the Electrochemical Society, 125(6): 261C.

Milyutina N A, Polyvyanny I R, Sysoev L N, 1967. Solubilities of some sulfides and oxides of some minor metals in aqueous solution of sodium sulfide. Tr. Inst. Metall. Obogashch., Akad. Nauk Kaz. SSR, 21: 14-19.

Mosselmans J F W, Helz G R, Pattrick R A D, et al., 2000. A study of speciation of Sb in bisulfide solutions by X-ray absorption spectroscopy. Applied Geochemistry, 15(6): 879-889.

Planer-Friedrich B, Scheinost A C, 2011. Formation and structural characterization of thioantimony species and their natural occurrence in geothermal waters. Environmental Science & Technology, 45(16): 6855-6863.

Quentel F, Filella M, Elleouet C, et al., 2004. Kinetic studies on Sb(III) oxidation by hydrogen peroxide in aqueous solution. Environmental Science & Technology, 38(10): 2843-2848.

Sherman D M, Ragnarsdottir K V, Oelkers E H, 2000. Antimony transport in hydrothermal solutions: An EXAFS study of antimony(V) complexation in alkaline sulfide and sulfide-chloride brines at temperatures from 25 ℃ to 300 ℃ at P_{sat}. Chemical Geology, 167(1-2): 161-167.

Shestitko V S, Demina O P, 1971. Potentiometric determination of the composition of the sulphide anions of antimony. Russian Journal of Inorganic Chemistry, 16: 1679-1680.

Shestitko V S, Titova A S, Kuzmichev G V, 1975. Potentiometric determination of the composition of the thio-anions of antimony(V). Russian Journal of Inorganic Chemistry, 20: 297-299.

Sin J, Lam S, Satoshi I, et al., 2014. Sunlight photocatalytic activity enhancement and mechanism of novel europium-doped ZnO hierarchical micro/nanospheres for degradation of phenol. Applied Catalysis B: Environmental, 148-149: 258-268.

Spikes J D, 1981. Selective photooxidation of thiols sensitized by aqueous suspensions of cadmium sulfide. Photochemistry and Photobiology, 34: 549-556.

Spycher N F, Reed M H, 1989. As(III) and Sb(III) sulfide complexes: An evaluation of stoichiometry and stability from existing experimental data. Geochimica et Cosmochimica Acta, 53: 2185-2194.

Tossell J A, 1994. The speciation of antimony in sulfidic solutions: A theoretical study. Geochimica et Cosmochimica Acta, 58: 5093-5104.

Ullrich M K, Pope J G, Seward T M, et al., 2013. Sulfur redox chemistry governs diurnal antimony and arsenic cycles at Champagne Pool, Waiotapu, New Zealand. Journal of Volcanology and Geothermal, 262: 164-177.

Wei D Y, Saukov A A, 1961. Physicochemical factors in the genesis of antimony deposits. Geochemistry, 6: 510-516.

Wood S A, 1989. Raman spectroscopic determination of the speciation of ore metals in hydrothermal solutions: I. Speciation of antimony in alkaline sulfide solutions at 25 ℃. Geochimica et Cosmochimica Acta, 53(2): 237-244.

Xu Y, Schoonen M, 2000. The absolute energy positions of conduction and valence bands of selected semiconducting minerals. American Mineralogist, 85(3-4): 543-556.

Zhang Z, Yu F, Huang L, et al., 2014. Confirmation of hydroxyl radicals (•OH) generated in the presence of TiO_2 supported on AC under microwave irradiation. Journal of Hazardous Materials, 278: 152-157.

第3章 氧化锑的溶解动力学和机理

三氧化二锑（Sb_2O_3）是自然界中锑存在的一种重要的氧化物形态，也是含锑产品中使用最多的一种锑化合物，主要用途是作为聚乙烯、聚丙烯、聚苯乙烯等材料的阻燃剂成分，在聚酯纤维的合成中作催化剂，在玻璃制造中作为消泡剂，在搪瓷与陶瓷制品中作为遮盖剂、增白剂，在石油中重油、渣油、催化裂化、催化重整过程中作为钝化剂。Sb_2O_3 也是一种难溶于水的化合物，但它同时作为一种半导体矿物成分，当有光照和溶解性有机质存在时，其溶解释放特征势必会发生变化，然而目前对光照和溶解性有机质作用下 Sb_2O_3 的溶解动力学和机理并没有相关研究。本章主要探讨氧化锑在光照和溶解性有机质影响下的溶解行为。

3.1 研 究 方 法

3.1.1 光照作用下 Sb_2O_3 的溶解实验

1. 太阳光实验

溶解反应在 500 mL 烧杯中进行，将 0.2 g/L Sb_2O_3 水溶液加入烧杯中，通过磁力搅拌混合。烧杯置于（25±2）℃的水中。实验在太阳光照下和暗处同时进行，每隔一定时间取样，用 0.22 μm 乙酸纤维素膜过滤，过滤后的样品经过稀释后测定。

2. 模拟太阳光实验

为了进一步探讨光照对 Sb_2O_3 溶解的影响，以 500 W 长弧氙灯为光源，将其置于距离反应溶液上液面 50 cm 处，考察光照下不同环境条件对 Sb_2O_3 溶解的影响，其他过程与太阳光实验相同。

3. 紫外光实验

为了探讨不同波长的光对 Sb_2O_3 溶解的影响，利用 500 W 高压汞灯作为光源，其他实验条件均与模拟太阳光实验相同。

3.1.2 天然有机质存在下 Sb_2O_3 的溶解实验

1. 无光照实验

溶解反应在烧杯中分批次进行，取 250 mL 反应液和 0.2 g/L Sb_2O_3 置于反应器中，用锡纸包裹使其避光，通过磁力搅拌将固液混合均匀。反应溶剂的离子强度为 0.1 mol/L

$NaClO_4$，溶液 pH 分别用 0.05 mol/L 的 2-吗啉乙磺酸、3-吗啉丙磺酸和 NaOH 调为 3.7、6.6、8.9。每种溶剂中溶解 1 mmol/L 草酸、柠檬酸、酒石酸、乙二胺四乙酸、邻苯二酚、水杨酸、甘氨酸、硫代乳酸、葡萄糖、木糖醇、邻苯二酚。间隔一定时间取一次样品，用 0.22 μm 乙酸纤维素膜过滤，稀释测定。

2. 光照实验

以长弧氙灯为光源，考察上述小分子有机酸存在下氧化锑的溶解。光照实验方法参考 3.1.1 小节中模拟太阳光实验。

3.1.3 Sb_2O_3 的表征

1. X 射线衍射（XRD）

为了确定实验中 Sb_2O_3 的晶体结构，利用 XRD 进行测定，并将图谱与标准粉末衍射数据（powder diffraction files，PDF）卡片进行对照。操作条件：铜 Kα 辐射（$\lambda = 0.154\ 0$ nm），操作电压为 40 kV，操作电流为 40 mA，扫描速度为 0.05°/s，扫描角度 2θ 为 5°～80°。图 3.1 为 Sb_2O_3 的 X 射线衍射图谱和锑华的标准谱图（PDF 71-0383），对比可知实验中 Sb_2O_3 为锑华，斜方晶系。

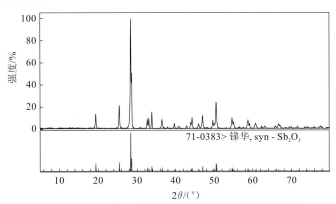

图 3.1 Sb_2O_3 的 X 射线衍射谱图和锑华的标准谱图

2. 比表面积

利用多点 BET 氮吸附法测定 Sb_2O_3 的比表面积，3 次测量的平均值为 0.873 m^2/g。

3. 粒度

利用激光粒度仪测定 Sb_2O_3 的粒度，最小值为 0.376 μm，3 次测量的平均值为 13 μm。

4. 紫外−可见光谱吸收性能

Sb_2O_3 对光的吸收性能由紫外-可见漫反射分光光度计进行测定。以硫酸钡为参比和底板，扫描的波长为 230～700 nm。从图 3.2 可以看出，Sb_2O_3 在紫外光区有较强的光吸收性能，吸收带边波长（λ_g）在 400 nm 左右。

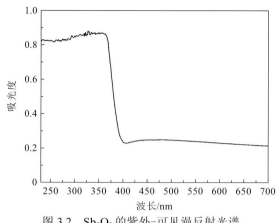

图 3.2　Sb$_2$O$_3$ 的紫外-可见漫反射光谱

3.1.4　Sb(III)、Sb(V)和总锑的分析

总锑和 Sb(III) 的浓度采用氢化物发生-原子荧光光谱法测定，Sb(V) 浓度采用差减法（Sb$_{tot}$ 浓度-Sb(III)浓度）得到。溶液中 Sb(III) 和 Sb(V) 采用 HPLC-ICP-MS 方法直接测定。

3.1.5　·OH 的测定

光反应过程中产生的·OH 采用电子自旋共振（ESR）波谱技术进行测定。将 DMPO 作为·OH 捕捉剂，利用 EleXsys E500 EPR 电子自旋共振仪进行自旋加合物的测定。测试条件：微波功率为 20 mW，中心磁场强度为 3 470 G，扫场范围为 100.0 G，调制频率为 100 kHz，调制幅度为 2 G，扫场时间为 40 s。

3.1.6　H$_2$O$_2$ 的测定

体系中 H$_2$O$_2$ 的测定采用钛盐分光光度法。利用 H$_2$O$_2$ 与草酸钛钾（K$_2$TiO(C$_2$O$_4$)$_2$·2H$_2$O）在酸性溶液中形成稳定橙色络合物——过钛酸，该络合物颜色的深浅与样品中 H$_2$O$_2$ 的含量成正比。利用紫外可见分光光度计在 400 nm 处测定橙色络合物的吸光度，方法检出限为 0.1 mg/L。

反应体系中 H$_2$O$_2$ 的测定：取一定量的反应结束后的待测溶液加至 10 mL 聚丙烯（polypropylene，PP）塑料离心管中，按上述步骤定量至 5 mL 并摇匀后放置 10 min，在 400 nm 波长下，以试剂空白作参比，测定其吸光度。然后根据标准曲线计算反应体系中 H$_2$O$_2$ 的浓度。

3.1.7　数据分析

Sb$_2$O$_3$ 在无光条件下的溶解反应为

$$Sb_2O_3(s) + 3H_2O(l) \longrightarrow 2Sb(OH)_3(aq) \qquad (3.1)$$

在光照条件下，由于 Sb_2O_3 溶解释放出的 Sb(III)会被光照反应过程中的氧化剂氧化为 Sb(V)，Sb_2O_3 在光照条件下的溶解反应可表示为

$$Sb_2O_3(s) + 3H_2O(l) \xrightarrow{hv} 2Sb_{tot}(Sb^{III} + Sb^V)_3(aq) \qquad (3.2)$$

根据以上条件下的溶解反应方程，Sb_2O_3 的溶解速率（r）通过溶液中总锑的浓度随时间的变化来计算，如下：

$$r = -\frac{d(Sb_2O_3)}{dt} = \frac{d[Sb_{tot}]}{2dt} \qquad (3.3)$$

另外，溶液中释放出的 Sb(III)的氧化速率（r_{ox}）通过溶液中 Sb(V)浓度随时间的增加量来计算，如下：

$$r_{ox} = -\frac{d\{Sb(III)\}_{oxidaion}}{dt} = \frac{d[Sb(V)]}{dt} \qquad (3.4)$$

实验中 Sb_{tot} 和 Sb(V)的浓度（mg/m^2）均根据 Sb_2O_3 的比表面积进行了归一化处理。

3.2 光照作用下 Sb_2O_3 的溶解动力学和机理

3.2.1 Sb_2O_3 在太阳光下的溶解

如图 3.3 所示，太阳光照射条件下总锑的浓度均高于避光条件下总锑浓度，说明太阳光促进了 Sb_2O_3 的溶解。另外，太阳光照射的溶液中有 Sb(V)生成，说明溶液中的 Sb(III)在光照条件下发生了氧化。

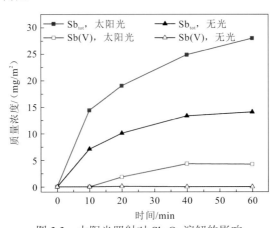

图 3.3　太阳光照射对 Sb_2O_3 溶解的影响

3.2.2 不同波长的光对 Sb_2O_3 溶解的影响

为了确定起作用的光波范围，考察紫外光、可见光及可见光加载紫外滤光片（$\lambda \geqslant$ 400 nm）对 Sb_2O_3 溶解的影响，结果见图 3.4。

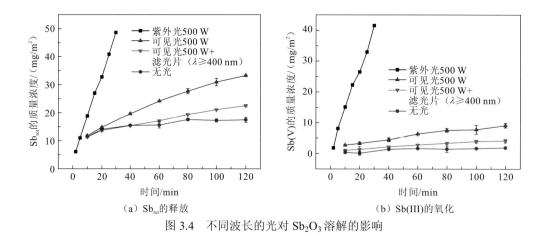

（a）Sb_{tot}的释放 （b）Sb(III)的氧化

图 3.4 不同波长的光对 Sb_2O_3 溶解的影响

对图 3.4（a）数据进行拟合，发现紫外光条件下 Sb_2O_3 的溶解速率为 0.74 mg/（m²·min），是可见光条件下溶解速率（0.13 mg/（m²·min））的近 6 倍、可见光加滤光片条件下溶解速率（$7.4×10^{-2}$ mg/（m²·min））的 10 倍、无光条件下溶解速率（$2.9×10^{-2}$ mg/（m²·min））的近 26 倍。图 3.4（b）中 Sb(V)的释放规律与总锑一致：紫外光条件下 Sb(III)的氧化速率为 1.32 mg/（m²·min），是可见光条件下的 20 倍、可见光加滤光片条件下的 25 倍。

以上结果说明太阳光中的紫外线在促进 Sb_2O_3 的溶解和 Sb(III)的氧化中起主要作用，这是由 Sb_2O_3 对光的吸收性能（图 3.2）决定的。为了进一步探讨 Sb_2O_3 光氧化溶解的机理，通过模拟太阳光实验进行分析。

3.2.3 Sb_2O_3在模拟太阳光下的氧化溶解机制

1. 机理假设

通过预实验结果，结合半导体光催化的反应机制，对光照促进 Sb_2O_3 溶解的机理提出假设：首先，部分 Sb_2O_3 溶解释放 Sb(III)，同时当能量大于或等于 Sb_2O_3 能隙（即 $hv \geqslant E_g$）的光照射到 Sb_2O_3 上时，其价带电子被激发跃迁至导带，在价带和导带分别形成光生空穴（h_{vb}^+）和光生电子（e_{cb}^-）。反应式为

$$Sb_2O_3 \xrightarrow{hv} Sb_2O_3(e_{cb}^- + h_{vb}^+) \tag{3.5}$$

光生空穴为正电性，易捕获电子而复原，呈现出强氧化性，可以夺取 H_2O 和 OH^- 中的电子而生成·OH[式（3.6）和式（3.7）]。具有强氧化性的·OH 可以将 Sb(III)氧化为 Sb(V)[式（3.8）]。

$$Sb_2O_3(h_{vb}^+) + H_2O \longrightarrow Sb_2O_3 + \cdot OH + H^+ \tag{3.6}$$

$$Sb_2O_3(h_{vb}^+) + OH^- \longrightarrow Sb_2O_3 + \cdot OH \tag{3.7}$$

$$Sb(OH)_3^0 + 2\cdot OH + H_2O \longrightarrow Sb(OH)_6^- + H^+ \tag{3.8}$$

另外，光生空穴自身也具有强氧化性，如果反应体系中 Sb(V)/Sb(III)的氧化还原电位高于 Sb_2O_3 价带能量，Sb(III)会被空穴直接氧化为 Sb(V)[式（3.9）]。

$$Sb(OH)_3^0 + 2Sb_2O_3(h_{vb}^+) + 3H_2O \longrightarrow Sb(OH)_6^- + 2Sb_2O_3 + 3H^+ \tag{3.9}$$

在有氧的环境中，Sb(III)能被溶解氧氧化[式（3.10）]。

$$Sb(OH)_3^0 + 1/2O_2 + 2H_2O \longrightarrow Sb(OH)_6^- + H^+ \qquad (3.10)$$

除此之外，光生电子为负电性，呈现出高还原性，溶解氧可以被光生电子还原而产生超氧自由基（$\cdot O_2^-$）[式（3.11）]，$\cdot O_2^-$作为一种强氧化剂也可以将 Sb(III)氧化为Sb(V)[式（3.12）]。

$$Sb_2O_3(e_{cb}^-) + O_2 \longrightarrow Sb_2O_3 + O_2^{\cdot -} \qquad (3.11)$$

$$Sb(OH)_3^0 + 2\cdot O_2^- + 3H_2O + H^+ \longrightarrow Sb(OH)_6^- + 2H_2O_2 \qquad (3.12)$$

再者，$O_2^{\cdot -}$经过质子化—还原—质子化的反应过程后会产生 H_2O_2[式（3.13）~式（3.15）]，而 H_2O_2 在光照条件下会分解生成$\cdot OH$[式（3.16）]。

$$O_2^{\cdot -} + H^+ \longrightarrow HOO\cdot \qquad (3.13)$$

$$HOO\cdot + e_{cb}^- \longrightarrow HOO^- \qquad (3.14)$$

$$HOO^- + H^+ \longrightarrow H_2O_2 \qquad (3.15)$$

$$H_2O_2 + h\nu \longrightarrow 2\cdot OH \qquad (3.16)$$

综合以上分析，光照条件下产生的光氧化剂有$\cdot OH$、h_{vb}^+、O_2、$O_2^{\cdot -}$ 及 H_2O_2。后面将通过 pH、自由基掩蔽剂、溶解氧的去除和 Sb_2O_3 的剂量影响实验逐一验证以上氧化剂对 Sb_2O_3 溶解和 Sb(III)氧化的作用。

2. 不同光氧化剂对 Sb_2O_3 溶解的影响

1）$\cdot OH$

pH 对 Sb_2O_3 溶解速率和 Sb(III)氧化速率的影响结果[图 3.5（a）和（b）]显示：①在无光条件下，pH 对 Sb_2O_3 溶解速率和 Sb(III)氧化速率影响不大；②在光照条件下，Sb_{tot} 和 Sb(V)的浓度及释放速率均大于无光反应的速率；③光照条件下，Sb_2O_3 的溶解速率和 Sb(III)氧化速率随着 pH 的升高而升高。根据$\cdot OH$ 的生成机制[式（3.6）和式（3.7）]推测，$\cdot OH$ 的产生量随着 pH 升高而增加，因而能氧化更多溶出的 Sb(III)，破坏原本的溶解平衡，促进 Sb_2O_3 的溶解。$\cdot OH$ 检测结果[图 3.5（c）]显示：无光条件下，无$\cdot OH$ 产生；光照条件下，$\cdot OH$ 浓度随着 pH 的升高而增大。

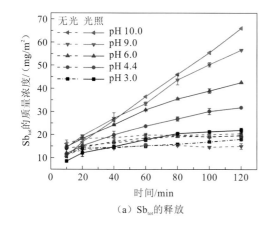

（a）Sb_{tot}的释放

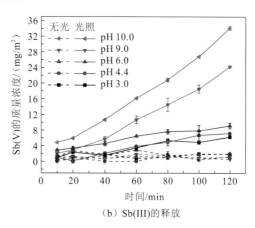

（b）Sb(III)的释放

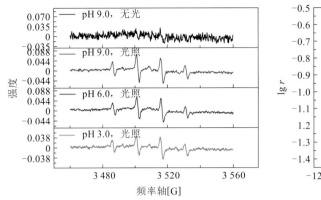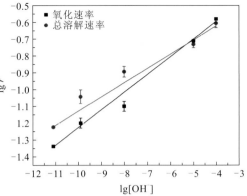

（c）DMPO-羟基自由基在ESR上的信号强度　（d）Sb₂O₃溶解速率和Sb(III)氧化速率与[OH⁻]的线性拟合

图 3.5　pH 对 Sb₂O₃ 的溶解速率的影响

根据图 3.5（a）和（b）结果，Sb₂O₃ 溶解速率和 Sb(III)氧化速率与 OH⁻，归根结底是与·OH 存在一定的线性关系：

$$r = -\frac{\mathrm{d}(Sb_2O_3(s))}{\mathrm{d}t} = \frac{\mathrm{d}[Sb(aq)]}{2\mathrm{d}t} \propto [\cdot OH] \propto [OH^-] \tag{3.17}$$

$$r_{ox} = -\frac{\mathrm{d}\{Sb(III)\}}{\mathrm{d}t} = \frac{\mathrm{d}[Sb(V)]}{\mathrm{d}t} \propto [\cdot OH] \propto [OH^-] \tag{3.18}$$

以上两等式描述了一个假零级反应，表明 Sb₂O₃ 溶解速率和 Sb(III)氧化速率与 OH⁻ 的浓度呈正相关关系。

对图 3.5（a）和（b）进行线性拟合，得出在 pH 3.0、4.4、6.0、9.0 和 10.0 条件下，Sb₂O₃ 的溶解速率分别为 5.7×10^{-2} mg/（m²·min）、8.6×10^{-2} mg/（m²·min）、1.3×10^{-1} mg/（m²·min）、1.8×10^{-1} mg/（m²·min）和 2.5×10^{-1} mg/（m²·min）；Sb(III)的氧化速率分别为 4.6×10^{-2} mg/（m²·min）、5.7×10^{-2} mg/（m²·min）、6.3×10^{-2} mg/（m²·min）、1.9×10^{-1} mg/（m²·min）和 2.6×10^{-1} mg/（m²·min）。由于 Sb₂O₃ 溶解速率和 Sb(III)氧化速率随着 pH 升高而升高，为了进一步量化 OH⁻ 浓度的影响，将式（3.17）、式（3.18）表达为式（3.19）和式（3.20）的形式：

$$r = k \cdot [OH^-]^m \tag{3.19}$$

$$r_{ox} = k' \cdot [OH^-]^n \tag{3.20}$$

式中：k 和 k' 分别为 Sb₂O₃ 的溶解速率常数和 Sb(III)的氧化速率常数；m 和 n 分别为以上两种速率与[OH⁻]关系的期望值（0～1）。对图 3.5（d）进行拟合，求得 k 和 k' 分别为 0.08 min⁻¹ 和 0.10 min⁻¹；m 和 n 分别为 0.63 mg/（m²·min）和 0.79 mg/（m²·min）。因此，Sb₂O₃ 的溶解速率和 Sb(III)的氧化速率与 OH⁻ 浓度的关系可以表示为

$$r = 0.08 \cdot [OH^-]^{0.63} \tag{3.21}$$

$$r_{ox} = 0.10 \cdot [OH^-]^{0.79} \tag{3.22}$$

从图 3.5（d）还可以看出，当 pH>5 时，Sb(III)的氧化速率大于 Sb₂O₃ 的溶解速率，说明 Sb₂O₃ 溶解速率大小取决于 Sb(III)的氧化速率。

·OH 的掩蔽结果（图 3.6）显示：在无光条件下，掩蔽剂的存在与否对 Sb₂O₃ 的溶解

无影响。然而，在光照条件下，·OH 被掩蔽后，pH 3~9 条件下，Sb(III)的氧化速率从 $4.6\times10^{-2}\sim1.9\times10^{-1}$ mg/（$m^2\cdot min$）降低到 $2.9\times10^{-2}\sim1.2\times10^{-1}$ mg/（$m^2\cdot min$），进而降低 Sb₂O₃ 的溶解速率。这说明·OH 在 Sb 的(III)氧化和 Sb_2O_3 的溶解过程中起到重要作用。

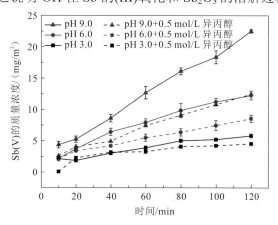

图 3.6　不同 pH 条件下 IPA 对 Sb(III)氧化速率的影响

2）O_2 和 $O_2^{\cdot-}$

在无光条件下，即使有 O_2 存在，反应体系中也没有 Sb(V)生成，说明无光条件下溶解氧不能将溶液中的 Sb(III)氧化。在光照条件下，即使无氧，仍有 Sb(V)生成。为了证实 $O_2^{\cdot-}$ 对 Sb(III)的氧化作用，进行自由基掩蔽实验，结果见图 3.7。不同条件下 Sb(III)的氧化速率见表 3.1。在有氧条件下，所有的氧化剂均有氧化作用；在有氧和 IPA 存在条件下，$O_2^{\cdot-}$ 和 h_{vb}^+ 起氧化作用；在无氧条件下，·OH 和 h_{vb}^+ 起氧化作用；在无氧和 IPA 存在条件下，仅有 h_{vb}^+ 起氧化作用。因此，有氧和 IPA 条件下与无氧和 IPA 条件下的速率差值即为超氧自由基的影响作用。在 pH 3.0、6.0 和 9.0 条件下，二者速率差值分别为 0.011 mg/（$m^2\cdot min$）、0.029 mg/（$m^2\cdot min$）和 0.051 mg/（$m^2\cdot min$），说明 $O_2^{\cdot-}$ 在 Sb(III)的氧化过程中也起了作用。另外，Spikes（1981）研究报道了在光氧化过程中 $O_2^{\cdot-}$ 的直接氧化作用。

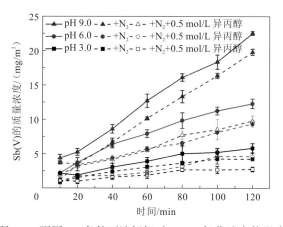

图 3.7　不同 pH 条件下溶解氧对 Sb(III)氧化速率的影响

表 3.1　不同条件下 Sb_2O_3 溶解过程中 Sb(III) 的氧化速率和自由基的贡献率

pH	氧化速率/[mg/（m²·min）]				贡献率/%		
	有氧	有氧+IPA	无氧	无氧+IPA	h_{vb}^+	·OH	$O_2^{\cdot-}$
3.0	0.046	0.029	0.026	0.018	39.10	17.40	43.50
6.0	0.086	0.052	0.060	0.023	26.74	43.03	30.23
9.0	0.190	0.120	0.170	0.069	36.30	53.20	10.50

3）H_2O_2

Quentel 等（2004）研究证明 50～500 μmol/L 的 H_2O_2 在碱性条件下能氧化 Sb(III)。然而，在光照条件下，在 pH 3.0～9.0 的水溶液中，均没有检测到 H_2O_2（检出限<0.1 mg/L）。这可能是因为：①极少或者没有 H_2O_2 产生；②产生的 H_2O_2 在光照条件下分解[式（3.16）]。因此实验中没有考虑 H_2O_2 的作用。

4）h_{vb}^+

从图 3.7 可以看出，尽管体系中不存在·OH 和溶解氧，仍能检测到 Sb(V)，说明还有其他氧化性物种。用氧化还原电极测得 60 min 和 120 min 时反应液的氧化还原电位（相对于标准氢电极）分别为 0.657 V 和 0.685 V。在 Sb_2O_3 等电点 pH 6.0 条件下，其价带能量估计值为-1.82 V，当 pH>6.0 时，价带能量低于-1.82 V，当 pH<6.0 时，价带能量高于-1.82 V（Xu et al.，2000；Di Quarto et al.，1997）。由此可见，反应体系的氧化还原电位高于 Sb_2O_3 的价带能量。根据光催化反应中光致电子在半导体界面的迁移规律，电子可直接从 Sb(III) 转移到 Sb_2O_3 价带，从而实现自身的氧化。

图 3.8 结果显示，无光条件下，Sb_2O_3 的溶解速率与其剂量无关，但是在光照条件下，Sb_2O_3 的溶解速率随着其剂量的增加而升高。可能是光照条件下，随着 Sb_2O_3 剂量增加，反应溶液中产生的 h_{vb}^+ 和·OH 增加，进而促进 Sb(III) 的氧化和 Sb_2O_3 的溶解。另外，从图 3.8（b）可知，即使添加了掩蔽剂，仍然是 Sb_2O_3 剂量越高，Sb(III) 的氧化速率越高，间接证明了空穴在 Sb(III) 的氧化过程中发挥了氧化作用。

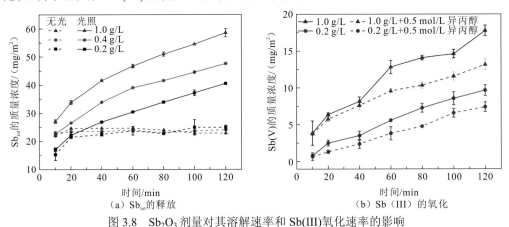

（a）Sb_{tot} 的释放　　　（b）Sb（III）的氧化

图 3.8　Sb_2O_3 剂量对其溶解速率和 Sb(III) 氧化速率的影响

3. Sb_2O_3 光催化氧化的机理

根据以上实验结果和分析，光照条件下 Sb_2O_3 的溶解机理见图 3.9，具体过程介绍如下。

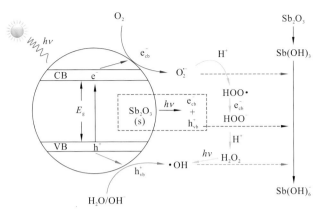

图 3.9 光照作用下 Sb_2O_3 的溶解反应机制示意图

光照条件下，首先是 Sb_2O_3 的溶解，同时伴随着价带电子的跃迁和空穴的生成，即形成电子-空穴对：

$$Sb_2O_3(s) + 3H_2O(l) \longrightarrow 2Sb(OH)_3(aq)$$

$$Sb_2O_3 \xrightarrow{hv} Sb_2O_3(e_{cb}^- + h_{vb}^+)$$

然后，空穴分别氧化 H_2O 和 OH^- 产生·OH，电子将溶解氧还原产生 $O_2^{\cdot-}$：

$$Sb_2O_3(h_{vb}^+) + H_2O \longrightarrow Sb_2O_3 + \cdot OH + H^+$$

$$Sb_2O_3(h_{vb}^+) + OH^- \longrightarrow Sb_2O_3 + \cdot OH$$

$$Sb_2O_3(e_{cb}^-) + O_2 \longrightarrow Sb_2O_3 + O_2^{\cdot-}$$

$O_2^{\cdot-}$ 经历质子化—还原—质子化的过程后产生 H_2O_2：

$$O_2^{\cdot-} + H^+ \longrightarrow HOO\cdot$$

$$HOO\cdot + e_{cb}^- \longrightarrow HOO^-$$

$$HOO^- + H^+ \longrightarrow H_2O_2$$

H_2O_2 在光照条件下很快被分解产生·OH：

$$H_2O_2 + hv \longrightarrow 2\cdot OH$$

另外，h_{vb}^+ 自身也能参与直接的氧化作用。

以上提到的光氧化剂·OH、溶解氧、$O_2^{\cdot-}$ 和空穴都参与 Sb(III) 的氧化。

掩蔽剂投加之后，锑释放速率发生变化，计算上述光氧化剂的贡献率，pH 3、6 和 9 条件下，·OH 的贡献率分别为 53.2%、43.03%、17.4%，其影响程度随 pH 的降低而减小，这与式（3.6）和式（3.7）预测一致；$O_2^{\cdot-}$ 的贡献率分别为 10.5%、30.23%、43.5%，其影响随着 pH 降低而增大，这与式（3.12）预测结果一致；h_{vb}^+ 的贡献率分别为 36.3%、26.74%、39.1%，数值差距不大，表明其影响程度受 pH 影响较小。

3.3 有机质作用下 Sb_2O_3 的溶解动力学和机理

3.3.1 小分子天然有机质的性质

选择羧酸、芳香烃和糖三类共 11 种溶解性有机质，它们的主要官能团有羧基、羟基、酚羟基、氨基和苯环（图 3.10）。表 3.2 列出了溶解性有机质在不同 pH 下的解离常数及与 Sb 形成络合物的稳定常数。

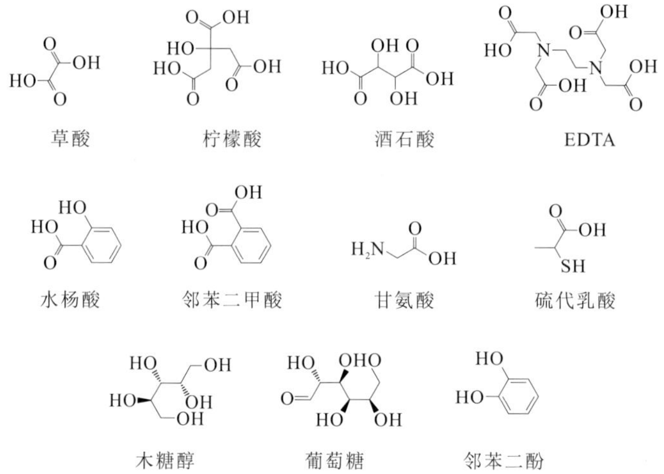

草酸	柠檬酸	酒石酸	EDTA
水杨酸	邻苯二甲酸	甘氨酸	硫代乳酸
木糖醇	葡萄糖	邻苯二酚	

图 3.10　实验中使用的溶解性有机质的分子结构

表 3.2　溶解性有机质的解离常数及与 Sb(III)形成配合物的稳定常数

溶解性有机质	解离常数	Sb-配体络合物的稳定常数	参考文献
草酸（H_2L）	$pK_1(CO_2H)=1.40$ $pK_2(CO_2H)=4.26$	$Sb(OH)_2Oxa^-$（3.8 ± 0.2） $Sb(Oxa)_2^-$（5.9 ± 0.1）	Neaman 等（2006）， Tella 等（2009）
柠檬酸（H_3L）	$pK_1(CO_2H)=3.13$ $pK_2(CO_2H)=4.76$ $pK_3(CO_2H)=6.40$ $pK_4(OH)\sim16$	$Sb(OH)_2(HCit)^{2-}$（0.1 ± 0.2） $Sb(OH)_2(H_2Cit)^-$（4.6 ± 0.3） $Sb(H_2Cit)_2^-$（-3.9 ± 0.3）	Neaman 等（2006）， Tella 等（2009）
酒石酸（H_4Tar）	$pK_1(CO_2H)=3.04$ $pK_2(CO_2H)=4.37$ $pK_3(COH)\sim14.0$ $pK_4(COH)\sim15.5$	$SbTar^+$（9.855） $SbTar^{2-}$（17.184） $SbTar(OH)^-$（9.408） $Sb_2H_{-2}(OH)_2Tar_2^{2-}$（22.17）	Tella 等（2009）， Filella 等（2005）
EDTA（H_4L）	$pK_1(CO_2H)=2.0$ $pK_2(CO_2H)=2.7$ $pK_3(CO_2H)=6.1$ $pK_4(CO_2H)\sim10.2$	$SbEDTA^-$（26.77） $SbHEDTA$（28.00） $SbEDTA(OH)^{2-}$（20.760） $SbEDTA(OH)_3^{3-}$（12.676）	Filella 等（2005）
邻苯二甲酸（H_2L）	$pK_1(CO_2H)=2.95$ $pK_2(CO_2H)=5.41$	—	Neaman 等（2006）
水杨酸（H_2L）	$pK_1(CO_2H)=2.97$ $pK_2(OH)=13.7$	—	Neaman 等（2006）
甘氨酸（HGly）	$pK_1(CO_2H)=2.34$ $pK_2(NH_3)=9.58$	$SbGly^{2+}$（11.240）	Tella 等（2009）， Filella 等（2005）
硫代乳酸（H_2ThLac）	$pK_1(CO_2H)=3.63$ $pK_2(SH)=10.24$	$SbLac^{2+}$（8.717） $SbLac_2^+$（13.476）	Filella 等（2005）
木糖醇（Xyl）	$pK(OH)=13.7$	—	Wu 等（1986）
葡萄糖	$pK(OH)=12.43$	—	Dean（1973）
邻苯二酚（H_2L）	$pK_1(OH)=9.45$ $pK_2(OH)=13.0$	$SbCat(OH)^0$（3.119） $SbCat_2^-$（0.543）	Tella 等（2009）， Filella 等（2005）

注：25℃，（1 atm = 1.013 25×10^5 Pa），离子强度 0

3.3.2　不同 pH 下天然有机质对 Sb$_2$O$_3$ 溶解速率的影响

1. pH 3.7 条件下 Sb$_2$O$_3$ 的溶解

酸性条件下，溶解性有机质对 Sb$_2$O$_3$ 溶解速率的影响见图 3.11。可以看出：①EDTA、酒石酸、硫代乳酸极大地促进了 Sb$_2$O$_3$ 的溶解，其他有机质对 Sb$_2$O$_3$ 的溶解几乎无影响；②在酒石酸溶液中，Sb$_2$O$_3$ 的溶解速率直线上升，然而在 EDTA 和硫代乳酸溶液中，反应 40 min 后，Sb$_2$O$_3$ 的溶解速率增幅逐渐变小，反应 60 min 后，硫代乳酸溶液中 Sb$_2$O$_3$几乎停止溶解。

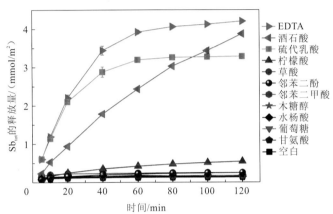

图 3.11　不同溶解性有机质溶液（pH 3.7）中 Sb$_{tot}$ 的释放量

2. pH 6.6 条件下 Sb$_2$O$_3$ 的溶解

从图 3.12 可以看出，在 pH 6.6 条件下，硫代乳酸和邻苯二酚极大地促进了 Sb$_2$O$_3$ 的溶解，其他有机质对 Sb$_2$O$_3$ 的溶解几乎无影响。Sb$_2$O$_3$ 的溶解速率在邻苯二酚溶液中呈直线上升，在硫代乳酸溶液中，60 min 后 Sb$_2$O$_3$ 的溶解速率增幅逐渐变小。与 pH 3.7 条件下 Sb$_2$O$_3$ 溶解速率相比，相同的是，pH 6.6 条件下硫代乳酸仍有较高的促进效果，但促进作用较 pH 3.7 条件下弱；不同的是，EDTA 失去促进作用，邻苯二酚表现出较强的促进作用。

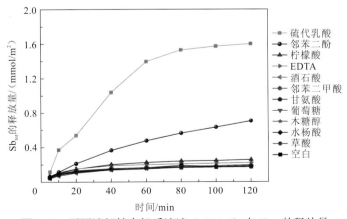

图 3.12　不同溶解性有机质溶液（pH 6.6）中 Sb$_{tot}$ 的释放量

3. pH 8.6 条件下 Sb₂O₃ 的溶解

在 pH 8.6 条件下，溶解性有机质对 Sb₂O₃ 溶解的影响见图 3.13。邻苯二酚和硫代乳酸有较强的促进作用，且邻苯二酚的促进作用大于硫代乳酸，反应 60 min 以后，邻苯二酚和硫代乳酸的促进作用均有很大程度减弱。

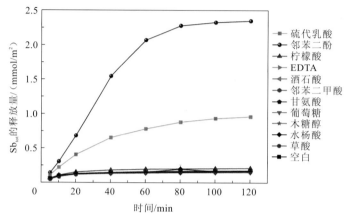

图 3.13 不同溶解性有机质溶液（pH 8.6）中 Sb_{tot} 的释放量

4. 不同 pH 下 Sb₂O₃ 的溶解速率

不同 pH 条件下 0～60 min 内 Sb₂O₃ 的溶解速率（初始溶解速率）见表 3.3 和图 3.14。

表 3.3 不同 pH 的溶解性有机质溶液中 Sb₂O₃ 在 0～60 min 的溶解速率 ［单位：mg/（m²·min）］

溶解性有机质	pH 3.7	pH 6.6	pH 8.6	pH 6.6	
	1 mmol/L			5 mmol/L	10 mmol/L
空白	0.043	0.160	0.126	0.160	0.160
草酸	0.060	0.163	0.134	0.157	0.163
柠檬酸	0.417	0.231	0.191	0.682	1.455
酒石酸	2.537	0.160	0.157	0.263	0.442
EDTA	4.806	0.191	0.154	0.265	0.525
水杨酸	0.080	0.157	0.143	0.137	0.163
邻苯二甲酸	0.120	0.154	0.131	0.157	0.163
甘氨酸	0.066	0.151	0.131	0.137	0.131
硫代乳酸	3.830	1.507	0.916	5.574	8.071
木糖醇	0.088	0.143	0.114	0.160	0.126
葡萄糖	0.060	0.163	0.106	0.148	0.114
邻苯二酚	0.203	0.531	2.451	1.926	2.586

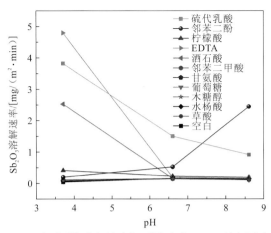

图 3.14　pH 对不同的溶解性有机质溶液中 Sb_2O_3 溶解速率的影响

结果表明：①EDTA、酒石酸、硫代乳酸和柠檬酸在酸性条件下对 Sb_2O_3 溶解的促进作用最明显，并且 EDTA、酒石酸和柠檬酸在近中性条件下，对 Sb_2O_3 溶解的促进作用逐渐消失，硫代乳酸对其促进作用随着 pH 的升高而减弱；②邻苯二酚对 Sb_2O_3 溶解的促进作用随着 pH 的升高而变强。下面将从溶解性有机质的解离常数及 Sb 与有机配合物形成的络合物的稳定常数分别讨论对 Sb_2O_3 溶解影响较大的 EDTA、硫代乳酸、酒石酸、柠檬酸和邻苯二酚。

1）EDTA 的影响

由于 EDTA 的 $pK_{a1}=2.0$、$pK_{a2}=2.7$，当 pH 为 3.7 时，EDTA 将发生一级和二级解离，两个完全去质子的羧基将充当多齿配位点与溶液中溶解的 Sb 发生配位反应。二者形成的配合物通常有 $SbEDTA^-$、$SbEDTA$、$SbEDTA(OH)^{2-}$ 和 $SbEDTA(OH)_2^{3-}$，它们的稳定常数分别为 26.77、28.00、20.76 和 12.68。由于这些配合物的稳定常数较其他有机质与 Sb 形成配合物的稳定常数大，所以在 pH 3.7 条件下，EDTA 显示了极好的络合能力，最大程度地促进了 Sb_2O_3 的溶解。如果以此类推，当 pH 为 6.6 时，因其三级解离常数 $pK_{a3}=$ 6.1，EDTA 将会有 3 个羧基去质子化，从而与 Sb 发生三齿配位，生成更稳定的络合物。然而，当 pH 为 6.6 和 8.6 时，EDTA 对 Sb_2O_3 的溶解速率几乎无影响。由于在 pH 为 6.6 和 8.6 的反应体系中，Sb(III)与聚氨基羧酸会生成沉淀，导致溶液中 Sb 急剧减少（Filella et al.，2005）。

2）硫代乳酸的影响

硫代乳酸中羧基（—CO_2H）和巯基（—SH）的分步解离常数分别为 3.63 和 10.24。实验中 pH 为 3.7～8.6，因此巯基在该范围内不会完全解离，主要是羧基起络合作用。由于乳酸（$pK_1(CO_2H)=3.86$）和硫代乳酸的一级解离常数几乎一样，本小节将从乳酸和 $Sb(OH)_3$ 的相互作用考虑。已有研究表明在 pH<4 的条件下，Sb 与乳酸会络合生成双齿配位络合物 $SbLac_2^-$ [式（3.23）]（Tella et al.，2009）。

$$Sb(OH)_3^0 + 2HLac^- \longrightarrow 2H_2O + OH^- + SbLac_2^- \tag{3.23}$$

当 pH > 4 时，除了 $SbLac_2^-$，还能形成另一种络合物 $Sb(OH)_2Lac^-$，反应式为

$$Sb(OH)_3^0 + HLac^- \longrightarrow H_2O + Sb(OH)_2Lac^- \tag{3.24}$$

以上两种络合物 $SbLac_2^-$ 和 $Sb(OH)_2Lac^-$ 在 20℃和离子强度为 0 时的稳定常数分别为 1.89 ± 0.03 和 -5.08 ± 0.04。根据式（3.23）和式（3.24），随着 pH 升高，Sb 的释放受到抑制。

3）酒石酸的影响

酒石酸（H_2Tar）在酸性条件下对 Sb_2O_3 的溶解有较大的影响，由于 Sb 与酒石酸根形成了较稳定的络合物 Sb-Tar^2［式（3.25）~式（3.29）］。但是，当 pH 为 6.6 和 8.6 时，其影响作用消失。根据螯合理论，当 pH 为 6.6 和 8.6 时，酒石酸已经完成二级解离（$pK_{a1}=3.07$，$pK_{a2}=4.37$），因此它可以充当多齿配位体与 Sb 配位，从而促进 Sb_2O_3 的溶解。另外，在中性和碱性条件下，由于 Sb-Tar^2 络合物可能吸附到矿物表面，阻塞了配位体与 Sb 的进一步配位（Biver et al.，2012b），从而导致 Sb 的释放量减少。

$$Sb(OH)_3^0 + 3H^+ + Tar^{2-} \longrightarrow 3H_2O + SbTar^+ \tag{3.25}$$

$$Sb(OH)_3^0 + 3H^+ + 2Tar^{2-} \longrightarrow 3H_2O + SbTar^{2-} \tag{3.26}$$

$$Sb(OH)_3^0 + 2H^+ + Tar^{2-} \longrightarrow 2H_2O + SbTar(OH)^- \tag{3.27}$$

$$Sb(OH)_3^0 + 2H^+ + 2Tar^{2-} \longrightarrow 4H_2O + Sb_2H_{-2}(OH)_2Tar_2^{2-} \tag{3.28}$$

$$Sb(OH)_3^0 + Tar^{2-} \longrightarrow 2H_2O + SbH_{-2}(OH)Tar^{2-} \tag{3.29}$$

4）柠檬酸的影响

柠檬酸（H_3Cit）对 Sb 的释放影响较小。酸性条件下有影响，中性条件下影响逐渐减小，碱性条件下几乎无影响作用。根据络合规则，当 pH 为 6.6 和 8.6 时，柠檬酸应该已完成三级解离（$pK_{a1}=3.16$，$pK_{a2}=4.76$ 和 $pK_{a3}=6.40$），然后充当多齿配位体与 Sb 络合，从而促进 Sb 的释放。然而实验结果却与推测相反，这可能是因为 Sb-H_3Cit^- 络合物吸附到矿物表面，阻止配体与 Sb 的进一步络合，从而阻碍 Sb 的释放。反应式如下：

$$Sb(OH)_3^0 + H_3Cit^- \longrightarrow H_2O + H^+ + Sb(OH)_2(Cit)^{2-} \tag{3.30}$$

$$Sb(OH)_3^0 + H_3Cit^- \longrightarrow H_2O + Sb(OH)_2(H_2Cit)^- \tag{3.31}$$

$$Sb(OH)_3^0 + 2H_3Cit^- \longrightarrow Sb(H_2Cit)_2^- + H_2O + OH^- \tag{3.32}$$

5）邻苯二酚的影响

与上述讨论的溶解性有机酸影响趋势不同，邻苯二酚对 Sb_2O_3 溶解的影响随 pH 的升高而增强。当 pH 为 3.7 时几乎无促进作用，当 pH 为 8.6 时促进作用增强。这是因为邻苯二酚具有较高的解离常数，首个酚羟基完全解离需要 pH>9.45（$pK_{a1}=9.45$）。当 pH 为 8.7 时，部分去质子化的酚羟基充当配位基，与 Sb 发生络合反应（Filella et al.，2005）：

$$Sb(OH)_3^0 + 2H_2Cat \longrightarrow 3H_2O + H^+ + SbCat_2^- \tag{3.33}$$

络合物 $SbCat_2^-$ 的稳定常数是 5.44，根据式（3.33），随着 pH 升高，反应向右移动，因此更多的 Sb_2O_3 溶解。

6）其他配体的影响

除了上述溶解性有机质，其他溶解性有机质在 pH 范围（3.7~8.6）内对 Sb 的释放几乎无影响，尽管它们与 Sb 也能形成稳定的络合物。例如，Sb 与甘氨酸（$SbGly^{2+}$）形成的络合物的稳定常数为 11.24，大于 Sb 与邻苯二酚形成的络合物（$SbCat(OH)^0$）的稳定常数（lg$K$=3.119）。然而，甘氨酸对 Sb 的释放几乎无影响，邻苯二酚却有较大的促进作用。由此可见，与金属形成越稳定的络合物越能促进矿物溶解的规律并非适用于所有情况。推测溶解性有机质的存在量也可能会影响它们的络合作用，有些配体可能因其浓度太低而无法络合更多的 Sb。

5. 与其他研究结果的对比

通过与 Sb$_2$S$_3$ 在 pH 4、6 和 8，以及 1 mmol/L 邻苯二酚、柠檬酸和 EDTA 溶液中初始溶解速率（Biver et al.，2012a）的比较，发现 Sb$_2$O$_3$ 和 Sb$_2$S$_3$ 的初始溶解速率在同一个数量级（10^{-5} mg/（m^2·min）） 上，并且在不同 pH 条件下，上述溶解性有机质对二者溶解速率影响趋势是一致的。

另外，一些溶解性有机质对 Sb$_2$O$_3$ 溶解速率的影响远大于光照作用的影响（Hu et al.，2014）：在碱性条件下，Sb$_2$O$_3$ 在光照下的溶解速率为 0.18 mg/（m^2·min），但在含有邻苯二酚或硫代乳酸的溶液中，其溶解速率分别高达 2.45 mg/（m^2·min）和 0.92 mg/（m^2·min）；在酸性条件下，EDTA、硫代乳酸、酒石酸、柠檬酸和邻苯二酚对 Sb$_2$O$_3$ 溶解的促进作用也远大于光照作用。

3.3.3　天然有机质浓度对 Sb$_2$O$_3$ 溶解速率的影响

从图 3.15 可以看出，随着硫代乳酸、邻苯二酚、柠檬酸、EDTA 和酒石酸浓度的升高，Sb$_2$O$_3$ 的溶解速率增大，尤其是硫代乳酸、邻苯二酚和柠檬酸，对 Sb 溶解释放促进作用更为明显。当溶液中硫代乳酸的摩尔浓度从 1 mmol/L 升高到 5 mmol/L 和 10 mmol/L 时，Sb 的释放速率相应地增大 4 倍和 6 倍。可能是因为溶解性有机质浓度升高，配体的数量增加，更多的可溶性 Sb(III)被络合，促使溶解平衡右移，促进了 Sb$_2$O$_3$ 的溶解。这同时也解释了为何在 1 mmol/L 的硫代乳酸和邻苯二酚溶液中，Sb 的释放速率变化趋势随着时间的推移而逐渐平缓。随着反应时间的延长，有限的硫代乳酸和邻苯二酚被消耗，

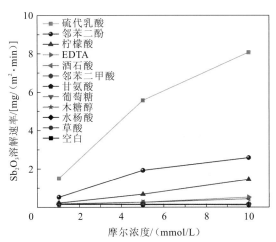

图 3.15　溶解性有机质浓度对 Sb$_2$O$_3$ 溶解速率的影响

反应 60 min 后，无足够量的配体与 Sb(III)形成络合物。另外，在硫代乳酸、邻苯二酚和柠檬酸溶液中，Sb_2O_3 剂量对 Sb 释放速率的影响远大于 pH 对释放速率的影响。

3.3.4　不同条件对 Sb 释放比例的影响

在不同条件下，Sb 的释放量占 Sb_2O_3 中总 Sb 的比例结果见表 3.4。在 pH 3.7 条件下，主要溶解性有机质对 Sb_2O_3 溶解的促进作用从大到小依次为：EDTA（53.4%）>酒石酸（49.20%）>硫代乳酸（41.70%）>柠檬酸（6.90%）>草酸（3.16%）≈邻苯二酚（3.15%）。多数有机质对 Sb_2O_3 溶解的促进作用随着 pH 的升高而明显降低，邻苯二酚对 Sb 释放的影响却随着 pH 升高而升高，Sb 的释放比例从 pH 3.7 时的 3.15%上升至 pH 8.6 时的 29.98%。另外，当溶解性有机质摩尔浓度从 1 mmol/L 升高到 5 mmol/L 和 10 mmol/L 时，硫代乳酸、邻苯二酚、柠檬酸和 EDTA 对 Sb 释放量增加贡献较大。在硫代乳酸、邻苯二酚和柠檬酸溶液中，当溶解性有机质摩尔浓度从 1 mmol/L 升高到 10 mmol/L 时，Sb 的释放比例分别从 20.40%、9.00%和 3.29%升至 97.0%、59.80%和 22.3%。在 10 mmol/L 的硫代乳酸溶液中，Sb_2O_3 几乎完全溶解。

表 3.4　不同条件的溶解性有机质溶液中 Sb 的释放比例　　　　　　（单位：%）

溶解性有机质	pH 3.7	pH 6.6	pH 8.6	pH 6.6	
	1 mmol/L			5 mmol/L	10 mmol/L
空白	2.18	2.23	2.20	2.23	2.23
草酸	3.16	2.21	2.19	2.66	2.53
柠檬酸	6.90	3.29	2.73	9.74	22.30
酒石酸	49.20	2.55	2.30	4.65	6.14
EDTA	53.40	2.85	2.20	4.26	9.63
水杨酸	1.90	2.28	2.13	2.23	2.56
邻苯二甲酸	2.19	2.38	2.07	2.81	2.60
甘氨酸	1.69	2.34	2.26	2.13	2.52
硫代乳酸	41.70	20.40	12.30	82.90	97.00
木糖醇	2.18	2.29	2.03	3.02	2.10
葡萄糖	1.76	2.35	1.96	2.17	2.31
邻苯二酚	3.15	9.00	29.98	40.10	59.80

3.3.5　溶解速率与解离常数及稳定常数的关系

在一些情况下，无论溶解性有机质对矿物溶解促进与否，矿物的溶解速率对数值与溶解性有机质的酸性解离常数之间都存在一定的相关关系（Biver et al.，2012b；Ludwig et al.，1995）。图 3.16 展示了 6 种溶解性有机质的解离常数与 Sb_2O_3 溶解速率之间的相关关系：在酸性条件下，Sb_2O_3 溶解速率随着 pK_a 的升高而减小，而在碱性条件下，Sb_2O_3

溶解速率随着pK_a的升高而增大。不同pH条件下，Sb$_2$O$_3$的溶解速率与6种溶解性有机质之间的关系表示为

$$\lg r = -0.161\mathrm{p}K_a + 1.03 \qquad (\mathrm{pH}=3.7,\ R^2=0.965) \qquad (3.34)$$

$$\lg r = -0.098\mathrm{p}K_a + 0.574 \qquad (\mathrm{pH}=6.6,\ R^2=0.974) \qquad (3.35)$$

$$\lg r = 0.263\mathrm{p}K_a - 2.24 \qquad (\mathrm{pH}=8.6,\ R^2=0.851) \qquad (3.36)$$

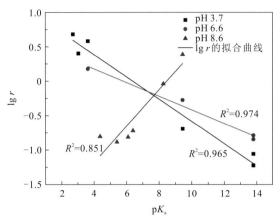

图 3.16　不同pH下溶解性有机质的解离常数与Sb$_2$O$_3$溶解速率的关系

Sb$_2$O$_3$的溶解速率与溶解性有机质的解离常数之间存在的数据关系有助于预测无光条件下Sb$_2$O$_3$在复杂溶解性有机质影响下的溶解速率。

从图3.17可以看出，在酸性条件下，Sb$_2$O$_3$的溶解速率随着络合物稳定常数的升高而增大，但在近中性和碱性条件下，二者几乎不存在任何相关性。根据Furrer等（1986）总结的关于氧化物与配体相互作用的过程（图3.18）：首先是金属氧化物与配体快速形成表面络合物；随后是表面络合物与氧化物矿物的分离过程，这个过程是整个溶解过程的关键步骤，是限速步骤；然后是新表面层的质子化，进行新一轮的络合。尽管表面络合物的形成与溶解性有机质的解离常数和金属配合物的稳定常数有一定关系，但整个溶解释放过程的限速步骤是表面络合物从矿物的分离，也就是说，即使Sb能与有机配体形成稳定的金属配合物，如果反应条件不利于其从矿物表面分离，该溶解过程也会被抑制。

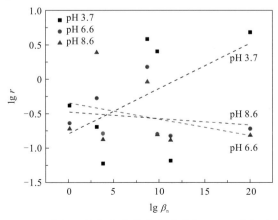

图 3.17　Sb(III)-有机配体络合物的稳定常数与Sb$_2$O$_3$溶解速率的关系

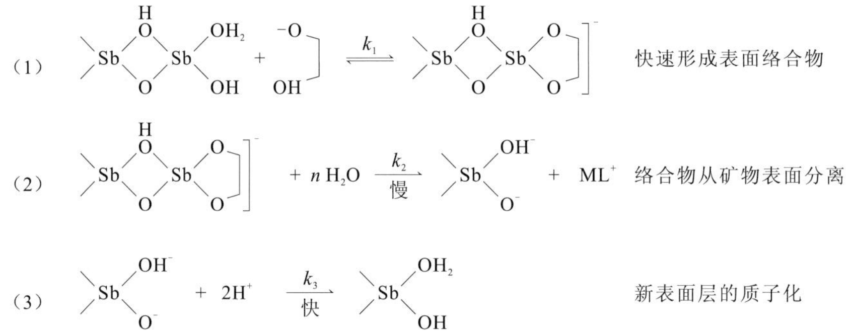

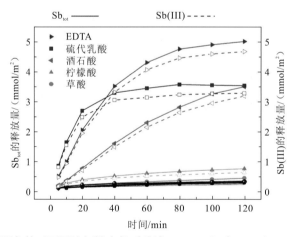

图 3.18　Sb₂O₃ 在溶解性有机质存在下的溶解反应过程

（1）快速形成表面络合物

（2）络合物从矿物表面分离

（3）新表面层的质子化

3.4　光照作用下溶解性有机质对 Sb₂O₃ 溶解动力学的影响

3.4.1　不同 pH 下天然有机质对 Sb₂O₃ 溶解速率的影响

1. pH 3.7 条件下 Sb₂O₃ 的溶解

在 pH 3.7 条件下，溶解性有机质对 Sb₂O₃ 溶解的影响见图 3.19。由于仅有 EDTA、硫代乳酸、酒石酸、柠檬酸和草酸对 Sb₂O₃ 的溶解有比较明显的影响，为了清晰地表明实验结果，仅对以上几种有机质的图例进行明显区分，pH 6.6 和 pH 8.6 的影响结果也同样用此种处理方式。

图 3.19　光照条件下不同溶解性有机质溶液（pH 3.7）中 Sb$_{tot}$ 和 Sb(III) 的释放量

图例形状表示含义相同，实心为 Sb$_{tot}$，空心为 Sb(III)，余同

从图 3.19 中可以看出：①EDTA、硫代乳酸、酒石酸极大地促进了 Sb₂O₃ 的溶解，其他有机质对 Sb₂O₃ 的溶解几乎无影响；②在酒石酸溶液中，Sb₂O₃ 的溶解速率几乎直线上升，然而在 EDTA 和硫代乳酸溶液中，反应 40 min 后 Sb₂O₃ 的溶解速率增幅逐渐变小，反应 60 min 后 Sb₂O₃ 的溶解几乎停止；③溶液中 Sb$_{tot}$ 浓度高于 Sb(III)，说明光照下有 Sb(III) 被氧化；④光照条件下溶解性有机质溶液中 Sb 的释放量高于无光条件。

2. pH 6.6 条件下 Sb₂O₃ 的溶解

在 pH 6.6 条件下，溶解性有机质对 Sb₂O₃ 溶解的影响见图 3.20。从图中可以看出：①硫代乳酸、邻苯二酚极大地促进了 Sb₂O₃ 的溶解，而其他有机质对 Sb₂O₃ 的溶解几乎无影响；②在硫代乳酸和邻苯二酚溶液中，Sb_{tot} 的释放量明显大于 Sb(III)，说明存在 Sb(III) 的氧化，而且在硫代乳酸溶液中的氧化程度高于邻苯二酚溶液；③在硫代乳酸溶液中，pH 6.6 条件下 Sb(III) 的氧化量大于 pH 3.7 条件下的氧化量。

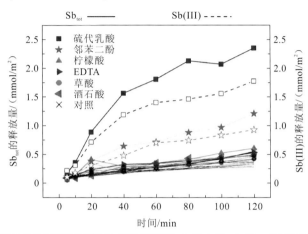

图 3.20 光照条件下不同溶解性有机质溶液（pH 6.6）中 Sb_{tot} 和 Sb(III) 的释放量

3. pH 8.6 条件下 Sb₂O₃ 的溶解

在 pH 8.6 条件下，溶解性有机质对 Sb₂O₃ 溶解的影响见图 3.21。①邻苯二酚和硫代乳酸对 Sb₂O₃ 溶解有较强的促进作用，邻苯二酚的促进作用大于硫代乳酸；②在反应 0～40 min 内，邻苯二酚和硫代乳酸中 Sb₂O₃ 的溶解速率呈直线上升，反应 40 min 后速率大大降低；③在邻苯二酚溶液中，Sb_{tot} 的释放量显著大于 Sb(III)，反应 120 min 后，约有 75% 的 Sb(III) 被氧化，显著大于 pH 6.6 条件下的氧化量。同样地，在硫代乳酸溶液中，约有 50% 的 Sb(III) 被氧化，显著大于 pH 6.6 和 pH 3.7 条件下的氧化量。

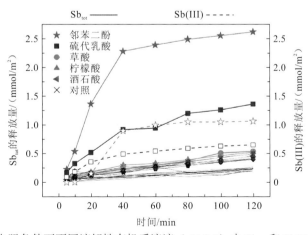

图 3.21 光照条件下不同溶解性有机质溶液（pH 8.6）中 Sb_{tot} 和 Sb(III) 的释放量

4. 不同 pH 下 Sb₂O₃ 的溶解速率

不同pH条件下Sb₂O₃在0~60 min内的溶解速率见表3.5和图3.22。结果表明：①EDTA、硫代乳酸、酒石酸和柠檬酸在酸性条件下对 Sb₂O₃ 溶解的促进作用最明显，在上述溶液中，pH 3.7 条件下，Sb₂O₃ 的溶解速率分别约为空白组溶解速率的 16 倍、15 倍、8 倍和 2.5 倍。然而当 pH 接近中性直至升到碱性时，硫代乳酸对 Sb₂O₃ 溶解的促进作用逐渐减弱，EDTA、酒石酸和柠檬酸对 Sb₂O₃ 溶解基本无影响。②邻苯二酚对 Sb₂O₃ 溶解的促进作用随着 pH 的升高而增强。邻苯二酚溶液中 Sb₂O₃ 的溶解速率在碱性条件下约为酸性条件下的 7.6 倍。以上结果同样可以用溶解性有机质的解离常数及 Sb 与有机配合物形成的络合物的稳定常数进行解释[式（3.3）和式（3.4）]。③光照作用对溶解性有机质溶液中 Sb₂O₃ 的溶解速率有较小程度的促进作用，光照条件下硫代乳酸溶液中 Sb₂O₃ 的溶解速率是无光条件下的 1.15~1.36 倍。

表 3.5 不同条件下溶解性有机质溶液中 Sb₂O₃ 在 0~60 min 内的溶解速率

[单位：mg/（m²·min）]

溶解性有机质	pH 3.7	pH 6.6	pH 8.6	pH 6.6	
	1 mmol/L			5 mmol/L	10 mmol/L
空白	0.298	0.310	0.347	0.323	0.353
草酸	0.408	0.353	0.341	0.371	0.359
柠檬酸	0.730	0.390	0.396	0.846	1.498
酒石酸	2.368	0.365	0.286	0.499	0.651
EDTA	4.821	0.420	0.262	0.505	0.633
水杨酸	0.304	0.359	0.298	0.365	0.335
邻苯二甲酸	0.329	0.390	0.310	0.365	0.390
甘氨酸	0.280	0.359	0.262	0.390	0.390
硫代乳酸	4.401	2.058	1.151	7.256	9.868
木糖醇	0.329	0.298	0.310	0.347	0.329
葡萄糖	0.304	0.384	0.329	0.329	0.317
邻苯二酚	0.377	0.828	2.861	2.861	4.718

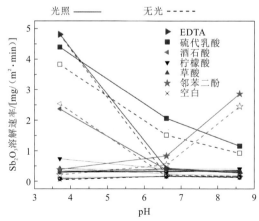

图 3.22 光照和无光条件下不同 pH 对溶解性有机质溶液中 Sb₂O₃ 溶解速率的影响

图例形状表示含义相同，实心为光照条件，空心为无光条件，图 3.23 同

3.4.2 天然有机质浓度对 Sb_2O_3 溶解速率的影响

从图 3.23 可以看出，随着硫代乳酸、邻苯二酚、柠檬酸、EDTA 浓度的升高，Sb_2O_3 的溶解速率增大，尤其是硫代乳酸和邻苯二酚，促进作用更为明显。当溶液中硫代乳酸的浓度从 1 mmol/L 增加到 5 mmol/L 和 10 mmol/L 时，Sb_2O_3 的溶解速率相应地增大了 4 倍和 5 倍，邻苯二酚溶液中 Sb_2O_3 的溶解速率相应地增大了 2 倍和 3 倍，这是因为随着溶解性有机质浓度升高，配位体的数量增加，更多的可溶性 Sb(III) 被络合，促使溶解平衡右移，促进了 Sb_2O_3 的溶解。同时，这也解释了为什么在 1 mmol/L 的硫代乳酸和邻苯二酚溶液中，Sb 的释放速率随着时间的延长而逐渐降低，主要是因为随着反应时间的延长，有限的硫代乳酸和邻苯二酚被消耗，在 60 min 以后，不足以与 Sb(III) 进行络合。另外，与无光条件下的结果进行对比发现，光照在一定程度上促进了 Sb_2O_3 的溶解，并且随着溶解性有机质浓度升高，光照的促进作用有增强的趋势。

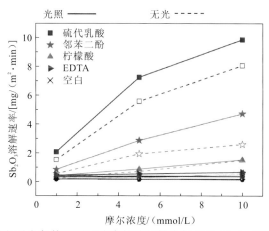

图 3.23　光照和无光条件下不同浓度的溶解性有机质对 Sb_2O_3 溶解速率的影响

3.4.3 不同条件对 Sb 释放比例的影响

表 3.6 列出了在不同条件下，经过 2 h 反应后，Sb 的释放量占 Sb_2O_3 中总 Sb 的比例。结果显示，在 pH 3.7 条件下，对 Sb_2O_3 溶解有促进作用的溶解性有机质及其影响程度从大到小顺序为：EDTA（53.6%）>硫代乳酸（37.80%）≈酒石酸（37.40%）>柠檬酸（8.17%）>草酸（4.79%）。多数有机质对 Sb_2O_3 溶解的促进作用随着 pH 的升高而降低，EDTA 溶液中 Sb 的释放比例从 53.60%降低至 5.68%和 4.74%，但是邻苯二酚对 Sb 释放的影响却随着 pH 升高而增强，当 pH 从 3.7 升高至 6.6 和 8.6 时，Sb 的释放比例从 3.43%升高至 12.90%和 28.00%。

表 3.6　光照作用下不同条件的溶解性有机质溶液中 Sb 的释放比例　　　（单位：%）

溶解性有机质	pH 3.7	pH 6.6	pH 8.6	pH 6.6	
	1 mmol/L			5 mmol/L	10 mmol/L
空白	3.44	5.86	5.24	4.62	4.81
草酸	4.79	5.22	5.76	5.08	4.70
柠檬酸	8.17	6.45	5.61	10.60	19.70
酒石酸	37.40	5.09	4.90	6.98	9.69
EDTA	53.60	5.68	4.74	6.80	8.55
水杨酸	3.53	4.48	4.23	4.55	4.50
邻苯二甲酸	3.71	4.42	4.44	5.26	4.83
甘氨酸	3.32	5.06	4.46	6.01	5.37
硫代乳酸	37.80	25.10	14.60	92.40	91.10
木糖醇	3.69	4.49	4.87	5.51	4.26
葡萄糖	3.43	5.53	5.48	4.90	4.53
邻苯二酚	3.43	12.90	28.00	51.60	76.60

另外，随着溶解性有机质摩尔浓度从 1 mmol/L 升高到 5 mmol/L 和 10 mmol/L，硫代乳酸、邻苯二酚、柠檬酸和酒石酸对 Sb 释放量增加贡献较大。在硫代乳酸、邻苯二酚和柠檬酸溶液中，当溶解性有机质摩尔浓度从 1 mmol/L 增加到 10 mmol/L 时，Sb 的释放比例分别从 25.1%、12.9% 和 6.45% 升高到 91.1%、76.6% 和 19.7%。在 10 mmol/L 的硫代乳酸溶液中，Sb_2O_3 几乎完全溶解。

图 3.24 显示了光照和无光时不同模拟环境条件下反应 120 min 后 Sb 的释放比例，可以看出，光照对反应终止后溶液中 Sb 的释放比例影响很小，这也说明光照与某些溶解性有机质相比，对 Sb_2O_3 溶解的促进效果有限。

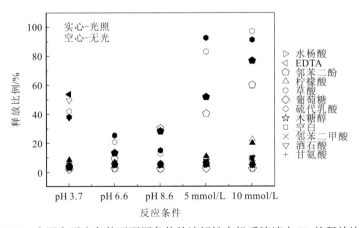

图 3.24　光照和无光条件下不同条件的溶解性有机质溶液中 Sb 的释放比例

由于光照过程中 Sb(III)会被氧化为 Sb(V)，而 Sb(V)也会与溶解性有机质发生络合反应，为了进一步分析 Sb(III)的氧化对不同条件下溶解性有机质溶液中 Sb_2O_3 溶解的影响，计算反应 120 min 后，溶液中 Sb(III)/Sb_{tot} 的质量比（表 3.7）。

表 3.7 光照作用下，反应 120 min 后，不同条件的溶解性有机质溶液中 Sb(III)/Sb$_{tot}$ 的质量比

溶解性有机质	pH 3.7	pH 6.6	pH 8.6	pH 6.6	
	1 mmol/L			5 mmol/L	10 mmol/L
空白	0.85	0.67	0.40	0.70	0.78
草酸	0.81	0.72	0.44	0.69	0.78
柠檬酸	0.84	0.63	0.47	0.72	0.82
酒石酸	0.91	0.69	0.49	0.66	0.86
EDTA	0.93	0.76	0.92	0.79	0.78
水杨酸	0.85	0.78	0.57	0.61	0.73
邻苯二甲酸	0.82	0.71	0.59	0.50	0.84
甘氨酸	0.75	0.74	0.47	0.56	0.60
硫代乳酸	0.93	0.75	0.48	0.84	0.88
木糖醇	0.80	1.00	0.58	0.62	0.85
葡萄糖	0.78	0.53	0.47	0.62	0.75
邻苯二酚	0.92	0.77	0.41	0.88	0.89

图 3.25 显示 Sb(III)在溶液中的比例随着 pH 升高而降低，说明在碱性条件下，有更多的 Sb(III)被氧化，这主要是因为光照条件下 Sb$_2$O$_3$ 光催化的性质，在碱性条件下产生了更多具有氧化性的羟基自由基。溶解性有机质浓度的升高对 Sb(III)的氧化影响不大。

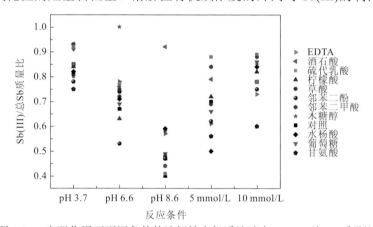

图 3.25　光照作用下不同条件的溶解性有机质溶液中 Sb(III)/总 Sb 质量比

另外，在 pH 8.6 的条件下，溶解性有机质的存在在一定程度上抑制了 Sb(III)的氧化，这是因为具有还原特性的小分子有机质的存在，其氧化过程也会消耗光催化过程产生的自由基，与 Sb(III)的氧化产生自由基竞争，可能会抑制光照下的溶解，反应式为

$$Sb_2O_3 + h\nu \longrightarrow Sb_2O_3(e_{cb}^- + h_{vb}^+) \qquad (3.37)$$

$$有机质 + h^+ \longrightarrow 氧化物\ A \qquad (3.38)$$

$$h^+ + H_2O \longrightarrow \cdot OH + H^+ \qquad (3.39)$$

$$有机质 + \cdot OH \longrightarrow 氧化物\ B \qquad (3.40)$$

3.4.4 溶解速率与解离常数及稳定常数的关系

在一些情况下，无论溶解性有机质对矿物溶解促进与否，矿物的溶解速率对数值与溶解性有机质的酸性解离常数之间存在一定的相关关系（Biver et al.，2012b；Ludwig et al.，1995）。Sb_2O_3 溶解速率的对数值和溶解性有机质的酸性解离常数 pK_a 之间的关系如图 3.26 所示，由图可知：酸性和近中性条件下，Sb_2O_3 溶解速率随着 pK_a 的升高而减小，但二者的线性关系并不明显，而在碱性条件下，Sb_2O_3 溶解速率的对数值与 pK_a 之间有着明显的线性关系，即

$$\lg r = 0.116 pK_a - 1.11 \tag{3.41}$$

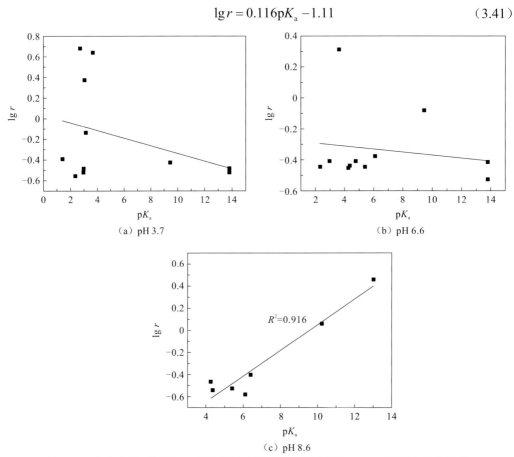

图 3.26 光照作用下不同 pH 的溶解性有机质的解离常数与 Sb_2O_3 溶解速率的关系

Sb_2O_3 溶解速率随着溶解性有机质 pK_a 的升高而增大。在碱性条件下，Sb_2O_3 的溶解速率与溶解性有机质的解离常数之间的相关关系有助于预测 Sb_2O_3 在复杂溶解性有机质影响下的溶解速率。

从图 3.27 和图 3.28 可以看出，在酸性条件下，Sb_2O_3 的溶解速率随着络合物稳定常数的升高有增大趋势。但在近中性和碱性条件下，几乎没有任何相关性存在。这说明即使有光照存在，仍然是某些溶解性有机质对 Sb_2O_3 的溶解速率起主要作用。在光照下，溶解性有机质促进 Sb_2O_3 溶解的过程中，表面络合物与 Sb_2O_3 的分离过程是整个溶解过

程的限速步骤，若溶液条件利于表面络合物从 Sb_2O_3 分离，Sb_2O_3 的溶解就加快；若溶液条件不利于二者分离，即使能形成稳定的表面络合物，Sb_2O_3 的溶解也会受到抑制。

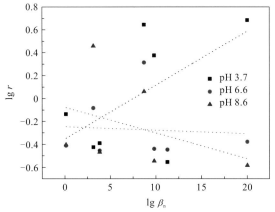

图 3.27　光照作用下 Sb(III)-有机配体络合物的稳定常数与 Sb_2O_3 溶解速率的关系

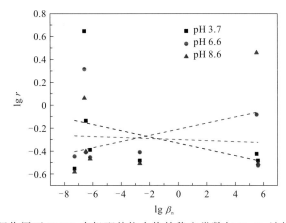

图 3.28　光照作用下 Sb(V)-有机配体络合物的稳定常数与 Sb_2O_3 溶解速率的关系

参 考 文 献

Biver M, Shotyk W, 2012a. Stibnite(Sb$_2$S$_3$) oxidative dissolution kinetics from pH 1 to 11. Geochimica et Cosmochimica Acta, 79: 127-139.

Biver M, Shotyk W, 2012b. Experimental study of the kinetics of ligand-promoted dissolution of stibnite(Sb$_2$S$_3$). Chemical Geology, 294: 165-172.

Dean J A, 1973. Lange's handbook of chemistry (11th Edition). New York: McGraw-Hill.

Di Quarto F, Sunseri C, Piazza S, et al., 1997. Semiempirical correlation between optical band gap values of oxides and the difference of electronegativity of the elements. Its importance for a quantitative use of photocurrent spectroscopy in corrosion studies. The Journal of Physical Chemistry B, 101(14): 2519-2525.

Filella M, May P M, 2005. Critical appraisal of available thermodynamic data for the complexation of antimony(III) and antimony(V) by low molecular mass organic ligands. Journal of Environmental Monitoring, 7(12): 1226-1237.

Furrer G, Stumm W, 1986. The coordination chemistry of weathering: I. Dissolution kinetics of delta-Al_2O_3 and BeO. Geochimica et Cosmochimica Acta, 50(9): 1847-1860.

Hu X, Kong L, He M, 2014. Kinetics and mechanism of photopromoted oxidative dissolution of antimony trioxide. Environmental Science & Technology, 48(24): 14266-14272.

Ludwig C, Casey W H, Rock P A, 1995. Prediction of ligand-promoted dissolution rates from the reactivities of aqueous complexes. Nature, 375(6526): 44-47.

Neaman A, Chorover J, Brantley S L, 2006. Brantley effects of organic ligands on granite dissolution in batch experiments at pH 6. American Journal of Science, 306(6): 451-473.

Quentel F, Filella M, Elleouet C, et al., 2004. Kinetic studies on Sb(III) oxidation by hydrogen peroxide in aqueous solution. Environmental Science & Technology, 38(10): 2843-2848.

Spikes J D, 1981. Selective photooxidation of thiols sensitized by aqueous suspensions of cadmium sulfide. Photochemistry and Photobiology, 34(5): 549-556.

Tella M, Pokrovski G S, 2009. Antimony(III) complexing with O-bearing organic ligands in aqueous solution: An X-ray absorption fine structure spectroscopy and solubility study. Geochimica et Cosmochimica Acta, 73(2): 268-290.

Tella M, Pokrovski G S, 2012. Stability and structure of pentavalent antimony complexes with aqueous organic ligands. Chemical Geology, 292: 57-68.

Wu J G, Ke J J, 1986. A study of interaction between lead oxides and polyhydric alcohols in alkaline solution. Journal of the Graduate School of the Chinese Academy of Sciences, 2: 96-103.

Xu Y, Schoonen M A A, 2000. The absolute energy positions of conduction and valence bands of selected semiconducting minerals. American Mineralogist, 85(3-4): 543-556.

第4章 天然含锑矿物的溶解释放特征

锑矿采选和冶炼过程中会产生大量废石、尾砂、废渣、矿井废水、冶炼过程冲渣水，以及干法冶炼过程中产生的含重金属烟粉尘等，对矿区周围环境造成严重污染。本章主要开展天然含锑矿物淋滤过程中锑的释放速率和主要影响因素研究，揭示含锑矿物溶解释放特征，其结果对解释区域锑的地球化学异常具有理论意义。

4.1 研究方法

4.1.1 样品的采集与预处理

采集我国 8 个典型矿区 12 种矿物，矿物类型、分布位置和沉积类型见表 4.1。大块的矿石使用碎石机碎成小块，然后用球磨机继续减小颗粒，最后用石英研钵磨成粉末。用尼龙筛筛取 0.122 mm 和 0.062 mm 的样品进行实验。

表 4.1 采集样品的矿物类型、分布位置和沉积类型

矿物类型	分布位置	沉积类型
硫化矿	湖南锡矿山南矿	碳酸盐层状/似层状沉积
	湖南渣滓溪	充填-交代脉状沉积
	湖南板溪（1）	石英脉状沉积
	湖南板溪（2）	
	云南木利	碳酸盐岩型沉积改造锑矿床
	贵州东峰	碎屑岩型沉积-热液改造锑矿床
氧化矿	云南木利	碳酸盐岩型沉积改造锑矿床
复合矿	湖南锡矿山南矿	碳酸盐层状/似层状沉积
	湖南锡矿山北矿	
多金属矿	湖南辰州	充填-交代脉状沉积
	广西铜坑	似层状整合型锑铅硫盐类矿床
	广西车河	脉状交错型锑钨矿床

4.1.2 样品的消解

矿物样品的消解方法参照美国国家环境保护署（Environmental Protection Agency，EPA）关于土壤、沉积物的消解方法（METHOD 3052）。称取 0.1 g 矿物样品置于聚四氟乙烯消解罐中，分别加入 9 mL 浓硝酸、3 mL 浓盐酸和 3 mL 的氢氟酸，(180±5)℃ 微波

消解 30 min。消解液赶酸处理，最后定容至 10 mL，测定前用 0.22 μm 滤膜过滤。

每份样品做三个平行，质量控制采用购买于国家标准物质中心的锑矿物标准样品 GBW07174[Sb 质量分数为(1.1±0.11)%]和 GBW07176[Sb 质量分数为(39.7±0.49)%]，加标回收率为 90%～110%。

4.1.3 淋滤实验方法

淋滤实验采用批次实验方法（图 4.1）。称取一定量的矿物样品加入反应瓶中，加入 50 mL 浸提液，密闭，放入恒温振荡器。每隔一定时间，取出相应的反应瓶，立即用微孔滤膜过滤，分别保存滤液和滤渣，待测。

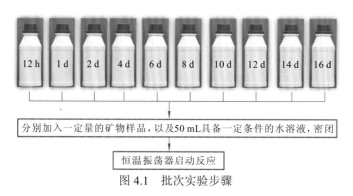

图 4.1 批次实验步骤

4.1.4 矿物样品的表征

1. 矿物物相分析

矿物主要物相采用 XRD 进行测定。操作条件：铜 Kα 辐射（$\lambda = 0.154\,0$ nm），操作电压为 40 kV，操作电流为 40 mA，扫描速度为 0.05°/s，扫描角度 2θ 为 10°～70°。

2. 矿物元素和价态分析

矿物淋滤前后元素组成和价态变化采用 ESCALAB MK II XPS 进行分析。所测的结合能利用 C1s 结合能 284.63 eV 进行校正。

3. 矿物形貌分析

矿物反应前后形貌变化采用日立公司 S-4800 型 SEM 进行分析。

4.1.5 淋溶释放速率的计算

由于通过静态淋滤实验最后获得的是浓度-时间（C-t）数据，Sb 及其他金属的释放速率用单位时间溶液中金属浓度的增加量进行估算：

$$r = \frac{\mathrm{d[metal]}}{\mathrm{d}t} \tag{4.1}$$

4.2 酸性条件下天然含锑矿物的淋滤特征

4.2.1 天然含锑矿物的表征

1. 矿物物相分析

矿物样品的物相分析结果见图 4.2。将矿物归为如下三类。

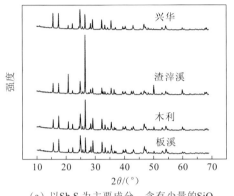

（a）以 Sb_2S_3 为主要成分，含有少量的 SiO_2

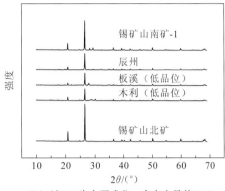

（b）以 SiO_2 为主要成分，含有少量的 Sb_2S_3

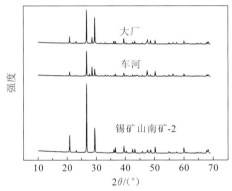

（c）以 SiO_2 和 $CaCO_3$ 为主要成分，含有少量 Si

图 4.2 天然锑矿物的 XRD 图谱

（1）以 Sb_2S_3 为主要成分，含有少量的 SiO_2，包括兴华、渣滓溪、板溪和木利锑矿 4 种高品位矿物，这些矿物中 Sb 的含量均在 40% 以上。

（2）以 SiO_2 为主要成分，含有少量的 Sb_2S_3，Sb 品位较低，包括板溪和木利低品位锑矿、锡矿山南矿-1、锡矿山北矿及辰州锑矿 5 种矿物样品。需要说明的是，在木利低品位矿物样品中，除了 SiO_2 和 Sb_2S_3，还含有少量的黄锑矿（$Sb_3O_6(OH)$）。

（3）以 SiO_2 和 $CaCO_3$ 为主要成分，含有少量 Si，包括锡矿山南矿-2、车河和大厂锑矿 3 种矿物样品。之所以在这类矿物中没有检出 Sb 信号，是因为这 3 种矿物中 Sb 含量最高仅有 0.39%，低于 XRD 的方法检出限（5%）。

为了便于进行矿物淋滤特征的分析，下面将这 3 类矿物分别称为硫化锑矿物、复合锑矿物和多金属矿物。

2. 矿物元素组成分析

矿物样品中的主要金属元素含量见表 4.2。可以看出，不同来源的矿物中金属元素含量有很大差别。来自兴华和板溪的锑矿物中 Sb 质量分数高达 65% 以上，而来自大厂的锑矿物锑的质量分数仅为 0.065 5%，二者相差 1 000 倍之多。另外，即使是同一矿山，锑的含量也有很大差别，同样是板溪锑矿，不同样品中 Sb 的含量却相差 20 多倍。

表 4.2　典型锑矿物的主要金属元素含量　　　　　（单位：g/t）

矿物样品来源	Sb	As	Pb	Cd	Cr	Fe	Mn	Zn	Cu
兴华	6.6×10^5	1.6×10^2	75	2.0	80	8.5×10^2	10	70	25
板溪	6.5×10^5	6.2×10^2	40	2.0	70	3.4×10^3	60	1.4×10^2	30
渣滓溪	4.4×10^5	1.0×10^3	20	2.0	90	2.1×10^3	5.0	25	10
木利	4.0×10^5	95	10	3.0	5.4×10^2	4.5×10^3	45	1.1×10^2	20
木利（低品位）	3.5×10^5	85	15	2.0	3.8×10^2	4.1×10^3	40	85	15
板溪（低品位）	3.2×10^4	9.7×10^3	10	1.0	1.1×10^2	2.5×10^4	1.6×10^2	70	10
锡矿山北矿	1.7×10^4	2.8×10^2	20	1.0	1.1×10^3	1.6×10^4	1.2×10^2	1.9×10^2	15
锡矿石南矿-1	3.2×10^4	3.6×10^3	55	3.0	1.6×10^2	5.7×10^3	75	1.8×10^3	10
锡矿山南矿-2	3.9×10^3	1.1×10^2	45	3.0	2.2×10^2	8.1×10^3	75	5.9×10^2	10
辰州	2.2×10^3	4.6×10^3	80	3.0	1.1×10^2	2.4×10^4	5.0×10^2	1.8×10^3	15
车河	1.6×10^3	2.1×10^3	9.2×10^2	80	8.0	1.1×10^5	9.9×10^2	5.2×10^4	4.9×10^2
大厂	6.6×10^2	1.7×10^3	1.4×10^3	2.5×10^2	8.0	9.4×10^4	1.1×10^3	3.7×10^4	4.1×10^2

除 Sb 之外，矿物样品中还含有 As、Pb、Cd 和 Cr。在车河和大厂的锑矿样品中，As 含量与 Sb 含量接近，甚至高于 Sb 的含量。当大量堆砌的原矿遇到雨水及尾矿水时，其中的有毒有害金属会释放出来，在环境中迁移转化，对周围环境造成严重的污染，尤其是在酸性条件下，这些金属以移动性较强的可溶态存在，具有更强的迁移性，造成更大的污染面。

另外，矿物样品中还含有大量的 Fe 和 Mn，它们来源于与锑矿物伴生的黄铁矿、针铁矿和赤铁矿等铁矿物及水锰矿、黑锰矿和水钠锰矿等锰矿物。这些具有氧化还原性的 Fe 和 Mn 存在，会对矿物中有害金属的释放产生影响（Ying et al.，2012；Lafferty et al.，2011；Belzile et al.，2001）。

4.2.2　不同来源含锑矿物的淋滤特征

1. 淋滤过程中 pH 的变化

尽管淋滤液初始 pH 相同，但不同来源矿物淋滤液 pH 的变化却不同（图 4.3）。

（1）硫化锑矿物淋滤液，pH 一直保持在淋滤液初始 pH 2。

（2）复合锑矿物淋滤液，Sb 含量较高的矿物体系保持初始 pH 不变，Sb 含量相对较低的矿物体系 pH 却快速升高到 5 和 6。

（3）多金属矿物淋滤液，pH 均迅速升高到 6.5 左右而后基本保持不变。

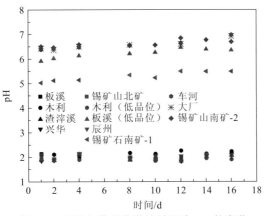

图 4.3 天然含锑矿物淋滤过程中 pH 的变化

上述结果与矿物成分紧密相关，多金属矿物淋滤液的 pH 之所以上升，是因为伴生组分 $CaCO_3$ 中和了初始溶液的酸度。下面将分类讨论各类矿物的淋滤特征。

2. 硫化锑矿物的淋滤特征

由于在预实验的淋滤液中，仅能检测到 Sb、As、Pb 和 Cr 的存在，所以后续仅对三类矿物中 Sb、As、Pb 和 Cr 的释放特征进行讨论。

以 Sb_2S_3 为主要成分的硫化锑矿物中 Sb、As、Pb 和 Cr 的释放特征见图 4.4，结果分析如下。

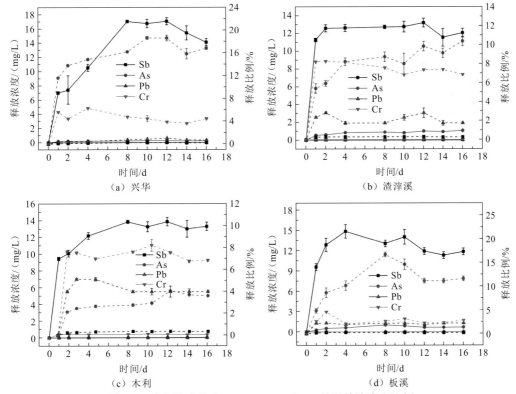

图 4.4 硫化锑矿物中 Sb、As、Pb 和 Cr 的释放浓度和比例

实线表示释放浓度；虚线表示比例

（1）淋滤液中 Sb 的质量浓度为 13～15 mg/L，显著高于 As、Pb 和 Cr 的浓度。因为该类矿物 As、Pb 和 Cr 的含量远低于 Sb 含量。

（2）木利和渣滓溪锑矿中 Sb 的释放浓度分别在第 8 天和第 12 天达到最大值，而兴华和板溪锑矿中 Sb 的释放浓度在达到最大值后有降低的趋势。这是因为：一方面，淋滤液中 Sb 的浓度达到了饱和或者释放出的 Sb 在矿物表面达到了吸附-脱附的动态平衡；另一方面，这些矿物以 Sb_2S_3 为主要成分，而 Sb_2S_3 的等电点为 2 左右，在其等电点的 pH 条件下，溶解速率最小（Healy et al.，2007；Stumm et al.，1996）。

（3）淋滤 16 天后，As、Pb 和 Cr 的释放量占矿物中总量的比例分别为 16%、2% 和 4%，远远高于 Sb 的释放比例，这说明，酸性条件利于 As、Pb 和 Cr 的释放。

3. 复合锑矿物的淋滤特征

以 SiO_2 为主要成分的复合锑矿物中 Sb、As、Pb 和 Cr 的释放特征见图 4.5，结果分析如下。

（1）Sb 的释放浓度较 As、Pb 和 Cr 的浓度高。但是在板溪低品位锑矿中，淋滤 8 天之后，As 的释放浓度和比例超过了 Sb，到第 16 天，淋滤液中 As 的浓度和释放比例分别达到了 17.6 mg/L 和 18.1%。这是因为在这类矿物中，Sb 仍然是含量最高的金属，而 As 在板溪低品位锑矿（0.97%）和辰州锑矿（0.46%）中的原始含量较高，所以 As 在板溪低品位锑矿淋滤液中浓度较高。

（2）低品位锑矿的淋滤液中 Sb 的浓度和释放比例均高于硫化锑矿。经过 16 天的淋滤，锡矿山南矿-1 淋滤液中 Sb 质量浓度为 21 mg/L，释放比例为 6.5%，而硫化锑矿淋

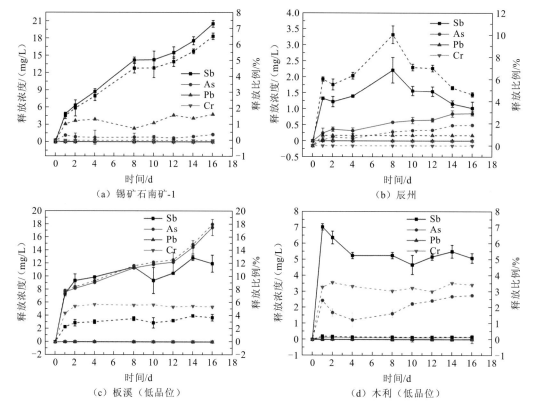

（a）锡矿石南矿-1　　　　　　　（b）辰州

（c）板溪（低品位）　　　　　　（d）木利（低品位）

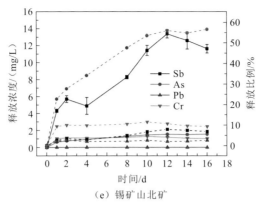

（e）锡矿山北矿

图 4.5　复合锑矿物中 Sb、As、Pb 和 Cr 的释放浓度和比例

实线表示释放浓度；虚线表示比例

滤液中，Sb 的浓度为 13～15 mg/L，释放比例几乎为 0。该结果可能是因为锡矿山南矿和板溪低品位锑矿淋滤液的 pH 升高至 5～6，而 Sb_2S_3 的溶解速率随 pH 升高而升高，所以认为 pH 升高促进了锡矿山南矿-1 和板溪低品位锑矿中 Sb 的释放。

（3）尽管锡矿山北矿中锑含量比木利锑矿中锑含量低一个数量级，但二者淋滤 16 天后释放出几乎相同浓度的 Sb。这是因为锡矿山北矿含有 Sb_2O_3 和 Sb_2S_3，木利锑矿以 Sb_2S_3 为主，Sb_2S_3 的溶解速率随着 pH 升高而升高，而 Sb_2O_3 的溶解速率随着 pH 升高而降低（Biver et al.，2013，2012）。除以上因素外，铁锰氧化物和氢氧化物矿物的存在也会影响锑矿物的溶解（Fan et al.，2014；Wang et al.，2012；Ying et al.，2012；Lafferty et al.，2011；Manning et al.，2002；Postma et al.，2000）。

4. 多金属矿物的淋滤特征

以 SiO_2 和 $CaCO_3$ 为主要成分的多金属矿物中 Sb、As、Pb 和 Cr 的释放特征见图 4.6，结果分析如下。

（1）淋滤液中 Sb 和 As 的浓度逐渐升高。

（2）Sb 和 As 释放规律一致，均有较高的释放浓度和比例。

（3）虽然多金属矿物 Sb 含量较硫化锑矿物和复合锑矿物极低，但 Sb 的释放浓度和比例却高于硫化锑矿物和复合锑矿物。

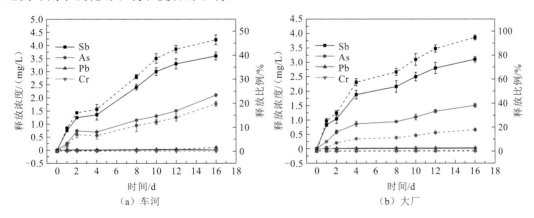

（a）车河　　　　　　　　　　　　　　　（b）大厂

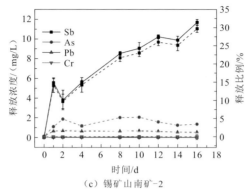

（c）锡矿山南矿-2

图 4.6 多金属矿物中 Sb、As、Pb 和 Cr 的释放浓度和比例

实线表示释放浓度；虚线表示比例

首先，由于多金属矿物 Sb 含量极低，淋滤液中 Sb 浓度未达到饱和浓度，所以 Sb 和 As 能持续释放。其次，由于多金属矿物中含有 $CaCO_3$，在酸性溶液中，$CaCO_3$ 首先溶解中和了部分酸度，导致淋滤液 pH 升高到 6.5 左右（图 4.3）。而且随着 $CaCO_3$ 的溶解，矿物结构变得疏松，矿物-水接触面积增大，更利于矿物的溶解和金属的释放。

4.2.3 淋滤表面的变化

以板溪硫化锑矿为例，通过 SEM 和 XPS 对反应前后的矿物进行表征，分析淋滤过程中矿物表面形貌和矿物表面 Sb 和 S 形态的变化。

从图 4.7 可以看出，未经淋滤的矿物表面比较光滑，随着淋滤时间的延长，矿物表面的粗糙度增加，这说明矿物表面发生了侵蚀，这种侵蚀增大了矿物与水的接触面积，有利于矿物的溶解和 Sb 的释放。

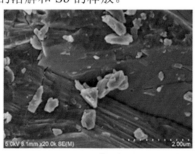

（a）第0天

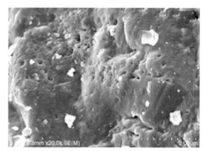

（b）第12天

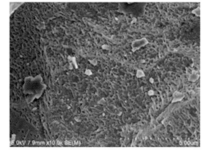

（c）第16天

图 4.7 不同淋滤时间的硫化锑矿物表面形貌

矿物表面 Sb 和 S 元素价态的变化见图 4.8。在图 4.8（a）中，529.5 eV 和 529.8 eV 对应的是 Sb^{3+} 的 $Sb_{3d5/2}$，539.1 eV 和 539.7 eV 对应的是 Sb^{3+} 的 $Sb_{3d3/2}$。在第 12 天和第 16 天的图中，两处 532.1 eV 和 532.9 eV 实线峰对应 Sb^{5+} 的 $Sb_{3d5/2}$（美国国家标准技术研究所 XPS 标准参考数据库 20）。

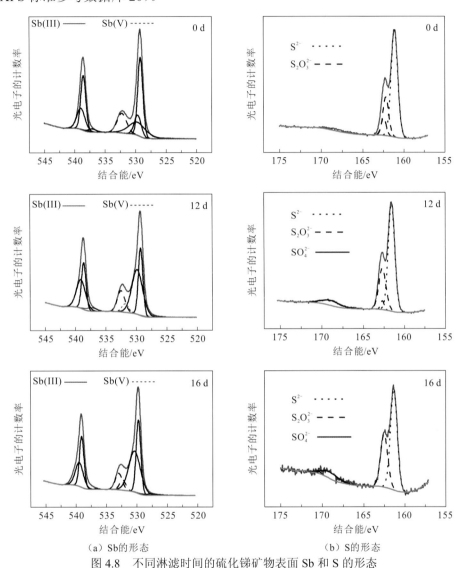

（a）Sb 的形态 　　　　　　　　（b）S 的形态

图 4.8　不同淋滤时间的硫化锑矿物表面 Sb 和 S 的形态

在图 4.8（b）中，点线在 161.0 eV 和实线在 162.5 eV 分别对应 S^{2-} 和 $S_2O_3^{2-}$ 的 S 2p。在第 12 天和第 16 天的图中，在 169.4 eV 出现了 SO_4^{2-} 的 S 2p 峰（美国国家标准技术研究所 XPS 标准参考数据库 20）。以上结果表明，在未淋滤的矿物表面，Sb 主要以 Sb(III) 存在，S 主要以 S^{2-} 和 $S_2O_3^{2-}$ 存在。经过 12 天的淋滤，表面层的 Sb(III) 已经开始被氧化成 Sb(V)，而 S^{2-} 和 $S_2O_3^{2-}$ 也被部分氧化为 SO_4^{2-}。这些氧化过程用方程表示为

$$Sb_2S_3(s) + 6H_2O(l) \rightleftharpoons 2Sb(OH)_3(aq) + 3H_2S(aq) \qquad (4.2)$$

$$Sb(OH)_3^0 + 1/2O_2 + 2H_2O \longrightarrow Sb(OH)_6^- + H^+ \qquad (4.3)$$

$$H_2S + 2O_2 \longrightarrow H_2SO_4 \qquad (4.4)$$

锑氧化过程中涉及的氧化剂除 O_2 之外，与锑矿物共存的铁和锰的氧化物或者氢氧化物也可直接氧化或者催化氧化 Sb(III) 和 S（Fan et al.，2014；Wang et al.，2012；Ying et al.，2012；Lafferty et al.，2011；Manning et al.，2002；Postma et al.，2000）。当淋滤反应进行到第 16 天时，Sb 和 S 的 XPS 图与第 12 天基本无差别，这说明矿物-水界面的反应已经达到了一个相对的溶解平衡。

4.3　三类典型含锑矿物中 Sb 和 As 在不同 pH 下的释放特征

为了进一步分析 pH 对不同类型矿物中 Sb 和 As 释放规律的影响，选择板溪硫化锑矿、木利复合锑矿和大厂多金属矿分别代表高、中、低三个锑品位的矿物，开展 pH 影响实验。

4.3.1　硫化锑矿物

硫化锑矿物在淋滤过程中，溶液 pH 变化及 Sb 和 As 的释放特征见图 4.9。尽管初始 pH 不同，但淋滤 1 天后，滤液的 pH 基本变为两类：一类是基本保持 pH 2 不变，另一类变为 pH 6～7。Sb 的浓度在所有 pH 条件下均随着时间延长而逐渐升高，并且在碱性条件下，Sb 的释放速率和浓度均大于酸性条件。这是因为：首先，板溪硫化锑矿以 Sb_2S_3 为主要成分，Sb_2S_3 在水溶液中存在以下溶解平衡而形成 $Sb(OH)_3$，反应式为

$$Sb_2S_3 + 6H_2O \Longrightarrow 2Sb(OH)_3 + 3H_2S \qquad (4.5)$$

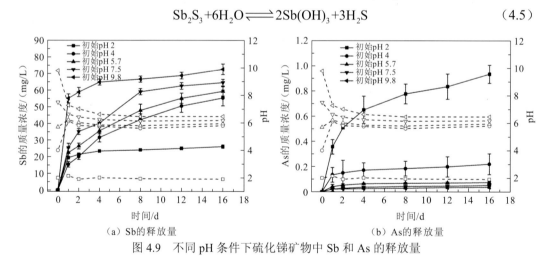

（a）Sb的释放量　　　　　　　　　　（b）As的释放量

图 4.9　不同 pH 条件下硫化锑矿物中 Sb 和 As 的释放量

然而由于 $Sb(OH)_3$ 具有弱酸性，通常把它写作 H_3SbO_3，其在溶液中会发生解离而形成带负电荷的亚锑酸根，反应式为

$$H_3SbO_3 \Longrightarrow H_2SbO_3^- + H^+ \qquad (4.6)$$

式（4.6）又可以写作

$$H_3SbO_3 + H_2O \Longrightarrow H_4SbO_4^- + H^+ \qquad (4.7)$$

带负电荷的亚锑酸根在水中是易溶的，因此，随着 pH 升高，上述平衡反应向右移动，更多的亚锑酸转化为亚锑酸根，从而提高了 Sb_2S_3 的溶解度（Brown，2011）。

在 pH 2 的条件下，淋滤液中 Sb 浓度显著小于其他 pH 条件下的浓度。这是因为 pH 2 是 Sb_2S_3 等电点的 pH，在等电点 pH 下，矿物表面不带电荷，矿物在此条件下几乎不溶解（Healy et al.，2007；Stumm et al.，1996）。

为了考察 SiO_2 的存在对 Sb_2S_3 溶解的影响，用单一的 Sb_2S_3 进行对照实验，结果见图 4.10。结果表明，无淋滤过程中 pH 的变化、不同 pH 条件下 Sb 释放量变化趋势均与板溪锑矿一致。然而同等条件下，天然矿物中 Sb 的释放量高于纯 Sb_2S_3 溶解释放 Sb 的量。这说明天然矿物中伴生组分的存在，有利于矿物的溶解。

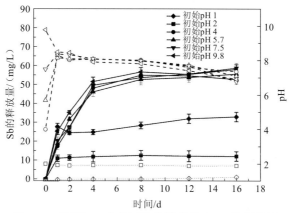

图 4.10　不同 pH 条件下硫化锑矿物中 Sb 的释放量

在不同的 pH 条件下，淋滤液中 As 的浓度随着 pH 的升高而降低，说明酸性条件更利于 As 的释放，而一些研究却表明硫化砷的溶解随着 pH 的升高而升高，但在硫化锑矿物中以砷黄铁矿（FeAsS）和砷酸盐黄铁矿形式伴生存在的 As 均是易溶于酸的矿物（Floroiu et al.，2004；Ashley et al.，2003；Lengke et al.，2003，2002，2001），这说明锑矿中的 As 不是以砷硫化物的形式存在，而是伴生存在，因此在酸性条件下更易溶解释放。

4.3.2　复合锑矿物

复合锑矿物淋滤液 pH 变化和 Sb、As 的释放特征见图 4.11。淋滤液的 pH 变化趋势和 Sb、As 释放与 pH 的关系也与硫化锑矿物一致，这是因为两类矿物有着共同的主成分 Sb_2S_3 和 SiO_2。说明锑氧化物和黄锑矿的存在并没有对硫化锑矿物的溶解造成很大影响。这是因为黄锑矿在水溶液中存在如下溶解平衡（Biver et al.，2013）：

$$Sb_3O_6OH(s)+6H_2O(l)\Longleftrightarrow Sb(OH)_3(aq)+2Sb(OH)_5(aq) \qquad (4.8)$$

锑酸可以发生水解：

$$Sb(OH)_5(aq)+H_2O(l)\Longleftrightarrow [Sb(OH)_6]^-(aq)+H^+(aq) \qquad (4.9)$$

亚锑酸可以发生反应[式（4.8）和式（4.9）]。因此，随着 pH 升高，亚锑酸和锑酸均能被转化为易溶于水的亚锑酸根和锑酸根，从而促进黄锑矿的溶解，与淋滤液中总 Sb 的增加趋势是一致的。

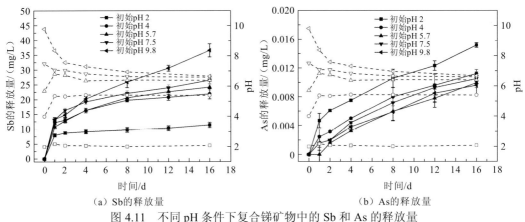

图 4.11　不同 pH 条件下复合锑矿物中的 Sb 和 As 的释放量

复合锑矿物淋滤液中 Sb 和 As 的浓度低于硫化锑矿物淋滤液。在 pH 9.8 条件下，淋滤 16 天，复合锑矿物淋滤液中 Sb 和 As 的质量浓度分别为 35 mg/L 和 0.015 mg/L，而硫化锑矿物淋滤液中 Sb 和 As 质量浓度分别为 75 mg/L 和 0.95 mg/L。这是因为复合锑矿中 Sb 和 As 的含量低于硫化锑矿中 Sb 和 As 的含量。

4.3.3　多金属矿物

多金属矿物淋滤液 pH 变化和 Sb、As 的释放特征见图 4.12。与以上两类矿物不同，所有淋滤液的初始 pH 均发生变化：经过 24 h 的淋滤，初始 pH 2 上升至 7 左右，而其他 pH 均变为 8 左右。这主要是因为多金属矿物含有大量的 $CaCO_3$，在酸性条件下，$CaCO_3$ 首先与酸发生中和反应使淋滤液 pH 升高。

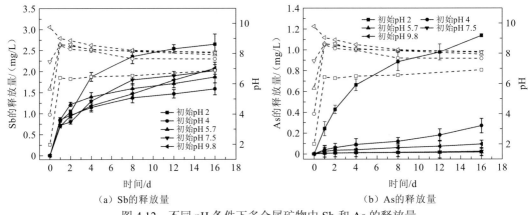

图 4.12　不同 pH 条件下多金属矿物中 Sb 和 As 的释放量

多金属矿物中，酸性条件利于 Sb 和 As 的释放。这主要与矿物中存在的 $CaCO_3$ 和 Sb、As 在矿物中的形态有关。$CaCO_3$ 从三个方面影响矿物的溶解：一是通过自身溶解改变溶液 pH，在非初始 pH 2 条件下，经过 24 h 的淋滤后，溶液 pH 保持在同一水平，因此其中 Sb 和 As 的浓度几乎没有差别；二是通过提高淋滤液的离子强度影响矿物溶解，$CaCO_3$ 在酸性条件下大量溶解，大量的 Ca^{2+} 和 CO_3^{2-} 释放到溶液中提高体系离子强度，盐效应导致矿物溶解度升高；三是酸性条件下，矿物中大量的 $CaCO_3$ 溶解会造成矿物结构疏松，矿物与水之间的接触面积变大，同时增加了 Sb 和 As 的释放通道。

4.3.4 三类矿物中 Sb 和 As 的释放比例

经过 16 天淋滤后，三类矿物中 Sb 和 As 的释放量占矿物总量的比例结果见图 4.13。Sb 和 As 的释放比例与其在矿物中的总量完全相反。多金属矿物中含有最少量的 Sb（0.156%），释放比例却是最高的，在 pH 2 条件下，约有 43% 的 Sb 被释放出来。而 Sb 含量最高的单一 Sb_2S_3（Sb 质量分数 >97%），仅仅释放了占总量 2% 的 Sb。板溪硫化锑矿物中 As 的质量分数（0.062%）低于多金属矿物（0.213%），释放比例达到 15%，高于后者的 7%。

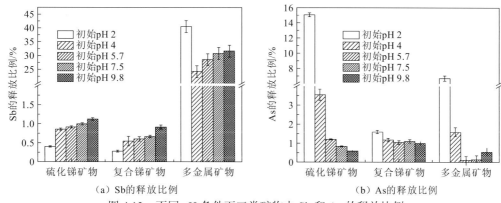

图 4.13　不同 pH 条件下三类矿物中 Sb 和 As 的释放比例

在实际环境中，高品位的锑矿用于冶炼，而被选掉的废石和尾砂却被大量露天堆砌在环境中，经过日晒雨淋，其中含有的有毒有害金属会释放出来，虽然释放浓度较低，但鉴于废石和尾砂量大，释放出的金属总量也不可小觑。这些有害金属在环境中经过迁移转化，会对周围的水环境和土壤环境造成严重的污染。因此，针对矿区废石和尾砂造成的 Sb 和 As 污染采取措施时，尤其要关注 Sb 和 As 含量低的原矿或者废石和尾砂。

参 考 文 献

Ashley P M, Craw D, Graham B P, et al., 2003. Environmental mobility of antimony around mesothermal stibnite deposits, New South Wales, Australia and southern New Zealand. Journal of Geochemical Exploration, 77(1): 1-14.

Belzile N, Chen Y W, Wang Z, 2001. Oxidation of antimony(III) by amorphous iron and manganese oxyhydroxides. Chemical Geology, 174(4): 379-387.

Biver M, Shotyk W, 2012. Stibnite(Sb_2S_3) oxidative dissolution kinetics from pH 1 to 11. Geochimica et Cosmochimica Acta, 79: 127-139.

Biver M, Shotyk W, 2013. Stibiconite(Sb_3O_6OH), senarmontite(Sb_2O_3) and valentinite(Sb_2O_3): Dissolution rates at pH 2-11 and isoelectric points. Geochimica et Cosmochimica Acta, 109: 268-279.

Brown K, 2011. Antimony and arsenic sulfide scaling in geothermal binary plants// Proceedings International

Workshop on Mineral Scaling: 103-106.

Fan J X, Wang Y J, Fan T T, et al., 2014. Photo-induced oxidation of Sb(III) on goethite. Chemosphere, 95: 295-300.

Floroiu R M, Davis A P, Torrents A, 2004. Kinetics and mechanism of As_2S_3(am) dissolution under N_2. Environmental Science & Technology, 38(4): 1031-1037.

He M, 2007. Distribution and phytoavailability of antimony at an antimony mining and smelting area, Hunan, China. Environmental Geochemistry and Health, 29(3): 209-219.

Healy T W, Fuerstenau D W, 2007. The isoelectric point/point-of zero-charge of interfaces formed by aqueous solutions and nonpolar solids, liquids and gases. Journal of Colloid and Interface Science, 309(1): 183-188.

Kraut-Vass A, 2000. NIST X-ray Photoelectron Spectroscopy Database, Version 4.1.

Lafferty B J, Ginder-Vogel M, Sparks D L, 2011. Arsenite oxidation by a poorly-crystalline manganese oxide: 3. Arsenic and manganese desorption. Environmental Science & Technology, 45(21): 9218-9223.

Lengke M F, Tempel R N, 2001. Kinetic rates of amorphous As_2S_3 oxidation at 25 to 40 ℃ and initial pH of 7.3 to 9.4. Geochimica et Cosmochimica Acta, 65(14): 2241-2255.

Lengke M F, Tempel R N, 2002. Reaction rates of natural orpiment oxidation at 25 to 40 ℃ and pH 6.8 to 8.2 and comparison with amorphous As_2S_3 oxidation. Geochimica et Cosmochimica Acta, 66(18): 3281-3291.

Lengke M F, Tempel R N, 2003. Natural realgar and amorphous AsS oxidation kinetics. Geochimica et Cosmochimica Acta, 67(5): 859-871.

Manning B A, Fendorf S E, Bostick B, et al., 2002. Arsenic(III) oxidation and Arsenic(V) adsorption reactions on synthetic birnessite. Environmental Science & Technology, 36(5): 976-981.

Postma D, Appelo C A J, 2000. Reduction of Mn-oxides by ferrous iron in a flow system: Column experiment and reactive transport modeling. Geochimica et Cosmochimica Acta, 64(7): 1237-1247.

Stumm W, Morgan J J, 1996. Aquatic chemistry: Chemical equilibria and rates in natural waters. 3rd ed. Hoboken: John Wily & Sons.

Waite T D, Wrigley I C, Szymczak R, 1988. Photoassisted dissolution of a colloidal manganese oxide in the presence of fulvic acid. Environmental Science & Technology, 22(7): 778-785.

Wang X, He M, Lin C, et al., 2012. Antimony(III) oxidation and antimony(V) adsorption reactions on synthetic manganite. Geochemistry, 72: 41-47.

Ying S C, Kocar B D, Fendorf S, 2012. Oxidation and competitive retention of arsenic between iron- and manganese oxides. Geochimica et Cosmochimica Acta, 96: 294-303.

第 5 章　刹车片中锑的溶解释放特征

刹车片是汽车的保护神，其耐磨和耐热性能十分重要。Sb_2S_3 是一种重要的摩擦性能调节剂，刹车片中通常会添加 3% 左右的 Sb_2S_3 来改善其摩擦性能（Iijima et al.，2008）。

汽车工业的快速发展直接带动刹车片生产企业的同步发展。2015 年中国汽车制造厂商约 300 多家，汽车改装厂高达 600 多家，年产汽车约 1 900 万辆左右，由此，刹车片市场需求量逐年增长，从 2015 年至 2023 年，刹车片需求量从 13 540 万件/年增加至 17 500 万件/年，刹车片产量从 1 5067 万件/年增至 19 800 万件/年。2015～2023 年中国汽车刹车片年产量和年需求量见表 5.1。

表 5.1　中国汽车刹车片年产量和年需求量（2015～2023 年）

年份	年产量/万件	年需求量/万件
2015	15 067	13 540
2016	17 475	15 100
2017	18 547	15 678
2018	18 569	15 792
2019	18 036	15 220
2020	18 118	15 460
2023	19 800	17 500

注：缺 2021 年、2022 年数据，数据来源为智研咨询

我国刹车片 95% 用于售后维修市场，数量约 9 500 万套。更换的刹车片大部分被随意丢弃。这意味着作为摩擦材料调节剂的锑，在刹车片被随意丢弃之后，会对水体环境、土壤环境造成长期不良影响（图 5.1）。北京市密云区西田各庄镇大辛庄村段一片上百亩的杨树林里有二三十个大坑，大量刹车片倾倒其中导致大片树木表皮发黑而枯萎。基于目前刹车片的处理现状及对土壤造成的污染情况，通过模拟实验进一步分析刹车片中锑及其他重金属的释放过程、释放量，以及释放过程受环境条件影响的程度。

图 5.1　被刹车片污染的树林

5.1　研　究　方　法

5.1.1　样品的采集与预处理

采样地点为北京市密云区西田各庄镇大辛庄村西牤牛河东岸基本农田保护区内。根据行业标准《土壤环境监测技术规范》（HJ/T 166—2004）进行采样。场地西临牤牛河，南临 Y705 县道，为不规则的四边形，面积约为 1.38 hm^2，自然资源部门的规划为基本农田保护区，现状为林地。区域内可以见到不均匀分布的废弃物，一些位于距地面 1~2 m 的坑中，一些直接显露在地表，大部分为黑色粉末，其余还有黑色块状物、铁锈色块状物、黑色颗粒、黑色纤维和生活垃圾。

选取场地内两个裸露在地表的黑色粉末及块状残次刹车片废弃物进行模拟实验。同时根据《土壤环境监测技术规范》（HJ/T 166—2004）中关于固体废物堆污染型监测单元的样品采集方法，选取 5 个点位的土壤，选择 2 个背景对照点，采集表层深度 0~20 cm 的表层土，用木铲取土，放入聚乙烯采样袋中，封好，并记录样品编号，运输至实验室进行分析。

采集到的刹车片块状及粉末样品和土壤样品经过自然风干后，用玛瑙研钵研磨至过 200 目尼龙筛，密闭，避光储存备用。

模拟实验用的刹车片样品为混合样品。

5.1.2　样品的消解

刹车片样品和土壤的消解参考《水质——电感耦合等离子体原子发射光谱法测定 33 种元素》（EN ISO 11885:2007）消解方法。准确称取 0.1 g 已制备好的样品，放入消解罐中，依次加入 5 mL 盐酸、1.6 mL 硝酸、0.25 mL 高氯酸，执行微波消解的升温程序（表 5.2）。用配套的赶酸设备在 170℃进行赶酸，待近干时，取下冷却，用去离子水定容至 50 mL。

表 5.2　刹车片样品微波消解的升温程序

升温时间/min	消解温度/℃	保持时间/min
7	室温~120	3
5	120~160	3
5	160~190	25

5.1.3　淋滤实验方法

刹车片样品中 Sb 及其他重金属的淋滤实验在 100 mL 的聚丙烯（PP）塑料瓶中进行，每个反应瓶里加入 50 mL 反应液和准确称量的（1.000±0.002）g 样品，然后将其置于恒温培养振荡器中，以 120 r/min 的转速运行。为了保证每次取样不影响反应体系的固液比，根据取样时间节点设置反应瓶的个数。每隔一定的时间，用 PP 材质注射器取 10 mL 反应后溶液，首先用 pH 计测其反应后 pH，然后用孔径为 0.45 μm 的乙酸纤维素膜过滤，滤液当天测定，如隔天测定需要于 4 ℃冷藏。

考察 pH、温度、溶解性有机质对刹车片样品中锑释放过程的影响。溶液的初始 pH 分别用高氯酸和氢氧化钾调节为 4.0、6.0、7.0 和 9.0；温度设置为 25 ℃和 40 ℃；溶解性有机质选取土壤中常见的乙酸、草酸、柠檬酸、腐殖酸钠，使用浓度根据其在土壤中的浓度范围分别设置为 2 mmol/L、1 mmol/L、0.05 mmol/L 和 200 mg/L（Sposito，2008）。腐殖酸钠使用前用 Dowex 50W-X8 钠离子交换树脂进行纯化处理，上述有机质溶液的 pH 分别为 3.8、3.1、3.5 和 7.2，对照组用相同 pH 下的不含有机质的溶液。

5.1.4 刹车片样品的表征

1. 刹车片成分分析

刹车片主要成分分析采用 XRD 进行测定。操作条件：铜 Kα 辐射（$\lambda=0.154\ 0$ nm），操作电压为 40 kV，操作电流为 40 mA，扫描速度为 0.05 °/s，扫描角度 2θ 为 10°～70°。

2. 刹车片中 Sb 形态和价态分析

刹车片中 Sb 的形态和价态采用 ESCALAB MK II XPS 进行分析。所测样品的结合能利用 C 1s 结合能 284.63 eV 进行校正。

5.1.5 总锑分析

刹车片样品中总 Sb 及 Ba、Cu、Pb、Cr 和 As 的测定分别应用便携式 X 射线荧光光谱仪（X-ray fluorescence spectrometer，XRF）和电感耦合等离子体-原子反射光谱（inductively coupled plasma-atomic emission spectrometry，ICP-AES）技术。土壤样品中 Sb 消解后采用 ICP-AES 技术测定。

5.1.6 刹车片中金属成分分析

XRF 和 ICP-AES 的分析结果见表 5.3。刹车片中最主要的金属是 Cu、Ba、Sb、Fe、Ca 和 Zn。将该结果与其他结果比较发现，实验样品中锑质量分数为 1.26×10^4 mg/kg，低于其他研究中报道的新刹车片中的锑质量分数［$(2.1\sim4.6)\times10^4$ mg/kg］。这除了与刹车片类型、品牌有关，更大的可能是实验中采集的刹车片已经暴露在环境中很长时间，经过雨淋日晒，有一部分锑及其他重金属已经释放出来，导致其含量与新刹车片相比有明显降低。

表 5.3　刹车片中主要金属的质量分数　　　　　　　　（单位：mg/kg）

样品	Ba	Sb	Cu	As	Cr	Pb
刹车片[*]	$5.34×10^4$	$1.26×10^4$	$5.21×10^4$	65	828	92
刹车片[**]	$5.29×10^4$	$1.62×10^4$	$5.63×10^4$	148	982	33.4
文献[1]	5.3	$3×10^4$	$4×10^4$	—	—	—
文献[2]	—	$(4.1～4.6)×10^4$	$(1.4～2.7)×10^4$	83～140	740	35～67
文献[3]	—	$2.1×10^4$	$1.0×10^5$	—	225～250	31.3～32.1

注：[*]测定方法为 XRF；[**]测定方法为 ICP-AES；[1]美国、欧洲和日本的半金属刹车片（Kukutschová et al.，2009）；[2]盘式刹车片（von Uexküll et al.，2005）；[3]盘式刹车片（Figi et al.，2010）

刹车片样品的 XRD 测试结果见图 5.2。由图可知，刹车片的主要成分为黑炭、硫酸钡、铜和氧化铁。

刹车片样品中 Sb 的 XPS 结果见图 5.3。在 530.9 eV 和 539.2 eV 处的两个峰分别对应 $Sb_{3d\,5/2}$ 和 $Sb_{3d\,3/2}$。通过查阅 NIST XPS 标准参考数据库 20（版本 4.1），发现这两处结合能的峰分别对应的 Sb 形态为 Sb_2S_3（$Sb_{3d\,3/2}$）和 $SbCl_5$（$Sb_{3d\,5/2}$）。该结果与其他研究中利用 X 射线同步辐射技术测得的 Sb 形态一致（Varrica et al.，2013）。

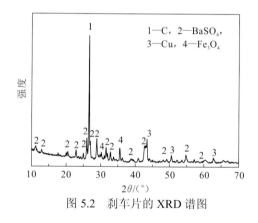

图 5.2　刹车片的 XRD 谱图

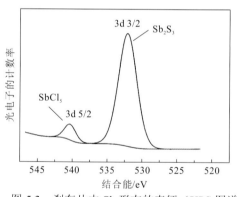

图 5.3　刹车片中 Sb 形态的表征（XPS 图谱）

5.2　刹车片淋滤实验结果

对淋滤液中 Sb、Ba、Cu、Pb、Cr 和 As 的测定结果发现：Sb 的释放质量浓度高达 40～100 mg/L，Ba 仅在淋滤 30 天时检测到质量浓度为 0.15～0.25 mg/L，Cu 的质量浓度为 0.038 mg/L，而 Cr、As 和 Pb 均未检测到（<0.01 mg/L），这说明刹车片中 Sb 比其他金属更容易释放出来。因此，下面主要分析刹车片中 Sb 的释放。

5.3 初始 pH 和温度对锑释放的影响

初始 pH 对锑释放的影响见图 5.4。可以看出，不管初始 pH 如何，经过 1 天的淋滤，反应液 pH 均变为 9～10，然后保持稳定。这说明刹车片样品中含有较多的碱性成分，在淋滤过程中释放的碱度中和了部分酸度，导致 pH 上升。

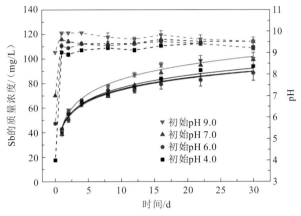

图 5.4　初始 pH 对 Sb 释放的影响（25 ℃）

虚线代表 pH 变化；实线代表滤液中 Sb 质量浓度变化

所有 pH 条件下的 Sb 浓度在反应之初以线性升高，随着反应时间的延长，升高速率逐渐变缓慢，经过 30 天的反应，在初始 pH 9 的条件下，Sb 的释放质量浓度达到 97 mg/L。

将淋滤液中 Sb 质量浓度随时间的变化进行对数拟合，发现有以下关系：

$$C = k \cdot \ln t + C_0 \quad (t \geqslant 1) \tag{5.1}$$

式中：C 为 Sb 在时间 t 时的质量浓度；k 为反应速率常数；C_0 为第 1 天 Sb 的释放浓度。

表 5.4 列出了不同条件下式（5.1）中的 C_0、k 和相关系数（R^2）。可以看出，碱性条件下 C_0 和 k 值大于酸性条件下的值，说明碱性条件比酸性条件更利于 Sb 的释放。这主要是由于 Sb 在刹车片中以 Sb_2S_3 的形式存在，Sb_2S_3 在水中的溶解平衡可以表示为（Morel et al.，1993）

$$Sb_2S_3 + 6H_2O \Longrightarrow 2Sb(OH)_3 + 3H_2S \tag{5.2}$$

表 5.4　不同 pH 和温度下 Sb 浓度-时间对数式（5.1）中各参数的拟合值

实验条件		k	C_0	R^2
初始 pH 4.0	25 ℃	13.35 ± 0.85	42.35 ± 1.51	0.972
	40 ℃	12.62 ± 1.40	57.50 ± 2.49	0.920
初始 pH 6.0	25 ℃	13.61 ± 1.17	43.13 ± 2.05	0.950
	40 ℃	11.74 ± 0.82	56.51 ± 1.45	0.967
初始 pH 7.0	25 ℃	14.33 ± 1.67	43.34 ± 2.96	0.913
	40 ℃	13.27 ± 0.41	58.12 ± 0.82	0.993
初始 pH 9.0	25 ℃	16.88 ± 1.16	44.15 ± 2.07	0.968
	40 ℃	15.28 ± 0.72	56.86 ± 1.41	0.985

Sb(OH)₃更像一种酸，通常被写作亚锑酸（H₃SbO₃），H₃SbO₃可以解离为阴离子形式：

$$H_3SbO_3 \rightleftharpoons H_2SbO_3^- + H^+ \tag{5.3}$$

式（5.3）又可以写为

$$H_3SbO_3 + H_2O \rightleftharpoons H_4SbO_4^- + H^+ \tag{5.4}$$

随着 pH 升高，更多的 H₃SbO₃转化为阴离子，因此 Sb₂S₃的溶解度升高。在碱性条件下，经过 30 天的淋滤，约有 30%的 Sb 释放到溶液中。

40℃时初始 pH 对 Sb 释放的影响见图 5.5。各个条件下 C_0、k 和相关系数（R^2）见表 5.4。可以看出，温度的升高有利于 Sb 的释放，但影响效果不是很明显，经过 30 天的淋滤，在 40℃条件下，约有 32%的 Sb 释放出来，仅比 25℃多 2%。

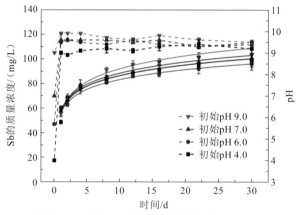

图 5.5 初始 pH 对 Sb 释放的影响（40℃）

虚线代表 pH 变化；实线代表滤液中 Sb 质量浓度变化

以上结果表明，被遗弃的刹车片遇到雨淋时，会产生碱性水，导致土壤碱化，而刹车片块体或者粉末在这种碱性环境中，又会有更多的 Sb 释放出来，如此循环，将会导致严重的土壤 Sb 污染。如此高的 Sb 释放率也解释了为什么实验中采集的刹车片样品中 Sb 含量低于新刹车片中的 Sb 含量。

5.4 溶解性有机质对 Sb 释放的影响

溶解性有机质对 Sb 释放的影响结果见图 5.6。经过 1 天的淋滤，所有反应体系的 pH 迅速升高至 pH 9.3～9.8，然后保持稳定。

4 种溶解性有机质对 Sb 释放的影响大小顺序依次是腐殖酸钠、柠檬酸、草酸和乙酸。有研究表明，在碱性条件下，乙酸、草酸和柠檬酸能与 Sb(III)形成 Sb(III)-有机配体络合物，在 20℃、0 离子强度的条件下，Sb-草酸和 Sb-柠檬酸形成的络合物的热动力学稳定常数分别为 3.8±0.2 和 4.6±0.3；Sb-乙酸的平均稳定常数略微小于 3.8±0.2（Biver et al.，2012；Tella et al.，2009；Filella et al.，2005）。在柠檬酸存在的体系中，更多的 Sb 与柠檬酸络合，打破 Sb₂S₃的溶解平衡，因此在柠檬酸存在条件下，更多的 Sb 被释放出来。

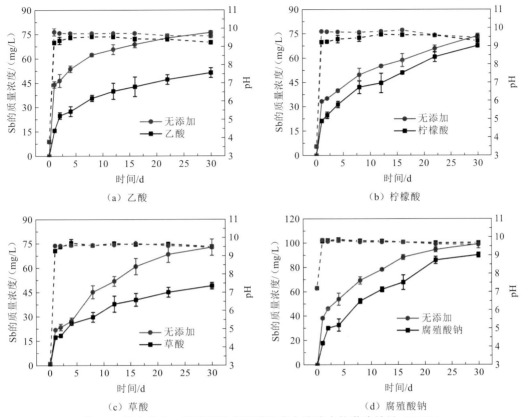

图 5.6　刹车片在 4 种溶解性有机酸和空白溶液中的淋滤结果（25℃）

虚线代表 pH 变化；实线代表滤液中 Sb 质量浓度变化

腐殖酸钠之所以比其他有机质更能促进 Sb 的释放，是因为它作为一种天然有机质含有各种含氧官能团，如酚羟基、醇羟基、羧基、酮类和醌类等基团，这些官能团可以作为多齿螯合剂，有较多的位点络合更多的 Sb，因此可以在更大程度上促进 Sb 的释放（Schnitzer，1991；Furrer et al.，1986）。

另外，在溶解性有机质存在下，Sb 的释放总体低于对照实验，是因为刹车片样品中，除 Sb 外，还有大量的 Ca、Cu 和 Fe 等金属离子，它们也会与溶液中的有机质发生络合反应，与 Sb 竞争络合反应位点，从而降低 Sb 的释放速率。在 18～25℃、0.5 mol/L 离子强度的条件下，Ca^{2+}、Cu^{2+}、Fe^{2+} 和 Fe^{3+} 与柠檬酸的累积稳定常数分别为 3.5、18.0、15.5 和 25.0；Cu^{2+}、Fe^{2+}、Fe^{3+} 和 Mn(III) 与草酸的累积稳定常数分别为 4.5、2.9、9.4 和 9.98；Cu^{2+}、Mn^{2+} 与乙酸的累积稳定常数分别为 2.16 和 9.84（陈庆榆 等，2010）。以上数据说明，刹车片中含量极高的 Ca、Cu 和 Fe 也会与有机酸络合，形成较稳定的金属-有机络合物，与 Sb 竞争络合位点，从而导致溶解性有机质存在条件下 Sb 的释放低于无有机质存在条件。

在溶解性有机质存在条件下，矿物样品经过 30 天的淋滤，有 15%～28%的 Sb 释放出来。

5.5 锑释放产生的潜在环境风险分析

通过对密云区采样点表层土的分析，发现受污染土壤中 Sb 平均质量分数为 9×10^3 mg/kg，是未受污染土壤中 Sb 平均质量分数 (2.7 ± 1) mg/kg 的 3 000 倍以上。根据以上研究结果，光照、碱性 pH、溶解氧（dissolved oxygen，DO）和溶解性有机质能明显促进 Sb_2S_3 的溶解。因此，如此大量的刹车片粉末长年累月地暴露于环境中，经过日晒雨淋，再加上土壤孔隙水中溶解性有机质的作用，刹车片中 Sb 大量淋滤释放，造成了严重的污染。目前对废弃刹车片尚未有合理的处置方式，虽然有相应的危险废物处理设备和设施，但由于相关制度未跟上，刹车片污染事件仍存在。我国应该制定相关的制度屏障去除"刹车片陷阱"。

参 考 文 献

陈庆榆, 张雪梅, 2010. 分析化学. 合肥: 合肥工业大学出版社: 235-238.

Biver M, Shotyk W, 2012. Experimental study of the kinetics of ligand-promoted dissolution of stibnite(Sb_2S_3). Chemical Geology, 294: 165-172.

Figi R, Nagel O, Tuchschmid M, et al., 2010. Quantitative analysis of heavy metals in automotive brake linings: A comparison between wet-chemistry based analysis and in-situ screening with a handheld X-ray fluorescence spectrometer. Analytica Chimica Acta, 676(1-2): 46-52.

Filella M, May P M, 2005. Critical appraisal of available thermodynamic data for the complexation of antimony(III) and antimony(V) by low molecular mass organic ligands. Journal of Environmental Monitoring, 7(12): 1226-1237.

Furrer G, Stumm W, 1986. The coordination chemistry of weathering: I. Dissolution kinetics of delta-Al_2O_3 and BeO. Geochimica et Cosmochimica Acta, 50(9): 1847-1860.

Iijima A, Sato K, Yano K, et al., 2008. Emission factor for antimony in brake abrasion dusts as one of the major atmospheric antimony sources. Environmental Science & Technology, 42(8): 2937-2942.

Kukutschová J, Roubíček V, Malachová K, et al., 2009. Wear mechanism in automotive brake materials, wear debris and its potential environmental impact. Wear, 267(5-8): 807-817.

Morel F M M, Hering J G, 1993. Principles and applications of aquatic chemistry. Hoboken: John Wiley & Son.

Schnitzer M, 1991. Soil organic matter: The next 75 years. Soil Science, 151(1): 41-58.

Sposito G, 2008. The chemistry of soils. Oxford: Oxford University Press.

Tella M, Pokrovski G S, 2009. Antimony(III) complexing with O-bearing organic ligands in aqueous solution: An X-ray absorption fine structure spectroscopy and solubility study. Geochimica et Cosmochimica Acta, 73(2): 268-290.

Varrica D, Bardelli F, Dongarra G, et al., 2013. Speciation of Sb in airborne particulate matter, vehicle brake linings, and brake pad wear residues. Atmospheric Environment, 64: 18-24.

Von Uexküll O, Skerfving S, Doyle R, et al., 2005. Antimony in brake pads: A carcinogenic component?. Journal of Cleaner Production, 13(1): 19-31.

第 2 篇

典型矿物对锑的吸附过程和机理

第6章 Sb(III)和Sb(V)在高岭土、膨润土和针铁矿表面的吸附特征

环境中矿物包括各种原生矿物、次生矿物和铁、锰、铝等氧化物，由于特殊的结构和表面特性，它们对无机元素的分布、迁移转化及归趋产生重要的影响。本章主要研究三种典型矿物（高岭土、膨润土和针铁矿）对Sb(III)和Sb(V)的吸附特征。

6.1 矿物性质与实验方法

6.1.1 矿物性质

三种矿物均购自Sigma-Aldrich公司，其基本性质如表6.1所示。

表 6.1 矿物基本性质

矿物	比表面积/（m²/g）	孔体积/（×10⁻² cm³/g）	孔径/nm	CEC/（meq/100 g）	pH_{zpc}
高岭土	15.8	3.436	1.878	5.40	3.5
膨润土	99.0	4.183	3.992	66.35	2.6
针铁矿	13.5	3.314	3.994	—	6.0

6.1.2 实验方法

采用批实验方法，在聚乙烯离心管中，分别加入吸附剂与吸附质，调节pH与离子强度，在恒温振荡箱中反应，除动力学实验外，反应时间均为24 h。取样后离心，上清液过滤，原子荧光光度计测定Sb的浓度。

6.2 Sb(III)在三种矿物表面的吸附动力学

图6.1所示为吸附时间对Sb(III)在三种矿物表面吸附的影响。Sb(III)在三种矿物表面的吸附反应均为快速反应。反应最初的30 min内，Sb(III)在针铁矿和高岭土表面的吸附量达到矿物吸附总量的90%以上，随后几十个小时的反应明显变慢。多数研究表明，黏土矿物和氧化物对离子的吸附作用是非常迅速的，吸附大多在数分钟内进行，如此迅速的吸附作用反映出这样的事实：吸附是表面现象，并且溶液中的离子易于迅速接近吸附剂表面。

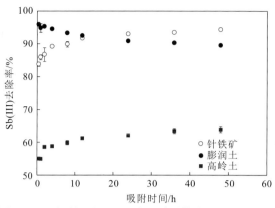

图 6.1 吸附时间对 Sb(III)在三种矿物表面吸附的影响

快速反应是吸附发生在中高亲和力的吸附位，慢速反应是在低亲和力的吸附位。Watkins 等（2006）的研究结果表明 Sb(III)在针铁矿表面的吸附在最初的几分钟内非常快，在反应发生最初的 15 min 内，针铁矿对 Sb(III)的吸附达到最大值。羟磷灰石对 Sb(III)的吸附反应也是快速反应，30 min 内溶液中的 Sb(III)几乎 100%地被吸附（Leyva et al.，2001）。As(III)在矿物表面的吸附反应也是快速反应（Banerijee et al.，2008）。Sb(III)在膨润土表面的吸附与在针铁矿和高岭土表面的吸附有所不同，随着吸附时间的延长，膨润土表面吸附的 Sb(III)有一部分又解吸进入液相。但没有观察到针铁矿和高岭土表面吸附的 Sb(III)发生明显的解吸。在实验时间范围内，膨润土表面吸附的 Sb(III)的最大解吸量为 6%。Sb(III)在针铁矿表面吸附的动力学（Watkins et al.，2006）研究结果表明针铁矿表面吸附的 Sb(III)也存在解吸，在实验时间范围内，针铁矿表面所吸附的 Sb(III)最多有 30%解吸进入溶液中。Watkins 等（2006）认为可能的原因是针铁矿表面吸附的 Sb(III)发生了氧化，被氧化为 Sb(V)，而后又从针铁矿表面解吸进入溶液中。Belzile 等（2001）的研究结果表明吸附在羟基氧化铁表面的 Sb(III)一天内有 40%发生了氧化，7 天之后，99%以上的 Sb(III)被氧化，并提出了氧化机理（图 6.2）：①Sb(III)吸附在羟基氧化铁的表面，并与 Fe(III)的羟基氧化物形成表面络合物；②Sb(III)的两个电子传递给 Fe(III)；③Sb(III)的氧化产物 Sb(V)从羟基氧化铁的表面释放进入溶液中；④Fe(III)还原产物释放进入溶液中。整个反应过程的总方程式为

$$2Fe(OH)_3 + Sb(OH)_3 \longrightarrow 2Fe(OH)_2 + H_3SbO_4 + H_2O \qquad (6.1)$$

Leuz 等（2006）研究表明 Sb(III)在针铁矿表面的氧化作用受 pH 影响显著，pH 为 3.0和 7.3 时，针铁矿表面的 Sb(III)的浓度在 35 天内没有发生变化，液相中没有检测到 Sb(V)的存在，而当 pH 为 9.9 时，Sb 的吸附量在 7 天内减少了 30%，此后，吸附量保持不变；反应发生 1 天后，Sb(V)占液相总 Sb 浓度的 77%，反应发生两天后，液相中检测不到 Sb(III)的存在，这说明 pH 为 9.9 时，针铁矿表面的 Sb(III)被氧化为 Sb(V)，并从针铁矿表面解吸进入液相中，而 pH 为 3.0 和 7.3 时，液相中没有检测到 Sb(V)的存在有两种可能：第一，吸附在针铁矿表面的 Sb(III)在 35 天内没有发生氧化作用；第二，针铁矿表面吸附的 Sb(III)有一部分被氧化为 Sb(V)，但 Sb(V)仍然被针铁矿所吸附而没有解吸进入溶液中。但实验中针铁矿表面的 Sb(III)没有发现解吸现象，可能与吸附实验中 pH 较低有关。膨润土表面所吸附的 Sb(III)则出现了少量的解吸，可能是因为膨润土表面所吸附的 Sb(III)

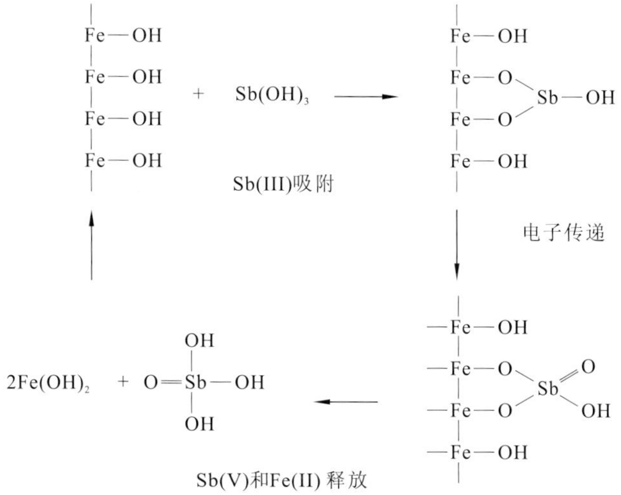

图 6.2　Sb(III)吸附、电子传递、Sb(V) 和 Fe(II) 释放反应的示意图

发生了氧化，但需要进一步研究在相同的反应条件下解吸只发生在膨润土表面，而高岭土和针铁矿表面所吸附的 Sb(III)没有发生解吸的原因。动力学实验表明 Sb(III)在三种矿物表面的吸附在反应最初的 24 h 之内达到了平衡，因此本章实验选择的平衡吸附时间为 24 h。

6.3　Sb(III)在三种矿物表面的吸附等温线

6.3.1　高岭土

当 pH 为 6，反应温度分别为 278 K、298 K、323 K，固液比为 0.5 g/20 mL，Sb(III)的初始质量浓度为 0.05～3 mg/L 时，在 0.02 mol/L Ca(NO₃)₂ 介质中，Sb(III)在高岭土表面的吸附等温线（图 6.3）可以用 Langmuir 模型和 Freundlich 模型很好地描述，拟合参数见表 6.2。在三个不同的反应温度下，用 Freundlich 模型拟合的 R^2 为 0.986～0.991，用 Langmuir 模型拟合的 R^2 为 0.990～0.995，Langmuir 模型拟合要稍好于 Freundlich 模型拟合。Freundlich 模型通常用来解释多层吸附，Langmuir 模型则常用于解释单层吸附，因此 Sb(III)在高岭土表面发生的可能是单层吸附。从图 6.3 可以看出，随着温度升高，Sb(III)在高岭土表面的吸附减弱，低温更有利于 Sb(III)在高岭土表面的吸附。在本小节所用的实验条件下，278 K、298 K 和 323 K 三个温度下得到的 Sb(III)在高岭土表面的最大吸附量分别是 65 μg/g、55 μg/g 和 50 μg/g，也就是说在三个温度下分别约有 58%、48% 和 43% 的 Sb(III)被吸附。根据实验数据的 Langmuir 模型拟合结果，在 278 K、298 K 和 323 K 三个温度下，Sb(III)在高岭土表面的最大吸附量分别可以达到 218 μg/g、132 μg/g 和 128 μg/g。

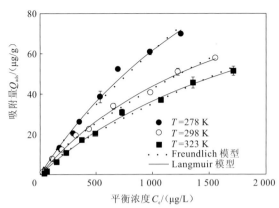

图 6.3　不同温度下 Sb(III)在高岭土表面的吸附等温线

表 6.2　不同温度下 Sb(III)在高岭土表面吸附的模型拟合参数

温度 T/K	Langmuir 模型参数			Freundlich 模型参数		
	最大吸附量 $Q_{max}/(\mu g/g)$	吸附常数 $b/(L/g)$	决定系数 R^2	吸附作用强度 K_f	常数 n	决定系数 R^2
278	218	0.000 4	0.990	0.207	0.824	0.991
298	132	0.000 5	0.995	0.250	0.744	0.993
323	128	0.000 4	0.993	0.165	0.776	0.986

6.3.2　膨润土

图 6.4 所示为 pH=6，固液比为 0.5 g/20 mL，Sb(III)的初始质量浓度为 0.05～4 mg/L，0.02 mol/L Ca(NO$_3$)$_2$ 介质中，反应温度为 278 K、298 K、323 K 时，Sb(III)在膨润土表面的吸附等温线。从图中可以直观地看出，随着温度的升高，Sb(III)在膨润土表面的吸附量显著降低，温度的降低有利于 Sb(III)在膨润土表面的吸附。用 Langmuir 模型和 Freundlich 模型来拟合三个温度下 Sb(III)在膨润土表面的吸附数据，可以得到很好的拟合结果，相关系数（R^2）≥0.997，拟合参数见表 6.3。在所用的实验条件下，278 K、298 K 和 323 K 三个温度下 Sb(III)在膨润土表面的最大吸附量分别是 151 µg/g、144 µg/g 和 140 µg/g，即在三个温度下分别约有 94%、90%和 87%的 Sb(III)被吸附。

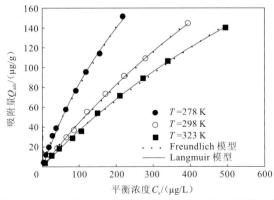

图 6.4　不同温度下 Sb(III)在膨润土表面的吸附等温线

表 6.3   不同温度下 Sb(III)在膨润土表面吸附的模型拟合参数

T/K	Langmuir 模型参数			Freundlich 模型参数		
	$Q_{max}/(\mu g/g)$	$b/(L/g)$	R^2	K_f	n	R^2
278	429	0.002 4	0.998	2.083	0.795	0.999
298	595	0.000 8	0.999	0.810	0.896	0.998
323	490	0.000 8	0.999	0.767	0.843	0.997

6.3.3   针铁矿

图 6.5 所示为 pH＝6，固液比为 0.5 g/20 mL，Sb(III)的初始质量浓度为 0.05～3 mg/L，0.02 mol/L Ca(NO₃)₂ 介质中，反应温度分别为 278 K、298 K、323 K 时，Sb(III)在针铁矿表面的吸附等温线。温度对 Sb(III)在针铁矿表面吸附的影响与对 Sb(III)在高岭土和膨润土表面吸附的影响相反。从图中可以直观地看出，随着温度的升高，Sb(III)在针铁矿表面的吸附量显著增加，吸附等温线呈明显的上升趋势，温度的升高有利于 Sb(III)在针铁矿表面的吸附。Langmuir 模型和 Freundlich 模型均可以用来很好地拟合吸附的实验数据，拟合的相关系数（R^2）≥0.995，拟合参数见表 6.4。在实验所用的条件下，278 K、298 K 和 323 K 三个温度下 Sb(III)在针铁矿表面的最大吸附量分别是 107 μg/g、111 μg/g 和 114 μg/g，即在三个温度下，分别约有 89%、92%和 95%的 Sb(III)被吸附。

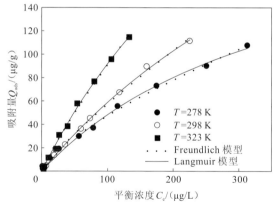

图 6.5   不同温度下 Sb(III)在针铁矿表面的吸附等温线

表 6.4   不同温度下 Sb(III)在针铁矿表面吸附的模型拟合参数

T/K	Langmuir 模型参数			Freundlich 模型参数		
	$Q_{max}/(\mu g/g)$	$b/(L/g)$	R^2	K_f	n	R^2
278	233	0.002 6	0.995	1.732	0.718	0.997
298	405	0.001 7	0.999	1.172	0.845	0.997
323	476	0.002 4	0.997	1.651	0.871	0.995

6.3.4　吸附性能比较

图 6.6 所示为 pH=6，固液比为 0.5 g/20 mL，Sb(III)的初始质量浓度为 50～4 000 μg/L，0.02 mol/L Ca(NO₃)₂介质中，Sb(III)在三种矿物表面的吸附等温线。在三个温度下，高岭土对 Sb(III)的吸附能力明显低于膨润土和针铁矿，而膨润土和针铁矿对 Sb(III)的吸附能力相近。当 T=278 K 时，膨润土对 Sb(III)的吸附量略高于针铁矿，当 T=298 K 时，二者对 Sb(III)的吸附量接近，当 T=323 K 时，针铁矿对 Sb(III)的吸附量略高于膨润土。Sb(III)在膨润土表面的吸附量随温度的升高而显著地下降，而 Sb(III)在针铁矿表面的吸附量则随温度的升高而明显地增加，因而在反应温度较低时，膨润土对 Sb(III)的吸附量高于针铁矿，而在反应温度较高时，针铁矿对 Sb(III)的吸附量则高于膨润土。

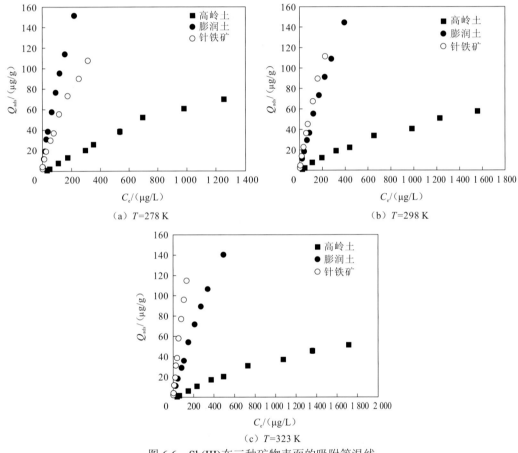

图 6.6　Sb(III)在三种矿物表面的吸附等温线

Q_{ads} 为吸附量；C_e 为平衡浓度

比表面积是黏粒或颗粒的一项基本表面性质。土壤中黏粒或胶粒之所以被认为是较活泼的颗粒，是与它们具有巨大的比表面积分不开的。巨大的比表面积使颗粒在化学过程中具有较高的化学活性。矿物或胶体对离子的吸附量也与比表面积密切相关或呈显著正相关。在离子交换的反应中，比表面积更显示出重要性，不仅影响电荷密度，而且直接影响交换反应的速率。另外还应指出，单纯用黏粒或黏土矿物的比表面积反映其化学活性是有局限性的，在吸附过程中，起主导作用的是矿物表面单位面积上的羟基数，其次才是比表面积。实验中所用的针铁矿和高岭土的比表面积相近，然而黏土矿物表面的羟基密度通常要小于氧化物表面的羟基密度，因而针铁矿表面的活性羟基数要高于高岭土表面的活性羟基数，针铁矿对Sb(III)的吸附量是高岭土的3倍左右。尽管膨润土表面羟基密度小于针铁矿，但由于它具有巨大的比表面积（99.6 m²/g），所以具有更多的可吸附位。

早期关于Sb(III)吸附的研究表明pH=6～7，Sb(III)的初始质量浓度为120～3 000 μg/L，T=298 K时，MnOOH、FeOOH和Al(OH)₃对Sb(III)的最大吸附量分别可以达到19 488 μg/g、5 481 μg/g和4 019 μg/g（Thanabalasingam et al.，1990），这远远高于本章三种吸附剂的吸附量，用Langmuir模型拟合得到的参数b分别为$6.16×10^3$、$7.8×10^3$、$4.5×10^3$。MnOOH对Sb(III)的吸附量也远高于FeOOH和Al(OH)₃，这表明MnOOH表面的吸附位对Sb(III)具有极高的亲和力。FeOOH对Sb(III)的吸附等温线上出现了一个跳跃（jump），因此认为针铁矿表面存在不止一种的吸附位。Thanabalasingam等（1990）以乙酸钠为背景电解质，没有对所制备的三种氧化物进行详细的物理化学性质表征，因而无法进行更进一步的比较。当pH为5～8、Sb(III)的初始质量浓度为0.05～50 mg/L时，比表面积为61 m²/g的羟磷灰石对Sb(III)的最大吸附量为50 000 μg/g（Leyva et al.，2001）。Watkins等（2006）得到针铁矿对Sb(III)的最大吸附量也比本章得到的结果大得多，所用的Sb(III)的初始质量浓度为4.79～47.93 mg/L，是本章中的20倍左右，吸附实验的pH为4，比本章中的pH低两个单位，已有的研究结果表明Sb(III)在铁氧化物表面的吸附量随pH降低而增加（Thanabalasingam et al.，1990）。此外，Watkins等（2006）在实验中所用针铁矿的比表面积为40.1 m²/g，而本章中所用针铁矿的比表面积仅为13.5 m²/g，而比表面积是影响矿物对Sb(III)吸附的一个重要因素。更早的一项关于MnO₂对Sb(III)的吸附的研究则认为对Sb(III)的吸附量不仅与制备MnO₂的方法有关，而且与所制得的MnO₂的结构有关，新制备的材料往往具有最高的吸附量（Thanabalasingam et al.，1990）。

6.4　Sb(V)在三种矿物表面的吸附动力学

大多数的研究表明在土壤和水体中的Sb主要以Sb(V)形态存在，Sb(III)形态在总Sb中所占的比例不大。Johnson等（2005）的研究结果表明射击靶场土壤中Sb主要以Sb(V)存在，且趋向于在表土层富集，随土壤深度的增加，Sb(V)在土壤中的含量降低，因而Sb(V)在土壤中不易向下迁移，更倾向于被固定在表土层。Mitsunobu等（2006）利用XANES研究了日本一个尾矿区土壤中的Sb的形态及分布特征，发现Sb(V)是土壤中Sb的主要存在形态，但与Johnson等（2005）的研究结果不同的是该地区土壤中Sb(V)的浓度随土壤深度的增加而升高，这主要是因为土壤中的Fe、Mn的含量也随土壤深度的增加而升高，土壤中的Fe、Mn氧化物的含量与Sb在土壤中的含量呈显著的正相关。Nakamaru等（2006）认为日本土壤中的Sb主要以SbO₃的形态存在。部分学者认为Sb(V)是环境中Sb的主要存在形态，可能是因为环境中的Sb(III)容易被氧化为Sb(V)，环境中的天然有机质及铁、锰氧化物等都可以将Sb(III)氧化为Sb(V)（Leuz et al.，2006；Buschmann et al.，2005；Belzile et al.，2001），而关于Sb(V)被还原为Sb(III)的报道则很少，这一氧化过程实际上降低了 Sb 在环境中的生态风险，因为 Sb(III)的毒性比 Sb(V)大 10 倍（Gebel，1997）。过去的实验研究表明 Sb 在土壤中的可迁移性和生物有效性均小于 As 和 Cu（Wilson et al.，2004；Flynn et al.，2003；Wolfram et al.，2000），这可能是因为土壤中的 Sb(V)容易被吸附在土壤颗粒的表面。土壤颗粒和水体沉积物中的天然有机质、铁、锰、铝氧化物和黏土矿物的表面具有大量的活性羟基，可以络合重金属和有机污染物，因而在天然环境中对污染物的自然衰减起着重要的作用。Sb(V)在矿物表面的吸附作用显著地影响 Sb 在天然环境中的迁移转化及生物有效性。

图 6.7 所示为 Sb(V)在离子强度为 0.02 mol/L，固液比为 0.5 g/20 mL 和 pH 为 6 的反应介质条件下三种矿物表面的吸附动力学曲线。高岭土对 Sb(V)的吸附受吸附时间的影响不显著，反应最初的 30 min 内，Sb(V)在高岭土表面的吸附已接近饱和，其在矿物表面的吸附量达到了矿物吸附总量的 90%以上，随后几十个小时的反应明显变慢，在反应 48 h 内，随时间的延长吸附量的增加缓慢。而针铁矿和膨润土在反应开始的最初 10 h 内，吸附量随时间的延长而迅速增加，之后反应明显变慢，吸附量增加缓慢。随反应时间的延长，吸附在三种矿物表面的 Sb(V)没有明显的解吸。金属阳离子或含氧酸根阴离子在金属氧化物、黏土矿物表面的吸附反应与矿物表面类型、所研究的离子及反应条件均密切相关。就黏土矿物而言，高岭土表面的吸附反应通常比云母表面的吸附反应更快。最早的关于 Sb(V)在矿物表面的吸附动力学研究来自 Ambe（1987）。他研究了 0.25 mol/L LiCl 介质中，Sb(V)在 α-Fe$_2$O$_3$ 表面的吸附动力学，当反应介质的 pH 小于 5 时，接近 100% 的 Sb(V)在反应 1h 后被吸附，吸附反应遵循二级反应速率方程。在 pH=2.1～5.3 内，当 pH=4 时，反应速率常数的值达到最大，Ambe（1987）认为随 pH 的升高，α-Fe$_2$O$_3$ 表面的正电荷减少，而 Sb(V)在 pH=2.1～5.3 内的主要存在形态为 Sb(OH)$_6^-$，因而 pH 的升高使吸附速率下降；此外，pH 降低有利于液相中 H[Sb(OH)$_6$]形态的生成，随 pH 的降低，吸附速率下降，因而综合以上两方面的因素，pH=4 被认为是吸附速率最快的反应介质的 pH。进一步，根据动力学数据计算出反应的活化能为 37 kJ/mol，并认为 Sb(V)在 α-Fe$_2$O$_3$ 表面的吸附反应为化学吸附而不是物理吸附。McComb 等（2007）利用 ATR-IR 研究了 Sb(V)在铁氧化物表面的吸附动力学，Sb(V)在铁氧化物表面的吸附量在最初的 50 min 内快速地增加，随后吸附量的增加速率变慢，反应进行 100 min 后，吸附量不再增加，出现一个平台。吸附反应起初很快，过几分钟或几小时后明显变慢，学者通常的解释是快速反应是吸附发生在中高亲和力的吸附位（high affinity sites），慢速反应是在低反应性的吸附位（lower reactive sorption sites），或固相扩散进入矿物内部（solid-state diffusion into mineral defects），或矿物表面发生离子沉淀。吸附和表面沉淀往往同时发生，当表面负荷（surface loading）低时，吸附占主导，随着吸附量增加，表面沉淀成为主要过程，有一些吸附在矿物表面的离子会形成与矿物表面结构类似的物质，这类物质有被矿物表面溶解的趋势（Yoon，2001）。As(V)在矿物表面的吸附动力学曲线与 Sb(V)在矿物表面的吸附动力学曲线很相似，As(V)在铁氧化物表面的吸附量在最初的 30 min 内达到 80%～95%，而在随后的 24 h，总吸附量仅增加 3%～15%，Banerijee 等（2008）认为反应速率明显变慢可能是因为随着吸附的快速进行，溶液中 As(V)的浓度很快降低，而固体表面 As(V)的浓度则升高，使固液之间的浓度差减小，As(V)从液相到固相的传递变慢。

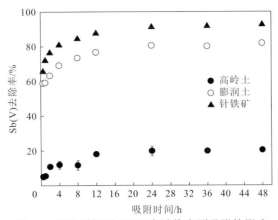

图 6.7　吸附时间对 Sb(V)在矿物表面吸附的影响

6.5　Sb(V)在三种矿物表面的吸附等温线

6.5.1　高岭土

图 6.8 所示为 pH=6，反应温度分别为 278 K、298 K、323 K 时，固液比为 0.5 g/20 mL，Sb(V)的初始质量浓度为 0.05～3 mg/L，0.02 mol/L Ca(NO$_3$)$_2$ 介质中，Sb(V)在高岭土表面的吸附等温线。用 Langmuir 模型和 Freundlich 模型对实验数据进行拟合，278 K、298 K 和 323 K 时 Freundlich 模型拟合的 R^2 分别为 0.965、0.966 和 0.986，Langmuir 模型拟合的 R^2 分别是 0.987、0.956 和 0.978，Langmuir 模型的拟合结果要稍好于 Freundlich 模型，拟合参数见表 6.5。从图 6.8 中可以看出 Sb(V)在高岭土表面的吸附量随温度的升高而显著地增加，随温度的升高，吸附等温线呈明显的上升趋势，高温更有利于 Sb(V)在高岭土表面的吸附。在本小节所用的实验条件下，278 K、298 K 和 323 K 三个温度下 Sb(V)在高岭土表面的最大吸附量分别为 14 μg/g、24 μg/g 和 37 μg/g，也就是说在三个不同的温度下分别约有 11%、19% 和 27% 的 Sb(V)被吸附。根据实验数据的 Langmuir 模型拟合的结果，278 K、298 K 和 323 K 三个反应温度下 Sb(V)在高岭土表面的最大吸附量分别可以达到 19 μg/g、50 μg/g 和 105 μg/g。根据酸碱滴定的结果，每克高岭土表面的总羟基数（SOH，S 代表矿物表面）为 58 μmol（Saada et al.，2003），本小节所用的高岭土的比表面积与 Saada 等（2003）所用的高岭土的比表面积相近，因此可以假设两种高岭土表面的 SOH 基团数是相近的，在本小节所用的实验条件下（0.5 g 高岭土/20 mLSb(V)溶液），可以估计每克高岭土表面的羟基吸附位为 58 μmol，这个值远远高于在本小节实验条件下所得到的 Sb(V)在高岭土表面的最大吸附量，即在 298 K 时，Sb(V)在高岭土表面的最大吸附量为 24 μg/g，即 0.197 μmol/g，在本节所用的 Sb(V)的初始质量浓度范围内，高岭土表面的吸附位远没有饱和。As(V)的初始质量浓度为 50～2 750 μg/L 时，固液比为 0.5 g/20 mL，pH 为 7，0.01 mol/L Ca(NO$_3$)$_2$ 介质中，反应温度为 293 K 时，As(V)在高岭土表面的最大吸附量约为 71 μg/g，这比本小节在相近的实验条件下所得到的 Sb(V)的高岭土表面的最大吸附量大。

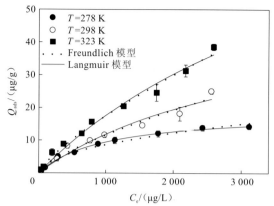

图 6.8　不同温度下 Sb(V) 在高岭土表面的吸附等温线

表 6.5　不同温度下 Sb(V) 在高岭土表面吸附的模型拟合参数

T/K	Langmuir 模型参数			Freundlich 模型参数		
	$Q_{max}/(\mu g/g)$	$b/(L/g)$	R^2	K_f	n	R^2
278	19	0.001	0.987	0.272	0.501	0.965
298	50	0.000 3	0.956	0.075	0.730	0.966
323	105	0.000 2	0.978	0.083	0.775	0.986

6.5.2　膨润土

图 6.9 所示为 pH=6，固液比为 0.5 g/20 mL，Sb(V) 的初始质量浓度为 0.05～4 mg/L，0.02 mol/L Ca(NO$_3$)$_2$ 介质中，反应温度分别为 278 K、298 K、323 K 时，Sb(V) 在膨润土表面的吸附等温线。从图中可以直观地看出，随着温度升高，Sb(V) 在膨润土表面的吸附量显著地增加，吸附等温线随温度的升高呈明显的上升趋势，温度的升高有利于 Sb(V) 在膨润土表面的吸附。用 Langmuir 模型拟合 T=278 K、298 K 和 323 K 时的吸附数据，相关系数分别为 0.996、0.997 和 0.999；用 Freundlich 模型拟合三个温度下的吸附数据，相关系数分别为 0.996、0.997 和 0.998，拟合参数见表 6.6。在 278 K、298 K 和 323 K 三个温度下，Sb(V) 在膨润土表面的最大吸附量分别是 95 μg/g、120 μg/g 和 130 μg/g，即在三个温度下分别约有 60%、75% 和 83% 的 Sb(V) 被吸附。

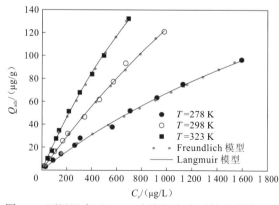

图 6.9　不同温度下 Sb(V) 在膨润土表面的吸附等温线

表 6.6　不同温度下 Sb(V)在膨润土表面吸附的模型拟合参数

T/K	Langmuir 模型参数			Freundlich 模型参数		
	$Q_{max}/(\mu g/g)$	$b/(L/g)$	R^2	K_f	n	R^2
278	282	0.000 3	0.996	0.218	0.828	0.996
298	761	0.000 2	0.997	0.259	0.895	0.997
323	509	0.000 5	0.999	0.490	0.857	0.998

6.5.3　针铁矿

图 6.10 所示为 pH=6,固液比为 0.5 g/20 mL,Sb(V)的初始质量浓度为 0.3～15 mg/L,0.02 mol/L Ca(NO$_3$)$_2$ 介质中,反应温度分别为 278 K、298 K、323 K 时,Sb(V)在针铁矿表面的吸附等温线。从图中可以看出,随温度的升高,Sb(V)在针铁矿表面的吸附量显著地增加,吸附等温线随温度的升高呈明显的上升趋势,温度的升高有利于 Sb(V)在针铁矿表面的吸附。用 Freundlich 模型和 Langmuir 模型可以很好地拟合三个温度下的实验数据,拟合参数见表 6.7。在 278 K、298 K 和 323 K 条件下,用 Freundlich 模型拟合的相关系数分别为 0.999、0.994 和 0.992;用 Langmuir 模型拟合的相系数分别为 0.992、0.997 和 0.984。在 278 K、298 K 和 323 K 条件下,Sb(V)在针铁矿表面的最大吸附量分别为 465 μg/g、498 μg/g 和 540 μg/g,即在三个温度下分别约有 78%、83%和 90% 的 Sb(V)被吸附。

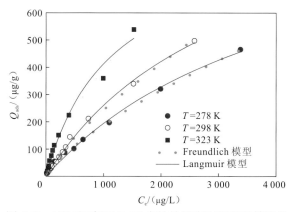

图 6.10　不同温度下 Sb(V)在针铁矿表面的吸附等温线

表 6.7　不同温度下 Sb(V)在针铁矿表面吸附的模型拟合参数

T/K	Langmuir 模型参数			Freundlich 模型参数		
	$Q_{max}/(\mu g/g)$	$b/(L/g)$	R^2	K_f	n	R^2
278	1 197	0.000 2	0.992	1.138	0.740	0.999
298	1 141	0.000 3	0.997	1.220	0.767	0.994
323	867	0.000 9	0.984	3.539	0.682	0.992

6.5.4 吸附性能比较

图 6.11 所示为 pH=6，固液比为 0.5 g/20 mL，Sb(V)的初始质量浓度为 0.05～15 mg/L，0.02 mol/L Ca(NO₃)₂ 介质中，Sb(V)在三种矿物表面的吸附等温线。Sb(V)在三种矿物表面的吸附量均随温度的升高而显著地增加，吸附等温线呈明显上升趋势。在三个温度下，高岭土对 Sb(V)的吸附能力明显低于膨润土和针铁矿，针铁矿对 Sb(V)的吸附量又比膨润土高得多。三种矿物中，针铁矿对 Sb(V)的吸附能力是最强的，即针铁矿对 Sb(V)的亲和力最强。以往的研究表明土壤中的 Sb 和 Fe 的浓度之间有很好的相关性，在被研究土壤所涉及的深度，土壤中的 Sb(V)主要与 Fe(III)的羟基氧化物相结合（Mitsunobu et al.，2006）。天然土壤和沉积物中的 Sb 也主要与铁和锰的羟基氧化物相结合（Mitsunobu et al.，2006；Scheinost et al.，2006；Chen et al.，2003；Muller et al.，2002）。Leuz 等（2006）研究了 Sb(V)在针铁矿表面的吸附，pH 为 3 时，在 0.01 mol/L KClO₄ 介质中，Sb(V)在针铁矿表面的最大吸附量为 16 mg/g，这远远大于本小节实验获得的 Sb(V)在针铁矿表面的吸附量，这可能是因为该项研究中所用的 Sb(V)的初始质量浓度较高，所用的针铁矿的比表面积（33.7 m²/g）也比本小节实验所用的针铁矿的比表面积大。Sb(V)在铁氧化物表面形成内源络合并形成 Sb—O—Fe 键，同时也有外源络合（Mccomb et al.，2007）。

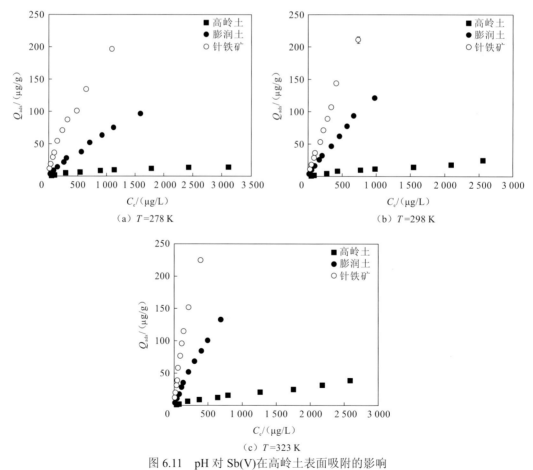

（a）T=278 K   （b）T=298 K

（c）T=323 K

图 6.11　pH 对 Sb(V)在高岭土表面吸附的影响

6.6 Sb(III)和Sb(V)在三种矿物表面吸附性能的比较

6.6.1 高岭土

图6.12所示是温度分别为278 K、298 K和323 K时Sb(III)和Sb(V)在高岭土表面的吸附。从图中可以直观地看出，在三个温度下Sb(III)在高岭土表面的吸附均大于Sb(V)在高岭土表面的吸附。当T=278 K时，二者在高岭土表面的吸附量差别最大，Sb(III)在高岭土的最大吸附量达70 μg/g，Sb(V)在高岭土表面的最大吸附量只有14 μg/g。Sb(V)在高岭土表面的吸附量随着温度的升高而增加，而Sb(III)在高岭土表面的吸附量随温度的升高而减少，因此随着吸附温度的升高，二者在高岭土表面的吸附量的差值减小，当T=323 K时，Sb(III)在高岭土表面的最大吸附量为50 μg/g，而Sb(V)在高岭土表面的最大吸附量为38 μg/g。

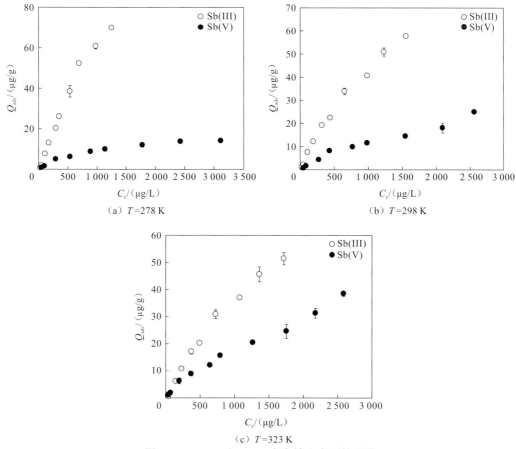

图6.12 Sb(III)和Sb(V)在高岭土表面的吸附

6.6.2 膨润土

图6.13所示是温度分别为278 K、298 K和323 K时Sb(III)和Sb(V)在膨润土表面的

吸附。与在高岭土表面的吸附类似，在三个反应温度下，Sb(III)在膨润土表面的吸附量均大于 Sb(V)在膨润土表面的吸附量。$T = 278$ K 时，Sb(III)在膨润土表面的最大吸附量为 151 μg/g，Sb(V)在膨润土表面的最大吸附量仅有 96 μg/g。Sb(V)在膨润土表面的吸附量随温度的升高而增加，而 Sb(III)在膨润土表面的吸附量随温度的升高而减少，因此当反应温度升高到 323 K 时，二者在膨润土表面的吸附量的差值减小。

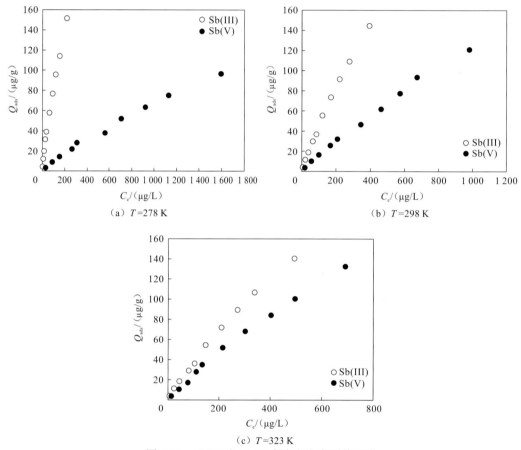

图 6.13　Sb(III)和 Sb(V)在膨润土表面的吸附

6.6.3　针铁矿

图 6.14 是温度分别为 278 K、298 K 和 323 K 时 Sb(III)和 Sb(V)在针铁矿表面的吸附。与在高岭土和膨润土表面的吸附类似，在三个反应温度下，Sb(III)在针铁矿表面的吸附均大于 Sb(V)在针铁矿表面的吸附。$T = 278$ K 时，Sb(III)在针铁矿表面的最大吸附量为 107 μg/g，Sb(V)在针铁矿表面的最大吸附量仅有 100 μg/g。$T = 298$ K 时，Sb(III)在针铁矿表面的最大吸附量为 109 μg/g，Sb(V)在针铁矿表面的最大吸附量仅有 106 μg/g。$T = 323$ K 时，Sb(III)在针铁矿表面的最大吸附量为 115 μg/g，Sb(V)在针铁矿表面的最大吸附量仅有 113 μg/g。与在高岭土和膨润土表面的吸附不同，Sb(III)和 Sb(V)在针铁矿表面的吸附量均随温度的升高而增加，二者在针铁矿表面的吸附量的差值随温度的升高没有明显变化。

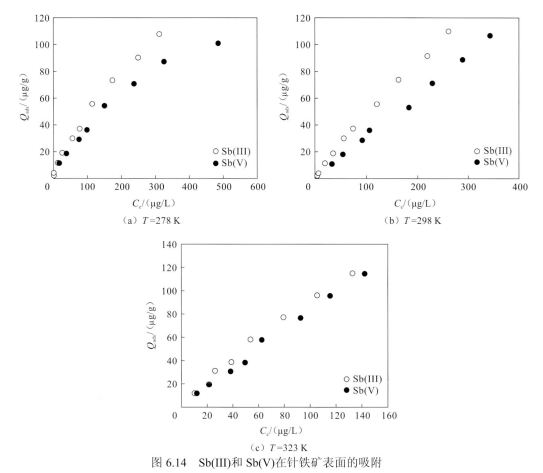

图 6.14　Sb(III)和 Sb(V)在针铁矿表面的吸附

6.7　pH 对 Sb(III)和 Sb(V)在三种矿物表面吸附性能的影响

6.7.1　对 Sb(III)吸附的影响

图 6.15（a）所示为 Sb(III)的初始质量浓度分别为 0.1 mg/L、0.5 mg/L 和 1.0 mg/L 时，背景电解质为 0.02 mol/L Ca(NO₃)₂，固液比为 0.5 g/20 mL 时 pH 对 Sb(III)在高岭土表面吸附的影响。在三个起始反应浓度时，pH 对 Sb(III)在高岭土表面吸附的影响显著，随 pH 升高，Sb(III)在高岭土表面的吸附量急剧减少。Sb(III)初始质量浓度为 0.1 mg/L，当 pH=3.9 时，Sb(III)在高岭土表面的去除率为 80%左右，pH 升高到 9.5 时，高岭土对 Sb(III)的吸附减少了 60%左右。Sb(III)初始质量浓度为 0.5 mg/L，当 pH=3.9 时，Sb(III) 在高岭土表面的去除率达到 64%，当 pH 升高到 9.5 时，去除率降至 30%。Sb(III)的初始质量浓度为 1.0 mg/L，反应介质的 pH 由 3.9 升高到 9 时，Sb(III)在高岭土表面的去除率则由 68%降至 53%。

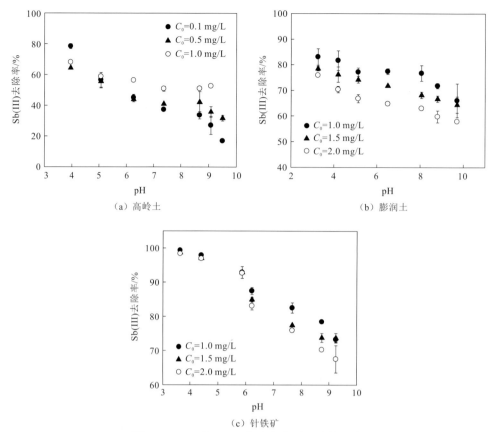

（a）高岭土

（b）膨润土

（c）针铁矿

图 6.15 pH 对 Sb(III)在矿物表面吸附的影响

图 6.15（b）所示为 Sb(III)初始质量浓度分别为 1.0 mg/L、1.5 mg/L 和 2.0 mg/L 时，固液比为 0.1 g/20 mL，在 0.02 mol/L Ca(NO$_3$)$_2$ 介质中，pH 对 Sb(III)在膨润土表面吸附的影响。从图中可以看出，在三个不同的 Sb(III)初始质量浓度下，pH 对 Sb(III)在膨润土表面吸附的影响显著，反应介质的 pH 升高不利于 Sb(III)在膨润土表面的吸附，随 pH 升高，Sb(III)在膨润土表面的吸附减弱。当反应介质的 pH 从 3.2 升高到 9.7，且 Sb(III)的初始质量浓度为 1.0 mg/L 时，Sb(III)在膨润土表面的去除率从 85%降低到 70%；当 Sb(III)的初始质量浓度为 1.5 mg/L 时，Sb(III)在膨润土表面的去除率从 78%降低到 68%；当 Sb(III)的初始质量浓度为 2.0 mg/L 时，Sb(III)在膨润土表面的去除率从 75%降低到 58%。

图 6.15（c）所示为 Sb(III)的初始质量浓度分别为 1.0 mg/L、1.5 mg/L 和 2.0 mg/L，固液比为 0.5 g/20 mL，在 0.02 mol/L Ca(NO$_3$)$_2$ 介质中，pH 对 Sb(III)在针铁矿表面吸附的影响。pH 对 Sb(III)在针铁矿表面吸附的影响显著，随 pH 的升高，Sb(III)在针铁矿表面的吸附快速地减弱。当反应介质的 pH 从 3.6 升高到 9.2 时，且 Sb(III)的初始质量浓度为 1.0 mg/L 时，Sb(III)在针铁矿表面的去除率从 99%降低到 72%；当 Sb(III)的初始质量浓度为 1.5 mg/L 时，Sb(III)在针铁矿表面的去除率从 98%降低到 73%；当 Sb(III)的初始质量浓度为 2.0 mg/L，Sb(III)在针铁矿表面的去除率从 98%降低到 67%。

pH 对 Sb(III)在高岭土、膨润土和针铁矿表面吸附的影响趋势是一致的，Sb(III)在三种矿物表面的吸附量均随 pH 的升高而显著地降低。Thanabalasingam 等（1990）的研究结果也表明 Sb(III)在 MnOOH、FeOOH、Al(OH)$_3$ 表面的吸附在 pH 3～10 内随 pH 的升高而明显地减弱，Sb(III)在这三种氧化物表面的 pH-吸附曲线呈现出相似的趋势。这与本节实验的结果一致。因此可以判断 pH 对 Sb(III)在矿物表面的吸附更多地与吸附质的化学形态有关，而与矿物表面净电荷的关系相对较小。大多数的研究者认为 pH 2~10 内，Sb(III)在溶液中的主要形态是中性络合物 $Sb(OH)_3$（Leuz et al.，2006；Buschmann et al.，2005，2004；Filella et al.，2002；Belzile et al.，2001；Pilarski et al.，1995；Baes et al.，1976），Watkins 等（2006）用 MINTEQA2 程序计算了水溶液中 Sb(III)的形态，结果表明酒石酸锑钾溶于水后，在 pH 3~10 内，Sb(III)在水溶液中的主要形态是 $Sb(OH)_3$ 和 $HSbO_2$，认为 Sb(III)在针铁矿表面主要形成内源络合，并提出了如下两种 Sb(III)在针铁矿表面的吸附机理：

$$\begin{array}{l}\equiv Fe \\ \equiv Fe \end{array}\!\!\stackrel{OH^+}{\underset{OH}{\diagdown}}\ +\ Sb(OH)_3 \longrightarrow \begin{array}{l}\equiv Fe \\ \ \\ \equiv Fe \end{array}\!\!\stackrel{O-Sb\diagup OH}{\underset{O-H}{\diagdown \quad}}\!\!\cdots O-H\ +\ H_2O \qquad (6.2)$$

$$\begin{array}{l}\equiv Fe \\ \equiv Fe \end{array}\!\!\stackrel{OH^+}{\underset{OH}{\diagdown}}\ +\ HSbO_2 \longrightarrow \begin{array}{l}\equiv Fe \\ \ \\ \equiv Fe \end{array}\!\!\stackrel{O^+-H\cdots O}{\underset{O-H\cdots O}{\diagdown}}\!\!Sb-H \qquad (6.3)$$

Watkins 等（2006）认为针铁矿表面起吸附作用的主要官能团为 $\equiv [Fe(OH)_2]^+$，pH 升高将使针铁矿对 Sb(III)的吸附容量降低，这一推断与本节实验结果一致。而 Leyva 等（2001）则认为酒石酸锑钾溶于水后，在 pH 5~8 内，Sb(III)主要以 SbO^+、$Sb(OH)_3$ 和 $Sb(OH)_4$ 的形态存在，在此 pH 范围内，pH 对 Sb(III)在羟磷灰石表面的吸附没有明显的影响，这可能是因为羟磷灰石的表面具有大量的活性吸附位，羟磷灰石对 Sb(III)的吸附机理如下。

（1）离子交换：

$$\equiv Ca^{2+} + SbO^+ \rightleftharpoons \equiv SbO^+ + Ca^{2+} \qquad (6.4)$$

（2）化学吸附：

$$\begin{array}{c}\equiv OH + SbO^+ \rightleftharpoons \equiv O-SbO + H^+ \\ \equiv O_3P-OH^+ + SbO^+ \rightleftharpoons \equiv O_3P-O-SbO^+ + H^+ \end{array} \qquad (6.5)$$

吸附在羟磷灰石表面的 Sb(III)会发生去质子化反应，从而减少羟磷灰石的表面电荷数量。

$$\begin{array}{c}\equiv O-SbO + H_2O \rightleftharpoons \equiv O-SbO(OH)^- + H^+ \\ \equiv O_3P-O-SbO^+ + H_2O \rightleftharpoons \equiv O_3P-O-Sb(OH)\end{array} \qquad (6.6)$$

还有研究者认为，Sb_2O_3 在水溶液中的主要形态是中性络合物 $Sb(OH)_3$，在强酸和强碱介质中的主要存在形态分别为 SbO^+ 和 SbO_2^-（Pilarski et al.，1995；Gayer et al.，1952）。

$$\begin{array}{c}Sb_2O_3 + 3H_2O \rightleftharpoons 2Sb(OH)_3 \\[4pt] \dfrac{1}{2}Sb_2O_3 + H^+ \rightleftharpoons SbO^+ + \dfrac{1}{2}H_2O \\[4pt] \dfrac{1}{2}Sb_2O_3 + OH^- \rightleftharpoons SbO_2^- + \dfrac{1}{2}H_2O \\[4pt] \dfrac{1}{2}Sb_2O_3 + \dfrac{1}{2}H_2O \rightleftharpoons SbO_2^- + H^+ \\[4pt] \dfrac{1}{2}Sb_2O_3 + \dfrac{1}{2}H_2O \rightleftharpoons SbO^+ + OH^- \end{array} \qquad (6.7)$$

Thanabalasingam 等（1990）认为在广泛的 pH 范围内 Sb_2O_3 溶于水后的主要溶解产物是 $Sb(OH)_3$ 中性络合物，因而矿物表面电荷的性质不会对吸附产生影响，而在碱性介质中，矿物表面的负电荷增加，随着体系中阴离子形态$[Sb(OH)_4^-]$的增加，矿物对 Sb(III) 的吸附减弱。此外，随着反应介质 pH 升高，吸附在矿物表面的 Sb(III)有被矿物氧化为 Sb(V)的趋势，而 Sb(III)的氧化产物易从矿物表面解吸进入溶液中，因而从宏观上就表现为随 pH 的升高，Sb(III)在矿物表面的吸附减弱。关于 Sb(III)在针铁矿表面的氧化作用已被一些研究证实。Leuz 等（2006）的研究结果表明当介质的 pH 高于 9.9 时，吸附在针铁矿表面的 Sb(III)易被氧化并解吸。当介质的 pH 较低时，虽然液相中并没有检测到 Sb(V)，但并不一定能说明在低 pH 的介质中，吸附在针铁矿表面的 Sb(III)没有发生氧化作用，也可能是 Sb(III)的氧化产物 Sb(V)被吸附在针铁矿的表面而没解吸进入溶液中，而解答这一问题就需要表征吸附在矿物表面的 Sb 的形态。不定形 Fe、Mn 羟基氧化物对 Sb(III)也具有氧化作用（Belzile et al.，2001）。关于 As(III)在矿物表面的氧化作用的研究也开展得相当广泛（Ona-Nguema et al.，2005；Sun et al.，1998；Manning et al.，1997）。而关于黏土矿物对 Sb(III)的氧化作用文献中还没有报道。Manning 等（1997）研究结果表明黏土矿物表面吸附的 As(V)在高 pH 介质中易被磷酸氢根离子解吸，而在低 pH 介质中解吸量较少，且不同的矿物解吸量也不同；pH 影响 As(III)在溶液中的均相氧化，pH 越高越有利于 As(III)的氧化，由此可以得出矿物的结构和反应介质的 pH 是影响 As(III)在矿物表面氧化的两个重要因素。Manning 等（1997）认为黏土矿物中的 MnO_2 可能与矿物表面的 As(III)氧化有关。而 Lin 等（2000）则认为黏土矿物中所含的铁氧化物及黏土在形成过程中天然带来的一些杂质（如碘化物）可能会催化 As(III)在矿物表面的氧化。

黏土中所含天然有机质也可能催化黏土矿物表面吸附的 Sb(III)的氧化。胡敏酸（humic acid）是普遍存在于土壤和沉积物中的一种天然有机质。很多学者对胡敏酸吸附及氧化 Sb(III)的作用进行了细致的研究。在有胡敏酸存在的介质中，Sb(III)的氧化速率明显加快，光照也会加速胡敏酸对 Sb(III)的氧化，pH 的升高、胡敏酸浓度的升高都会促进氧化作用，而 Sb(III)初始质量浓度的升高则会减弱氧化作用（Buschmann et al.，2005）。胡敏酸内存在的二硫官能团和醌官能团在 Sb(III)的氧化作用中可能起到重要的作用，因为它们是很好的电子受体（Buschmann et al.，2004）。

6.7.2 对 Sb(V)吸附的影响

图 6.16（a）所示为 pH=3～8，Sb(V)的初始质量浓度分别为 0.1 mg/L、0.5 mg/L 和 1.0 mg/L 时，固液比为 0.5 g/20 mL，0.02 mol/L $Ca(NO_3)_2$ 介质中 pH 对 Sb(V)在高岭土表面吸附的影响。从图中可以看出，Sb(V)在高岭土表面的吸附受 pH 影响显著，当 Sb(V)的初始质量浓度分别为 0.1 mg/L、0.5 mg/L 和 1.0 mg/L 时，随溶液 pH 的升高，Sb(V)在高岭土表面的去除率急剧下降。当反应介质的 pH 从 3.2 升高到 7.2 时：Sb(V)的初始质量浓度为 0.1 mg/L 时，Sb(V)在高岭土表面的去除率从 78%降至 14%；Sb(V)的初始质量浓度为 0.5 mg/L 时，Sb(V)去除率从 75%降至 11%；Sb(V)的初始质量浓度为 1.0 mg/L 时，Sb(V)去除率从 74%降至 18%。

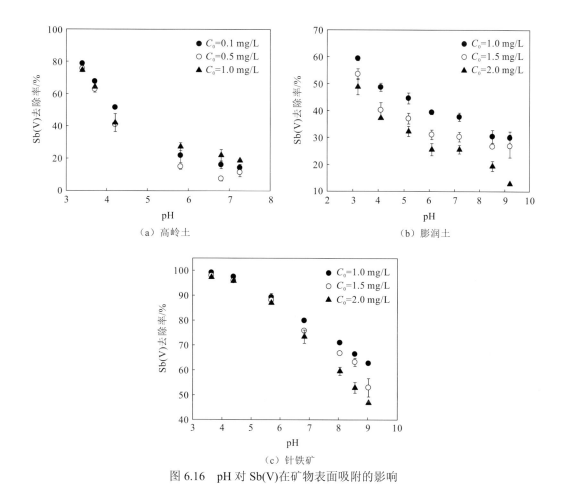

（a）高岭土   （b）膨润土

（c）针铁矿

图 6.16   pH 对 Sb(V)在矿物表面吸附的影响

图 6.16（b）所示为 pH 3~10，Sb(V)的初始质量浓度分别为 1.0 mg/L、1.5 mg/L 和 2.0 mg/L，固液比为 0.1 g/20 mL，0.02 mol/L Ca(NO$_3$)$_2$ 介质中 pH 对 Sb(V)在膨润土表面吸附的影响。与 Sb(V)在高岭土表面的吸附趋势一样，pH 对 Sb(V)在膨润土表面吸附的影响显著，随着 pH 升高，Sb(V)在膨润土表面的吸附明显减弱。当反应介质的 pH 从 3.2 升高到 9.2 时：Sb(V)的初始质量浓度为 1.0 mg/L 时，Sb(V)的去除率从 59%降至 30%；Sb(V)的初始质量浓度为 1.5 mg/L 时，Sb(V)去除率从 53%降至 27%；Sb(V)的初始质量浓度为 2.0 mg/L 时，Sb(V)的去除率从 48%降至 12%。

图 6.16（c）所示为 pH 3~10，Sb(V)的初始质量浓度分别为 1.0 mg/L、1.5 mg/L 和 2.0 mg/L，固液比为 0.5 g/20 mL，0.02 mol/L Ca(NO$_3$)$_2$ 介质中 pH 对 Sb(V)在针铁矿表面吸附的影响。与 Sb(V)在高岭土和膨润土表面的 pH-吸附曲线一样，pH 对 Sb(V)在针铁矿表面吸附的影响显著，随着 pH 升高，Sb(V)在针铁矿表面的吸附明显减弱。当反应介质的 pH 为 3.6 时，Sb(V)的初始质量浓度分别为 1.0 mg/L、1.5 mg/L 和 2.0 mg/L 时，Sb(V)在针铁矿表面的去除率接近 100%，当反应介质的 pH 升高到 9.0 时，三个不同的起始反应浓度的条件下 Sb(V)的去除率分别降为 62%、53%和 46%。

综上所述，pH 对 Sb(V)在高岭土、膨润土和针铁矿表面吸附的影响趋势是一致的，随着反应介质 pH 升高，Sb(V)在三种矿物表面的吸附量明显下降，最大的吸附量均是在反应介质处于研究范围内的最低 pH 达到的，而反应介质 pH 的升高则不利于 Sb(V)在三种矿物表面的吸附。一些学者研究了 Sb(V)在土壤及其他矿物表面的吸附，也得到了类似的 pH-吸附曲线。在 0.25 mol/L LiCl 介质中，温度为 323 K，在 pH 2～5 时 Sb(V)在 α-Fe$_2$O$_3$ 表面的吸附率接近 100%，当 pH 大于 5 时，随 pH 的升高，Sb(V)在 α-Fe$_2$O$_3$ 表面的吸附量急剧地减少（Ambe，1987）。McComb 等（2007）的研究结果表明，在 pH$\leqslant$3 的条件下铁氧化物对 Sb(V)的吸附量最大，而随着 pH 的升高，吸附减弱。McComb 等（2007）和 Ambe（1987）认为当 pH<3 时，液相中的酸碱平衡有利于 Sb(V)的中性形态即[HSb(OH)$_6$]生成，因而 pH 在 3 左右，Sb(V)在矿物表面的吸附达到最大，而这一观点并未进行实验上的验证。而环境中 pH 通常高于 3，因而这一假设在天然环境中没有实际意义。当 pH 为 3.5 时，Sb(V)的初始质量浓度分别为 0.028 25 mg/L、0.113 mg/L、0.565 mg/L 和 2.825 mg/L，Sb(V)在 Fe(OH)$_3$ 表面的吸附率均达到 100%（Tighe et al.，2005），随 pH 的升高，Sb(V)在 Fe(OH)$_3$ 表面吸附虽有所减弱，但当 Sb(V)的初始质量浓度很低时，pH 对 Sb(V)在 Fe(OH)$_3$ 表面吸附的影响并不显著，当 Sb(V)的初始质量浓度为 2.8 mg/L 时，pH 对 Sb(V)在 Fe(OH)$_3$ 表面吸附的影响变得显著，当 pH 从 3 升高至 5.5 时，Sb(V)在 Fe(OH)$_3$ 表面的吸附率从 100%降至 95%。Sb(V)在两种土壤表面的吸附量也是随着 pH 的升高而下降的。King 等（1988）最早报道了土壤对 Sb 的吸附，研究中所用的几种土壤对 Sb 的吸附率可以达到 50%～100%，而且土壤所吸附的 Sb 大部分是非交换态的。Tighe 等（2005）研究了两种铁含量和有机质含量较高的土壤对 Sb(V)的吸附，这两种土壤对 Sb(V)的吸附能力较高，在低 pH 时，对 Sb(V)的吸附率接近 100%，随 pH 升高，两种土壤对 Sb(V)的吸附率均下降。Tighe 等（2005）认为土壤中高含量的铁氧化物和有机质应该是土壤中吸附 Sb(V)的主要成分，而本小节的结果则显示黏土矿物对 Sb(V)的吸附也不容忽视。Tighe 等（2005）的研究结果表明当 Sb(V)的初始质量浓度较低时，pH 对 Sb(V)在土壤表面吸附的影响较大，即随 pH 的升高 Sb(V)在土壤表面吸附量大幅下降；而当 Sb(V)的初始质量浓度较高时，随 pH 的升高 Sb(V)在土壤表面吸附量小幅下降。这一现象与 Sb(V)在 Fe(OH)$_3$ 表面的吸附现象相反。对这一现象可能的解释是土壤表面存在一种以上的吸附位，而随着 Sb(V)初始质量浓度的变化，即土壤表面 Sb(V)的负荷量不同，土壤表面的吸附位类型及数量也在发生变化，不同的吸附位与 Sb(V)所形成的络合物对 pH 的敏感程度也存在区别，导致当 Sb(V)的初始质量浓度不同时，pH 对 Sb(V)在土壤表面吸附的影响程度不同。而已有研究结果表明，在不同砷的初始质量浓度下，砷在羟基氧化铁（ferrihydrite）和针铁矿的表面最多可以形成三种不同的络合物（Fendorf et al.，1997；Sun et al.，1996；Manceau，1995；Waychunas et al.，1995，1993）。本节实验结果则表明在三个不同的 Sb(V)初始质量浓度下，在研究的 pH 范围内，随 pH 的升高，Sb(V)在高岭土表面吸附量的减少量基本相等，在膨润土表面的吸附量的减少量也基本相等。当 Sb(V)初始质量浓度分别为 0.1 mg/L、0.5 mg/L 和 1.0 mg/L 时，pH 从 3.2 升高到 7.2，Sb(V)在高岭土表面的吸附量分别减少 65%、64%和 56%；当 Sb(V)的初始质量浓度分别为 1.0 mg/L、1.5 mg/L 和 2.0 mg/L 时，pH 从 3.2 升高到 9.2，Sb(V)在膨润土表面的吸附量分别减少 29%、27%和 36%。当 Sb(V)的初始质量浓度分别为 1.0 mg/L、1.5 mg/L 和 2.0 mg/L 时，pH 从 3.6 升高到 9.0，Sb(V)在针铁矿表面的吸附量分别减少 37%、44%和 51%，随 Sb(V)初始质量浓度的升高，pH 的升高使 Sb(V)在针铁矿表面吸附量的减少量也增加。由此可以推断 Sb(V)在三种矿物表面所形成的络合物也

不同。

　　现有的关于 Sb(V)在矿物表面的吸附研究表明，pH 对 Sb(V)在矿物表面的吸附影响的趋势是一致的，随 pH 的升高，Sb(V)在矿物表面的吸附减弱。多数学者认为 pH 对 Sb(V)吸附的负影响是由于在相当广泛的 pH 范围（2～11）内，Sb(V)在水溶液中主要以带负电荷的形态存在，而随 pH 的升高，矿物表面的负电性会增强，所以对带负电荷的 $Sb(OH)_6^-$ 的吸附会明显减弱。McComb 等（2007）认为低 pH 有利于 Sb(V)在铁氧化物表面的吸附，而高 pH 则更有利于 Sb(V)的解吸，如图 6.17 所示。此外，pH<7 时，液相中的 Sb(V)可能形成低聚物 $Sb_{12}(OH)_{64}^-$，因而在酸性条件下，吸附在矿物表面的 Sb(V)可能会通过形成低聚物使吸附更为稳定。在碱性条件下，矿物表面吸附的 Sb(V)阴离子低聚物容易水解为单体而从矿物表面解吸。SeO_4^{2-} 在针铁矿表面的吸附量也随 pH 的升高而快速降低（Zhang et al.，1990）。

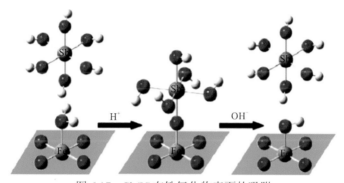

图 6.17　Sb(V)在铁氧化物表面的吸附

在酸性条件下吸附，在碱性条件下解吸；红球代表氧原子，白球代表氢原子

引自 McComb 等（2007）

6.8　胡敏酸对 Sb(III)和 Sb(V)在三种矿物表面吸附性能的影响

　　腐殖质（humic substances，HS）是天然复杂、异相有机大分子的混合物，广泛分布于土壤、沉积物和天然水体中。它们是自然界生物残体经过长期复杂的化学和生物作用而生成的，一般表现为无定形、棕色或黑色、亲水、酸性、分子量高度分散的物质，其分子量从几百到几十万，甚至几百万。基于在酸碱溶液中的溶解度，腐殖质通常被分为三类：①富里酸（fulvic acid，FA）或称黄腐酸，是既可溶于酸也可溶于碱的部分；②胡敏酸（humic acid，HA）或称棕腐酸，是不溶于酸但可溶于碱性介质的部分；③胡敏素（humin，HU）或称腐黑酸，是既不溶于酸也不溶于碱的部分。目前人们研究较多的是 FA 和 HA，并常常把它们统称为腐殖酸。它主要含 C、H、O、N、S 五种元素。

　　腐殖酸中含有大量的有机官能团，因而其化学活性较高。腐殖酸中的主要官能团包括含氧官能团、含氨基官能团及巯基（—SH），官能团组成主要有羧基、醇羟基、酚羟基、醌型羰基和酮型羰基。腐殖酸中大量含氧官能团的存在，是它们具有水溶性、酸性、金属络合能力、表面活性和在矿物表面吸附性质的主要原因；而它们对重金属的强亲和力，使它们在决定天然水体中重金属污染物的分布、毒性和生物有效性方面有着十分重要的意义。图 6.18 列出了腐殖酸中主要的含氧官能团。

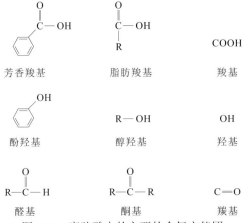

图 6.18 腐殖酸中的主要的含氧官能团

羧基是腐殖酸含氧官能团中化学活性最高的官能团，它参与离子交换、配体交换或特性吸附等反应，在 pH 3～6 内发生解离，释放出 H^+。酚羟基的活性仅次于羧基，它在 pH 8 左右发生解离。醇羟基的活性要弱于羧基和酚羟基，其酸性也弱于羧基和酚羟基。腐殖酸的酸性主要是由羧基和酚羟基造成的。

矿物对重金属离子的吸附不同程度地受到天然环境中存在的腐殖酸的影响。腐殖酸对重金属离子的吸附机理主要是通过络合作用形成稳定性不同、溶解度不等的络合物或螯合物。Tella 等（2009，2008）利用 XAFS 研究了 Sb(III) 和 Sb(V) 与水溶液中含氧有机配体的结合模式。图 6.19 为 Sb 与常见有机酸的络合模式。关于胡敏酸对 Sb 的吸附及氧化在诸多研究文献中也有报道（Steely et al.，2007；Tighe et al.，2005；Buschmann et al.，2004；Pilarski et al.，1995）。

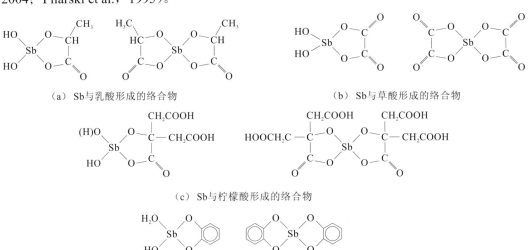

（a）Sb 与乳酸形成的络合物 　　　　（b）Sb 与草酸形成的络合物

（c）Sb 与柠檬酸形成的络合物

（d）Sb 与邻苯二酚形成的络合物

图 6.19 Sb 与乳酸、草酸、柠檬酸、邻苯二酚形成的络合物的稳定构型

引自 Tella 等（2009）

Deng 等（2001）和 Chen 等（2003）的研究结果表明湖水及孔隙水中总 Sb 含量中有 85%以上是与天然有机质结合的。Sb(III)与胡敏酸的结合机理可能包括配体交换；形成带一个负电荷的络合物；氢键、螯合作用也可能使 Sb(III)固定在胡敏酸的表面（Buschmann et al.，2004）。关于胡敏酸对 Sb 在矿物表面吸附的影响还没有报道。

6.8.1　对 Sb(III)吸附的影响

图 6.20 所示为 pH 3～10 时，胡敏酸对 Sb(III)在高岭土、针铁矿和膨润土表面吸附的影响。高岭土-Sb(III)二元反应体系与高岭土-胡敏酸-Sb(III)三元反应体系中，Sb(III)的 pH-吸附曲线的趋势是相似的，Sb(III)在两个吸附体系中的吸附率也很相近，高岭土单独对 Sb(III)的吸附率与胡敏酸存在下高岭土对 Sb(III)的吸附率的差值在大部分的 pH 范围内不超过 3%，当 pH 为 9 时，吸附率的差值可达到 14%。总体而言，胡敏酸对 Sb(III)在高岭土表面的吸附反应没有明显的影响。胡敏酸对 Sb(III)在针铁矿表面吸附的影响也较小。当 pH 为 3～10 时，针铁矿-Sb(III)二元反应体系与针铁矿-胡敏酸-Sb(III)三元反应体系中，Sb(III)的吸附均随 pH 的升高而明显地减弱。当 pH 为 3～10 时，两个体系中 Sb(III)的吸附率分别为 99%～72%和 98%～76%，两个不同的反应体系中，Sb(III)的吸附率的差值很小。胡敏酸的存在没有影响 Sb(III)在针铁矿表面的吸附反应。胡敏酸对

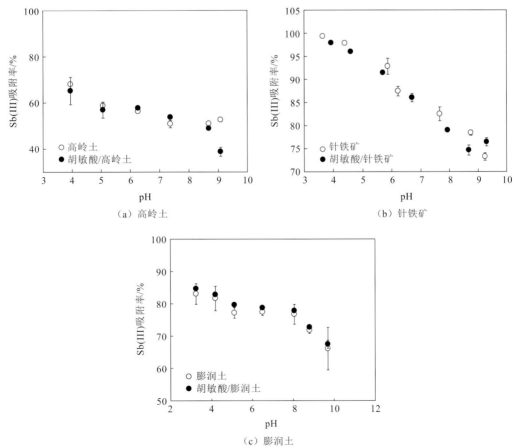

（a）高岭土　　　　　　　　　　　　（b）针铁矿

（c）膨润土

图 6.20　胡敏酸对 Sb(III)在三种矿物表面吸附的影响

Sb(III)在膨润土表面的吸附也没有太大的影响。当 pH 为 3～10 时，膨润土-Sb(III)二元反应体系与膨润土-胡敏酸-Sb(III)三元反应体系中，Sb(III)的 pH-吸附曲线的趋势是一致的，且吸附率相近。未加胡敏酸的体系中，pH 为 3～10 时，Sb(III)的吸附率为 82%～65%，胡敏酸存在时，Sb(III)的吸附率为 84%～67%，胡敏酸对 Sb(III)在膨润土表面吸附的影响不显著。总体来说，在本小节实验条件下，胡敏酸对 Sb(III)在高岭土、针铁矿和膨润土表面的吸附影响不大。

6.8.2 对 Sb(V)吸附的影响

图 6.21 所示为 pH 为 3～10 时胡敏酸对 Sb(V)在三种矿物表面吸附的影响。当 pH 为 3～5 时，胡敏酸的存在使 Sb(V)在高岭土表面的吸附率降低，当 pH 为 5～8 时，胡敏酸的存在则使 Sb(V)在高岭土表面的吸附率升高。当 pH 为 3～10 时，胡敏酸存在的反应体系中 Sb(V)的吸附率稍小于针铁矿-Sb(V)的二元吸附体系，但差别很微小。当 pH 为 3～5 时，胡敏酸-膨润土-Sb(V)三元体系中 Sb(V)的吸附率小于膨润土-Sb(V)二元体系，且随着 pH 的增加，胡敏酸对 Sb(V)的吸附的影响变小。当 pH 为 5～10 时，Sb(V)在膨润土表面的吸附对胡敏酸的存在不敏感。当 pH 为 3～8 时，胡敏酸的存在使 As(III)在针铁

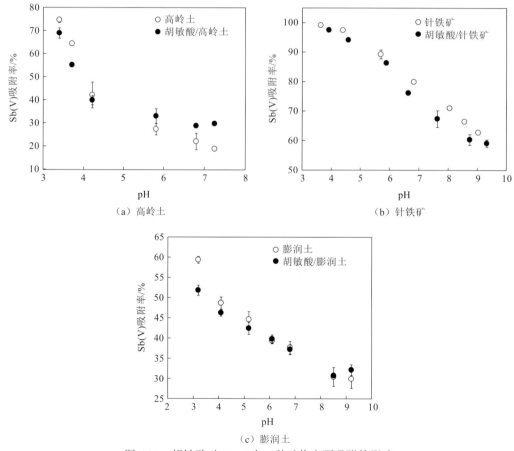

（a）高岭土 （b）针铁矿

（c）膨润土

图 6.21　胡敏酸对 Sb(V)在三种矿物表面吸附的影响

矿表面吸附率下降了10%左右，同时As(III)的存在也抑制了胡敏酸在针铁矿表面的吸附（Grafe et al.，2001），即As(III)和胡敏酸会竞争针铁矿表面的吸附位。胡敏酸表面所含官能团的种类、密度及酸性和悬浮液的pH都可能影响As(III)和As(V)在针铁矿表面的吸附。

关于胡敏酸对金属离子在矿物表面吸附影响方面的研究，文献中有较多的报道，但不同的吸附剂及吸附质的反应体系所得到的实验结果相差很大。当pH较低时，胡敏酸的存在使金属离子的吸附增强，当pH较高时，胡敏酸的存在则抑制金属离子的吸附（Montavon et al.，2002；Takahashi et al.，1999）。然而也有研究结果是相反的，Reiller等（2005）发现pH 2～11的范围内，胡敏酸的存在使Th(IV)在赤铁矿表面的吸附降低。Saada等（2003）认为胡敏酸中的氨基可能对As(V)有较高的亲和力，因而N含量高的胡敏酸对As(V)在高岭土表面吸附的影响更大一些。天然有机质（NOM）对重金属在环境中迁移转化的影响较为复杂。吸附在无机矿物上的有机质能改变无机矿物的表面性质。一方面，体系中溶解性NOM与重金属竞争无机矿物上的吸附位，导致无机矿物本身对重金属的吸附作用减弱，使重金属的流动性、致毒性增加。另一方面，由于吸附在无机矿物上的NOM与重金属之间存在较强的亲和力，对抑制金属在环境中的迁移转化有一定的贡献。重金属在胡敏酸-矿物上复合反应机理涉及螯合内外源配合物的形成、物理吸附和沉淀等过程。重金属离子在天然有机质-无机矿物体系中的吸附不仅与重金属和矿物的种类有关，环境条件也会影响吸附过程。

应该指出，在环境中黏土矿物、氧化物和腐殖质三者都不可能孤立存在，它们相互间关系甚为密切。铁、铝等水合氧化物可以凝胶形式包覆在大多数黏土矿物表面，它们也能对环境中的腐殖质起吸附作用；黏土矿物还能通过氧化物或金属离子的桥接，与腐殖质起反应形成有机无机复合胶体（或络合物）等。所有这些都会改变它们对重金属离子的吸附能力。同时，天然环境还经常处于氧化和还原不断交替的条件下，这对某些重金属离子的吸附（特别是价态易改变的元素如Fe、Mn、Cr、As、Sb等）也会带来影响。因此，重金属离子在环境中的吸附机理，远比纯矿物的作用机理更为复杂（熊毅等，1990；胡玫玲，1985）。

6.9　竞争性离子对Sb(III)和Sb(V)在三种矿物表面吸附性能的影响

Sb(III)和Sb(V)在环境中的迁移转化、生物有效性及毒性在很大程度上受竞争性离子存在的影响。环境中存在的PO_4^{3-}、SO_4^{2-}、NO_3^-、CO_3^{2-}、Cl^-等会与Sb(III)和Sb(V)竞争矿物表面的吸附位。关于环境中离子间的竞争性吸附的研究有很多。但研究较多的是PO_4^{3-}和SO_4^{2-}对吸附的影响。Xu等（2002）研究发现AsO_3^{3-}、Cl^-、NO_3^-、SO_4^{2-}、CrO_4^-和CH_3COO^-的存在几乎不影响As(V)在沸石表面的吸附。Violante等（2002）研究了PO_4^{3-}和As(V)在几种黏土矿物和土壤表面的竞争性吸附，发现PO_4^{3-}对As(V)在矿物表面的吸附有明显的抑制作用。Smith等（2002）研究发现PO_4^{3-}与As(V)在土壤表面的竞争吸附与土壤中铁氧化物的含量有关，当土壤中的铁氧化物含量较低时，PO_4^{3-} 的存在大大地减弱了 As(V) 的吸附；反之则对 As(V) 在土壤表面的吸附没有明显的影响。PO_4^{3-} 对 Se 的吸附也有影响（Dhillon et al.，2000；Monteil-Rivera et al.，2000）。此外，SO_4^{2-} 对吸附的影响也是众多研究者较为关注的一个方向。Qafoku 等（1999）研究表明 SO_4^{2-} 可以将吸附在土壤表面的 As(V) 解吸下来。SO_4^{2-} 还可以与 Se(IV) 和 Se(VI) 竞争氧化物和羟基氧化物表面的吸附位（You et al.，2001；Saeki et al.，1995）。由此可见环境中相伴离子的存在是影响重金属在矿物表面吸附的一个重要的因素。

6.9.1 高岭土

图 6.22 所示为 NO_3^-、PO_4^{3-}、SO_4^{2-} 对 Sb(III) 和 Sb(V) 在高岭土表面吸附的影响。当介质中的 NO_3^-、SO_4^{2-} 和 PO_4^{3-} 的摩尔浓度为 0.005～0.1 mol/L 时，Sb(III) 在高岭土表面的吸附率依次为 58%～61%、64%～70% 和 56%～64%；液相中 NO_3^-、PO_4^{3-}、SO_4^{2-} 存在时，Sb(III) 在高岭土表面的吸附率接近；液相中为 SO_4^{2-} -Sb(III) 二元体系时，Sb(III) 在高岭土表面的吸附率略高于 PO_4^{3-} -Sb(III) 和 SO_4^{2-} -Sb(III) 二元体系中 Sb(III) 吸附率，然而这种微小的差别也有可能是实验误差所导致的。当介质中的 NO_3^-、SO_4^{2-} 和 PO_4^{3-} 的摩尔浓度为 0.005～0.1 mol/L 时，Sb(V) 在高岭土表面的吸附率依次为 22%～35%、14%～30% 和 6%～17%，PO_4^{3-} 存在时，Sb(V) 在高岭土表面的吸附率明显低于 NO_3^- 和 SO_4^{2-} 存在的体系。PO_4^{3-} 与 Sb(V) 在高岭土表面的竞争性吸附表现得比 NO_3^- 和 SO_4^{2-} 更为明显。

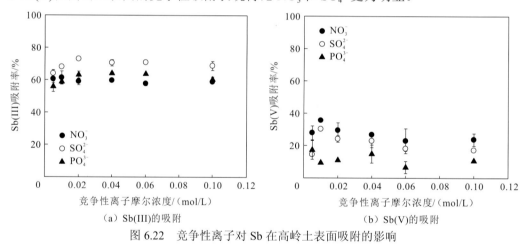

（a）Sb(III)的吸附　　　　　　　　　（b）Sb(V)的吸附

图 6.22　竞争性离子对 Sb 在高岭土表面吸附的影响

6.9.2 膨润土

图 6.23 所示为 NO_3^-、PO_4^{3-} 和 SO_4^{2-} 对 Sb(III) 和 Sb(V) 在膨润土表面吸附的影响。当介质中的 NO_3^-、SO_4^{2-} 和 PO_4^{3-} 的浓度分别为 0.005～0.1 mol/L 时，Sb(III) 在膨润土表面的吸附率均达到 100% 左右，这三种离子没有与 Sb(III) 在膨润土表面进行竞争性吸附，即这三种离子对 Sb(III) 在膨润土表面的吸附没有影响。PO_4^{3-} 与 Sb(V) 在膨润土表面的竞争性吸附表现得最为明显，且与 PO_4^{3-} 的浓度有关，当介质中 PO_4^{3-} 的摩尔浓度为 0.005～

0.02 mol/L 时，随着 PO_4^{3-} 浓度的升高，Sb(V)在膨润土表面的吸附率从 45%降至 29%；当介质中 PO_4^{3-} 的摩尔浓度大于 0.02 mol/L 时，Sb(V)在膨润土表面吸附的量趋于稳定，随着 PO_4^{3-} 浓度的升高，吸附率变化较小。SO_4^{2-}-Sb(V)体系中 Sb(V)的吸附率要小于有 NO_3^- 存在的介质，由此可见，SO_4^{2-} 对 Sb(V)在膨润土表面吸附的影响要大于 NO_3^-。

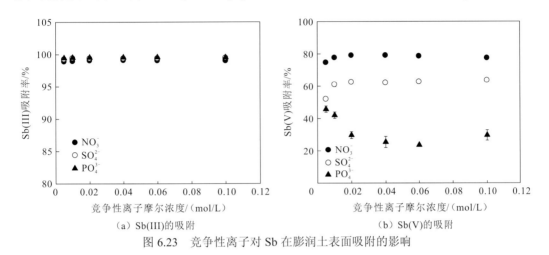

（a）Sb(III)的吸附　　　　　　　　　（b）Sb(V)的吸附

图 6.23　竞争性离子对 Sb 在膨润土表面吸附的影响

关于 PO_4^{3-} 对重金属离子在土壤和纯矿物表面吸附的抑制作用，文献中已有很多报道（Manning et al.，1996；Melamed et al.，1995；Goldberg，1986；Roy et al.，1986；Livesey et al.，1981）。Manning 等（1996）的研究表明当溶液中 PO_4^{3-} 与 As(V)的浓度相等时，溶液中 PO_4^{3-} 的存在只能轻微地抑制 As(V)在高岭土和伊利土表面的吸附。当液相中 PO_4^{3-} 的浓度升高 10 倍时，As(V)在高岭土表面的吸附量减少 67%，在伊利土表面的吸附量减少 82%。土壤中 PO_4^{3-} 的存在会明显地抑制 As(III)、As(V)、Se(IV)、Se(VI)在土壤表面的吸附（Nakamaru et al.，2008；Goh et al.，2004）。关于 SO_4^{2-} 对离子在矿物表面吸附的影响也有报道。Goh 等（2004）的研究结果表明，当液相中不含有 SO_4^{2-} 时，Se(VI)在土壤表面的吸附率为 44%；随着 SO_4^{2-} 摩尔浓度从 0 mol/L 增至 0.01 mol/L，Se(VI)在土壤表面的吸附量迅速减小；当 SO_4^{2-} 浓度继续增大，则 Se(VI)在土壤表面的吸附量趋于稳定，不再随 SO_4^{2-} 浓度的升高而减小。SO_4^{2-} 的存在使 As(III)在土壤表面的吸附量也有所下降，但下降的幅度远小于 Se(VI)。As(V)和 Se(IV)在土壤表面的吸附则较少地受 SO_4^{2-} 竞争性吸附的影响。关于共存离子对 Sb 在矿物表面吸附影响的报道还很少。Sb(V)在 4 种表层土表面的吸附明显地受到 PO_4^{3-} 的抑制，而 Cl^-、NO_3^- 和 SO_4^{2-} 对 Sb(V)在土壤表面的吸附的影响则很微弱（Livesey et al.，1981）。研究表明 PO_4^{3-} 的摩尔浓度仅为 0.1 mmol/L 时，对 Sb(V)在土壤表面的吸附没有影响，PO_4^{3-} 的摩尔浓度升高到 1 mmol/L 时，则会明显抑制 Sb(V)在土壤表面的吸附，NO_3^- 和 SO_4^{2-} 的存在则对 Sb(V)在土壤表面的吸附没有明显的影响（Nakamaru et al.，2008，2006）。三种离子存在下，Sb(III)和 Sb(V)在三种矿物表面表现出来的不同的吸附特性可能与矿物表面所含的表面羟基的性质及参与吸附的表面羟基类型有关。高岭土和膨润土属于层状铝硅酸盐矿物，其颗粒边缘上裸露的 AlOH、SiOH 和 FeOH 是发生金属离子专性吸附的主要位点。针铁矿表面具有三种不同类型的表面羟基，不同的离子结合的羟基类型也不同。

6.9.3　针铁矿

图 6.24 所示为 NO_3^-、PO_4^{3-} 和 SO_4^{2-} 对 Sb(III)和 Sb(V)在针铁矿表面吸附的影响。当反应介质中 NO_3^- 的摩尔浓度从 0.005 mol/L 升高到 0.1 mol/L 时，Sb(III)在针铁矿表面的吸附率达到 90%左右，SO_4^{2-} 存在时，Sb(III)在针铁矿表面的吸附率略有下降；而 PO_4^{3-} 存在时，Sb(III)在针铁矿表面的吸附率仅为 40%左右，因而 PO_4^{3-} 的存在极大地抑制了 Sb(III)在针铁矿表面的吸附。当介质中 NO_3^- 的摩尔浓度为 0.005~0.1 mol/L 时，Sb(V)在针铁矿表面的吸附率为 90%左右；当介质中的 SO_4^{2-} 的摩尔浓度为 0.005~0.1 mol/L 时，Sb(V)在针铁矿表面的吸附率有所下降；而当介质中有 PO_4^{3-} 存在时，Sb(V)在针铁矿表面的吸附率几乎为零。Xu 等（2006）研究表明 MoO_4^{2-}、WO_4^{2-}、PO_4^{3-}、SO_4^{2-}、SiO_4^{4-} 在针铁矿表面的亲和力遵循以下顺序：$PO_4^{3-}/WO_4^{2-}>MoO_4^{2-}>SiO_4^{4-}>SO_4^{2-}$。环境中 PO_4^{3-} 的存在使 Sb(III)和 Sb(V)的移动性及生物有效性提高。PO_4^{3-} 对 Sb(V)在针铁矿表面吸附的影响要大于对 Sb(III)吸附的影响。关于 PO_4^{3-} 在针铁矿表面的专性吸附已经被实验证实。SO_4^{2-} 与针铁矿之间的结合以外源络合为主（Zhang et al.，1990）。有 PO_4^{3-} 存在的体系中，PO_4^{3-} 会与 Sb(III)和 Sb(V)竞争针铁矿表面的活性羟基吸附位点，导致 Sb(III)和 Sb(V)在针铁矿表面吸附量明显地下降。针铁矿对 SO_4^{2-} 和 NO_3^- 的亲和力显然较弱，二者存在的体系中 Sb(III)和 Sb(V)在针铁矿表面的吸附率仍然达到了 70%以上。针铁矿表面存在多种类型的吸附位点，PO_4^{3-} 与 Sb(III)和 Sb(V)在相同的吸附位点吸附，而 SO_4^{2-} 和 NO_3^- 则主要吸附在其他类型的吸附位点。红外光谱的研究结果表明针铁矿表面由三种不同的羟基组成，分别被称为 A、B、C 型羟基，与一个铁原子键合的被称为 A 型羟基，与三个铁原子键合的被称为 C 型羟基，与两个铁原子键合的被称为 B 型羟基（Randall et al.，1999）。不同的离子结合的表面羟基类型也是不同的，甚至反应条件的变化也会影响离子结合的表面羟基的类型。

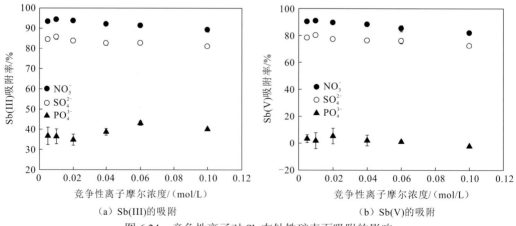

　（a）Sb(III)的吸附　　　　　　　　　　（b）Sb(V)的吸附

图 6.24　竞争性离子对 Sb 在针铁矿表面吸附的影响

6.10 Sb(III)和 Sb(V)在三种矿物表面吸附的热力学参数

热力学参数能在一定程度上反映吸附过程中的能量变化，从而了解吸附剂对吸附质的亲和力大小或结合能高低。研究吸附反应中的能量变化常用自由能、焓变和熵变等热力学参数表征，其中以研究自由能变化较为广泛。

体系的焓变（ΔH）包含离子的水化、稀释、混合等作用的热量的变化。ΔH 为正值时，表明反应为吸热反应；ΔH 为负值时，则表明反应是放热反应。熵（S）反映了体系内部运动的混乱程度，是具有统计意义的热力学函数。吸附反应的焓变（$\Delta H^{\ominus}$）和熵变（$\Delta S^{\ominus}$）可以根据范托夫（van't Hoff）方程求得

$$\ln K_d = \frac{\Delta S^{\ominus}}{R} - \frac{\Delta H^{\ominus}}{RT} \tag{6.8}$$

式中：K_d 为固液分配系数，$K_d = Q_{ads}/C_e$；R 为理想气体常数，取 8.314 5 J/（mol·K）；T 为温度。将 $\ln K_d$ 对 $1/T$ 作图，然后进行线性拟合，所得的直线斜率和截距即为体系反应的焓变（$\Delta H^{\ominus}$）和熵变（$\Delta S^{\ominus}$）。吉布斯自由能（ΔG）与 ΔS 和 ΔH 的关系为

$$\Delta G = \Delta H - T\Delta S \tag{6.9}$$

已知 ΔH 和 ΔS，即可根据式（6.9）计算出 ΔG。根据化学热力学原理，在恒温恒压的平衡状态下，通过吉布斯自由能变量可以判断该过程的进行方向及限度，即：$\Delta G < 0$，表明这是一个自发过程；$\Delta G = 0$，表明体系处于平衡状态；$\Delta G > 0$，表明不是自发过程。

因此根据吸附反应过程中的 ΔG 可以判断该反应是否自发进行，或吸附剂对吸附质的偏好程度。ΔG 也与反应的速率有关，反应速率随着 ΔG 的降低而增大（Schechel et al.，2001）。此外，吸附反应中 ΔG 的值不仅与矿物的类型、产地及矿物的组成相关，也受离子本性的制约，而实验条件也在一定程度上影响 ΔG 的值。

曾经有许多年，人们纯粹根据经验认为：如果某一反应的焓的变化为负，也就是说如果在恒定压力下是放热的话，则该反应能自发地进行。这项规则曾为许多反应所证实。但是也有无数的例外。根据式（6.9），如果 $T\Delta S$ 比 ΔH 小得多，则 ΔH 与 ΔG 几乎相等。通常 $T\Delta S$ 的数量级为几千焦。如果 ΔH 足够大，多半在 10 kJ 以上，则 ΔH 的符号与 ΔG 的相同。对 ΔH 比较大的值而言，反应热可以作为自发性的可靠判据，因为如果 ΔH 为负，ΔG 多半也是负的。然而，ΔH 不是基本判据，特别是在数值不大时，根据其符号所做的判断往往是错误的。

6.10.1 高岭土

图 6.25 和图 6.26 分别是不同温度下 Sb(III)和 Sb(V)在高岭土表面吸附的 $\ln K_d$ 对 $1/T$ 作图。根据线性拟合得到的直线斜率和截距即为 Sb(III)和 Sb(V)在高岭土表面吸附反应的焓变和熵变，吉布斯自由能可由式（6.9）计算得出，表 6.8 和表 6.9 列出了相应的计算结果。

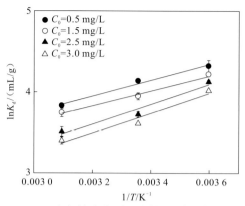

图 6.25　Sb(III)在高岭土表面吸附的 K_d 随温度的变化曲线

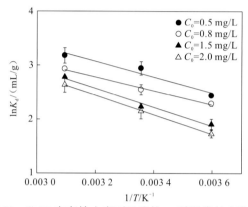

图 6.26　Sb(V)在高岭土表面吸附的 K_d 随温度的变化曲线

表 6.8　Sb(III)在高岭土表面吸附的热力学参数

$C_0/$（mg/L）	$\Delta H/$（kJ/mol）	$\Delta S/$（J/mol·K）	$\Delta G/$（kJ/mol）		
			278 K	298 K	323 K
0.5	−8.127	6.832	−10.026	−10.163	−10.334
1.5	−7.595	7.540	−9.692	−9.842	−10.031
2.5	−10.168	−2.567	−9.455	−9.403	−9.339
3.0	−10.225	−3.681	−9.202	−9.128	−9.036

表 6.9　Sb(V)在高岭土表面吸附的热力学参数

$C_0/$（mg/L）	$\Delta H/$（kJ/mol）	$\Delta S/$（J/mol·K）	$\Delta G/$（kJ/mol）		
			278 K	298 K	323 K
0.5	12.188	64.550	−5.757	−7.048	−8.662
0.8	10.675	57.285	−5.251	−6.396	−7.829
1.5	14.540	67.906	−4.338	−5.696	−7.393
2.0	15.030	68.424	−3.992	−5.361	−7.071

在 4 个不同的 Sb(III)初始质量浓度、3 个反应温度下，ΔG 均小于 0，说明高岭土对 Sb(III)的吸附反应是自发进行的。Sb(III)在高岭土表面吸附的焓变在 4 个初始质量浓度时

分别为-8.127 kJ/mol、-7.595 kJ/mol、-10.168 kJ/mol 和-10.225 kJ/mol，均为负值，表明体系的吸附反应为放热反应。该数据很好地证明了温度的降低有利于 Sb(III)在高岭土表面的吸附反应。正如实验所证实，278 K、298 K 和 323 K 时 Sb(III)在高岭土表面的吸附等温线表明：随着温度升高，吸附等温线呈明显的下降趋势，温度降低有利于 Sb(III)在高岭土表面的吸附。吸附随温度的升高而降低的可能的解释是：假定金属离子在矿物表面的吸附是一个可逆的过程，吸附质的吸附与解吸同时发生，当金属离子在矿物表面的吸附反应达到吸附与解吸的平衡状态时，温度较高的反应条件下，平衡向解吸的方向移动，金属离子更易离开固相表面进入液相；温度的升高也使金属离子在液相中的溶解度升高，从而导致在固体表面的吸附减弱。

在三个温度下，Sb(V)在高岭土表面吸附的 ΔG 值均为负值，但其 ΔG 明显高于 Sb(III)在高岭土表面吸附的 ΔG。因此单从 ΔG 值的正负上可以判断出 Sb(III)和 Sb(V)在高岭土表面的吸附过程均为自发的，但 Sb(III)在高岭土表面吸附的 ΔG 值明显小于 Sb(V)在高岭土表面吸附的 ΔG 值，因而 Sb(III)在高岭土表面的吸附比 Sb(V)在高岭土表面的吸附更易发生；即 Sb(III)在高岭土表面的吸附反应的自发性要大于 Sb(V)在高岭土表面吸附反应的自发性。从吸附量来看，在相同的反应条件下，Sb(III)在高岭土表面的吸附量也确实明显高于 Sb(V)在高岭土表面的吸附（图 6.12）。与 Sb(III)在高岭土表面的吸附反应不同的是，Sb(V)在高岭土表面的吸附过程的 ΔH 均为正值，即该过程为一个吸热的过程。

随着温度升高，Sb(V)在高岭土表面的吸附增加，这可能是因为温度的升高会使吸附剂表面的活性吸附位点增加或有利于吸附结合态的去溶剂化；温度的升高也可能使吸附剂表面的临界层的厚度减小，使吸附质进入临界层的质量传递阻力变小，更容易与吸附剂接触。此外，水溶液中的金属离子极易结合水分子形成包围在金属离子周围的水化层，金属离子要想吸附在吸附剂的表面，先要去掉水化层，而这一过程需要能量。

文献中关于 Sb(III)和 Sb(V)在高岭土表面吸附的热力学参数尚没有报道，关于高岭土与其他离子吸附的热力学参数的报道很多。表 6.10 列出了部分离子在高岭土表面吸附的热力学参数。Pb(II)和 Cd(II)在高岭土表面的吸附反应为吸热反应，当温度分别为298 K、313 K 和 323 K 时，Pb(II)和 Cd(II)在高岭土表面的吸附反应的 ΔG 均大于 0，但数值很小，Unuabonah 等（2008）认为 Pb(II)和 Cd(II)在高岭土表面的吸附反应需要外部能量将反应物转变为产物，而 ΔG 的值大于 0 并不意味着这一吸附过程是非自发的，但吸附反应中存在一个反应物必须达到的能量，也就是化学反应中的能垒（energy barrier）。Ozcan 等（2004）则认为金属离子在矿物表面发生离子交换反应的 ΔG 为正值是很普遍的，因为吸附质要与吸附剂形成处于激发态的活化络合物。此外，用热力学模型的线性图来估算热力学参数也有可能带来一些小的误差，即有可能使计算的值在一定范围内发生漂移。有些吸附反应的 ΔG 是负值，但数值的绝对值很小，这种情况发生时，用热力学模型的线性图计算得到的 ΔG 则有可能是正值，数值也很小。Guerra 等（2008）的研究结果表明 Cu(II)和 Zn(II)在两种不同的高岭土表面吸附的 ΔG 均为负值，两种阳离子在两种高岭土表面吸附的 ΔG 约为-22 kJ/mol，ΔH 约为-5 kJ/mol，这与 Sb(III)和 Sb(V)在高岭土表面吸附的热力学函数值接近。

表 6.10　部分金属离子在高岭土表面吸附的热力学参数

金属离子	T/K	$\Delta H/$（kJ/mol）	$\Delta G/$（kJ/mol）	$\Delta S/$（J/K·mol）	参考文献
Pb(II)	303～313	−58.9	−65.6～−63.5	−209.7	Gupta 等（2008）
Pb(II)	298～323	5.31	11.63～12.21	−21.32	Unuabonah 等（2008）
Pb(II)	298～323	−47.21	−19.8～−16.9	−93.61	Sari 等（2007）
Ni(II)	303～313	−37.9	−43.2～−41.9	−118.2	Gupta 等（2008）
Ni(II)	303～313	−37.9	−43.3～−41.9	−118.2	Bhattacharyya 等（2008）
Cd(II)	303～313	25	−20.7～−20	66.3	Gupta 等（2008）
Cd(II)	298～323	14.09	14.38～14.64	−1.21	Unuabonah 等（2008）
Cu(II)	298	−5.7	−23～−22	57	Guerra 等（2008）
Cu(II)	303～313	30.7	−27.1～−26.2	86.8	Bhattacharyya 等（2008）
Zn(II)	298	−5.3	−22	58	Guerra 等（2008）

有研究表明 Pb(II)和 Ni(II)在高岭土表面的吸附过程是一个放热的过程，随温度升高，Pb(II)和 Ni(II)在高岭土表面的吸附减弱（Gupta et al.，2008），而 Unuabonah 等（2008）的实验结果表明 Pb(II)在高岭土表面的吸附量随温度升高而升高，是一个吸热的过程。Unuabonah 等（2008）研究表明 Cd(II)在高岭土表面的吸附量在 298～323 K 随温度的升高而增加。另一项研究则表明 303 K、308 K 和 313 K 三个反应温度下，Cd(II)在高岭土表面的吸附量在 $T=308$ K 时达到最大，而在 303 K 和 313 K 时的吸附量较小。二者的结论显然不同，这有可能是实验条件不同所致，也可能是由实验误差造成的。

Sb(III)在高岭土表面吸附的 ΔS 很小或为负值。ΔS 为负值，可能是与吸附在固体颗粒表面的 Sb(III)相比，液相中的 Sb(III)处于一种更加无序的状态，因而吸附反应导致了熵减小（Sari et al.，2007）。而 Sb(V)吸附的 ΔS 则远大于 Sb(III)。通常阳离子与矿物形成表面络合或以离子交换的方式结合在矿物表面时，溶质分子吸附在吸附剂上，自由度减小，是熵减小的过程，而阳离子的吸附同时又伴随着阳离子所结合的水合离子的释放，每个阳离子的吸附会对应着多个溶剂水分子的释放。如果水分子的释放所引起的熵增加速度大于溶质吸附所引起的熵减小速度，则阳离子在矿物表面吸附的 ΔS 通常较大，在溶液中水合离子数越多的阳离子，其 ΔS 就越大，也就是说水合离子的释放导致了最终体系的无序化。同时，ΔS 大于 0，说明吸附剂和吸附质的结构发生了改变（Manohar et al.，2002）。

6.10.2　膨润土

图 6.27 和图 6.28 是不同温度下 Sb(III)和 Sb(V)在膨润土表面吸附的 $\ln K_d$ 对 $1/T$ 的作图。根据线性拟合得到的直线的截距和斜率即为 Sb(III)和 Sb(V)在膨润土表面吸附反应的焓变和熵变，吉布斯自由能可由式（6.9）求得，表 6.11 和表 6.12 列出了相应的计算结果。

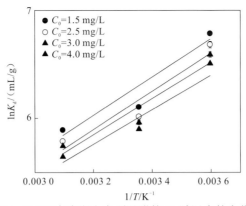

图 6.27　Sb(III)在膨润土表面吸附的 K_d 随温度的变化曲线

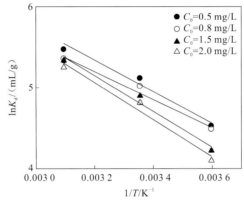

图 6.28　Sb(V)在膨润土表面吸附的 K_d 随温度的变化曲线

表 6.11　Sb(III)在膨润土表面吸附的热力学参数

C_0/（mg/L）	ΔH/（kJ/mol）	ΔS/（J/mol·K）	ΔG/（kJ/mol）		
			278 K	298 K	323 K
1.5	−14.784	2.798	−15.562	−15.618	−15.687
2.5	−14.735	1.863	−15.254	−15.291	−15.338
3.0	−13.936	1.863	−14.454	−14.491	−14.538
4.0	−13.314	5.281	−14.782	−14.888	−15.020

表 6.12　Sb(V)在膨润土表面吸附的热力学参数

C_0/（mg/L）	ΔH/（kJ/mol）	ΔS/（J/mol·K）	ΔG/（kJ/mol）		
			278 K	298 K	323 K
0.5	16.262	96.454	−10.552	−12.481	−14.893
0.8	14.420	89.363	−10.423	−12.210	−14.445
1.5	18.387	101.650	−9.872	−11.905	−14.446
2.0	19.058	103.084	−9.600	−11.661	−14.239

　　在 278 K、298 K 和 323 K 三个温度下，Sb(III)在膨润土表面吸附的 ΔG 最小为 −15.687 kJ/mol，最大为−14.454 kJ/mol，均小于 0，而且明显小于 Sb(III)在高岭土表面吸

附的吉布斯自由能。通常 $\Delta G<0$ 的过程为自发的过程，ΔG 的值越小，则自发反应越易进行，因此 Sb(III)在膨润土表面的吸附反应要比在高岭土表面的吸附反应更容易进行，吸附实验的结果也表明 Sb(III)在高岭土表面的吸附量明显低于在膨润土表面的吸附量。Sb(III)在膨润土表面吸附的 ΔH 均为负值，表明体系的吸附反应为放热反应，该数据很好地证明了温度的降低有利于 Sb(III)在膨润土表面的吸附。正如实验所证实，278 K、298 K 和 323 K 时 Sb(III)在膨润土表面的吸附等温线表明：随着温度升高，吸附等温线呈明显的下降趋势，温度降低有利于 Sb(III)在膨润土表面的吸附。Sb(III)在高岭土表面的吸附反应也是放热反应。

在 278 K、298 K 和 323 K 三个反应温度下，Sb(V)在膨润土表面吸附的 ΔG 最小为-14.893 kJ/mol，最大为-9.600 kJ/mol，由此可以判断 Sb(V)在膨润土表面的吸附反应为自发过程。Sb(V)在膨润土表面吸附的 ΔG 明显高于 Sb(III)在膨润土表面吸附的 ΔG，因此 Sb(III)在膨润土表面的吸附反应比 Sb(V)在膨润土表面的吸附反应更容易发生。在相同的反应条件下，Sb(III)在膨润土表面的吸附量也明显高于 Sb(V)在膨润土表面的吸附量。Sb(V)在膨润土表面吸附的 ΔG 明显低于 Sb(V)在高岭土表面吸附的 ΔG，因此 Sb(V)在膨润土表面的吸附反应比在高岭土表面的吸附反应更易进行。与 Sb(III)在膨润土表面的吸附反应不同的是，Sb(V)在膨润土表面的吸附过程的 ΔH 均为正值，即该过程为一个吸热的过程，随着温度的升高，Sb(V)在膨润土表面的吸附量增加。

文献中关于 Sb(III)和 Sb(V)在膨润土表面吸附的热力学参数还没有报道。Pb(II)和Ni(II)在膨润土表面的吸附反应均为吸热和自发的过程（Donat et al.，2005）。当反应温度为 293～333 K 时，Pb(II)在膨润土表面吸附的 ΔH、ΔS 和 ΔG 分别为 26.24 kJ/mol、133.15 J/（mol·K）和-44.08～-38.99 kJ/mol，Ni(II)在膨润土表面吸附的 ΔH、ΔS 和 ΔG 分别为 14.21 kJ/mol、81.46 J/（mol·K）和-27.11～-23.85 kJ/mol（表 6.13）。Donat 等（2005）认为 ΔS 大于 0，则吸附过程是不可逆的，吸附质与吸附剂表面的成键结合及所形成的结合态的空间位阻导致体系的熵变和焓变的增加。Pb(II)在膨润土表面的吸附为吸热反应，温度的升高会使吸附剂表面的活性吸附位点增加或吸附结合态的去溶剂化，温度的升高也使吸附剂表面的临界层的厚度减小，从而使吸附质进入临界层的质量传递阻力变小，更容易与吸附剂接触，Pb(II)吸附在膨润土表面过程中所吸收的热量大部分用于 Pb(II)从液相进入固相的传递（Eren et al.，2009）。金属离子去掉水化层也是一个吸热的过程（Naseem et al.，2001）。即使金属离子与吸附剂的吸附过程是放热的，但如果离子的去水化过程所吸收的热量超过了吸附作用所放的热量，则吸附过程也表现为吸热的过程，温度的升高也有利于金属离子的去水化层，因此温度升高使 Ni(II)在膨润土表面的吸附量增加（Tahir et al.，2003）。吸附在矿物表面的金属离子的水合离子数应该比其在溶液中的水合离子数少。离子与矿物表面的结合可有内源络合（内区络合）与外源络合（外区络合）的分别，在金属和电子给予的氧离子之间生成化学键时，形成内区络合物。如果异电离子与表面基团只接近到某临界距离，中间尚隔有一层以上的水分子，则形成外区络合物。液相中所结合水分子越多的金属离子形成内源络合所需的能量就越高。

表 6.13　部分金属离子在膨润土表面吸附的热力学参数

金属离子	T/K	$\Delta H/(kJ/mol)$	$\Delta G/(kJ/mol)$	$\Delta S/(J/K\cdot mol)$	参考文献
Pb(II)	303～338	39	−29.98～−19.57	200	Eren 等（2009）
Pb(II)	298～323	31～69	−93～−52	0.17～0.29	Naseem 等（2001）
Pb(II)	293～333	26.24	−44.08～−38.99	133.15	Donat 等（2005）
Ni(II)	293～323	14.21	−27.11～−23.85	81.46	Donat 等（2005）
Ni(II)	298～323	0.8～2.5	−10.7～−7.1	0.03	Tahir 等（2003）
Cr(III)	298～323	1.58～7.56	−2.62～−1.44	0.01～0.03	Tahir 等（2007）
Cr(III)	298～308	−51.94	−4.7～−3.1	−0.16	Khan 等（1995）
Cd(II)	303～323	−19.6	−16	−11.2	Bentouami 等（2006）
Cu(II)	303～323	10.36	−0.71～−0.34	42	Eren 等（2008）
Th(IV)	293～333	8.1～12.5	18.39～28.25	0.02～0.05	Zhao 等（2008）

6.10.3　针铁矿

　　图 6.29 和图 6.30 是不同温度下 Sb(III)和 Sb(V)在针铁矿表面吸附的 ln$K$ 对 1/T 的作图。根据线性拟合得到的直线的截距和斜率即为 Sb(III)和 Sb(V)在针铁矿表面吸附反应的焓变和熵变，吉布斯自由能可由式（6.9）计算得出，表 6.14 和表 6.15 列出了相应的计算结果。

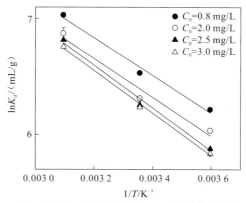

图 6.29　Sb(III)在针铁矿表面吸附的 K_d 随温度的变化曲线

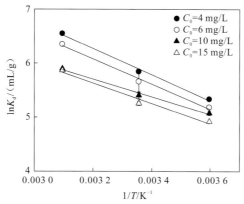

图 6.30　Sb(V)在针铁矿表面吸附的 K_d 随温度的变化曲线

表 6.14　Sb(III)在针铁矿表面吸附的热力学参数

$C_0/$（mg/L）	$\Delta H/$（kJ/mol）	$\Delta S/$（J/mol·K）	$\Delta G/$（kJ/mol）		
			278 K	298 K	323 K
0.8	13.535	100.152	-14.307	-16.310	-18.813
2.0	13.948	99.981	-13.847	-15.846	-18.346
2.5	15.348	103.982	-13.559	-15.638	-18.238
3.0	15.283	103.395	-13.460	-15.528	-18.113

表 6.15　Sb(V)在针铁矿表面吸附的热力学参数

$C_0/$（mg/L）	$\Delta H/$（kJ/mol）	$\Delta S/$（J/mol·K）	$\Delta G/$（kJ/mol）		
			278 K	298 K	323 K
4	20.151	116.636	-12.273	-14.606	-17.522
6	19.370	112.535	-11.915	-14.165	-16.979
10	13.633	91.073	-11.686	-13.507	-15.784
15	15.744	97.217	-11.283	-13.227	-15.658

在 278 K、298 K 和 323 K 三个温度下，Sb(III)在针铁矿表面吸附的 ΔG 的最小值为 -18.813 kJ/mol，最大值为-13.460 kJ/mol，均为负值，由此可以判断 Sb(III)在针铁矿表面的吸附反应为自发过程，且温度越高，ΔG 越小，自发反应越容易进行。该数据很好地证明了温度的升高有利于体系吸附反应的进行。Sb(III)在针铁矿表面吸附的热力学焓变的平均值为 14.529 kJ/mol，为正值，表明体系的吸附反应为吸热反应。Sb(III)在 278 K、298 K 和 323 K 时在针铁矿表面的吸附等温线表明：随着温度升高，吸附等温线呈明显的上升趋势。而 Sb(III)在高岭土和膨润土表面的吸附反应均为放热过程，温度升高不利于吸附。Sb(III)在针铁矿表面吸附的 ΔG 值明显小于在高岭土和膨润土表面吸附的 ΔG 值，表明 Sb(III)在针铁矿表面的吸附反应要比在高岭土和膨润土表面的吸附反应更容易进行。

在 278 K、298 K 和 323 K 三个温度下，Sb(V)在针铁矿表面吸附的 ΔG 最小值为 -17.522 kJ/mol，最大值为-11.283 kJ/mol，均为负值，因此 Sb(V)在针铁矿表面的吸附反应均为自发过程，且 Sb(V)在针铁矿表面吸附的 ΔG 明显高于 Sb(III)在针铁矿表面吸附反应的 ΔG，因此 Sb(III)在针铁矿表面的吸附反应比 Sb(V)在针铁矿表面的吸附反应更容易发生。在相同的实验条件下，Sb(III)在针铁矿表面的吸附量也明显大于 Sb(V)在针铁矿表面的吸附量。Sb(V)在针铁矿表面吸附的 ΔG 明显低于 Sb(V)在高岭土和膨润土表面吸附的 ΔG，表明 Sb(V)在针铁矿表面的吸附反应比在高岭土和膨润土表面的吸附反应更易进行。Sb(V)在针铁矿表面吸附的焓变均值为 17.224 kJ/mol，该过程为吸热过程，温度升高有利于吸附。Watkins 等（2006）通过实验得到的 Sb(III)在针铁矿表面的 ΔG 为（-0.692 ± 0.083）kJ/mol，并认为 Sb(III)在针铁矿表面的吸附过程为自发过程。这与本小节实验的结果一致。ΔS 大于 0 可能是吸附过程中吸附质和吸附剂的结构发生了变化（Juang et al.，2004）。

化学反应的反应热是由反应前反应物的能量与反应后生成物的能量之差决定的，若反应物的能量高于产物的能量，反应放热；反之则反应吸热。不论反应吸热还是放热，在反应过程中反应物必须越过一个能垒，反应才能进行。升高温度有利于反应物能量的提高，可加快反应的进行。研究吸附反应与温度的依赖关系可提供关于吸附过程中焓变和熵变的重要信息。对于文献中所报道的各种金属离子在矿物表面的吸附，有的是吸附量随着温度的升高而增加，有的则是随着温度的升高而减少。对于温度对金属离子在矿物表面吸附的影响，解释时要慎重，因为温度的变化能够同时影响数个因素，例如温度的升高可能使吸附、水解和再结晶反应增强。即使是对同一种离子在同一种矿物表面的吸附，不同的研究者也会得到不同的热力学参数，不仅数值有差异，值的正负也不相同，可见不同来源的矿物在吸附反应中的表现相差很大，而且每个研究者所使用的实验条件也会影响所得到的热力学参数（表 6.16）。关于金属离子吸附过程热力学的研究，从理论上看可以回答吸附过程是否自发进行及其可能的方向，但在实际中问题则较为复杂，而离子吸附机理的多样性更从理论上增加了难度。

表 6.16 部分金属离子在针铁矿表面吸附的热力学参数

金属离子	T/K	$\Delta H/$（kJ/mol）	$\Delta G/$（kJ/mol）	$\Delta S/$（J/K·mol）	参考文献
Cu(II)	288～308	20.7～24.5	−5.1～−2.4	80.4～95.7	Juang 等（2004）
PO_4^{3-}	288～308	12.1～33.9	−12.9～−8.2	73～163.9	Juang 等（2004）
PO_4^{3-}	293～303	39.06	13.22～15.62	78.9	Mustafa 等（2008）
Cr(III)	293～333	60.53	−15.5～−6.3	227.12	Lazaridis 等（2005）
Cr(VI)	293～333	20.26	−16.6～−12.2	110.62	Lazaridis 等（2005）
U(VI)	293～323	24.88～40.6	−27.23～−21	0.16～0.21	Yusan 等（2008）
As(III)	293～313	13.5～16.34	−3.48～−2.2		Banerijee 等（2008）
As(V)	293～313	8.87～10.98	−3.69～−2.5		Banerijee 等（2008）
Cu(II)	288～318	9.2	−6.12～−5.3	47.8～50.2	Huang 等（2007）

参 考 文 献

胡玫玲, 1985. 土壤矿质胶体的可变电荷表面对重金属离子的专性吸附. 土壤通报, 6(3): 138-141.

熊毅, 陈家坊, 等. 1990. 土壤胶体. 第三册. 土壤胶体的性质. 北京: 科学出版社.

Ambe S, 1987. Adsorption kinetics of antimony(V) ions onto α-Fe$_2$O$_3$ surfaces from an aqueous solution. Langmuir, 3(4): 489-493.

Baes C F, Mesmer R E, 1976. The hydrolysis of cations. New York: Wiley.

Banerijee K, Amy G L, Prevost M, et al., 2008. Kinetic and thermodynamic aspects of adsorption of arsenic onto granular ferric hydroxide(GFH). Water Research, 42(13): 3371-3378.

Belzile N, Chen Y W, Wang Z J, 2001. Oxidation of antimony(III) by amorphous iron and manganese oxyhydroxides. Chemical Geology, 174(4): 379-387.

Bentouami A, Ouali M S, 2006. Cadmium removal from aqueous solutions by hydroxy-8 quinoleine intercalated bentonite. Journal of Colloid and Interface Science, 293(2): 270-277.

Bhattacharyya K G, Gupta S, 2008. Influence of acid activation on adsorption of Ni(II) and Cu(II) on kaolinite and montmorillonite: Kinetic and thermodynamic study. Chemical Engineering Journal, 136(1): 1-13.

Buschmann J, Sigg L, 2004. Antimony(III) binding to humic substances: Influence of pH and type of humic acid. Environmental Science & Technology, 38(16): 4535-4541.

Buschmann J, Canonica S, Sigg L, 2005. Photoinduced oxidation of antimony(III) in the presence of humic acid. Environmental Science & Technology, 39(13): 5335-5341.

Chen Y W, Deng T L, Filella M, et al., 2003. Distribution and early diagenesis of antiomony species in sediments and pore water of freshwater lakes. Environmental Science & Technology, 37(6): 1163-1168.

Deng T L, Chen Y W, Belzile N, 2001. Antimony speciation at ultra trace levels using hydride generation atomic fluorescence spectrometry and 8-hydroxyquinoline as and efficient masking agent. Analytica Chimica Acta, 432(2): 293-302.

Dhillon S K, Dhillon K S, 2000. Selenium adsorption in soils as influenced by different anions. Journal of Plant Nutrition and Soil Science, 163: 577-582.

Donat R, Akdogan A, Erdem E, et al., 2005. Thermodynamics of Pb^{2+} and Ni^{2+} adsorption onto natural bentonite from aqueous solutions. Journal of Colloid and Interface Science, 286(1): 43-52.

Eren E, Afsin B, 2008. An investigation of Cu(II) adsorption by raw and acid-activated bentonite: A combined potentiometric, thermodynamic, XRD, IR, DTA study. Journal of Hazardous Materials, 151(2-3): 682-691.

Eren E, Afsin B, Onal Y, 2009. Removal of lead ions by acid activated and manganese oxide-coated bentonite. Journal of Hazardous Materials, 161(2-3): 677-685.

Fendorf S, Eick M J, Grossl P, et al., 1997. Arsenate and chromate retention mechanisms on goethite: 1. Surface structure. Environmental Science & Technology, 31(2): 315-320.

Filella M, Belzile N, Chen Y W, 2002. Antimony in the environment: A review focused on natural waters II. Relevant solution chemistry. Earth-Science Reviews, 59(1-4): 265-285.

Flynn H C, Meharg A A, Bowyer P K, et al., 2003. Antimony bioavailability in mine soils. Environmental Pollution, 124(1): 93-100.

Gayer K H, Garrett A B, 1952. The equilibria of antimonous oxide (rhombic) in dilute solution of hydrochloric acid and sodium hydroxide at 25℃. Journal of the American Chemical Society, 74: 2353-2354.

Gebel T, 1997. Arsenic and antimony: Comparative approach on mechanistic toxicology. Chemico-Biological Interactions, 107(3): 131-144.

Goh K H, Lim T T, 2004. Geochemistry of inorganic arsenic and selenium in a tropical soil: Effect of reation time, pH, and competitive anions on arsenic and selenium adsorption. Chemosphere, 55(6): 849-859.

Goldberg S, 1986. Chemical modelling of arsenate adsorption on aluminum and iron oxide minerals. Soil Science Society of America Journal, 50(5): 1154-1157.

Grafe M, Eick M J, Grossl P R, 2001. Adsorption of arsenate(V) and arsenite(III) on goethite in the presence and absence of dissolved organic carbon. Soil Science Society of America Journal, 65(6): 1680-1687.

Guerra D L, Airoldi C, Sousa K S, 2008. Adsorption and thermodynamic studies of Cu(II) and Zn(II) on organofunctionalized-kaolinite. Applied Surface Science, 254(16): 5157-5163.

Gupta S S, Bhattacharyya K G, 2008. Immobilization of Pb(II), Cd(II) and Ni(II) ions on kaolinite and montmorillonite surfaces from aqueous medium. Journal of Environmental Management, 87(1): 46-58.

Huang Y H, Hsueh C L C H, Su L C, et al., 2007. Thermodynamics and kinetics of adsorption of Cu(II) onto waste iron oxide. Journal of Hazardous Materials, 144(1-2): 406-411.

Johnson C A, Moench H, Wersin P, et al., 2005. Solubility of antimony and other elements in samples taken from shooting ranges. Journal of Environmental Quality, 34(1): 248-254.

Junag R S, Chung J Y, 2004. Equilibrium sorption of heavy metals and phosphate from single- and binary-sorbate solutions on goethite. Journal of Colloid and Interface Science, 275(1): 53-60.

Khan S A, Rehman R, Khan A, 1995. Adsorption of chromium(III), chromium(VI) and silver(I) on bentonite. Waste Management, 15(4): 271-282.

King D L, 1988. Retention of metals by several soils of the southeastern United States. Journal of Environmental Quality, 17(2): 239-246.

Lazaridis N K, Charalambous C, 2005. Sorptive removal of trivalent and hexavalent chromium from binary aqueous solutions by composite alginate-goethite beads. Water Research, 39(18): 4385-4396.

Leuz A K, Monch H, Johnson C A, 2006. Sorption of Sb(III) and Sb(V) to goethite: Influence on Sb(III) oxidation and mobilization. Environmental Science & Technology, 40(23): 7277-7282.

Leyva A G, Marrero J, Smichowske P, et al., 2001. Sorption of antimony onto hydroxyapatite. Environmental Science & Technology, 35(18): 3669-3675.

Lin Z, Puls R W, 2000. Adsorption, desorption and oxidation of arsenic affected by clay minerals and aging process. Environmental Geology, 39(8): 753-759.

Livesey N T, Huang P M, 1981. Adsorption of arsenate by soils and its relation to selected chemical properties and anions. Soil Science, 131(2): 88-94.

Manceau A, 1995. The mechanism of anion adsorption on iron oxides: Evidence for the bonding of arsenate tetrahedra on free $Fe(O,OH)_6$ edges. Geochimica et Cosmochimica Acta, 59(17): 3647-3653.

Manning B A, Goldberg S, 1996. Modeling competitive adsorption of arsenate with phosphate and molybdate on oxide minerals. Soil Science Society of America Journal, 60(1): 121-131.

Manning B A, Goldberg S, 1997. Adsorption and stability of arsenic(III) at the clay mineral-water interface. Environmental Science & Technology, 31(7): 2005-2011.

Manohar D M, Krishnan K A, Anirudhan T S, 2002. Removal of mercury(II) from aqueous solutions and chlor-alkali industry wastewater using 2-mercaptobenzimidaxole-clay. Water Research, 36(6): 1609-1619.

Mccomb K A, Craw D, Mcquillan A J, 2007. ATR-IR spectroscopic study of antimonate adsorption to iron oxide. Langmuir, 23(24): 12125-12130.

Melamed R, Jurinak J J, Dudley L M, 1995. Effect of adsorbed phosphate on transport of arsenate through an oxisol. Soil Science Society of America Journal, 59(5): 1289-1294.

Mitsunobu S, Harada T, Takahashi Y, 2006. Comparison of antimony behavior with that of arsenic under various soil redox conditions. Environmental Science & Technology, 40(23): 7270-7276.

Montavon G, Markai S, Andres Y, et al., 2002. Complexation studies of Eu(III) with alumina-bound polymaleic acid: Effect of organic polymer loading and metal ion concentration. Environmental Science & Technology, 36(15): 3303-3309.

Monteil-Rivera F, Fedoroff M, Jeanjean J, et al., 2000. Sorption of selenite(SeO$_3^{2-}$) on hydroxyapatite: An exchange process. Journal of Colloid and Interface Science, 221(2): 291-300.

Muller B, Granina L, Schaller T, et al., 2002. As, Sb, Mo and other elements in sedimentary Fe/Mn layers of Lake Baikal. Environmental Science & Technology, 36(3): 411-420.

Mustafa S, Zaman M I, Gul R, et al., 2008. Effect of Ni^{2+} loading on the mechanism of phosphate anion sorption by iron hydroxide. Separation and Purification Technology, 59(1): 108-114.

Nakamaru Y, Tagami K, Uchida S, 2006. Antimony mobility in Japanese agricultural soils and the factors affecting antimony sorption behavior. Environmental Pollution, 141(2): 321-326.

Nakamaru Y M, Sekine K, 2008. Sorption behavior of selenium and antimony in soils as a function of phosphate ion concentration. Soil Science and Plant Nutrition, 54(3): 332-341.

Naseem R, Tahir S S, 2001. Removal of Pb(II) from aqueous/acidic solutions by using bentonite as an adsorbent. Water Research, 35(16): 3982-3986.

Ona-Nguema G, Morin G, Juillot F, et al., 2005. EXAFS analysis of arsenite adsorption onto two-line ferrihydrite, hematite, goethite, and lepidocrocite. Environmental Science & Technology, 39(23): 9147-9155.

Ozcan A S, Ozcan A, 2004. Adsorption of acid dyes from aqueous solutions onto acid-activated bentonite. Journal of Colloid and Interface Science, 276(1): 39-46.

Pilarski J, Waller P, Pickering W, 1995. Sorption of antimony species by humic acid. Water, Air and Soil Pollution, 84(1-2): 51-59.

Qafoku N P, Kukier U, Sumner M M W P, 1999. Arsenate displacement from fly ash in amended soils. Water, Air, and Soil Pollution, 114(1-2): 185-198.

Randall S R, Sherman D M, Ragnarsdottir K V, et al., 1999. The mechanism of cadmium surface complexation on iron oxyhydroxide minerals. Geochimica et Cosmochimica Acta, 63(19-20): 2971-2987.

Reiller P, Casanova F, Moulin V, 2005. Influence of addition order and contact time on thorium(IV) retention by hematite in the presence of humic acids. Environmental Science & Technology, 39(6): 1641-1648.

Roy W R, Hassett J J, Griffin R A, 1986. Competitive interactions of phosphate and molybdate on arsenate adsorption. Soil Science, 142(4): 203-210.

Saada A, Breeze D, Crouzet C, et al., 2003. Adsorption of arsenic(V) on kaolinite and on kaolinite-humic acid complexes: Role of humic acid nitrogen groups. Chemosphere, 51(8): 757-763.

Saeki K, Matsumot S, Tatsukawa R, 1995. Selenite adsorption by manganese oxides. Soil Science, 160(4): 265-272.

Sari A, Tuzen M, Citak D, et al., 2007. Equilibrium, kinetic and thermodynamic studies of adsorption of Pb(II) from aqueous solution onto Turkish kaolinite clay. Journal of Hazardous Materials, 149(2): 283-291.

Schechel K G, Sparks D L, 2001. Temperature effects on nickel sorption kinetics at the mineral-water interface. Soil Science Society of America Journal, 65(3): 719-728.

Scheinost A C, Rossberg A, Vantelon D, et al., 2006. Quantitative antimony speciation in shooting-range soils by EXAFS spectroscopy. Geochimica et Cosmochimica Acta, 70(13): 3299-3312.

Smith E, Naidu R, Alston A M, 2002. Chemistry of inorganic arsenic in soils: II. Effect of phosphorus, sodium, and calcium on arsenic sorption. Journal of Environmental Quality, 31(2): 557-563.

Steely S, Amarasiriwardena D, Xing B S, 2007. An investigation of inorganic antimony species and antimony associated with soil humic acid molar mass fractions in contaminated soils. Environmental Pollution, 148(2): 590-598.

Sun X H, Doner H E, 1998. Adsorption and oxidation of arsenite on goethite. Soil Science, 163(4): 278-287.

Sun X J, Doner H E, 1996. An investigation of arsenate and arsenite bonding structures on goethite by FTIR. Soil Science, 161(12): 865-872.

Tahir S S, Naseem R, 2007. Removal of Cr(III) from tannery wastewater by adsorption onto bentonite clay. Separation and Purification Technology, 53(3): 312-321.

Tahir S S, Rauf N, 2003. Thermodynamic studies of Ni(II) adsorption onto bentonite from aqueous solution. Journal of Chemical Thermodynamics, 35: 2003-2009.

Takahashi Y, Minai Y, Ambe H, et al., 1999. Comparison of adsorption behavior of multiple inorganic ions on kaolinite and silica in the presence of humic acid using the multitracer technique. Geochimica et Cosmochimica Acta, 63(6): 815-836.

Tella M, Pokrovski G S, 2008. Antimony(V) complexing with O-bearing organic ligands in aqueous solution: An X-ray absorption fine structure spectroscopy and potentiometric study. Mineralogical Magazine, 72(1): 205-209.

Tella M, Pokrovski G S, 2009. Antimony(III) complexing with O-bearing organic ligands in aqueous solution: An X-ray absorption fine structure spectroscopy and solubility study. Geochimica et Cosmochimica Acta, 73(2): 268-290.

Thanabalasingam P, Pickering W F, 1990. Specific sorption of antimony(III) by the hydrous oxides of Mn, Fe, and Al. Water, Air, and Soil Pollution, 49(2): 175-185.

Tighe M, Lockwood P, Wilson S, 2005. Adsorption of antimony(V) by floodplain soils, amorphous iron(III) hydroxide and humic acid. Journal of Environmental Monitoring, 7(12): 1177-1185.

Unuabonah E I, Adebowale K O, Olu-Owolabi B I, et al., 2008. Adsorption of Pb(II) and Cd(II) from aqueous solutions onto sodium trtraborate-modified kaolinite clay: Equilibrium and thermodynamic studies. Hydrometallurgy, 93(1): 1-9.

Violante A, Pigna M, 2002. Competitive sorption of arsenate and phosphate on different clay minerals and soils. Soil Science Society of America Journal, 66: 1788-1796.

Watkins R, Weiss D, Dubbin W, et al., 2006. Investigations into the kinetics and thermodynamics of Sb(III) adsorption on goethite (α-FeOOH). Journal of Colloid and Interface Science, 303(2): 639-646.

Waychunas G A, Davis J A, Fuller C C, 1995, Geometry of sorbed arsenate on ferrihydrite and crystalline FeOOH: Re-evaluation of EXAFS results and topological factors in predicting sorbate geometry, and evidence for monodentate complexes. Geochimica et Cosmochimica Acta, 59(17): 3655-3661.

Waychunas G A, Rea B A, Fuller C C, et al., 1993. Surface chemistry of ferrihydrite: Part 1. EXAFS studies of the geometry of coprecipitated and adsorbed arsenate. Geochimica et Cosmochimica Acta, 57(10): 2251-2269.

Wilson N J, Craw D, Hunter K, 2004. Antimony distribution and environmental mobility at an historic antimony smelter site, New Zealand. Environmental Pollution, 129(2): 257-266.

Wolfram H, Debus R, Steubing L, 2000. Mobility of antimony in soil and its availability to plants.

Chemosphere, 41(11): 1791-1798.

Xu N, Christodoulatos C, Braida W, 2006. Modeling the competitive effect of phosphate, sulfate, silicate, and tungstate anions on the adsorption of molybdate onto goethite. Chemosphere, 64(8): 1325-1333.

Xu Y H, Nakajima T, Ohdi A, 2002. Adsorption and removal of arsenic(V) from drinking water by aluminum-loaded Shirasu-zeolite. Journal of Hazardous Materials, 92(3): 275-287.

Yoon S J, 2001. Trace-metal sorption by minerals and humic substances. Madison: University of Wisconsin-Madison.

You Y W, Vance G F, Zhao H T, 2001. Selenium adsorption on Mg-Al and Zn-Al layered double hydroxides. Applied Clay Science, 20(1-2): 13-25.

Yusan S, Akyil S, 2008. Sorption of uranium(VI) from aqueous solutions by akaganeite. Journal of Hazardous Materials, 160(2-3): 388-395.

Zhang P C, Sparks D L, 1990. Kinetics and mechanisms of sulfate adsorption/desorption on goethite using pressure-jump relaxation. Soil Science Society of America Journal, 54: 1266-1273.

Zhao D L, Feng S J, Chen C L, et al., 2008. Adsorption of thorium(IV) on MX-80 bentonite: Effect of pH, ionic strength and temperature. Applied Clay Science, 41(1-2): 17-23.

第 7 章 合成氧化物对 Sb(III)和 Sb(V)的吸附特征

土壤中各种组分可对污染物分布产生显著影响，高含量的有机质对土壤环境中的锑、砷等元素起到固定作用；而沉积物中，铁、钛等氧化物对锑的吸附过程极大地影响环境中锑的归趋。研究锑的吸附过程不仅有助于理解锑在环境中的稳定性和迁移转化过程，并且对锑及其化合物的污染控制也有一定的启示。本章主要介绍氧化钛和铁氧化物对 Sb(V)和 Sb(III)的吸附特征。

7.1 氧化钛对无机锑的等温吸附

7.1.1 矿物合成与实验方法

采用水热法合成纳米级氧化钛（Li et al.，2012），通过等温吸附研究三种不同形态氧化钛对无机锑的吸附能力。其中，P25 为颗粒状氧化钛、TiO$_2$(B)-1 为纳米线状氧化钛、TiO$_2$(B)-2 为花簇状氧化钛（Yang et al.，2018）。

7.1.2 对无机锑的吸附动力学

图 7.1 所示为氧化钛吸附 Sb(III)和 Sb(V)的动力学特征。动力学反应的前 10 min 或 15 min，氧化钛对无机锑的吸附符合一级动力学模型。随着反应进行，速率常数慢慢减小，最终达到平衡。三种形态的氧化钛对 Sb(III)和 Sb(V)的吸附速率均较高，其中，TiO$_2$(B)-1 最快，吸附率也最大，最大吸附率接近 100%。采用一级动力学模型，得到吸附体系反应初始阶段的反应速率和相关系数，见表 7.1。

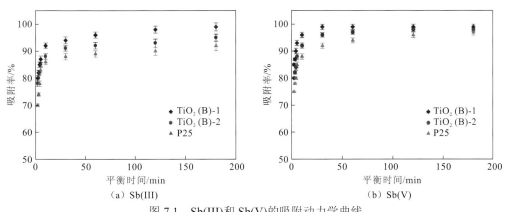

（a）Sb(III)　　　　　　　（b）Sb(V)

图 7.1　Sb(III)和 Sb(V)的吸附动力学曲线

表 7.1 环境样本吸附无机锑的一级动力学参数

锑形态	氧化钛类型	K	R^2
	TiO$_2$(B)-1	6.555 9	0.834
Sb(III)	TiO$_2$(B)-2	6.018 5	0.821
	P25	5.657 7	0.905
	TiO$_2$(B)-1	8.870 4	0.895
Sb(V)	TiO$_2$(B)-2	7.120 1	0.881
	P25	5.968 6	0.865

注：K 为反应速率常数，$10^{-3}\,\mathrm{s}^{-1}$；R^2 为线性相关系数

7.1.3 对无机锑的吸附等温线

图 7.2 所示为在 pH 6 条件下氧化钛对 Sb(III) 和 Sb(V) 的等温吸附过程。结果表明，TiO$_2$(B)-1 对 Sb(III) 和 Sb(V) 的吸附能力最强。这是由于纳米线形态的 TiO$_2$(B)-1 具有更大的比表面积。此外，氧化钛对 Sb(V) 的吸附容量大于其对 Sb(III) 的吸附容量，这可能是因为氧化钛吸附 Sb(III) 时有氧化作用发生，而氧化钛吸附 Sb(V) 的过程相对单一。在实验研究吸附质初始浓度范围内，不同形态氧化钛吸附无机态锑的顺序为 TiO$_2$(B)-1 > TiO$_2$(B)-2 > P25。

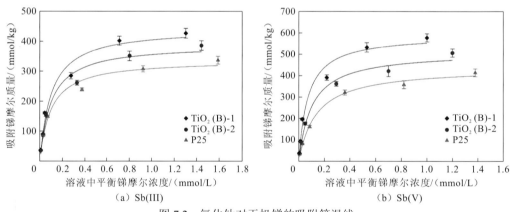

图 7.2 氧化钛对无机锑的吸附等温线

不同形态氧化钛吸附锑的吸附等温线符合 Langmuir 等温线模型，即 $q_e = Q_{max}bC_e/(1+bC_e)$，其中：$q_e$ 为吸附量，Q_{max} 为最大吸附量，b 为吸附常数，C_e 为平衡浓度。采用 SigmaPlot 软件拟合，预测 Sb(III) 和 Sb(V) 的最大吸附量、Langmuir 常数和相关系数，见表 7.2。

表 7.2 无机锑的最大吸附量、Langmuir 常数和相关系数

锑形态	氧化钛类型	Q_{max}/（mmol/kg）	K_L/（kg/mmol）	R^2
	TiO$_2$(B)-1	333	30	0.984
Sb(III)	TiO$_2$(B)-2	294	17	0.986
	P25	285	18	0.998

锑形态	氧化钛类型	Q_{max} /（mmol/kg）	K_L/（kg/mmol）	R^2
	TiO$_2$(B)-1	588	17	0.999
Sb(V)	TiO$_2$(B)-2	455	11	0.999
	P25	303	17	0.985

注：K_L 为结合常数

7.1.4 溶解性有机质对无机锑吸附的影响

有机质对锑的迁移转化起重要作用。图 7.3 所示为溶解性有机质（HA）加入氧化钛吸附-解吸体系后 Zeta 电位的变化。不加入溶解性有机质时，氧化钛的零电荷点 pH$_{pzc}$ 为 5.2。当系统加入 10 mg/L 和 500 mg/L 的溶解性有机质后，零电荷点急剧下降。随着 pH 升高，系统负电势增大，该现象可能是由氧化钛表面的酸性基团离子化造成的，也可能是由溶解性有机质吸附到氧化钛表面提高了表面带负电荷的官能团密度造成的。当氧化钛表面吸附无机态锑时，这种负电荷密度的升高将会通过静电相互排斥作用增大锑形态的移动性（Gu et al.，1994）。

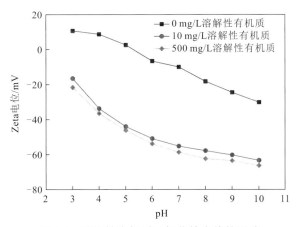

图 7.3 溶解性有机质对氧化钛电势的影响

图 7.4 所示为不同反应时间，溶解性有机质浓度的变化对锑移动性的影响。在不同 pH 条件下，通过未添加溶解性有机质和添加溶解性有机质，分别研究反应时间对锑移动性的影响。研究以吸附-解吸体系中锑的浓度达到稳定为反应达到平衡状态的标准。当 pH 为 3、未添加溶解性有机质时，反应需要 24 h 达到锑浓度平衡；当 pH 为 3、添加溶解性有机质时，反应需要 48 h 达到锑浓度平衡。而当 pH 为 11、未添加溶解性有机质时，反应 12 h 系统中锑浓度保持平衡；当 pH 为 11、添加溶解性有机质时，反应平衡时间在 48 h 左右。

值得注意的是，当 pH 为 3 时，HA-TiO$_2$ 系统中溶解的锑浓度在 12 h 内持续升高，继而下降后在 48 h 再达到平衡。该研究表明，一部分溶解的锑阴离子在 HA-TiO$_2$ 系统中重新分配，可能二次吸附到溶解性有机质或氧化钛表面。此外，锑阴离子也有可能先吸附到溶解性有机质上，然后再吸附到氧化钛表面。

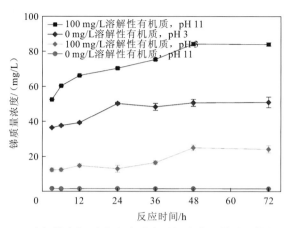

图 7.4 溶解性有机质浓度随反应时间变化对锑移动性的影响

图 7.5 所示为不同 pH 条件下溶解性有机质浓度的变化对锑移动性的影响。当添加的溶解性有机质浓度较低时，在 pH 为酸性至中性范围，锑的移动性受到抑制，造成该现象的原因是低浓度的溶解性有机质倾向于吸附到氧化钛上，解吸出来的锑通过再次吸附作用吸附到溶解性有机质或氧化钛表面。在 pH 为碱性条件下，随着添加溶解性有机质浓度的升高，锑的移动性逐渐增强。该结果也表明，锑在碱性条件下更易以水溶态形式存在。

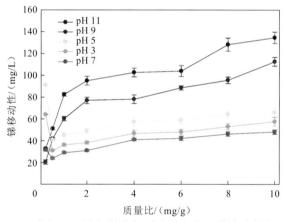

图 7.5 不同 pH 下溶解性有机质浓度变化对锑移动性的影响

HA-TiO$_2$ 系统中，pH 对锑的移动性有非常大的影响，主要与表面电荷息息相关，即 OH$_2^+$、OH$^-$ 和 O$^-$ 等表面官能团影响吸附-解吸体系中 HA-TiO$_2$ 和 Sb-HA 之间的互动关系。

一般而言，在酸性条件（如 pH 为 3～5）下，氧化钛的电势为正。溶解性有机质会通过氢键和静电吸附作用首先吸附到矿物表面。酸性条件下可能溶解的部分金属氧化物将为溶解性有机质提供更多的活性吸附位点。在这个过程中，锑也会被释放出来，并与溶解性有机质产生阴离子交换和竞争吸附作用。因此，溶解的锑再次吸附到带正电荷的固体表面或通过静电作用与有机物形成内圈（inner-sphere）络合物，即金属桥接（metal-bridging）机制（Gu et al.，1994）。

当 pH 为 6～7 时，锑的移动性先降低后升高，可能是由于随着 HA-TiO$_2$ 质量比的变化，溶解性有机质的溶解度和可供利用的金属阳离子数随之改变。此时，锑的移动能力降低还可归结为溶解性有机质在 TiO$_2$ 上的吸附减少。当 pH 为 9～11 时，溶解性的有机质和可溶态的水相络合物利于锑的移动。有机质吸附到矿物表面提高了带负电荷官能团的密度，在 TiO_2 或 HA 与锑阴离子之间产生了更大的排斥作用，从而增强锑的移动性。在高 pH 条件下，可溶态 Sb-HA 和/或 Sb-Ti-HA 络合物的形成是增强锑移动性的又一原因。

有研究认为，溶解性有机质是一种超分子物质，含有很多小的、化学性质不同的有机分子，这些分子通过氢键和疏水作用形成簇群联结在一起（Sutton et al.，2005）。这种超分子物质在高 pH 条件下会离解成低分子有机物质，并可能与锑形成可溶性复合物。还有研究发现，当 pH 大于 8 时，溶解性有机质和金属阳离子之间可形成溶解态的金属-腐殖酸盐态物质，而不是与金属氢氧化物形成共沉淀（Spark et al.，1997）。这就阻止了锑吸附到金属氢氧化物上或与金属氢氧化物共同沉淀产生再次沉淀的过程。溶解性有机质-金属络合物的溶解性在高 pH 条件下增强，锑通过金属桥接作用结合到络合物上或直接与溶解性有机质形成水相复合物，从而增强锑的迁移性。

7.2 铁氧化物对 Sb(III)和 Sb(V)的吸附行为及机理分析

7.2.1 铁氧化物的制备与实验方法

根据 Schwertmann 等（1991）报道的方法制备 4 种羟基氧化铁：针铁矿（α-FeOOH）、四方纤铁矿（β-FeOOH）、纤铁矿（γ-FeOOH）和无定形水合氧化铁（ferrihydrite，HFO），赤铁矿（Fe_2O_3）从 Aldrich 公司购买，5 种铁氧化物性质见表 7.3。为比较各矿物对锑的最大吸附量 Q_{max} 和分配系数 K_d，本小节进行 3 个 pH 的吸附等温线实验。实验中的 Sb(V) 和 Sb(III)储存液摩尔浓度均为 2.5 mmol/L，分别通过焦锑酸钾 $KSb(OH)_6$ 溶于去离子水或将 Sb_2O_3 溶于 2 mol/L 的 HCl 配制得到。

表 7.3　铁氧化物的性质与实验条件

铁氧化物	来源	比表面积/（m^2/g）	含铁量/%
α-FeOOH	合成	27.39	55.68
β-FeOOH	合成	32.79	59.53
γ-FeOOH	合成	69.57	59.53
Fe_2O_3	购买	19.89	63.42
HFO	合成	152.18	52.92

吸附等温线实验对 Sb(V)和 Sb(III)离子强度分别为 0.01 mol/L $KClO_4$ 和 0.2 mol/L KCl。将一定量的 Sb(V)和 Sb(III)储存液加入固体悬浮物中（固体质量浓度为 0.4 g/L）。随后，将固体悬浮物放在摇床中连续振荡 24 h（110 r/min，20.5 ℃）。实验过程中，对含 Sb(V) 悬浮液滴加 $HClO_4$ 和 KOH 或对含 Sb(III)悬浮液加 HCl 和 KOH 来调节 pH。24 h 的反应时间结束后，离心，使上清液与固体分离。将固体用浓硝酸消解后，用氢化物发生-原子荧光光谱法（hydride generation atomic fluorescence spectroscopy，HG-AFS）测定被固体吸附的锑。Sb(V)和 Sb(III)的吸附等温线实验均在 3 个 pH（4.0 ± 0.2、7.0 ± 0.2、9.0 ± 0.2）下进行，分别可得到 3 个 pH 下对应的最大吸附量。

7.2.2　对 Sb(V)的吸附动力学

1. α-FeOOH 和 HFO

考虑α-FeOOH 和 HFO 在环境中的广泛存在和重要影响，本小节考察不同温度对这两种矿物的吸附动力学影响。图 7.6 是在中性条件时，3 个温度（0 ℃、20 ℃、40 ℃）下，α-FeOOH 和 HFO 吸附 50 μmol/L Sb(V)的固体吸附量随时间变化（0～200 min）的曲线图。从图中可以看出，在吸附反应初始阶段，α-FeOOH 和 HFO 对 Sb(V)有一个快速吸附过程。随后，吸收速率逐渐变慢直到吸附达到平衡。例如，在 3 个温度下，整个反应时间内，α-FeOOH 对 Sb(V)的吸附总量是加入初始锑的 30%～36%，而在反应的前 50 min，α-FeOOH 对 Sb(V)的吸附率在 3 个温度（0 ℃、20 ℃、40 ℃）下分别达到22%、25%和34%，在后 150 min 内α-FeOOH 吸附的 Sb(V)只占初始锑的 2%～8%。同样，3 个温度下在反应的前 50 min，HFO 快速吸附了 70%～81%的 Sb(V)，几乎达到吸附平衡，而在后 150 min 内只吸附了 6%～17%的锑。温度对α-FeOOH 吸附 Sb(V)影响较明显。随着温度升高，反应速率加快，且反应平衡时固体吸附量也增加。但温度对 HFO/Sb(V)的影响则相反，当温度接近 0 ℃，反应达到平衡时的固体吸附量最大。

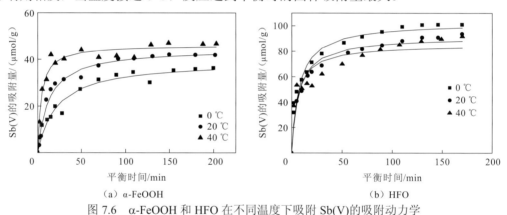

图 7.6　α-FeOOH 和 HFO 在不同温度下吸附 Sb(V)的吸附动力学

2. β-FeOOH、γ-FeOOH 和 Fe₂O₃

图 7.7 为在 pH=7，温度为（20±2）℃时，β-FeOOH、γ-FeOOH 和 Fe_2O_3 吸附初始摩尔浓度为 50 μmol/L Sb(V)的固体吸附量随时间变化的曲线图。从图中可见，三种铁氧化物对 Sb(V)的吸附非常快，在 30 min 左右就开始接近平衡，此时β-FeOOH、γ-FeOOH 和 Fe_2O_3 对初始 Sb(V)的吸附率分别为 43%、39%和 25%，而在 200 min 时，3 种铁氧化物对锑的吸附达到平衡时的总吸附率为 50%、47%和 36%，表明在后面 170 min 内，3 种铁氧化物对 Sb(V)的吸附率均不超过 11%。

通过比较这 5 种铁氧化物对同等初始 Sb(V)浓度的吸附速率和平衡时的固体吸附量可知，HFO 的吸附率和吸附量最高，平衡时能吸附 80%～90%的锑，吸附量接近 100 μmol/g，其次是β-FeOOH，平衡时的吸附量接近 60 μmol/g，吸附量最低的是α-FeOOH 和γ-FeOOH，平衡时的固体吸附量在 40 μmol/g 左右。这与中性条件下的吸附等温线实验结果是一致的。

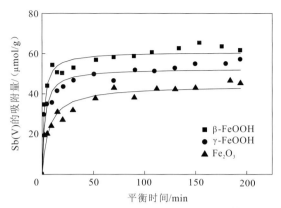

图 7.7 β-FeOOH、γ-FeOOH、Fe₂O₃ 吸附 Sb(V) 的吸附动力学

7.2.3 对 Sb(III) 的吸附动力学

1. α-FeOOH 和 HFO

图 7.8 所示为在 0 ℃、20 ℃ 和 40 ℃ 三个温度下，pH=7 时，α-FeOOH 和 HFO 吸附 50 µmol/L Sb(III) 的吸附动力学结果。与 α-FeOOH 和 HFO 吸附 Sb(V) 的吸附动力学数据相比，α-FeOOH 和 HFO 对 Sb(III) 的吸附速率更快，固体吸附量也更大。在反应达到 30 min 时，α-FeOOH 和 HFO 对 Sb(III) 的吸附就几乎达到了平衡。例如，反应时间在 200 min 时，α-FeOOH 对 Sb(III) 的吸附率在 0 ℃、20 ℃ 和 40 ℃ 时分别为 75%、64.6% 和 57.5%，但是在反应 30 min 时，就已经分别吸附 69%、63.7% 和 51.9% 的锑。另外还可以看出，当 Sb(III) 和 Sb(V) 的初始摩尔浓度均为 50 µmol/L 时，α-FeOOH 对 Sb(III) 吸附平衡时的固体吸附量几乎是 Sb(V) 平衡固体吸附量的两倍。由于 HFO 的比表面积非常大，在 30 min 内很快地吸附了几乎 90% 以上的 Sb(III)，表明 HFO 对锑的吸附能力是 5 种矿物中最强的。在三种温度条件下，吸附达到平衡时，HFO 几乎能把加入的 Sb(III) 全部吸附，使最终的吸附率达到 99.9%～100%。

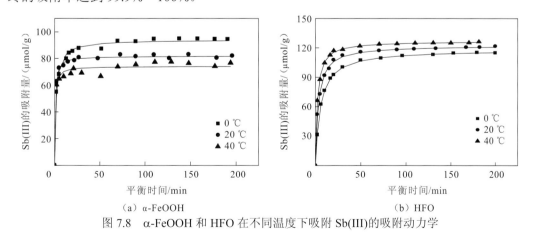

（a）α-FeOOH   （b）HFO

图 7.8 α-FeOOH 和 HFO 在不同温度下吸附 Sb(III) 的吸附动力学

温度越高，α-FeOOH/Sb(III) 的平衡吸附量越低，这与 α-FeOOH/Sb(V) 相反。当温度升高时，HFO/Sb(III) 的吸附速率和平衡时的吸附量也随之升高，这与 α-FeOOH/Sb(V) 的

趋势相同，而与 HFO/Sb(V)的趋势相反。总的来说，吸附达到平衡时，α-FeOOH/Sb(V)和 HFO/Sb(III)的固体吸附量随温度的升高而增加；而 α-FeOOH/Sb(III)和 HFO/Sb(V)的固体吸附量随温度的升高而减少。这种差异可能与反应热有关，在后面的热力学参数的计算中将进行具体的讨论。

2. β-FeOOH、γ-FeOOH 和 Fe$_2$O$_3$

图 7.9 为 pH＝7、温度为（20±2）℃时，β-FeOOH、γ-FeOOH 和 Fe$_2$O$_3$ 对 50 μmol/L Sb(III)的吸附量随时间变化的曲线图。同样，3 种铁氧化物对 Sb(III)的吸附比对 Sb(V)的吸附更快更强。在反应的前 30 min 内，β-FeOOH 和 γ-FeOOH 分别吸附了 68%和 83.2%的 Sb(III)。随后的吸附开始接近平衡，在后 150 min 反应时间内，β-FeOOH 和 γ-FeOOH 仅吸附 4%～12%的锑。比较 3 种矿物吸附 Sb(III)动力学过程，在反应前 30 min，Fe$_2$O$_3$ 对 Sb(III)的吸附速率最慢，因此 Fe$_2$O$_3$/Sb(III)达到平衡所需的时间更长；但当反应时间超过 30 min，Fe$_2$O$_3$ 的固体吸附量开始超过 β-FeOOH/Sb(III)；在 100 min 时，Fe$_2$O$_3$/Sb(III)才趋于平衡，吸附量和吸附率完全超过 β-FeOOH/Sb(III)，并开始接近 γ-FeOOH/Sb(III)；当反应发生 200 min 时，Fe$_2$O$_3$ 和 γ-FeOOH 对 Sb(III)的吸附量几乎一致。

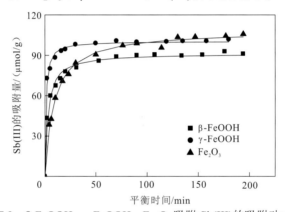

图 7.9　β-FeOOH、γ-FeOOH、Fe$_2$O$_3$ 吸附 Sb(III)的吸附动力学

另外，同等条件（pH=7，20℃±2℃）下，5 种矿物对 Sb(III)的吸附动力学差异小于对 Sb(V)的差异。HFO/Sb(III)达到平衡时仍然有最大吸附量（120 μmol/g 左右），而其他 4 种矿物达到平衡时对 Sb(III)的吸附量为 80～110 μmol/g。

7.2.4　对 Sb(III)和 Sb(V)的吸附动力学及热力学参数

铁氧化物吸附锑的吸附动力学反应可表示为

$$Sb(aq) + Fe-OH(s) \longrightarrow Fe-Sb(s) \tag{7.1}$$

式中：Sb(aq)为液体中锑；Fe-OH(s)表示铁氧化物表面可反应的表面羟基吸附位；Fe-Sb(s)表示吸附到固体铁氧化物上的锑。吸附反应的反应速率常数用 K 表示，则可得速率公式为

$$\nu = -K[Sb(aq)]^n[Fe-OH(s)]^m \tag{7.2}$$

式中：ν 为吸附速率；n 和 m 为反应级数，$n+m$ 为总反应级数（Banerjee et al.，2008）。

在本小节实验中，作为反应物的锑 Sb(aq)与铁氧化物表面吸附位点 Fe-OH(s)差异不大，反应速率与锑浓度和铁氧化物的吸附位点数都比较相关，且利用准二级反应模型（pseudo-second-order）模拟得知，实验中的动力学反应更适合二级反应。准二级反应过程可表示为

$$v = \mathrm{d}q_t/\mathrm{d}t = K_2(q_e - q_t)^2 \tag{7.3}$$

式中：q_t 为 t 时固体铁氧化物对锑的吸附量；q_e 为平衡时固体吸附量；K_2 为准二级反应速率常数，通过结合方程与边界条件在 $t = 0$ 时，$q_t = 0$，得到如下线性方程（Guo et al.，2008）：

$$t/q_t = 1/K_2(q_e)^2 + t/q_e \tag{7.4}$$

通过软件 Origin 7.5 对实验结果进行准二级反应模型拟合，得到α-FeOOH 和 HFO 在三个温度下及其他三种矿物（β-FeOOH、γ-FeOOH、Fe$_2$O$_3$）在 20 ℃时对 Sb(V)和 Sb(III)的准二级吸附动力学模型参数，包括相关系数 R^2、平衡时固体吸附量 q_e 和准二级反应速率常数 K_2，见表 7.4。

表 7.4　5 种铁氧化物对 Sb(V)和 Sb(III)在不同温度下的拟合准二级吸附动力学模型所得动力学和热力学参数

吸附剂/吸附质	温度/℃	准二级动力学模型			热力学参数/(kJ/mol)		
		R^2	q_e/(μmol/g)	K_2/(g/μmol h)	ΔG	ΔH	E_a
α-FeOOH/Sb(V)	3±2	0.96	39.41±1.72	0.001 18	−16.100	5.728	30.50 (R^2=0.988)
	20±2	0.98	44.71±1.16	0.001 81	−17.280		
	40±2	0.97	46.28±1.01	0.005 51	−18.849		
HFO/Sb(V)	3±2	0.98	102.65±2.30	0.001 33	−21.221	−2.360	9.78 (R^2=0.994)
	20±2	0.94	991.49±3.22	0.001 60	−22.251		
	40±2	0.88	85.31±4.23	0.002 13	−23.598		
β-FeOOH/Sb(V)	20±2	0.96	60.78±1.14	0.008 65	−19.062	—	—
γ-FeOOH/Sb(V)	20±2	0.94	52.52±1.14	0.007 20	−18.778		
Fe$_2$O$_3$/Sb(V)	20±2	0.92	44.17±1.70	0.003 40	−17.652		
α-FeOOH/Sb(III)	3±2	0.992	94.07±0.79	0.006 28	−20.564	−15.757	26.74 (R^2=0.826)
	20±2	0.997	81.81±0.40	0.019 25	−20.523		
	40±2	0.974	74.16±1.03	0.023 55	−21.150		
HFO/ Sb(III)	3±2	0.999	118.23±0.18	0.001 56	−37.568	1.657	19.16 (R^2=0.986)
	20±2	0.998	122.48±0.67	0.002 63	−39.740		
	40±2	0.999	126.92±0.47	0.003 96	−42.509		
β-FeOOH/Sb(III)	20±2	0.989	91.41±1.04	0.003 75	−21.916	—	—
γ-FeOOH/Sb(III)	20±2	0.993	100.47±0.82	0.010 60	−23.560		
Fe$_2$O$_3$/Sb(III)	20±2	0.995	108.36±1.12	0.001 05	−23.280		

从表 7.4 的动力学参数可见，5 种铁矿物对 Sb(V)和 Sb(III)吸附量随时间变化数据都非常符合准二级反应动力学模型，相关系数 R^2 均大于 0.88，且 5 种铁矿物吸附 Sb(III)

动力学模型的 R^2 均接近或大于 0.99。

此外，在相同实验条件下，比较各铁矿物吸附 Sb(III) 和 Sb(V) 达到平衡时的固体吸附量 q_e 可见，所有矿物对 Sb(III) 的吸附量都明显大于对 Sb(V) 的吸附量，甚至接近或超过 2 倍。例如，在温度为 20℃、pH=7 时，α-FeOOH、γ-FeOOH 和 Fe_2O_3 吸附 Sb(V) 的初始摩尔浓度为 50 μmol/L，达到平衡时的固体吸附量分别为 44.71 μmol/g、52.52 μmol/g 和 44.17 μmol/g，而这三种矿物吸附相同初始 Sb(III) 浓度的吸附量分别为 81.81 μmol/g、100.47 μmol/g 和 108.36 μmol/g，这是由于 Sb(III) 能在一个广泛 pH 范围被铁氧化物强烈吸附，而在中性条件下，铁氧化物吸附 Sb(V) 的能力较低。

K_2 是准二级反应速率常数，可以看出，α-FeOOH/Sb(V)、α-FeOOH/Sb(III)、HFO/Sb(V) 及 HFO/Sb(III) 4 个吸附体系中，K_2 都随温度升高而增大，同样的规律也在 HFO 吸附 As(III) 和 As(V) 时观察到（Banerjee et al.，2008）。此外，在同等实验条件（同样温度和锑价态）下，α-FeOOH 吸附锑的速率常数总大于 HFO/Sb 的速率常数。

吸附反应中的热力学常数，自由能变化值 $\Delta G^\ominus$ 的计算式为

$$\Delta G^\ominus = -RT \ln K^\ominus \tag{7.5}$$

式中：$\Delta G^\ominus$ 为自由能变化；T 为热力学温度；R 为气体常数，取 8.314 J/（K·mol）；$K^\ominus$ 为平衡常数，在无限稀溶液中，可写成如下形式：

$$K_d = [Fe-Sb(s)]/[Sb(aq)] \tag{7.6}$$

式中：K_d 为吸附平衡常数（又称分配系数，等于平衡状态时的吸附质在固体和液体中的分配浓度之比）。标准吉布斯自由能差值 $\Delta G^\ominus$ 可通过分配系数 K_d 表示（Burchill et al.，1981）为

$$\Delta G^\ominus = -RT \ln K_d \tag{7.7}$$

标准的吸附热差值，即焓变，可通过范托夫公式确定：

$$\ln K_d = -\Delta H/RT + 常数 \tag{7.8}$$

式中：ΔH（kJ/mol）为焓变，对 $\ln K_d$ 比 $1/T$ 作图可以得到一条直线，从直线的斜率可以估算出 ΔH 的值。

反应的活化能 E_a（kJ/mol）可以通过阿伦尼乌斯公式（Arrhenius expression）得出（Banerjee et al.，2008）：

$$\ln K = \ln A - E_a/RT \tag{7.9}$$

式中：K 为反应速率常数，在这里是指准二级动力学得出的反应速率常数 K_2；A 为指前因子，又称频率因子；E_a 为表观活化能。根据式（7.9）作实验数据的 $\ln K$-$1/T$ 图得到一条直线，由直线的斜率可得表观活化能 E_a，由截距可得指前因子 A。反应的活化能越低，反应的速率越快。

α-FeOOH 和 HFO 在三个温度下及其他三种矿物（β-FeOOH、γ-FeOOH、Fe_2O_3）在 20℃ 时吸附 Sb(V) 和 Sb(III) 热力学参数见表 7.4。热力学参数包括每种铁氧化物在不同温度下吸附锑的自由能变化值 ΔG。考虑 α-FeOOH 和 HFO 在自然界中的广泛性和重要性，选取这两种矿物作为主要研究对象，并获得这两种矿物在三个温度下的吸附动力学数据，进而得出焓变 ΔH 和活化能 E_a。因此表 7.4 中只有 α-FeOOH 和 HFO 对锑的吸附能得到 ΔH 和 E_a。

ΔH 和 ΔG 与反应平衡状态非常相关，是反应热力学的重要参数。如果吉布斯自由能的变化 ΔG 为负值，则表示吸附过程是自发进行的，从表 7.4 中的数据可见，本小节所有

铁氧化物吸附 Sb(V)和 Sb(III)的反应都是自发过程。如果吸附焓变ΔH为正值，表示吸附反应是一个吸热过程，反之，则是放热过程。α-FeOOH/Sb(V)和 HFO/Sb(III)的吸附焓变是正值，分别为 5.728 kJ/mol 和 1.657 kJ/mol，表明该反应是吸热反应；而 HFO/Sb(V)和α-FeOOH/Sb(III)的ΔH是负值，分别为-2.360 kJ/mol 和-15.757 kJ/mol，表明反应是放热反应。这与前面的吸附动力学实验中的固体吸附量随温度的变化趋势是一致的：α-FeOOH/Sb(V)和 HFO/Sb(III)是吸热反应，平衡时的固体吸附量也随温度升高而增加，而 HFO/Sb(V)和α-FeOOH/Sb(III)是放热反应，平衡时的固体吸附量随温度升高而减少。

由阿伦尼乌斯公式推出 E_a 值，它是反应速率常数随温度变化的经验公式，所以 E_a 是与吸附动力学的反应速率非常相关的参数。例如，针铁矿对 Sb(III)的吸附反应所需的活化能（26.74 kJ/mol）比针铁矿吸附 Sb(V)的活化能（30.50 kJ/mol）低，可能正是此原因导致实验中能观察到α-FeOOH/Sb(III)的吸附速率常数（0.006 28～0.023 55）明显比α-FeOOH/Sb(V)的吸附速率常数（0.001 18～0.005 51）高。但是，E_a 是在动力学速率常数的基础上计算得出的，而不同的动力学模型得出的动力学速率常数有一定的差异，这就导致计算出的活化能也有所差异，因此活化能与使用的动力学模型非常相关。

7.2.5 对 Sb(V)的吸附等温线

图 7.10 所示为 5 种铁氧化物在三个 pH（4、7、9）下吸附 Sb(V)的吸附等温过程。

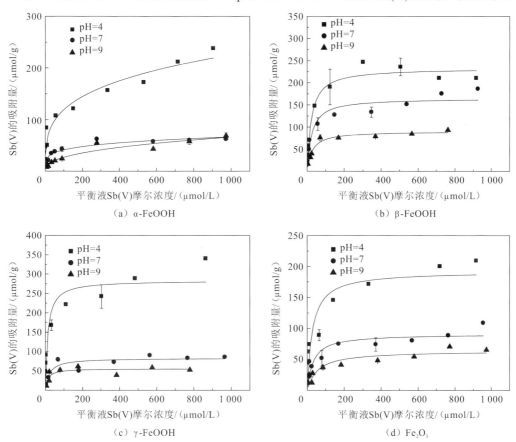

（a）α-FeOOH

（b）β-FeOOH

（c）γ-FeOOH

（d）Fe₂O₃

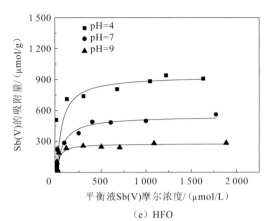

（e）HFO

图 7.10　5 种铁氧化物对 Sb(V)在不同 pH 下的吸附等温线

首先，在酸性条件下（pH=4），5 种铁氧化物对 Sb(V)的吸附能力都很强。而随 pH 的升高（从 4 到 9），铁氧化物对 Sb(V)的吸附能力逐渐减弱。这与 pH 对三氯化铁去除 Sb(V)的影响趋势及文献中报道的针铁矿吸附 Sb(V)的结果是一致的（Leuz et al.，2006）。另外，铁氧化物吸附 As(V)的能力也是在酸性条件下最强，并且随 pH 升高而逐渐减弱，这说明砷和锑在化学性质上有一定的相似性（Dixit et al.，2003）。

其次，由于表面结构不同，不同铁氧化物对 Sb(V)的吸附能力也存在显著差异。当 pH=4，且吸附反应中平衡液的 Sb(V)摩尔浓度为 3～10 μmol/L 时，α-FeOOH、β-FeOOH、γ-FeOOH、Fe_2O_3、HFO 所在吸附体系中的固体吸附量分别约为 50 μmol/g、57 μmol/g、91 μmol/g、62 μmol/g 和 505 μmol/g，此时的固体吸附量处于快速上升阶段；当平衡液 Sb(V)摩尔浓度达到 300～330 μmol/L 时，吸附接近平衡或已达到平衡，且此时α-FeOOH、β-FeOOH、γ-FeOOH、Fe_2O_3 和 HFO 对 Sb(V)的吸附量分别约为 156 μmol/g、247 μmol/g、242 μmol/g、171 μmol/g 和 735 μmol/g。由此可见，在同样条件下，HFO 对锑的吸附量是其他 4 种矿物的 3～10 倍，这可能是 HFO 有相对较大的比表面积而导致的显著差异。对于其他铁氧化物（α-FeOOH、β-FeOOH、γ-FeOOH 和 Fe_2O_3），比表面积差异与吸附能力强弱间并没有显示较强的相关性。

另外，可能受到各矿物表面结构差异的影响，不同铁氧化物吸附 Sb(V)的量随 pH 升高呈现不同程度的减小。例如，当 pH=4 时，α-FeOOH 和γ-FeOOH 吸附 Sb(V)的能力最强；当 pH 继续升高，吸附能力急剧下降，且 pH=7 与 pH=9 的吸附量差异已经很小。具体来说，当α-FeOOH/Sb(V)体系的平衡液 Sb(V)摩尔浓度为 770～780 μmol/L 时，α-FeOOH 对 Sb(V)的吸附量在中性（pH=7）和碱性（pH=9）条件下分别为 59 μmol/g 和 57 μmol/g；在相同的平衡浓度下，γ-FeOOH 对 Sb(V)的吸附量分别为 88 μmol/g（pH=7）和 70 μmol/g（pH=9）。而对于其他 3 种铁氧化物β-FeOOH、Fe_2O_3 和 HFO，当 pH 从 4 升至 7，以及从 7 升至 9，3 种铁氧化物对 Sb(V)的吸附能力并不是急剧下降，而是平缓梯度降低。例如，在平衡液 Sb(V)摩尔浓度为 500～560 μmol/L 时，β-FeOOH/Sb(V)在 pH=4、7 和 9 时的吸附量分别为 236 μmol/g、151 μmol/g 和 84 μmol/g。

吸附等温数据分别用 Langmuir 和 Freundlich 模型拟合。Langmuir 和 Freundlich 模型是表示吸附剂将吸附质从液相吸附到固相的最简单、最常用的吸附等温线模型。Langmuir

模型可适用于矿物表面的一个铁原子与一个吸附剂分子的反应，表示吸附平衡时，单层达到吸附饱和。其吸附等温线模型的表达式为

$$q_e = Q_{max} b C_e / (1 + b C_e) \tag{7.10}$$

式中：C_e 为溶液中锑平衡浓度；q_e 为平衡时固体吸附量；Q_{max} 为最大吸附量；b 为常数。

Freundlich 模型对表达数据非常方便，但它是一个完全靠经验总结的模型，不能表示吸附剂达到吸附饱和的信息，其吸附等温线模型的表达式为

$$q_e = K_f C_e^{1/n} \tag{7.11}$$

式中：K_f 和 $1/n$ 分别为与吸附能力和吸附强度相关的参数。

利用 Origin 7.5 进行两种模型的拟合，预测所得参数包括最大吸附量、标准偏差、相关系数等都列在表 7.5（Langmuir 模型）和表 7.6（Freundlich 模型）中。结果显示，5种矿物吸附 Sb(V)的过程通过两种吸附等温线模型的拟合情况均较好，大部分 $R^2 > 0.80$，具体可以分为以下三种情况。

表 7.5　Langmuir 吸附等温线模型的拟合参数

吸附剂	pH	Langmuir 模型参数		
		$Q_{max}/(\mu mol/g)$	b	R^2
α-FeOOH	4	201.438 ± 22.900	0.025 ± 0.016	0.787
	7	61.790 ± 2.057	0.042 ± 0.007	0.965
	9	67.411 ± 6.610	0.008 ± 0.003	0.916
β-FeOOH	4	232.820 ± 9.504	0.046 ± 0.012	0.966
	7	165.078 ± 8.667	0.042 ± 0.012	0.934
	9	90.641 ± 4.104	0.038 ± 0.008	0.956
γ-FeOOH	4	283.567 ± 24.514	0.079 ± 0.045	0.870
	7	82.832 ± 6.952	0.047 ± 0.026	0.812
	9	55.578 ± 5.601	0.079 ± 0.044	0.703
Fe₂O₃	4	192.089 ± 18.909	0.036 ± 0.020	0.847
	7	91.131 ± 6.973	0.032 ± 0.012	0.857
	9	63.716 ± 5.945	0.018 ± 0.008	0.828
HFO	4	935.803 ± 106.809	0.016 ± 0.012	0.806
	7	544.422 ± 42.704	0.014 ± 0.005	0.914
	9	276.573 ± 28.601	0.034 ± 0.021	0.676

表 7.6　Freundlich 吸附等温线模型的拟合参数

吸附剂	pH	Freundlich 模型参数		
		K_f	n	R^2
α-FeOOH	4	33.274 ± 6.179	3.610	0.954
	7	15.889 ± 2.92	4.843	0.898
	9	4.413 ± 1.719	2.558	0.914

吸附剂	Freundlich 模型参数			
	pH	K_f	n	R^2
β-FeOOH	4	56.545 ± 20.239	4.595	0.816
	7	30.980 ± 4.500	3.823	0.963
	9	20.220 ± 5.302	4.255	0.872
γ-FeOOH	4	66.785 ± 5.882	4.189	0.987
	7	20.457 ± 7.906	4.616	0.766
	9	20.954 ± 8.514	6.506	0.492
Fe₂O₃	4	37.885 ± 3.917	3.944	0.982
	7	15.672 ± 3.664	3.686	0.906
	9	8.815 ± 2.019	3.377	0.924
HFO	4	114.646 ± 39.056	3.390	0.916
	7	72.478 ± 25.527	3.514	0.875
	9	77.512 ± 34.224	5.480	0.630

（1）对于β-FeOOH，Langmuir 模型（$R^2>0.934$）明显比 Freundlich 模型（$R^2>0.816$）能更好地预测β-FeOOH 对 Sb(V)的吸附等温过程。

（2）对于 Fe₂O₃，情况则刚好相反，在 pH＝4、7 和 9 时，Freundlich 模型（$R^2>0.906$）比 Langmuir 模型（$R^2>0.828$）能够更好地预测吸附结果。

（3）对于α-FeOOH、γ-FeOOH 和 HFO，不同 pH 下的吸附等温实验结果通过不同模型拟合的相关系数差异较大。总的来说，当 pH＝4 时，Freundlich 模型能很好地预测这三种铁氧化物吸附 Sb(V)的吸附等温过程（R^2 分别为 0.954、0.987 和 0.916），而此时 Langmuir 模型的拟合效果却不太好（R^2 分别为 0.787、0.870 和 0.806）；当 pH＝7、9 时，Langmuir 模型比 Freundlich 模型更适合这三种铁氧化物对 Sb(V)的吸附（虽然 pH＝9 时，两种模型对γ-FeOOH/Sb(V)和 HFO/Sb(V)的拟合均不理想）。

7.2.6 对 Sb(V)的表面吸附位点密度

铁氧化物表面的吸附位点密度是了解离子与铁氧化物络合机理的重要信息，其计算过程为：由 Langmuir 吸附等温线模型参数（表 7.5）得到 5 种铁氧化物分别在 pH＝4、7 和 9 时对 Sb(V)的最大吸附量 Q_{max}，将每种铁矿物吸附锑的 Q_{max} 分别除以相应的铁氧化物的比表面积（表 7.3），再乘以阿伏伽德罗常数（$N_A=6.023\times10^{23}$/mol），经过单位换算后，就能得到 5 种铁氧化物在各 pH 条件下吸附 Sb(V)的表面吸附位点密度（surface site density，单位为 sites/nm²）（表 7.7）。

表 7.7　5 种铁氧化物吸附 Sb(V)的表面吸附位点密度（按大小排序）

吸附剂	表面吸附位点密度/（sites/nm^2）			文献报道的羟基密度/（sites/nm^2）	参考文献
	pH=4	pH=7	pH=9		
Fe$_2$O$_3$	5.818	2.760	1.930	15～22 5～10 9～16	Yates 等（1977） Hsi 等（1985） Christl 等（1999） Barron 等（1996）
α-FeOOH	4.429	1.359	1.482	3～8 5.76 7.5	Cornell 等（2003） Zhang 等（2005） Gao 等（2001）
β-FeOOH	4.276	3.032	1.665	—	—
HFO	3.704	2.155	1.095	3.5±0.1 或 2.5±0.4	Hiemstra 等（2009）
γ-FeOOH	2.455	0.717	0.481	1.67	Zhang 等（1992）

通过比较表 7.7 中 3 个 pH 下铁氧化物对 Sb(V)的表面吸附位点密度可见，在去除比表面积的影响后，HFO 的表面吸附位点值并不是最大的，因此最大吸附量并不能代表铁矿物表面单个羟基的吸附能力。另外，在酸性（pH=4）和碱性（pH=7）条件下，Fe$_2$O$_3$的表面吸附位点密度（5.818 sites/nm^2 和 1.930 sites/nm^2）比相同 pH 下的其他 4 种铁矿物的表面吸附位点密度大得多；而γ-FeOOH 在 pH=4、7 和 9 时的吸附位点密度分别为 2.455 sites/nm^2、0.717 sites/nm^2 和 0.481 sites/nm^2，是 5 种矿物中最小的，尤其远小于 Fe$_2$O$_3$的表面吸附位点密度。总的来说，在酸性（pH=4）和碱性（pH=9）条件下，将 5 种矿物吸附 Sb(V)的表面吸附位点密度进行排序，得到规律：Fe$_2$O$_3$>α-FeOOH、β-FeOOH>HFO>γ-FeOOH。

根据文献中所报道的铁氧化物的羟基密度（表 7.7），Fe$_2$O$_3$表面羟基密度是最大的，而γ-FeOOH 的表面羟基密度则相对较小，这与本实验结果一致。下面将结合各种铁矿物的具体结构来分析产生这些差异的原因。

除 pH、温度、反应物浓度等因素外，实验所得的表面吸附位点密度与两个内在因素最相关：一是铁氧化物表面平均羟基密度（尤其是化学性质最活泼的单配位羟基的密度），即铁矿物在吸附反应中能提供的羟基位点，是预测铁矿物在吸附反应中的反应活性、反应能力及分析吸附络合结构的一个重要参数。二是铁矿物与 Sb(V)的具体络合形式，不同的络合结构中会消耗不同数量的活性羟基位点。这些络合结构包括线性排列的单齿单核内源络合物，非线性排列的双齿双核内源络合物和共边的双齿单核内源络合物。

铁氧化物表面的活性羟基密度是确定铁氧化物吸附阴离子配位体之后形成的表面结构的一个重要参数。目前已经通过各种技术和手段测定了不同铁氧化物的表面活性羟基密度。这些技术和手段包括酸碱滴定、水蒸气 BET 吸附等温线、D$_2$O 或氚的交换，以及与在具体的吸附体系中反应（包括氟化物、磷酸根或者草酸根）所得到的吸附位点。但是，不同的方法得到的结果差异非常大。下面将分别说明每一种矿物的表面结构与所产生的表面吸附位点密度的关系。

1. 针铁矿

由于针铁矿是环境中丰度最高、热力学最稳定的铁氧化物，所以将针铁矿作为环境中的吸附剂的研究非常多。1970～1990 年，通过多种方法（酸碱滴定、磷酸根吸附等）

测定出来的针铁矿表面的羟基密度在一个广泛范围内变化。这是由实验测定方法、针铁矿粒径和比表面积等参数差异导致的。一般来说，通过酸碱电位滴定得到的羟基密度比较低，这是因为即使在极低的 pH 下，酸碱滴定也难以达到吸附位点的饱和。常见的针铁矿表面的活性吸附位点密度为 $3 \sim 8$ sites/nm^2（Cornell et al.，2003）。Salazar-Camacho 等（2010）将羟基吸附位点在晶体表面的分布与表面络合模型结合，提出了用于定量描述针铁矿吸附砷的模型，并利用近年来发表的各种实验条件下的针铁矿吸附砷的数据对模型进行校正。根据其数据，针铁矿的比表面积和表面的羟基密度非常相关，当针铁矿的比表面积大于 80 m^2/g 时，针铁矿主要包含 70%的(101)面和 30%的(001)面，活性羟基密度为 3.125 sites/nm^2；当针铁矿的比表面积小于 80 m^2/g 时，活性羟基密度会随着比表面积的减小而增加。本小节实验中所用的针铁矿比表面积是 27.39 m^2/g，活性羟基吸附密度（单配位羟基）最接近的是 5.76 sites/nm^2（Zhang et al.，2005）和 7.50 sites/nm^2（Gao et al.，2001）。由于砷酸盐主要是以双齿双核的形式与针铁矿络合，即吸附 1 个 As(V)需要占领 2 个羟基位点。考虑锑与砷的相似性，很有可能 Sb(V)也存在以双齿双核的形式与针铁矿络合，即 1 个 Sb(V)可能也需要占领 2 个羟基位点。本小节实验中，pH=4 时获得的 Sb(V)的最大吸附位点密度约为 4.43 sites/nm^2。假设 Sb(V)全部以双齿双核的形式与针铁矿络合，则可以推断出针铁矿表面的羟基密度应为 8.86 sites/nm^2，即 Sb(V)最大吸附位点密度的 2 倍，大于常见的针铁矿活性羟基密度。据此可推断出 Sb(V)与针铁矿的结合形式可能同时包括单齿和双齿。但本小节实验结果比 Leuz 等（2006）用针铁矿吸附 Sb(V)（pH=3）得到的 2.4 sites/nm^2 更大，这可能是因为本小节实验中 Sb(V)的平衡摩尔浓度接近 1 000 μmol/L（而 Leuz 所用的 Sb(V)初始摩尔浓度仅为 $0 \sim 200$ μmol/L），以确保针铁矿对 Sb(V)的吸附达到饱和。

2. 赤铁矿

赤铁矿比针铁矿的粒子大，当其比表面积小于 20 m^2/g 时较稳定。对于赤铁矿，利用不同方法来预测其吸附位点密度得到的结果也存在显著差异，包括用酸碱滴定、氚交换（Hsi et al.，1985；Yates et al.，1977）、水的吸附，以及 NaOH、CH$_3$OH、CH$_2$N$_2$ 和 NO$_2$ 的吸附所测定的结果为 $2 \sim 24$ sites/nm^2。其中，氚交换的方法给出了最可靠的赤铁矿羟基密度的数据，为 $15 \sim 22$ sites/nm^2（Hsi et al.，1985；Yates et al.，1977）。Christl 等（1999）利用酸碱滴定法、单一金属离子吸附数据和竞争的金属离子吸附数据，得出了赤铁矿表面存在的吸附位点密度是 $5 \sim 10$ sites/nm^2。考虑 Christl 等所用模型中，一个吸附位点代表两个相邻单配位羟基，因此与氚交换的方法得到的结果（$15 \sim 22$ sites/nm^2）比较接近（Christl et al.，1999；Hsi et al.，1985；Yates et al.，1977），且理论上得到的不同晶体面上的吸附位点也在 $9 \sim 16$ sites/nm^2 变化（Barron et al.，1996）。本小节研究也表明，无论在酸性（pH=4）或碱性（pH=9），赤铁矿吸附 Sb(V)的能力比其他 4 种矿物更强。这很可能是赤铁矿表面较大的羟基密度，使赤铁矿有着巨大的吸附 Sb(V)的潜力。当 pH 为 4 时，赤铁矿对 Sb(V)的最大吸附位点密度为 5.818 sites/nm^2，如果赤铁矿与 Sb(V)全部通过双齿络合的形式存在，即可能占领了 $11 \sim 12$ sites/nm^2（5.818×2）个羟基活性位点，这正好在文献所报道的范围内。因此，赤铁矿表面的大部分羟基很有可能通过双齿络合的形式与锑结合。

3. 无定形水合氧化铁

无定形水合氧化铁粒子非常小，实验室合成和天然的 HFO 都是紊乱无序的，且 HFO 结晶度非常低。HFO 的结构曾作为大量学者的研究目标，并且许多学者提出了不同的 HFO 构型。但由于 HFO 有序程度太低，相关研究非常困难（Cornell et al.，2003）。对 HFO 吸附行为的模拟也因其表面结构和组成不明确而进展缓慢。Hiemstra 等（2009）利用多位点表面络合（multisite surface complexation，MUSIC）模型并通过离子与 HFO 表面的结合关系，描述了 HFO 的表面结构和组成。根据其假设，HFO 是由类似于(110)面和(021)面组成的球状粒子，同时存在(001)面。在(110)面和(021)面，平均活性位点密度为（3.5±0.1）sites/nm^2，容易形成双齿的络合物；在(001)面，平均活性位点密度为（2.5±0.4）sites/nm^2，容易形成共边的络合物，而且变化性和敏感性更强。

据此理论来预测实验中的 HFO 吸附 Sb(V)在理论上的最大表面吸附位点密度，应为（4.25±0.45）sites/nm^2（3.5/2+2.5＝4.25），与本小节实验实际数据中 HFO 吸附 Sb(V)的最大吸附密度 3.7 sites/nm^2（pH＝4）比较接近，即 HFO 吸附 Sb(V)的结构可能同时存在共角双齿络合与共边双齿络合两种形式。

4. γ-FeOOH 和 β-FeOOH

γ-FeOOH 晶体面结构如图 7.11 所示。γ-FeOOH 最主要的晶体面是以双配位羟基为主的(010)面。双配位羟基所带电荷为 0，并且在比较广泛的 pH 下，双配位羟基都是惰性的。较窄的(001)面有着同等数量的单配位羟基和双配位羟基（Cornell et al.，2003）。本小节实验数据表明，γ-FeOOH 对 Sb(V)的吸附位点密度是 5 种矿物中最小的，即使在酸性条件（pH＝4）下，也只有 2.46 sites/nm^2，这可能与γ-FeOOH 在(010)面存在大量的惰性羟基有关。

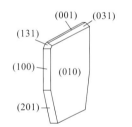

图 7.11　γ-FeOOH 晶体面结构

另外，根据比较可靠的酸碱滴定数据得知γ-FeOOH 的平均羟基密度为 1.67 sites/nm^2（Zhang et al.，1992）（一般来说，酸碱滴定由于很难达到饱和，测得的羟基密度偏低），与实验中所得的吸附位点密度比较接近。

β-FeOOH 在自然界中存在较少，主要存在于富含氯离子的环境中。因此对β-FeOOH 晶体结构和表面羟基密度研究非常少。β-FeOOH 结构通常被认为是通过结构隧道中的氯离子来稳定的，如果完全去除这些氯离子，调节 pH，则可能使β-FeOOH 转换为α-FeOOH（Cornell et al.，2003）。而且本小节实验数据也表明，α-FeOOH 和β-FeOOH 的吸附位点密度在 pH＝4 和 pH＝9 时非常接近，分别为 4.429 sites/nm^2 和 4.276 sites/nm^2（pH＝4）及 1.482 sites/nm^2 和 1.665 sites/nm^2（pH＝9）。因此，β-FeOOH/Sb(V)与α-FeOOH/Sb(V)可能具有相似的吸附机理。

7.2.7　对 Sb(III)的吸附等温线

图 7.12 所示为α-FeOOH、β-FeOOH、γ-FeOOH 和 Fe$_2$O$_3$ 对 Sb(III)在 pH＝4、7、9 时的吸附等温线。由于实验中所用的 Sb(III)是通过溶解 Sb$_2$O$_3$ 得到的，而 Sb$_2$O$_3$ 在中性条件下

的溶解度比较低，所以平衡液的浓度只能维持在较低水平，从而导致大多数铁氧化物对Sb(III)的吸附难以达到饱和，这与Leuz等（2006）利用针铁矿吸附Sb(III)的结果是一致的。只有Fe_2O_3对Sb(III)的吸附能观察到吸附平衡。另外，由于HFO对Sb(III)的吸附能力非常强，HFO对初始Sb(III)摩尔浓度小于300 μmol/L时的吸附很难到平衡（数据未显示）。

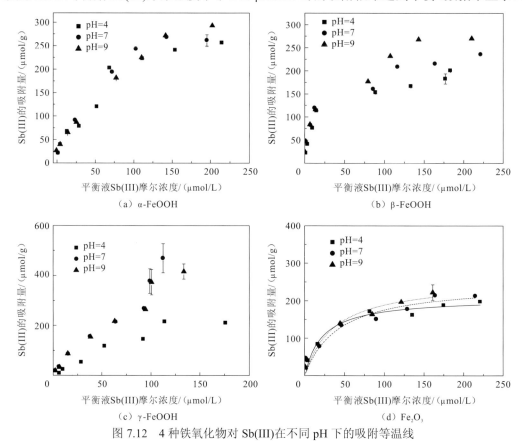

图7.12　4种铁氧化物对Sb(III)在不同pH下的吸附等温线

通过比较图7.10和图7.12可以发现，pH对铁氧化物吸附Sb(V)和Sb(III)的影响具有显著差异。首先，pH对铁氧化物吸附Sb(V)有重要影响，而对铁氧化物吸附Sb(III)的影响非常小，甚至几乎没有影响。其次，虽然pH对铁氧化物吸附Sb(III)的影响较小，但仍然可以观察到，4种铁氧化物吸附Sb(III)的能力随pH的升高都有所加强，这也是与铁氧化物吸附Sb(V)的显著不同之处（铁氧化物吸附Sb(V)的能力随pH的升高急剧降低）。将本章的吸附实验与下一章的铁氧化物混凝去除锑的实验相比，可看出，pH对铁氧化物吸附或混凝去除同种价态的锑的影响趋势是相似的，说明吸附可能是混凝法除锑机理的一个重要方面。锑和砷是同一族元素，在化学性质上具有一定相似性，因此pH对铁氧化物吸附同样价态的锑和砷的影响均有相似趋势（Dixit et al.，2003）。

在最佳吸附pH条件下（Sb(V)酸性，Sb(III)在一个较大pH范围内），通过比较铁氧化物吸附Sb(III)和Sb(V)的能力可知，铁氧化物吸附两种价态锑的能力存在一定差异。在铁氧化物吸附Sb(III)还未达到平衡时，这种差异就已体现：实验得出铁氧化物吸附Sb(III)比吸附Sb(V)的固体吸附量更大。例如，当pH在4、7和9变化时，α-FeOOH对Sb(III)的最大吸附量在250～300 μmol/L，而通过Langmuir模型得出α-FeOOH吸附Sb(V)

的最佳条件（pH=4）下的最大吸附量仅为 201 μmol/L 左右；γ-FeOOH 表现出对 Sb(III) 有较高的吸附量，当 pH 为 7 或 9 时，吸附似乎还没有达到平衡，但是吸附量已经达到 400 μmol/L 以上，而当 pH 为 4 时，γ-FeOOH 对 Sb(V) 的最大吸附量还不到 300 μmol/L。

由于 α-FeOOH、β-FeOOH、γ-FeOOH 对 Sb(III) 的吸附等温线没有达到吸附平衡，只有 Fe₂O₃ 吸附 Sb(III) 达到平衡。对 Fe₂O₃ 吸附 Sb(III) 的吸附等温线通过 Langmuir 和 Freundlich 吸附等温线模型拟合，得到的相关参数见表 7.8。其中，两种模型的相关系数 R^2 都在 0.92 以上，说明拟合效果非常好，且通过比较，Langmuir 模型具有更好的预测效果。从图 7.12 可看出，pH=4、7 和 9 的三条拟合曲线趋势虽非常相似，但对应的最大吸附量随 pH 升高仍然略有增大。

表 7.8　赤铁矿吸附 Sb(III) 的 Langmuir 和 Freundlich 吸附等温线模型的拟合参数

pH	Langmuir 模型参数			Freundlich 模型参数		
	Q_{max}/(μmol/g)	b	R^2	K_f	n	R^2
4	207.621	0.045	0.983	31.908	2.893	0.949
7	249.316	0.024	0.934	28.914	2.644	0.975
9	257.522	0.027	0.958	29.417	2.523	0.924

将 Langmuir 吸附等温线模型得到的各 pH 下的最大吸附量 Q_{max} 除以赤铁矿的比表面积，得到赤铁矿吸附 Sb(III) 的表面吸附位点密度，当 pH 为 4、7 和 9 时，分别为 6.29 sites/nm²、7.56 sites/nm² 和 7.80 sites/nm²，而赤铁矿吸附 Sb(V) 在 pH=4 时的表面吸附位点密度最大，为 5.818 sites/nm²。这表明赤铁矿吸附 Sb(III) 的能力比吸附 Sb(V) 更强。与文献中其他铁矿（针铁矿、无定形铁等）吸附砷/锑的吸附密度比较（表 7.9），也可以看出赤铁矿的吸附能力是比较强的。

表 7.9　本实验赤铁矿与文献吸附 Sb/As 的表面吸附位点密度和锑（砷）/铁物质的量比

吸附剂	pH	Q_{max}/(μmol/g)	表面吸附位点密度/(sites/nm²)	Sb(As)/Fe 物质的量比/(mol/mol)	参考文献
Fe₂O₃	4	207.621	Sb(III) 6.29	Sb(III)/Fe　0.018	本研究
	7	249.316	Sb(III) 7.56	Sb(III)/Fe　0.022	
	9	257.522	Sb(III) 7.80	Sb(III)/Fe　0.023	
α-FeOOH	3	136±8	Sb(V) 2.4	—	Leuz 等（2006）
α-FeOOH	4	173±13	As(V) 2.0	As(V)/Fe　0.016	Dixit 等（2003）
HFO	4	2 675±250	As(V) 2.6	As(V)/Fe　0.240	
HFO	8	3 514±157	As(III) 3.5	As(III)/Fe　0.310	
α-FeOOH	8	173±13	As(III) 2.0	As(III)/Fe　0.016	
Fe₃O₄	8	332±30	As(III) 2.2	As(III)/Fe　0.025	

参 考 文 献

Banerjee K, Amy G L, Prevost M, et al., 2008. Kinetic and thermodynamic aspects of adsorption of arsenic onto granular ferric hydroxide(GFH). Water Research, 42 (13): 3371-3378.

Barron V, Torrent J, 1996. Surface hydroxyl configuration of various crystal faces of hematite and goethite. Journal of Colloid and Interface Science, 177(2): 407-410.

Burchill G, Hayes M H B, Greenland D J, 1981. Adsorption//Greenland D J, Hayes M B. The Chemistry of Soil Processes. New York: Wiley.

Christl I, Kretzschmar R, 1999. Competitive sorption of copper and lead at the oxide-water interface: Implications for surface site density. Geochimica et Cosmochimica Acta, 63(19): 2929-2938.

Cornell R M, Schwertmann U, 2003. The iron oxides: Structure, properties, reactions, occurrences and uses. Berlin: Wiley-VCH.

Dixit S, Hering J G, 2003. Comparison of arsenic(V) and arsenic(III) sorption onto iron oxide minerals: Implications for arsenic mobility. Environmental Science & Technology, 37(18): 4182-4189.

Gao Y, Mucci A, 2001. Acid base reactions, phosphate and arsenate complexation, and their competitive adsorption at the surface of goethite in 0.7 M NaCl solution. Geochimica et Cosmochimica Acta, 65: 2361-2378.

Gu B, Schmitt J, Chen Z, et al., 1994. Adsorption and desorption of NOM on iron oxide: Mechanisms and models. Environmental Science & Technology, 28(1): 38-46.

Guo X, Zeng L, Li X, et al., 2008. Ammonium and potassium removal for anaerobically digested wastewater using natural clinoptilolite followed by membrane pretreatment. Journal of Hazardous materials, 151(1): 125-133.

Hiemstra T, Willem H V R, 2009. A surface structural model for ferrihydrite I: Sites related to primary charge, molar mass, and mass density. Geochimica et Cosmochimica Acta, 73(15): 4423-4436.

Hsi C K D, Langmuir D, 1985. Adsorption of uranyl onto ferric oxyhydroxides: Application of the complexation site-binding model. Geochimica et Cosmochimica Acta, 49(9): 1931-1941.

Leuz A K, Mönch H, Johnson C A, 2006. Sorption of Sb(III) and Sb(V) to goethite: Influence on Sb(III) oxidation and mobilization. Environmental Science & Technology, 40(23): 7277-7282.

Li J, Yang H, Li Q, et al., 2012. Enlarging the application of potassium titanate nanowires as titanium source for preparation of TiO_2 nanostructures with tunable phases. CrystEngComm, 14(9): 3019-3026.

Salazar-Camacho C, Villalobos M, 2010. Goethite surface reactivity: III. Unifying arsenate adsorption behavior through a variable crystal face: Site density model. Geochimica et Cosmochimica Acta, 74(8): 2249-2522.

Schwertmann U, Cornell R M, 1991. Iron oxides in the laboratory preparation and characterization. Hoboken: John Wiley & Sons.

Spark K M, Wells J D, Johnson B B, 1997. The interaction of a humic acid with heavy metals. Australian Journal of Soil Research, 35(1): 89-102.

Sutton R, Sposito G, 2005. Molecular structure in soil humic substances: The new view. Environmental Science & Technology, 39(23): 9009-9015.

Yang H, Lu X, He M, 2018. Effect of organic matter on mobilization of antimony from nanocrystalline titanium dioxide. Environmental Technology, 39(12): 1515-1521.

Yates D E, Grieser F, Cooper R, et al., 1977. Tritium exchange studies on metal oxide colloidal dispersions. Australian Journal of Chemistry, 30(8): 1655-1660.

Zhang J, Stanforth R, 2005. Slow adsorption reaction between arsenic species and goethite (α-FeOOH): Diffusion or heterogenous surface reaction control. Langmuir, 21: 2895-2901.

Zhang Y, Charlet L, Schindler P W, 1992. Adsorption of protons, Fe(II) and Al(III) on lepidocrocite (γ-FeOOH). Colloids and Surfaces, 63(3-4): 259-268.

第 8 章 混凝法对 Sb(V)和 Sb(III)的
去除效果与机理

关于去除水体中的锑所采取的技术主要有三种：吸附法、膜处理法及混凝法。混凝法是一种高效率且相对低成本的净化水体中有毒物质的技术。在饮用水的净化系统中，铝盐或铁盐是最常用的两种混凝剂类型。此外，天然水中存在大量的化学物质成分，例如碳酸氢根、硫酸根、硅酸根等，这些成分都有可能影响目标去除物质（锑）的效果。本章主要介绍利用混凝法去除饮用水中 Sb(V)和 Sb(III)的效果、影响因素与机理。

8.1 混凝实验过程及方法

8.1.1 混凝法实验过程

由于铝盐和铁盐是水处理工厂中最常用的混凝剂，所以本节实验选取三氯化铁（ferric chloride，FC）和硫酸铝（aluminum sulfate，AS）作为混凝剂。混凝剂储存液摩尔浓度为 0.1 mol/L 的 Al^{3+} 和 0.1 mol/L 的 Fe^{3+}，均通过直接溶解 $Al_2(SO_4)_3 \cdot 18H_2O$ 和 $FeCl_3 \cdot 6H_2O$ 于去离子水中配制得到。混凝法中 Sb(V)储存液和 Sb(III)储存液质量浓度均为 100 mg/L。Sb(V)储存液是将焦锑酸钾 $KSb(OH)_6$ 溶于去离子水中配制得到，Sb(III)储存液是将 Sb_2O_3 溶解于 2 mol/L 的 HCl 配制得到。将一定量 Sb(V)或 Sb(III)加到去离子水中，得到不同浓度梯度的含锑合成测试水。虽然高碱度会对混凝法去除锑造成一定影响，但为了模拟天然水碱度，在测试水中仍然加入 4.0×10^{-3} mol/L 的 $NaHCO_3$。

混凝法烧杯实验通过六联机械搅拌器的程序（中国国华电器公司，JJ-4A）来控制。将 500 mL 的实验测试水加入 1 000 mL 烧杯中。控制搅拌速度为 140 r/min，在这种快速搅拌过程中，加入一定量的混凝剂（混凝剂剂量：Al^{3+} 或 Fe^{3+} 摩尔浓度为 $1 \times 10^{-4} \sim 10 \times 10^{-4}$ mol/L）。通过滴加 0.1 mol/L 的 HCl 或 0.1 mol/L 的 NaOH 来调节测试水的 pH。在 3 min 快速搅拌后，将搅拌速度调低到 40 r/min，并持续慢速搅拌 20 min。然后，静置 30 min，使沉淀与上清液分离。取出 50 mL 上清液，通过 0.45 μm 的微孔滤膜过滤。上清液残余锑浓度通过 HG-AFS 测定。所有混凝实验在室温 25℃±1℃中进行，每个样品都做两三个平行。

8.1.2 不同实验条件对混凝法去除锑的影响

1. pH 和锑初始浓度

三氯化铁和硫酸铝在混凝法中去除锑的最佳 pH：pH 的研究范围为 4～10，实验测试水中所含 Sb(V) 和 Sb(III) 的初始质量浓度均为 50 μg/L，并比较混凝剂两个剂量（Al^{3+} 或 Fe^{3+} 摩尔浓度分别为 1×10^{-4} mol/L 和 3×10^{-4} mol/L）下 pH 对锑的去除率的影响。

锑初始浓度对去除率影响：Sb(V) 和 Sb(III) 的初始质量浓度分别为 50 μg/L、100 μg/L 和 500 μg/L，混凝剂的剂量范围为 2×10^{-4}～10×10^{-4} mol/L 的 Fe(III)，比较两个典型的 pH（6.0 ± 0.2 和 7.8 ± 0.2）下锑初始浓度对去除率的影响。

2. 干扰离子

为了研究碳酸氢根、硫酸根、硅酸根在中性条件（pH＝7.0 ± 0.2）下对混凝法去除锑的影响，混凝法实验分别在含有以下浓度范围竞争离子测试水中进行：碳酸氢根（0～8×10^{-3} mol/L）、硫酸根（0～300 mg/L）、硅酸根（0～10 mg/L）。并且混凝剂剂量设置为 2×10^{-4} mol/L 和 4×10^{-4} mol/L 的 Fe(III)。考虑磷酸根和腐殖酸对锑的去除可能有严重的影响，在 2 个典型 pH（6.0 ± 0.2 和 7.5 ± 0.2）和 5 个 Fe(III) 混凝剂量（2×10^{-4}～10×10^{-4} mol/L），研究 3 个干扰离子浓度（P 浓度为 0 mg/L、0.5 mg/L 和 1 mg/L），腐殖酸浓度（用含碳量 C 表示为 0 mg/L、2 mg/L 和 4 mg/L）对锑的去除影响。

8.1.3 纯无定形铁和载锑无定形铁的合成

设计初始摩尔浓度分别为 2.5×10^{-4} mol/L 的 Sb(III) 和 7×10^{-4} mol/L 的 Sb(V)，通过 FC 混凝法实验分别得到载 Sb(III) 和载 Sb(V) 的无定形铁（三氯化铁水解后产物）污泥样品。该样品中锑浓度比饮用水中锑浓度高得多，这是为了保证 XRD 能够检测到 Sb(III) 和 Sb(V) 与 HFO 反应后可能形成的新结晶相（锑质量占样品总质量的 1% 才能被检测到），同时，也是为得到检测所需要 XRD 样品质量（需要约 0.1 g 样品），混凝法规模从 500 mL 扩大到 3 L Sb(III) 和 2 L Sb(V)，且混凝剂剂量提高到 Sb(III) 6.67×10^{-4} mol/L 和 Sb(V) 2×10^{-3} mol/L。通过直接添加 FC 混凝剂到不含锑的测试水中，得到纯 HFO 沉淀。样品淤泥通过沉淀和离心得到，并通过去离子水洗涤后冷冻干燥，用于 XRD 测定。

8.2 pH 对 Sb(V) 和 Sb(III) 去除的影响

8.2.1 三氯化铁对 Sb(V) 和 Sb(III) 的去除

pH 对混凝法去除饮用水中 Sb(V) 和 Sb(III) 的影响分别见图 8.1（三氯化铁）和图 8.2（硫酸铝）。在三氯化铁（FC）混凝法除锑的实验中，当 pH<4 时，Sb(V) 的去除率非常低。当 pH 为 4 时，两个 FC 剂量（1×10^{-4} mol/L 和 3×10^{-4} mol/L Fe(III)）对 Sb(V) 的去除率

仅为 20%~34%。当 pH>4 时，Sb(V)的去除率迅速上升，并可见 pH 4.5~5.5 是 FC 去除 Sb(V)的最佳 pH 范围。在该范围内，Sb(V)的去除率能达到 90%，使最终得到的水中锑浓度达到我国《生活饮用水卫生标准》(GB 5749—2022)(≤5 μg/L)。当 pH 从 5.5 继续升高时，锑的去除率开始持续下降，到 pH 为 10 时，已经没有任何去除效果。本小节结果与 Kang 等（2003）报道的结果一致，即 pH 从 5 升高到 10 时，利用氯化铁去除锑的效率持续下降。该研究中，预氯化的处理可能使 Sb(V)（原来含 4~6 μg/L 的 SbCl$_3$ 或 Sb$_2$O$_3$）成为被污染的水库和河流中的锑的主要存在形式。

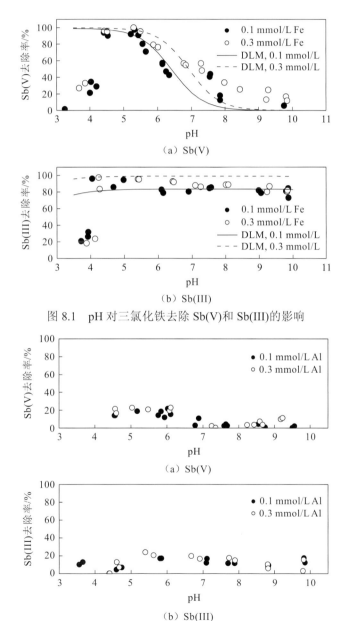

（a）Sb(V)

（b）Sb(III)

图 8.1　pH 对三氯化铁去除 Sb(V)和 Sb(III)的影响

（a）Sb(V)

（b）Sb(III)

图 8.2　pH 对硫酸铝去除 Sb(V)和 Sb(III)的影响

利用 FC 去除饮用水中的 Sb(III)与去除 Sb(V)的趋势部分相似：当 pH<4 时，Sb(III)去除率很低，但是当 pH 为 4 时，去除率突然升高，似乎 pH 4 是去除锑的一个突变点。但是与 FC 去除 Sb(V)得到的狭小最佳 pH 范围相反，Sb(III)去除率在 pH 4~10 都很高。本小节结果也与 Kang 等（2003）的实验结果相似，即利用三氯化铁去除天然水体低浓度 Sb(III)与 pH 相关性较弱。另外，较高铁剂量（0.3 mmol/L Fe）比低剂量（0.1 mmol/L Fe）去除锑的效果好。

另外，图 8.1 中的实线和虚线分别是在 0.1 mmol/L 和 0.3 mmol/L 的铁剂量下，用扩散层模型（diffuse-layer model，DLM）预测 pH 对 Sb(V)和 Sb(III)去除率的影响趋势，下面将对混凝法机理进行具体阐述。

8.2.2 硫酸铝对 Sb(V)和 Sb(III)的去除

与三氯化铁（FC）高效率除锑的效果相比，硫酸铝（AS）去除锑的效果非常差。尽管 pH 对 AS 和 FC 去除 Sb(V)的影响趋势有一些相似，但是前者的去除率相当低。在去除锑的最佳 pH 4.5~6.0 时，AS 对 Sb(V)的去除率仅为 20%，并且当 pH 接近 7 时，几乎没有任何去除效果。这表明，在实际的污水处理厂中，利用硫酸铝作为混凝剂去除 Sb(V)是完全不可行的。与 AS 去除 Sb(V)的低效率相似，AS 去除 Sb(III)也完全无效。在整个 pH 4~10 的范围内，AS 对 Sb(III)的去除率不超过 25%。Kang 等（2003）比较了聚合硫酸铝与三氯化铁去除低浓度的锑（锑的初始质量浓度为 4~6 μg/L）的效果，实验结果与本节结果相似：聚合硫酸铝去除 Sb(V)和 Sb(III)的效果都不如三氯化铁好。因此，后面的混凝实验（包括不同锑初始浓度、混凝剂剂量及干扰离子的影响）均使用三氯化铁。

8.3 锑初始浓度与铁剂量对 Sb(V)和 Sb(III)去除的影响

8.3.1 Sb(V)初始浓度与铁剂量对 Sb(V)去除的影响

图 8.3 和图 8.4 分别显示了不同铁剂量和锑初始浓度对混凝去除 Sb(V)和 Sb(III)的影响。铁剂量范围是 2×10^{-4}~10×10^{-4} mol/L Fe(III)，并且考虑了 3 个锑初始质量浓度（50 μg/L、100 μg/L、500 μg/L Sb(V)或 Sb(III)）和 2 个典型的 pH（6.0±0.2 和 7.8±0.2）。

当 pH 为 6.0±0.2 时[图 8.3（a）]，2×10^{-4} mol/L 的 Fe(III)使三个锑初始浓度下的 Sb(V)去除率都在 50%~55%。当铁剂量增加到 6×10^{-4} mol/L 时，Sb(V)的去除率几乎线性升高；当 Fe(III)摩尔浓度为 6×10^{-4} mol/L 时，加入 49.2 μg/L 的 Sb(V)，可以达到 99% 的去除率，加入 100 μg/L 和 500 μg/L 的 Sb(V)，可以得到 89%~90%的去除率。当铁剂量增加到 8×10^{-4} mol/L 时，Sb(V)去除率为 96%~98%，几乎达到平衡。当铁剂量增加到 10×10^{-4} mol/L 时，剩余 Sb(V)浓度已经相当低（表 8.1）：三个锑初始质量浓度（50 μg/L、100 μg/L、500 μg/L Sb(V)）下，剩余锑质量浓度分别为 0 μg/L、2.9 μg/L 和 8.2 μg/L。

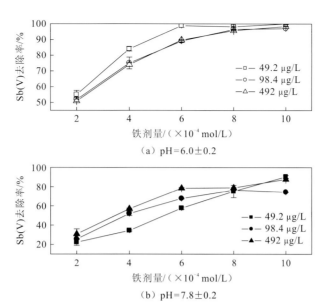

（a）pH=6.0±0.2

（b）pH=7.8±0.2

图 8.3　不同的铁剂量和锑初始浓度对混凝去除 Sb(V)的影响

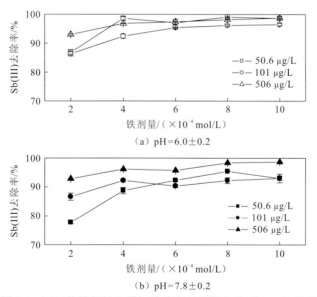

（a）pH=6.0±0.2

（b）pH=7.8±0.2

图 8.4　不同的铁剂量和锑初始浓度对混凝去除 Sb(III)的影响

表 8.1　不同锑初始浓度和不同的铁剂量混凝处理后剩余的 Sb(V)浓度　　（单位：μg/L）

条件	FC 剂量 /（×10⁻⁴ mol/L）	Sb(V)初始质量浓度		
		49.2	98.4	492
弱酸 pH（6.0±0.2）	2	22.1±1.1	47.7±1.4	241±5.8
	4	7.8±0.7	24.8±3.8	128±5.7
	6	0.7±0.6	10.8±0.9	50.5±1.4
	8	0.9±0.3	3.5±0.1	21.2±1.4
	10	未检出	2.9±0.02	8.2±1.0

条件	FC 剂量 / (×10⁻⁴ mol/L)	Sb(V)初始质量浓度		
		49.2	98.4	492
弱碱 pH (7.8±0.2)	2	38.3±1.6	73.2±0.5	341±25.9
	4	32.3±0.3	47.3±2.0	212±3.1
	6	20.8±0.6	31.8±0.5	106±3.6
	8	12.2±3.2	23.2±0.2	104±2.4
	10	4.7±0.4	25.1±0.2	60.0±4.1

在弱碱性条件下（pH=7.8±0.2），当铁剂量从 $2×10^{-4}$ mol/L 增加到 $10×10^{-4}$ mol/L，Sb(V)去除率在整个铁剂量范围内几乎线性升高。比较图 8.3（a）和（b），可以看出弱酸性条件比弱碱性条件更利于去除 Sb(V)。例如，在弱碱性条件下，加入 $2×10^{-4}$ mol/L Fe(III)，3 个 Sb(V)初始浓度下去除率仅为 20%～30%；即使用 $10×10^{-4}$ mol/L 的铁盐处理初始锑质量浓度为 500 μg/L 的水，剩余的 Sb(V)质量浓度仍然能达到 60 μg/L。

8.3.2 Sb(III)初始浓度与铁剂量对 Sb(III)去除的影响

比较图 8.3 和图 8.4 可知，三氯化铁去除 Sb(III)比去除 Sb(V)更有效。当加入 $2×10^{-4}$ mol/L 的 Fe(III)，三个初始浓度下 Sb(III)的去除率分别在 86%～93%（pH=6.0±0.2）和 80%～93%（pH=7.8±0.2）变化。在同样初始锑浓度和铁剂量下，Sb(III)比 Sb(V)的去除率明显高得多。并且，不考虑测试水中 Sb(III)的初始浓度，当铁剂量达到 $4×10^{-4}$ mol/L 时，出水水质就能达到饮用水的标准（剩余的 Sb(III)浓度见表 8.2）。需要注意的是，不同的锑初始浓度对锑（两种价态）的去除率影响并不大。在低初始浓度下，处理后的水中剩余的锑更少（表 8.1 和表 8.2）。

表 8.2 不同锑初始浓度和不同铁剂量混凝处理后剩余的 Sb(III)浓度 （单位：μg/L）

条件	FC 剂量 / (×10⁻⁴ mol/L)	Sb(III)初始质量浓度		
		50.6	101	506
弱酸 (6.0±0.2)	2	6.6+0.3/-0.5	13.8±0.7	35.2±1.2
	4	0.7+0.3/-0.3	7.7±0.8	15.9±0.4
	6	1.5+1.1/-0.6	4.6±0.1	13.2±0.5
	8	0.5+0.1/-0.1	3.9±0.2	9.1±0.7
	10	0.7+0.2/-0.3	3.5±0.4	6.4±0.2
弱碱 (7.8±0.2)	2	11.3±0.3	13.5±1.3	36.1±0.1
	4	5.7±0.5	7.9±0.5	19.4±0.6
	6	3.9±0.1	9.8±0.6	21.5±0.4
	8	2.3±0.1	7.8±1.0	8.2±0.5
	10	3.5±0.4	7.1±0.7	6.5±0.2

8.4 干扰离子对 Sb(V)和 Sb(III)去除的影响

8.4.1 碳酸氢根的影响

在天然水体中，HCO_3^-/CO_3^{2-} 的摩尔浓度常常为 0.5×10^{-3}～8×10^{-3} mol/L（Villalobos et al.，2001），且在中性条件的水体中，HCO_3^- 是主要存在形式。图 8.5 所示为碳酸氢根对三氯化铁去除 Sb(III)和 Sb(V)的影响。当铁剂量为 2×10^{-4} mol/L 时，总体来看，即使碳酸氢根的摩尔浓度在 2～8 mmol/L 变化，Sb(III)的去除只受到很微小的影响[图 8.5（a）]；当铁剂量为 4×10^{-4} mol/L 时，干扰离子的影响就更小了。与之相反，HCO_3^- 的加入对 Sb(V)的去除有严重影响，并且随着干扰离子浓度升高，Sb(V)去除率有持续下降趋势[图 8.5（b）]。当没有碳酸氢根存在时，Sb(V)去除率在铁剂量为 2×10^{-4} mol/L 和 4×10^{-4} mol/L 时，分别为 80%和 87%；而当碳酸氢根的摩尔浓度升高到 4×10^{-3} mol/L 和 8×10^{-3} mol/L 时，Sb(V)去除率分别从 37%（2×10^{-4} mol/L 的铁剂量）和 63%（4×10^{-4} mol/L 的铁剂量）降到 28%和 45%。

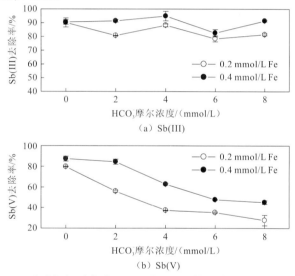

图 8.5 碳酸氢根对去除 Sb(III)和 Sb(V)的影响（两个铁剂量）

实验在中性条件下进行

8.4.2 硫酸根的影响

硫酸根质量浓度为 0～300 mg/L（图 8.6），高铁剂量比低铁剂量去除锑的效果更好（尤其是对 Sb(V)）。在两个铁剂量下，硫酸根对去除 Sb(III)的影响都很温和。当没有任何干扰离子存在时，Sb(III)的去除率为 95%～97%；即使硫酸根质量浓度升高到最高（300 mg/L）时，Sb(III)的去除率也能达到 87%。与碳酸氢根影响相似，在铁-混凝法去除 Sb(V)的体系中，硫酸根浓度升高使 Sb(V)去除效果受到严重影响，且持续下降。当铁剂量为 4×10^{-4} mol/L 时，Sb(V)的去除率从 93%（没有硫酸根存在）下降到 84%（硫酸根质量浓度为 300 mg/L）。并且，在较低的铁剂量下，这种影响效果更明显，Sb(V)去除率从 78%（没有硫酸根存在）下降到 60%（硫酸根质量浓度为 200 mg/L）。相比之下，硫酸根对铁-混凝法去除 Sb(V)的影响相对碳酸氢根小一些。

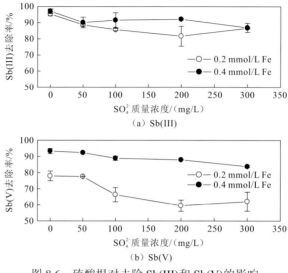

图 8.6　硫酸根对去除 Sb(III)和 Sb(V)的影响

实验在中性条件下进行

8.4.3　硅酸根的影响

图 8.7 所示为硅酸根对三氯化铁-混凝法去除 Sb(III)和 Sb(V)的影响。与前面的干扰离子影响 Sb(III)的结果相似，在硅酸根存在下，Sb(III)去除保持着非常高的效率，显示出硅酸根对 Sb(III)的去除没有影响。然而，与碳酸氢根和硫酸根对 Sb(V)的去除严重影响不同，硅酸根对 Sb(V)去除率影响很小。如图 8.7 所示，在整个硅酸根浓度范围（0～10 mg/L）内，两种形态锑去除率都比较稳定，分别能得到 86%～97%的 Sb(III)去除率和 86%～95%的 Sb(V)去除率。

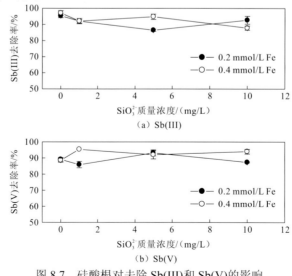

图 8.7　硅酸根对去除 Sb(III)和 Sb(V)的影响

实验在中性条件下进行

8.4.4 磷酸根的影响

1. 磷酸根对 Sb(III) 去除的影响

图 8.8 所示为在弱酸和弱碱条件下，磷酸根对铁-混凝法去除 Sb(III) 的影响。在铁剂量为 2×10^{-4} mol/L 和 4×10^{-4} mol/L 时，磷酸根对 Sb(III) 去除的影响很大，并且随着磷浓度升高，Sb(III) 去除率降低。具体来说，在铁剂量为 2×10^{-4} mol/L 时的弱酸条件（pH=6.0 ± 0.2）下，Sb(III) 去除率从 93%（没有磷酸根存在）降到 88%（磷酸根质量浓度 0.5 mg/L）和 75%（磷酸根质量浓度为 1.0 mg/L）；而当 pH=7.5 ± 0.2 时，相同铁剂量和磷酸根范围下，Sb(III) 去除率从 95% 降到 92% 和 84%。随着铁剂量增到 8×10^{-4} mol/L（弱酸）或 6×10^{-4} mol/L（弱碱）时，磷酸根对去除 Sb(III) 的影响变得可以忽略。总的来说，在三个磷酸根浓度下，Sb(III) 的去除率随着铁剂量增加而提高，直到达到平衡。当吸附反应达到平衡时，在两个 pH 下的 Sb(III) 去除率都能接近或者超过 95%，使出水水质中锑浓度小于或接近我国《生活饮用水卫生标准》（GB 5749—2022）对锑的最大限制浓度（5 μg/L）。

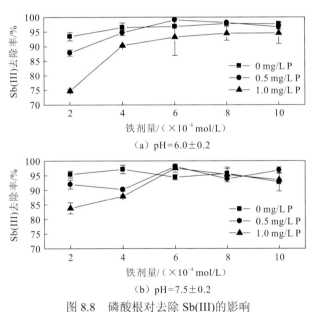

图 8.8　磷酸根对去除 Sb(III) 的影响

2. 磷酸根对 Sb(V) 去除的影响

与 Sb(III) 的情况相似，在较低的铁剂量（2×10^{-4} mol/L 和 4×10^{-4} mol/L）下，Sb(V) 的去除也受到磷酸根的严重干扰（图 8.9）。具体来说，在弱酸条件下，没有磷酸根时 Sb(V) 去除率在铁剂量为 2×10^{-4} mol/L 和 4×10^{-4} mol/L 时分别为 92% 和 96%；而当磷酸根质量浓度为 1.0 mg/L 时，两个铁剂量下的 Sb(V) 的去除率分别为 82% 和 90%。与弱酸情况相比，在弱碱条件下，磷酸根的存在导致 Sb(V) 去除效果更差。例如，当 pH=7.5 ± 0.2 时，1.0 mg/L 的磷酸根能将 Sb(V) 的去除率从 84%（2×10^{-4} mol/L 的铁剂量）和 80%（4×10^{-4} mol/L 的铁剂量）降低到 63% 和 75%。

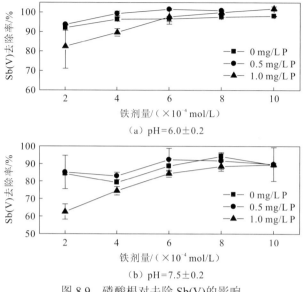

（a）pH=6.0±0.2

（b）pH=7.5±0.2

图 8.9　磷酸根对去除 Sb(V)的影响

8.4.5　腐殖酸的影响

1. 腐殖酸对 Sb(III)去除的影响

图 8.10 所示为腐殖酸对三氯化铁-混凝法去除 Sb(III)的影响。在弱酸性条件下，除了腐殖酸为 4 mg C/L（铁剂量为 2×10^{-4} mol/L）时的 Sb(III)去除率降低到 75%，其他腐殖酸浓度对 Sb(III)的去除影响都很小，出水水质能够达到我国《生活饮用水卫生标准》（GB 5749—2022）对锑的浓度限制标准。而在弱碱性条件下，腐殖酸对 Sb(III)去除的影响非常大（尤其是在低铁剂量下）。例如，当铁剂量为 2×10^{-4} mol/L 和 4×10^{-4} mol/L

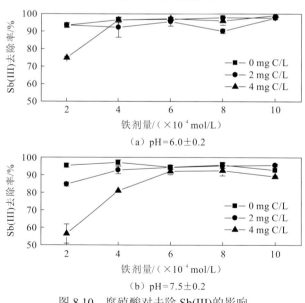

（a）pH=6.0±0.2

（b）pH=7.5±0.2

图 8.10　腐殖酸对去除 Sb(III)的影响

时，Sb(III)的去除率从 95%～97%（没有腐殖酸）降到 56%和 81%（腐殖酸质量浓度为 4 mg C/L）。与磷酸根对 Sb(III)的去除情况相似，当铁剂量增加到 $6×10^{-4}$ mol/L 时，腐殖酸对锑的去除影响变得很小，能够得到较高的 Sb(III)去除率。

2. 腐殖酸对 Sb(V)去除的影响

图 8.11 所示为腐殖酸对三氯化铁-混凝法去除 Sb(V)的影响。当 pH=6.0±0.2 时，腐殖酸仅在铁剂量为 $2×10^{-4}$ mol/L 时有影响，并且随着铁剂量增加，腐殖酸对去除 Sb(V)的影响可忽略。与之相反，在弱碱性条件下，腐殖酸干扰 Sb(V)的去除率非常显著。具体来说，在弱碱性条件下，铁剂量为 $2×10^{-4}$ mol/L 时，2 mg C/L 和 4 mg C/L 腐殖酸能将 Sb(V)去除率从 95%分别降低到 74%和 58%；当铁剂量增加到 $4×10^{-4}$ mol/L 时，Sb(V)去除率能达到 80%～87%；当铁剂量增加到 $6×10^{-4}$ mol/L 时，Sb(V)去除率能达到 91%～94%。这表明腐殖酸的存在使 Sb(V)去除效果在弱酸性条件下比弱碱性条件下更好。

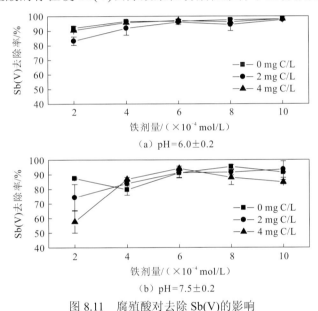

图 8.11　腐殖酸对去除 Sb(V)的影响

8.4.6　复合干扰离子的影响

为了确定三氯化铁-混凝法对有背景离子饮用水源的锑去除效果，加入一定浓度的天然水环境中常见的阴离子和阳离子得到实验所用的合成水（具体成分见表 8.3）。图 8.12 为在 Sb(V)和 Sb(III)的初始质量浓度约为 100 μg/L 时，Sb(V)和 Sb(III)的去除率作为铁剂量的函数图（铁剂量在 $2×10^{-4}$～$10×10^{-4}$ mol/L 变化）。当铁剂量为 $2×10^{-4}$ mol/L 时，Sb(III)去除率是 66%，充分地反映了饮用水中常见的阴离子对去除锑的干扰（尤其是磷酸根和腐殖酸）。随着铁剂量增加到 $4×10^{-4}$ mol/L 或者更高时，Sb(III)去除率能接近或达到 90%以上。但合成水成分对 Sb(V)的去除干扰很大，在铁剂量为 $2×10^{-4}$ mol/L 和 $4×10^{-4}$ mol/L 时，Sb(V)去除率仅仅为 27%和 54%，即使铁剂量增加到 $8×10^{-4}$ mol/L，Sb(V)去除率也只有 72%。

表 8.3　实验合成水的组成成分的质量浓度

HCO_3^-/（mmol/L）	SO_4^{2-}/（mg/L）	Si^{4+}/（mg/L）	PO_4^{3-}/（mg/L）	Ca^{2+}/（mg/L）	Mg^{2+}/（mg/L）	HA/（mg C/L）
4	100	5	0.5	100	40	2

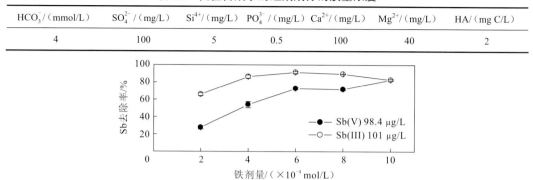

图 8.12　不同剂量的三氯化铁去除合成水中的 Sb(V)和 Sb(III)

8.5　铁-混凝法去除 Sb(V)和 Sb(III)的影响因素与机理

8.5.1　干扰离子对 Sb(V)去除的影响

正如所预料的，碳酸氢根、硫酸根和磷酸根的存在极大地降低了铁-混凝法去除 Sb(V)的效率。碳酸氢根可能会与 Sb(V)竞争无定形铁（HFO，在混凝过程中水解形成的产物）的表面吸附位点。并且，铁氧化物（如针铁矿 α-FeOOH）吸附碳酸氢根的机理已经通过红外光谱和量子化学计算研究过，这些研究表明针铁矿表面与碳酸根可能通过单齿单核或双齿双核内源化合物形式络合（Wijnja et al.，2001；Villalobos et al.，2001）。因此，随着碳酸氢根的增加，铁-混凝法对 Sb(V)的去除率急剧下降的原因可以归结为 Sb(V)与碳酸根共同竞争 HFO 表面的吸附位点。另外，硫酸根与铁氧化物表面也可以形成内源化合物，并且已经有证据证明是通过双齿或单齿架桥形成（Paul et al.，2006，2005），这正好解释了硫酸根对铁-混凝法去除 Sb(V)严重的负面影响。

磷和锑有着相似的原子结构和化学特征。它们的原子序数分别为 15 和 51，有着同样的外层电子分布 s^2p^3。磷还常常与其他的阴离子（如水环境或生物环境中的砷）竞争（Roberts et al.，2004；Smedley et al.，2002）。与砷相似，锑也可能通过内源化合物的方式吸附到 HFO 或其他铁氧化物的表面，但是现在仍然缺乏直接的证据证明（如 HFO 吸附锑的 EXAFS 光谱）。磷酸根能严重干扰 Sb(V)的去除，原因可能是磷酸根能部分占领 HFO 表面的羟基，从而形成某一具体形式的内源化合物（Kwon et al.，2004）。之前的研究发现，残留在铁-混凝法系统中的硅酸根通过离解水合氧化铁沉淀，会严重降低 As(V)和 As(III)的去除率（Meng et al.，2002）。在本节研究中，硅酸根的存在对三氯化铁-混凝法去除 Sb(V)和 Sb(III)几乎没有影响，可能是因为实验中的硅酸根浓度比较低，并且铁剂量相对较高，所以没有观察到 HFO 沉淀的解离。

实验结果显示，腐殖酸的存在也能严重地降低 Sb(V)的去除率，可能存在两个原因。第一，尽管共存的腐殖酸分子没有确定的大小和化学特征，但是它们能通过专性特征反应（如表面络合反应）或者相对较弱的键间反应（如静电吸引）强烈地被吸附在 HFO 表面（Gu et al., 1994）。HFO 表面原本用于结合锑的一部分吸附位点，很有可能被腐殖酸的超大分子遮挡，或者被腐殖酸本身带有的功能基团所占领（如—COOH）。第二，溶解在水中的腐殖酸也可能吸附锑（Buschmann et al., 2004），提高锑的溶解度，从而降低锑的去除效率。

8.5.2 干扰离子对 Sb(III)去除的影响

实验结果表明，碳酸氢根、硅酸根和硫酸根等干扰离子对铁-混凝法中所形成的 HFO 的吸附力相对较弱。这些离子对去除 Sb(III)的影响很小，甚至可以忽略。磷酸根和腐殖酸对 HFO 有着强烈的吸附作用或吸附反应，在铁剂量相对较低的情况下（如 $2×10^{-4}$ mol/L 和 $4×10^{-4}$ mol/L），P 和腐殖酸能使 Sb(III)的去除率降低。当铁剂量增加到 $6×10^{-4}$ mol/L 时，即使有磷酸根和腐殖酸的存在，Sb(III)的去除率仍然很高。在含多种常见干扰离子的测试水中，Sb(III)的去除率也比较高。并且，Sb(III)的去除在一个广泛 pH 范围内都有高效率。Guo 等（2009）研究也显示，即使在含高浓度锑（5 000 μg/L）的工业废水中，当铁剂量达到 $8×10^{-4}$ mol/L 时，Sb(III) 的去除率也能达到 90%。

在以前的研究中，干扰离子的存在将会导致铁-混凝法去除 As(III)变得比较困难，与之不同的是，Sb(III)在干扰离子影响下仍然能得到高去除率（Meng et al., 2002；Hering et al., 1997）。例如，在文献中所述实验条件下，加入 40 mg/L 的硫酸根就能将 As(III) 的去除率从 80%降低到 35%（Hering et al., 1997）。磷酸根、硅酸根和碳酸根也能显著降低铁氧化物对 As(III)的去除率（Meng et al., 2002）。而 Sb(III)相较于 As(III)更好去除，可能是因为两方面：一方面，Sb(III)/HFO 的内在表面络合常数比 As(III)/HFO 更高；另一方面，元素锑在 VA 族的第 5 周期，表现出金属性，这有利于 Sb(III)与 HFO 在溶液中以沉淀形式结合。

8.5.3 铁-混凝法去除 Sb(III)和 Sb(V)的机理

在混凝法过程中，溶解的 Sb(III)或 Sb(V)转换成不溶解的产物，可能包括的机理有：直接沉淀（direct precipitation）、吸附（adsorption）（吸附是主要的形式）和共沉淀（co-precipitation）。

直接沉淀是指污染物的浓度超过了溶度积（solubility product）而不能溶解。在实验中，它是指在铁-混凝法过程中，Sb(V)形成了 $FeSbO_4$ 或者 Sb(III)形成了 $FeSbO_3$ 和 Sb_2O_3。直接沉淀的机理可以不用考虑，原因有两方面。一方面，在载 Sb(III)-或 Sb(V)-无定形铁（Sb(III)- or Sb(V)-loaded HFO）的 XRD 图（图 8.13）中没有尖锐的峰，意味着没有形成新晶体相。另一方面，如果在去除锑过程中产生了直接沉淀，按照溶度积常数原则，混凝法处理后测定水中剩余锑浓度应该都是一样浓度范围且非常低，而实验中不同条件下得到的出水中剩余锑浓度非常不同。例如，锑初始浓度高并且实验条件不利于锑的去除（存在干扰离子、非最优 pH 条件）时，锑的剩余浓度就比较高。因此，XRD 图和溶液化学都表明混凝法去除锑的过程中直接沉淀是次要原因。

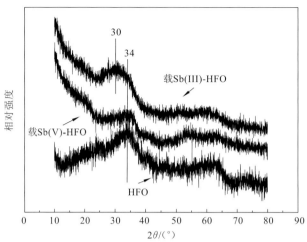

图 8.13　三氯化铁-混凝法过程中形成的纯无定形铁、载 Sb(III)-无定形铁、
载 Sb(V)-无定形铁的 XRD 图

混凝法去除 Sb(III) 和 Sb(V) 过程中，当不考虑直接沉淀和共沉淀的可能性时，采用吸附模型预测混凝效果可能会得到比较满意的结果。因此，利用内源化合物表面络合模型 DLM 来描述混凝过程中产生的无定形铁（HFO）对 Sb(III) 和 Sb(V) 的吸附。具体吸附反应过程见如下方程，其中 $\equiv$FeOH 表示无定形铁表面的羟基：

$$\equiv\text{FeOH} + \text{Sb(OH)}_3 \rightleftharpoons \equiv\text{FeOSb(OH)}_2 + \text{H}_2\text{O} \qquad \lg K_1 \text{ 在 DLM 中进行优化} \qquad (8.1)$$

$$\equiv\text{FeOH} + \text{Sb(OH)}_6^- \rightleftharpoons \equiv\text{FeOSb(OH)}_5^- + \text{H}_2\text{O} \qquad \lg K_2 \text{ 在 DLM 中进行优化} \qquad (8.2)$$

酸碱的表面羟基反应可以通过如下方程来描述：

$$\equiv\text{FeOH} + \text{H}^+ \rightleftharpoons \equiv\text{FeOH}_2^+ \qquad \lg K_3 = 7.29 \qquad (8.3)$$

$$\equiv\text{FeOH} \rightleftharpoons \equiv\text{FeO}^- + \text{H}^+ \qquad \lg K_4 = -8.93 \qquad (8.4)$$

将式（8.1）或式（8.2），以及式（8.3）和式（8.4）输入 Visual MINTEQ 程序中，将 pH 对铁-混凝法去除 Sb(III) 和 Sb(V) 的影响通过 DLM 进行拟合。如图 8.1 所示，利用 DLM 能够很好地预测铁-混凝法去除 Sb(III) 和 Sb(V) 的实验结果，并且产生了内表面络合常数（intrinsic surface complexation constants）$\lg K$，Sb(III)/HFO 络合物的 $\lg K_1$ 和 Sb(V)/HFO 络合物的 $\lg K_2$ 分别为 5.7 和 3.1。从拟合结果可以看出，实验曲线和拟合曲线有着很好的一致性，说明在不同的 pH 和混凝剂量下，DLM 可以较好地解释和预测混凝法除锑的过程。然而，在某些 pH 条件下，理论模型和实际的实验数据仍然有一些差异。例如，当 pH<4 时，三氯化铁形成的沉淀较少，导致 Sb(III) 和 Sb(V) 去除率非常低，相反，DLM 预测的是大部分锑能够去除。并且，当 pH>7 时，Fe 剂量为 0.3 mmol/L 的条件下，DLM 能很好地描述 Sb(III) 的去除，但低估了 Sb(V) 的去除率。产生这种差异的原因显然是：DLM 的假设条件是在一个广泛 pH 范围下，反应体系中的固体浓度是一定的，体系中固体具有稳定比表面积和表面吸附位点，而实际混凝法过程中，在不同 pH 下，这三个参数都是变化的。

混凝法中的吸附除了表面吸附，还包括内吸附。表面吸附主要是痕量元素（如锑）停留在 HFO 纳米晶体的外表面。内吸附是痕量元素并入固相 HFO 的内表面，内表面包括：晶体位错处（crystal dislocations）、晶体层（crystal layers）、晶体间的边界（inter-crystalline borders）。内吸附是不同于普通吸附（表面吸附）的吸附形式（Salbu et al.，1995）。

共沉淀广泛存在于痕量金属的去除中，例如利用铁-混凝法去除水中的痕量金属的过程中（Kurniawan et al.，2006）。具体来说，在铁-混凝法去除锑的过程中，随着无定形铁絮花（HFO，或者是 two-line ferrihydrite）的增长，Sb(III)或者 Sb(V)被并入 HFO 中可能通过 4 种机制：同晶置代（isomorphous incorporation）、异晶置代（anomalous replacement）、表面吸附（surface adsorption）和内吸附（internal adsorption）。对于前两种情况，痕量的金属污染物均匀地沉淀在 HFO 固相中，不依靠混凝法处理过程中的外界条件的变化而变化（外界条件包括：过量的锑污染水平、pH、干扰离子的存在等）。对于后两种情况，痕量的金属污染物被吸附到 HFO 的内部或表面，强烈地依靠外界条件（存在吸附位点的竞争）。共沉淀中的同晶置代和异晶置代的区别是：在混凝法中，同晶置代去除污染物的效率不依靠 Fe/Sb 的浓度比，而异晶置代却与铁剂量相关，这是在 HFO 固相形成过程中污染物质（锑）与无定形铁之间有限的可混合性造成的。

由于 Sb^{3+}（0.076 nm）的离子半径比 Fe^{3+}（0.064 nm）相对更大，Sb(III)更可能是通过异晶置代（而不是通过同晶置代）并入不断增长的短程有序的纳米 HFO 晶体中（HFO 含有 80%的八面体和 20%的四面体结构）（Michel et al.，2007）。很明显，由锑的取代而导致的 HFO 纳米晶体内部结构的变形或扭曲，会改变 HFO 的 XRD 图。如图 8.13 所示，混凝法所得到的载 Sb(III)-HFO 显示在 $2\theta = 30°$ 有一个宽的谱带，与实验室中合成的纯 HFO 样品的 XRD 图中的 $2\theta = 34°$ 的第一个峰的位置有明显的差异。由 XRD 图得到的载 Sb(III)-HFO 与纯 HFO 的差异，与前面提到的铁-混凝法去除 Sb(III)中有异晶置代的猜想一致。事实上，共沉淀机理（异晶置代）和吸附机理，能够很好地解释在各种外界条件（包括干扰离子影响、广泛适应 pH 变化、高锑初始浓度等）干扰下的 Sb(III)的高去除率。

与载 Sb(III)-HFO 不同，载 Sb(V)-HFO 与纯 HFO 样品的 XRD 图非常相似，都在 $2\theta = 34°$ 时有一个宽的谱带。XRD 图显示，在混凝过程中，Sb^{5+}在并入含 Fe^{3+}的八面体过程中，没有同晶置代或者异晶置代存在。因为共沉淀中的同晶置代或异晶置代，理论上只是存在于有同样的价态和相对较小的离子半径差异的可混合痕量元素之间。所以，铁-混凝法去除 Sb(V)的主要机理只归结于 Sb(V)在不断增长的 HFO 表面被吸附（包括内吸附和外吸附）。

由于 Sb(V)/HFO 的吸附络合常数（$\lg K_2 = 3.1$）比 Sb(III)/HFO（$\lg K_1 = 5.7$）小得多，三氯化铁更容易去除 Sb(III)。并且第 7 章的吸附实验结果也显示，在 pH=7 的条件下，通过 Langmuir 方程计算，Sb(V)在已经制备好的 HFO 表面的最大吸附量是 1 mol 铁吸附 0.07 mol 锑（0.07 mol Sb/mol Fe），而在混凝法中制备的 Sb(V)-HFO 沉淀 Sb/Fe 物质的量的比是 0.23（7×10^{-4} mol/L 的初始 Sb(V)浓度，2×10^{-3} mol/L 的铁剂量），远远大于同等条件下的 HFO 表面的最大吸附量。这表明 HFO 吸附 Sb(V)除了普通的外表面吸附，还包括在混凝过程中不断增长的 HFO 的内表面对 Sb(V)的内吸附，并且这种内吸附在铁-混凝法去除 Sb(V)的过程中有着重要的作用。另外，吸附容易受外界条件的影响，正好解释了在非最佳 pH 条件及干扰离子存在等外界条件下，Sb(V)的去除率急剧降低的原因。最后，通过 XRD 图没有观察到锑-铁之间有沉淀形成。但是砷能在 HFO-As(V)系统中形成砷酸铁表面沉淀已经通过 XRD 和拉曼光谱证明（Jia et al.，2006）。

参 考 文 献

Buschmann J, Sigg L, 2004. Antimony(III) binding to humic substances: Influence of pH and type of humic acid. Environmental Science & Technology, 38(17): 4535-4541.

Gu B, Schmitt J, Chen Z, et al., 1994. Adsorption and desorption of natural organic matter on iron oxide: Mechanisms and models. Environmental Science & Technology, 28(1): 38-46.

Guo X, Wu Z, He M, 2009. Removal of antimony(V) and antimony(III) from aqueous system by coagulation-flocculation-sedimentation(CFS). Water Research, 43(17): 4327-4335.

Hering J G, Chen P Y, Wilkie J A, et al., 1997. Arsenic removal from drinking water during coagulation. Journal of Environmental Engineering, 123(8): 800-807.

Jia Y, Xu L, Fang Z, et al., 2006. Observation of surface precipitation of arsenate on ferrihydrite. Environmental Science & Technology, 40(10): 3248-3253.

Kang M, Kameib T, Magarab Y, 2003. Comparing polyaluminum chloride and ferric chloride for antimony removal. Water Research, 37(17): 4171-4179.

Kurniawan T A, Chan G Y S, Lo W H, et al., 2006. Physico-chemical treatment techniques for wastewater laden with heavy metals. Chemical Engineering Journal, 118(1-2): 83-98.

Kwon K D, Kubicki J D, 2004. Molecular orbital theory study on surface complex structures of phosphates to iron hydroxides: Calculation of vibrational frequencies and adsorption energies. Langmuir, 20(21): 9249-9254.

Meng X, Korfiatis G P, Bang S, et al., 2002. Combined effects of anions on arsenic removal by iron hydroxides. Toxicology Letters, 133(1): 103-111.

Michel F M, Ehm L, Antao S M, et al., 2007. The structure of ferrihydrite, a nanocrystalline material. Science, 316(5832): 1726-1729.

Paul K W, Borda M J, Kubicki J D, et al., 2005. Effect of dehydration on sulfate coordination and speciation at the Fe-(hydr)oxide-water interface: A molecular orbital/density functional theory and Fourier transform infrared spectroscopic investigation. Langmuir, 21(24): 11071-11078.

Paul K W, Kubicki J D, Sparks D L, 2006. Quantum chemical calculations of sulfate adsorption at the Al- and Fe-(hydr)oxide-H_2O interface estimation of gibbs free energies. Environmental Science & Technology, 40(24): 7717-7724.

Roberts L C, Hug S J, Ruettimann T, et al., 2004. Arsenic removal with iron(II) and iron(III) in waters with high silicate and phosphate concentrations. Environmental Science & Technology, 38(1): 307-315.

Salbu B, Steiness E, 1995. Trace elements in natural waters. Boca Raton: CRC Press.

Smedley P L, Kinniburgh D G, 2002. A review of the source, behaviour and distribution of arsenic in natural waters. Applied Geochemistry, 17(5): 517-568.

Villalobos M, Leckie J O, 2001. Surface complexation modeling and FTIR study of carbonate adsorption to goethite. Journal of Colloid and Interface Science, 235(1): 15-32.

Wijnja H, Schulthess C P, 2001. Carbonate adsorption mechanism on goethite studied with ATR-FTIR, DRIFT, and proton coadsorption measurements. Soil Science Society of America Journal, 65(2): 324-330.

第 3 篇

铁锰介导的锑氧化
动力学过程和机理

第9章 Fe(II)与Sb(III)共氧化的影响和机理

在水环境中，Fe(III)可被光催化过程或微生物活动还原为Fe(II)，导致Fe(II)广泛存在于水环境中。在有氧环境中，Fe(II)可被氧气快速氧化产生多种活性物种并高效氧化Sb(III)（Leuz et al.，2006；Reinke et al.，1994）。然而，有研究发现，在溶解性有机质（DOM）存在下，Fe(II)的形态及其氧化动力学均会发生极大改变（Rose，2003；Seibig et al.，1997；Theis et al.，1974），不仅影响活性物种生成的速率、改变赋存浓度，进而改变Sb(III)的氧化动力学和反应机理。本章主要分析在不同DOM存在下Sb(III)和Fe(II)的共氧化过程，并揭示其共氧化机理。

9.1 Fe(II)与Sb(III)的共氧化过程

研究发现，在溶解氧存在的条件下，溶液中的Sb(III)和Fe(II)发生了共氧化，且两者氧化速率均符合伪一级反应动力学（图9.1和表9.1）。Fe(II)的氧化速率随pH升高而急剧增大，当pH为4时，Fe(II)的氧化速率常数为$9.72\times10^{-8}\ \mathrm{s^{-1}}$，而当pH为7时，其氧化速率常数升至$6.01\times10^{-4}\ \mathrm{s^{-1}}$；同样，随着pH的升高，Sb(III)的氧化速率也快速增加，氧化速率常数从pH为4时的$3.60\times10^{-7}\ \mathrm{s^{-1}}$上升到pH为7时的$5.57\times10^{-4}\ \mathrm{s^{-1}}$。当pH为4和5时，•OH掩蔽剂叔丁醇（TBA）可显著抑制Sb(III)的氧化，通过表9.1计算出pH为4和5时•OH对Sb(III)氧化的贡献率分别达到33.3%和38.7%；而当pH为6和7时，•OH对Sb(III)氧化的贡献率分别仅为6.4%和1.1%。上述结果表明，随着pH升高，•OH对Sb(III)氧化的贡献率逐渐下降，且除•OH外还有其他Sb(III)的氧化剂。

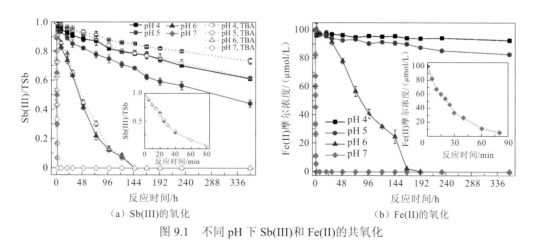

图9.1 不同pH下Sb(III)和Fe(II)的共氧化

[Sb(III)]=20 μmol/L，[Fe(II)]=100 μmol/L，Sb(III)/TSb为摩尔浓度比，后同

表 9.1　不同条件下 Sb(III)和 Fe(II)氧化的伪一级动力学反应速率常数　（单位：s^{-1}）

离子	条件	无配合物		草酸		乙二胺四乙酸（EDTA）		腐殖酸	
		均值	标准差	均值	标准差	均值	标准差	均值	标准差
Sb(III)	pH 3	—	—	—	—	1.25×10^{-3}	2.71×10^{-5}	9.16×10^{-6}	1.18×10^{-6}
	pH 3，TBA	—	—	—	—	7.75×10^{-5}	1.53×10^{-5}	5.00×10^{-6}	0
	pH 4	3.60×10^{-7}	0	2.83×10^{-5}	0	1.36×10^{-3}	1.53×10^{-5}	4.84×10^{-4}	1.77×10^{-5}
	pH 4，TBA	2.40×10^{-7}	2.00×10^{-8}	1.16×10^{-6}	2.40×10^{-7}	1.16×10^{-4}	2.24×10^{-5}	1.65×10^{-4}	2.36×10^{-6}
	pH 5	6.20×10^{-7}	4.00×10^{-8}	6.00×10^{-5}	0	5.37×10^{-4}	2.36×10^{-6}	5.83×10^{-5}	2.36×10^{-6}
	pH 5，TBA	3.80×10^{-7}	2.00×10^{-8}	3.34×10^{-6}	0	5.46×10^{-4}	1.77×10^{-5}	5.83×10^{-5}	0
	pH 6	5.94×10^{-6}	3.00×10^{-7}	3.83×10^{-5}	0	9.70×10^{-4}	8.01×10^{-5}	1.35×10^{-4}	4.72×10^{-6}
	pH 6，TBA	5.56×10^{-6}	8.00×10^{-8}	2.42×10^{-5}	1.18×10^{-6}	8.93×10^{-4}	3.54×10^{-5}	1.28×10^{-4}	4.72×10^{-6}
	pH 7	5.57×10^{-4}	2.59×10^{-5}	7.21×10^{-4}	5.07×10^{-5}	2.68×10^{-3}	8.37×10^{-5}	—	—
	pH 7，TBA	5.51×10^{-4}	3.54×10^{-6}	6.39×10^{-4}	8.24×10^{-6}	2.21×10^{-3}	1.18×10^{-5}	—	—
Fe(II)	pH 3	—	—	—	—	—	—	1.25×10^{-5}	1.18×10^{-6}
	pH 4	9.72×10^{-8}	1.96×10^{-8}	4.67×10^{-5}	0	—	—	1.48×10^{-4}	5.89×10^{-6}
	pH 5	1.39×10^{-7}	1.96×10^{-8}	7.08×10^{-5}	3.50×10^{-6}	—	—	2.33×10^{-4}	0
	pH 6	2.80×10^{-6}	3.00×10^{-7}	1.23×10^{-4}	3.50×10^{-6}	—	—	3.17×10^{-5}	0
	pH 7	6.01×10^{-4}	1.95×10^{-5}	2.48×10^{-4}	1.18×10^{-5}	—	—	4.66×10^{-4}	1.3×10^{-5}

　　Fe(II)的形态随 pH 的变化可发生极大改变（图 9.2），在酸性条件下，Fe^{2+} 是 Fe(II) 的主要存在形态，而在中碱性条件下，Fe^{2+} 逐渐向 $FeOH^+$ 和 $Fe(OH)_2$ 转化。以往研究表明，在 Fe(II)氧化过程中可产生多种活性物种，如 O_2^-、H_2O_2、•OH 和 Fe(IV)等，其中，•OH 和 Fe(IV)是 Sb(III)的重要氧化剂。不同 Fe(II)形态氧化生成活性物种的机理迥异（Leuz et al.，2006）。H_2O_2 可与 Fe^{2+} 反应生成•OH，而与 $FeOH^+$ 反应则生成类 Fe(IV)物质，其中，•OH 和 Fe(IV)的占比受中间产物 INT 和 INT-OH 之间的平衡支配，具体反应方程式为

$$Fe^{2+} + O_2 \longrightarrow Fe^{3+} + O_2^- \tag{9.1}$$

$$Fe^{2+} + O_2^- + 2H^+ \longrightarrow Fe^{3+} + H_2O_2 \tag{9.2}$$

$$O_2^- + HO_2^- + H^+ \longrightarrow O_2 + H_2O_2 \tag{9.3}$$

$$Fe^{2+} + H_2O_2 \longrightarrow Fe^{3+} + \cdot OH \tag{9.4}$$

$$Fe^{II}OH^+ + H_2O_2 \longrightarrow INT-OH \tag{9.5}$$

$$INT-OH \longrightarrow Fe(IV) \tag{9.6}$$

$$INT-OH + H^+ \longrightarrow INT \tag{9.7}$$

　　然而，由图 9.2 可知，在溶解性有机质存在下，Fe(II)的形态发生了显著的改变。不同形态的 Fe(II)被氧气氧化的动力学和机理可能迥异，进而导致 Sb(III)氧化速率和机理改变。因此，本章进一步研究不同种类的溶解性有机质对 Sb(III)和 Fe(II)共氧化的影响。

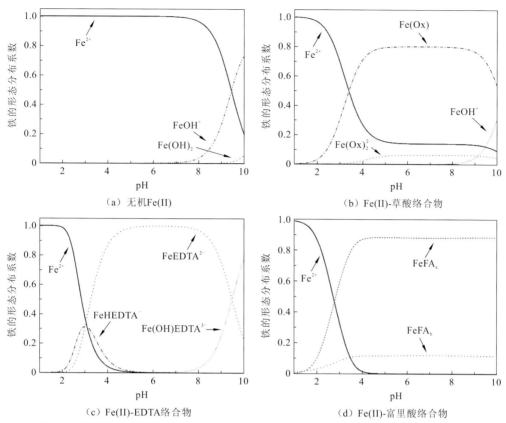

图 9.2　采用 Visual MINTEQ 3.1 形态模拟软件计算的 Fe(II)随 pH 变化的形态分布系数

[Fe(II)]=100 μmol/L, [草酸]=1 mmol/L, [EDTA]=100 μmol/L, [富里酸]=0.1 g/L

9.2　草酸对 Sb(III)-Fe(II)共氧化的影响

广泛分布于天然水环境中的草酸可对 Fe(II)的形态分布造成极大影响。在草酸存在条件下，Fe(II)主要以 Fe^{2+}、$Fe(C_2O_4)$ 和 $Fe(C_2O_4)_2^{2-}$ 的形式存在。其中，在低 pH 条件下，Fe(II)以 Fe^{2+}形式存在，随着 pH 的升高，$Fe(C_2O_4)$ 和 $Fe(C_2O_4)_2^{2-}$ 的占比逐渐提高[图 9.2（b）]。研究发现，草酸极大促进了 Sb(III)和 Fe(II)的氧化速率（图 9.3 及表 9.1）。以 pH 6 为例，在草酸存在的条件下，Sb(III)和 Fe(II)的氧化速率分别是无草酸存在下的 6.4 倍和 44 倍。其具体原因可能为：①$Fe(C_2O_4)/Fe(C_2O_4)_2^{2-}$ 可通过快速双电子转移过程与氧气反应，其反应速率比 Fe^{2+}和 $FeOH^+$的氧化速率高，故可更有效地形成 H_2O_2（Lee et al.，2014；Park et al.，1997）；②$Fe(C_2O_4)$与 H_2O_2 的反应速率[$1×10^4$ L/（mol·s）]比 Fe^{2+}与 H_2O_2 的反应速率[53 L/（mol·s）]大三个数量级，导致活性物种浓度更高，间接地提高了 Sb(III)的氧化速率。

当 pH 为 4 和 5 时，TBA 完全抑制了 Sb(III)的氧化，表明·OH 是 Sb(III)的主要氧化剂；当 pH 为 6 时，TBA 部分抑制了 Sb(III)的氧化，其反应速率常数从 $3.83×10^{-5}$ s^{-1} 下

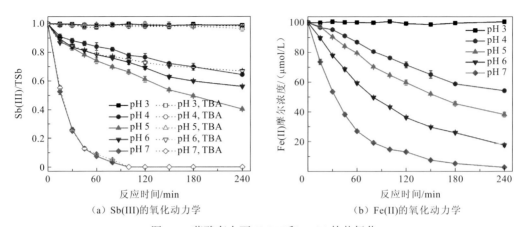

（a）Sb(III)的氧化动力学　　　　　　　（b）Fe(II)的氧化动力学

图 9.3　草酸存在下 Sb(III) 和 Fe(II) 的共氧化

[Sb(III)]=20 μmol/L，[Fe(II)]=100 μmol/L，[草酸]=1 mmol/L

降至 TBA 存在时的 $2.42 \times 10^{-5}\ s^{-1}$，·OH 对 Sb(III) 氧化的贡献率为 36.8%；当 pH 为 7、TBA 存在时，Sb(III) 的氧化速率常数为 $6.39 \times 10^{-4}\ s^{-1}$，比无 TBA 时（$7.21 \times 10^{-4}\ s^{-1}$）略降低，·OH 对 Sb(III) 氧化的贡献率下降至 11.5%。因此，随着 pH 的升高，·OH 对 Sb(III) 氧化的贡献率逐渐降低。但是与无草酸存在的无机 Fe(II) 和 Sb(III) 共氧化体系相比，在该体系中·OH 的产生速率和比例均得到了显著提高。随着草酸浓度的升高，Sb(III) 的氧化速率逐渐加快；当草酸摩尔浓度高于 0.5 mmol/L 时，Sb(III) 的氧化速率不再随之加快（图 9.4）。研究发现，·OH 与草酸的反应速率[7.7×10^{6} L/（mol·s）]（Sedlak et al.，1993）远低于·OH 与 Sb(III) 的反应速率[8×10^{9} L/（mol·s）]（Leuz et al.，2006）或·OH 与 Fe(II) 的反应速率[4.3×10^{8} L/（mol·s）]（Christensen et al.，1981），因此，低浓度草酸不会与 Sb(III) 竞争·OH，在高浓度时这一竞争反应逐渐显现。总之，草酸强烈促进了 Fe(II) 溶液中 Sb(III) 的氧化，其氧化速率比无 TBA 时高 1～2 个数量级（图 9.5）。

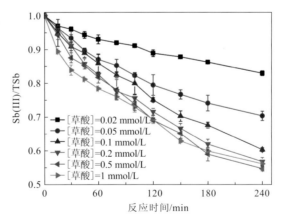

图 9.4　pH 6 时不同草酸浓度下 Sb(III)/TSb 随时间的变化

[Fe(II)]=100 μmol/L，[Sb(III)]=20 μmol/L

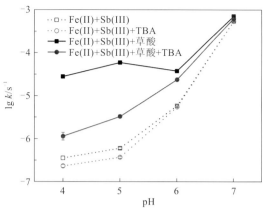

图 9.5 草酸存在时 Sb(III)氧化的伪一级反应速率常数的对数值

9.3 EDTA 对 Sb(III)-Fe(II)共氧化的影响

在乙二胺四乙酸（EDTA）存在时，Fe(II)的形态分布发生了明显的改变。其中，$FeHEDTA^-$、$FeEDTA^{2-}$ 和 $Fe(OH)EDTA^{3-}$ 是其主要的形态[图 9.2（c）]。因此，EDTA 可能会影响 Fe(II)的氧化速率，进而影响 Sb(III)的氧化过程。研究发现，EDTA 的加入强烈促进了 Sb(III)和 Fe(II)的共氧化反应（图 9.6）。Sb(III)的氧化速率常数在 pH 5 和 6 时相对较小，分别为 $5.37 \times 10^{-4} \, s^{-1}$ 和 $9.70 \times 10^{-4} \, s^{-1}$；在 pH 7 时则达到最大值，为 $2.68 \times 10^{-3} \, s^{-1}$，但均比无 EDTA 存在时的氧化速率常数高几个数量级（表 9.1）；同时，在 EDTA 存在时，不同 pH 时 Fe(II)的氧化速率均极快，在 1 min 内即完成了反应。以往研究发现，$FeHEDTA^-$、$FeEDTA^{2-}$ 和 $Fe(OH)EDTA^{3-}$ 等 Fe(II)-EDTA 络合物与氧气之间的反应速率[pH 4 时，889 L/（mol·s）]远大于无机 Fe(II)与氧气之间的反应速率（Jones et al.，2015），导致 Fe(II)被快速氧化并产生更多 H_2O_2；此外，Fe(II)-EDTA 络合物与 H_2O_2 的反应速率也更为快速[2 600 L/（mol·s）]（Jones et al.，2015），可产生更多·OH，导致 Sb(III)氧化速率的提升。

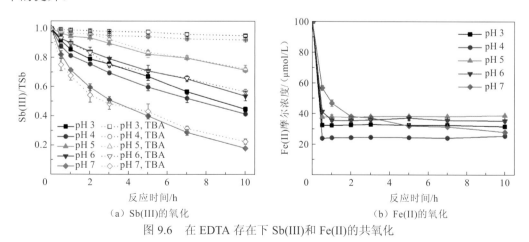

（a）Sb(III)的氧化　　　　　　（b）Fe(II)的氧化

图 9.6 在 EDTA 存在下 Sb(III)和 Fe(II)的共氧化

[Sb(III)]=20 µmol/L，[Fe(II)]=100 µmol/L，[EDTA]=100 µmol/L

在 TBA 存在时，Sb(III)在 pH=3 和 4 时的氧化被完全抑制，说明在该条件下•OH 是 Sb(III)的主要氧化剂；当 pH>5 时，Sb(III)的氧化受 TBA 的影响较小，表明该条件下 Sb(III) 的氧化并非由•OH 引起。当 pH 为 3 和 4 时，FeHEDTA$^-$是 Fe(II)的重要形态之一，而随着 pH 的升高，FeEDTA^{2-}和 Fe(OH)EDTA^{3-}所占比例逐渐升高。因此，推测 FeHEDTA$^-$与 H$_2$O$_2$ 反应生成•OH，而 FeEDTA^{2-}和 Fe(OH)EDTA^{3-}与 H$_2$O$_2$ 反应生成类 Fe(IV)物质。此外，随着 EDTA 浓度的升高（从 0.01 mmol/L 到 0.05 mmol/L），Sb(III)的氧化速率逐渐加快，而高浓度的 EDTA（>0.05 mmol/L）反而抑制了 Sb(III)的氧化（图 9.7）。研究发现，EDTA 与•OH 之间的氧化速率常数高达 7.2×10^8 s^{-1}（pH=5.5）（Jones et al.，2015），因此，高浓度的 EDTA 可迅速淬灭•OH。总之，EDTA 强烈促进了 Fe(II)溶液中 Sb(III) 的氧化，其氧化速率常数比无 EDTA 时高 3～4 个数量级（图 9.8）。

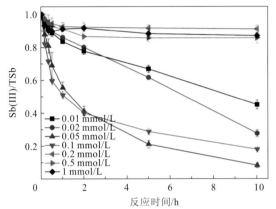

图 9.7　pH 7 时不同 EDTA 浓度下 Sb(III)/TSb 随时间的变化

[Fe(II)]=100 μmol/L，[Sb(III)]=20 μmol/L

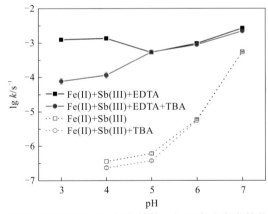

图 9.8　EDTA 存在下 Sb(III)氧化的伪一级反应速率常数的对数值

9.4　富里酸对 Sb(III)-Fe(II)共氧化的影响

与草酸和 EDTA 相似，富里酸（FA）同样显著促进了 Sb(III)和 Fe(II)的共氧化过程（图 9.9 和表 9.1）。例如，当 pH 为 6 时，Sb(III)的氧化速率从无富里酸存在时的 5.94×10^{-6} s^{-1}

升高到有富里酸存在时的 $1.35 \times 10^{-4}\,s^{-1}$；而 Fe(II)的氧化速率则从 $2.80 \times 10^{-6}\,s^{-1}$ 升高到 $3.17 \times 10^{-5}\,s^{-1}$。Sb(III)的氧化动力学与 Fe(II)的氧化动力学趋势保持一致，其氧化速率随 pH 的升高而加快。

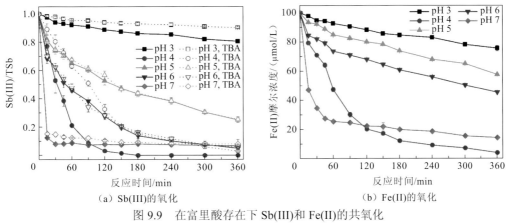

（a）Sb(III)的氧化　　　　　　（b）Fe(II)的氧化

图 9.9　在富里酸存在下 Sb(III)和 Fe(II)的共氧化

[Sb(III)]＝20 μmol/L，[Fe(II)]＝100 μmol/L，[富里酸]＝0.1g/L

　　在 TBA 存在的条件下，pH＝3 和 4 时 Sb(III)的氧化均部分被抑制；当溶液 pH 高于 5 时，TBA 并没有对 Sb(III)的氧化造成显著的影响。因此，在低 pH 条件下，•OH 为 Sb(III) 的重要氧化剂之一。而在高 pH 条件下，类 Fe(IV)物质可能是 Sb(III)的重要氧化剂。在 富里酸存在的条件下，Fe(II)主要以 $FeFA_a$ 和 $FeFA_b$ 两种形式存在[图 9.2（d）]。这两种 络合物与氧气的反应速率分别为 150 L/（mol·s）和 13 L/（mol·s）（Miller et al.，2009； Rose et al.，2002），因此，富里酸可显著促进 Fe(II)的氧化，同时加速 Sb(III)的氧化。 在富里酸存在的条件下，Sb(III)在 Fe(II)溶液中的氧化速率比无富里酸时高 2～4 个数 量级（图 9.10）。

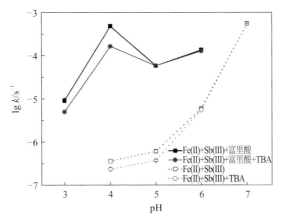

图 9.10　富里酸存在下 Sb(III)氧化的伪一级反应速率常数的对数值

9.5 Fe(II)与 Sb(III)共氧化机理

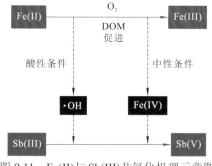

图 9.11 Fe(II)与 Sb(III)共氧化机理示意图

本章分别研究草酸、EDTA 和富里酸对 Fe(II)/Sb(III)共氧化的影响。结果显示，草酸、EDTA 和富里酸均极大促进了 Sb(III)的氧化，比在无机 Fe(II)溶液中的氧化速率高 1～4 个数量级。Fe(II)与 Sb(III)共氧化机理见图 9.11。因此，天然水体中的溶解性有机质可加速 Fe(II)的氧化，进而提高 Sb(III)的氧化速率。这一过程对 Sb(III)的环境地球化学循环有深远的意义。

参 考 文 献

Christensen H, Sehested K, 1981. Pulse radiolysis at high temperatures and high pressures. Radiation Physics and Chemistry (1977), 18(3-4): 723-731.

Jones A M, Griffin P J, Waite T D, 2015. Ferrous iron oxidation by molecular oxygen under acidic conditions: The effect of citrate, EDTA and fulvic acid. Geochimica et Cosmochimica Acta, 160: 117-131.

Lee J, Kim J, Choi W, 2014. Oxidation of aquatic pollutants by ferrous-oxalate complexes under dark aerobic conditions. Journal of Hazardous Materials, 274: 79-86.

Leuz A K, Hug S J, Wehrli B, et al., 2006. Iron-mediated oxidation of antimony(III) by oxygen and hydrogen peroxide compared to arsenic(III) oxidation. Environmental Science & Technology, 40(8): 2565-2571.

Miller C J, Rose A L, Waite T D, 2009. Impact of natural organic matter on H_2O_2-mediated oxidation of Fe(II) in a simulated freshwater system. Geochimica et Cosmochimica Acta, 73(10): 2758-2768.

Park J S, Wood P M, Davies M J, et al., 1997. A kinetic and ESR investigation of iron(II) oxalate oxidation by hydrogen peroxide and dioxygen as a source of hydroxyl radicals. Free Radical Research, 27(5): 447-458.

Reinke L A, Rau J M, Mccay P B, 1994. Characteristics of an oxidant formed during iron(II) autoxidation. Free Radical Biology and Medicine, 16(4): 485-492.

Rose A L, 2003. Effect of dissolved natural organic matter on the kinetics of ferrous iron oxygenation in seawater. Environmental Science & Technology, 37(21): 4877-4886.

Rose A L, Waite T D, 2002. Kinetic model for Fe(II) oxidation in seawater in the absence and presence of natural organic matter. Environmental Science & Technology, 36(3): 433-444.

Sedlak D L, Hoigné J, 1993. The role of copper and oxalate in the redox cycling of iron in atmospheric waters. Atmospheric Environment, Part A, General Topics, 27(14): 2173-2185.

Seibig S, Van Eldik R, 1997. Kinetics of [Fe^{II}(edta)] oxidation by molecular oxygen revisited: New evidence for a multistep mechanism. Inorganic Chemistry, 36(18): 4115-4120.

Theis T L, Singer P C, 1974. Complexation of iron(II) by organic matter and its effect on iron(II) oxygenation. Environmental Science & Technology, 8: 569-573.

第 10 章　无机 Fe(III) 对 Sb(III) 的
光氧化过程和机理

Fe(III) 广泛存在于天然水环境中，是一类对污染物形态转化产生重要影响的环境组分。不同 pH 条件下 Fe(III) 显现出不同的赋存形态。在酸性条件下，Fe(III) 主要以溶解性 Fe(III) 络合物形式存在；而在中性或碱性条件下，Fe(III) 发生沉淀作用并以胶体态氢氧化铁（colloidal ferric hydroxide，CFH）或水铁矿（ferrihydrite）形式存在（Zhu et al., 2012）。在阳光照射下，不同形态 Fe(III) 通过配体−金属电荷转移（LMCT）过程生成多种活性物种，导致污染物发生降解或形态和价态的改变（Zuo et al., 2005, 1992），因此，光照 Fe(III) 过程极可能对锑的形态产生影响。本章研究不同无机 Fe(III) 形态对 Sb(III) 的光氧化过程和机理，研究结果有利于进一步阐明水环境中锑的归宿和环境地球化学循环过程。

10.1　不同 pH 下 Sb(III) 在 Fe(III) 溶液中的光氧化过程

在不同 pH 条件下，无机 Fe(III) 以多种形态赋存（图 10.1）。本节对 Sb(III) 在不同形态 Fe(III) 溶液中的光氧化过程进行分析。结果表明，无光条件下 Sb(III) 未被氧化；而在光照条件下，当 pH 为 1～10 时 Sb(III) 均被迅速氧化为 Sb(V)（图 10.2）。在此过程中，溶液中总锑（TSb）浓度保持恒定，表明 Sb(III) 浓度的降低并非由吸附或沉淀作用所致（图 10.3）。

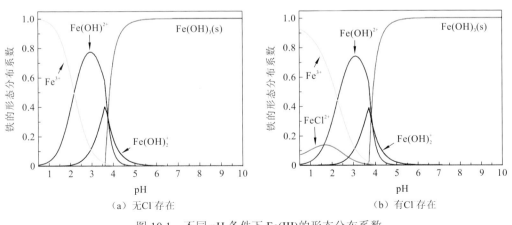

图 10.1　不同 pH 条件下 Fe(III) 的形态分布系数

[Fe(III)]=0.1 mmol/L，[Cl⁻]=12 mmol/L，[Sb(III)]=18 μmol/L

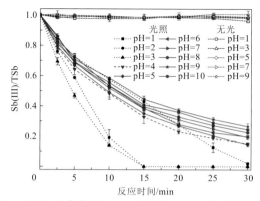

图 10.2　不同 pH 条件下 Fe(III)溶液中 Sb(III)的光氧化动力学

[Fe(III)]=0.1 mmol/L，[Sb(III)]=18 μmol/L，[Cl⁻]=12 mmol/L

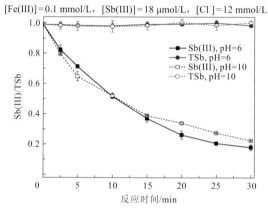

图 10.3　含 Fe(III)溶液中 Sb(III)/TSb 随时间的变化

[Fe(III)]=0.1 mmol/L，[Sb(III)]=18 μmol/L，[Cl⁻]=12 mmol/L

10.2　酸性条件下 Sb(III)的光氧化机理

在 pH 为 1～3 的 Fe(III)溶液中，Sb(III)发生了迅速的光氧化（图 10.2），其氧化速率既符合零级反应动力学又符合伪一级反应动力学。进一步，·OH 掩蔽剂 TBA 的加入部分抑制了 Sb(III)的光氧化[图 10.4（a）和表 10.1]，表明·OH 是 Sb(III)的重要氧化剂，且除了

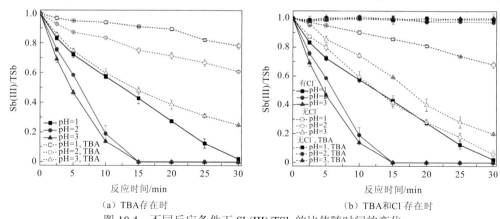

（a）TBA 存在时　　　　　　　（b）TBA 和 Cl⁻存在时

图 10.4　不同反应条件下 Sb(III)/TSb 的比值随时间的变化

[Sb(III)]=18 μmol/L，[Fe(III)]=0.1 mmol/L，[TBA]=360 mmol/L，[Cl⁻]=12 mmol/L

•OH，还存在其他氧化剂。在无 Cl⁻存在时，TBA 完全抑制了 Sb(III)的氧化[图 10.4（b）和表 10.1]，推断酸性条件下 Sb(III)的光氧化由•OH 和另一种与氯有关的自由基引起。

表 10.1　Sb(III)氧化的零级反应速率常数和伪一级反应速率常数

pH	反应条件	伪一级反应动力学		零级反应动力学		溶液离子强度 /（mmol/L）
		k_{obs} /min⁻¹	标准差 /min⁻¹	k'_{obs} /min⁻¹	标准差 /min⁻¹	
1	Cl⁻	0.109 9	±0.007 8	0.031 6	±0.000 5	12
	Cl⁻，TBA	0.007 3	±0.000 4	0.006 5	±0.000 4	
	无 Cl⁻	0.012 4	±0.000 7	0.010 5	±0.000 5	
2	Cl⁻	0.169 8	±0.030 7	0.079 6	±0.005 1	12
	Cl⁻，TBA	0.015 4	±0.000 5	0.012 1	±0.000 3	
	无 Cl⁻	0.054 3	±0.001 8	0.028 2	±0.000 3	
3	Cl⁻	0.198 7	±0.004 7	0.084 0	±0.000 1	12
	Cl⁻，TBA	0.045 3	±0.001 7	0.024 1	±0.000 3	
	无 Cl⁻	0.070 0	±0.004 4	0.030 0	±0.000 4	
4	Cl⁻	0.063 7	±0.000 6			12
	Cl⁻，TBA	0.049 8	±0.002 1			
5	Cl⁻	0.062 5	±0.001 1			15
	Cl⁻，TBA	0.059 0	±0.001 8			
6	Cl⁻	0.056 4	±0.001 3			15
	Cl⁻，TBA	0.055 4	±0.001 3			
	无 Cl⁻	0.058 0	±0.001 4			
	Cl⁻，无氧	0.041 2	±0.001 6			
	Cl⁻，CFH	0.045 3	±0.001 2			
	Cl⁻，老化的 CFH	0.031 0	±0.000 1			
7	Cl⁻	0.054 3	±0.000 8			15
8	Cl⁻	0.049 2	±0.001 1			
9	Cl⁻	0.043 8	±0.001 3			
10	Cl⁻	0.046 0	±0.001 1			

注：该实验 Sb(III)的浓度为 24.6 μmol/L

在 Cl⁻存在的酸性条件下 Fe(III)主要以 Fe^{3+}、$FeCl^{2+}$ 和 $Fe(OH)^{2+}$ 三种形态存在[图 10.1（b）]。以往研究表明，在无机 Fe(III)溶液中，$Fe(OH)^{2+}$ 和 $FeCl^{2+}$ 是最重要的光敏形态（Zuo et al.，2005，1992）。光照条件下，$Fe(OH)^{2+}$ 和 $FeCl^{2+}$ 可通过 LMCT 过程产生•OH 和•Cl（Kiwi et al.，2000；Thornton et al.，1973）。随后，•Cl 可迅速与 Cl⁻反应，产生•Cl_2^-，该反应速率极快，速率常数高达 2.1×10^{10} L/（mol·s）（Kiwi et al.，2000）。•OH 和•Cl_2^- 的生成过程为

$$Fe(OH)^{2+} + h\nu \longrightarrow Fe^{2+} + \cdot OH \tag{10.1}$$

$$FeCl^{2+} + h\nu \longrightarrow Fe^{2+} + \cdot Cl \tag{10.2}$$

$$\cdot Cl + Cl^- \longrightarrow \cdot Cl_2^- \tag{10.3}$$

因此，在酸性条件下，$\cdot OH$ 和 $\cdot Cl_2^-$ 是 Sb(III)的主要氧化剂。

10.3　弱酸和中性条件下 Sb(III)的光氧化机理

当溶液 pH 上升到 4 左右时，水溶性 Fe(III)络合物逐渐转化为 CFH；当 pH 高于 5 时，CFH 成为 Fe(III)的主导形态。这一形态转化过程可被 Fe(III)溶液的丁铎尔现象证实。如图 10.5 所示，当一束激光通过 Fe(III)溶液时，当 pH 为 3 时未观察到丁铎尔现象；而当 pH 为 6 时悬浊液中显现出明显的丁铎尔现象。

图 10.5　Fe(III)溶液的丁铎尔现象

如图 10.6 所示，当 pH 为 4 时，TBA 部分抑制了 Sb(III)的光氧化；当 pH 为 6 时，TBA 对 Sb(III)的光氧化无影响。由 Fe(III)的形态分布图（图 10.1）可知，当 pH 为 4 时，Fe(III)大部分以 CFH 的形式存在（66.2%），$Fe(OH)^{2+}$ 形态仅占 13.9%，而当 pH 为 6 时，$Fe(OH)^{2+}$ 的含量非常低，Fe(III)主要以 CFH 的形式存在。因此，光照 CFH 并不能产生 $\cdot OH$。此外，在无 Cl^- 时，Sb(III)在 pH 为 6 时的氧化速率与 Cl^- 存在时相比并没有明显的差异，表明光照 CFH 体系不能生成 $\cdot Cl_2^-$。总之：当 pH 为 4 时，Sb(III)的光氧化主要归因于 $Fe(OH)^{2+}$ 和 CFH 的光激发作用；而当 pH 为 6 时，Sb(III)的光氧化则主要由 CFH 引起。

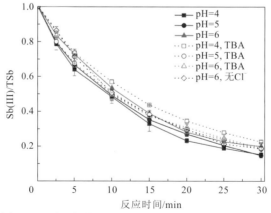

图 10.6　不同条件下 Sb(III)/TSb 的比值随时间的变化

[Sb(III)] = 18 μmol/L，[Fe(III)] = 0.1 mmol/L，[TBA] = 360 mmol/L，[Cl⁻] = 12 mmol/L

以往研究发现，Sb(III)和Sb(V)通过双齿单核内源表面络合作用（inner-sphere surface complex）强烈地吸附在 CFH 表面（Guo et al.，2014）。因此，推测 Sb(III)首先吸附在 CFH 表面生成 CFH-Sb(III)络合物，然后通过 LMCT 过程使 Sb(III)发生光氧化。在该过程中，电子由 Sb(III)向 Fe(III)转移，若 Sb(III)被氧化为 Sb(V)，则 CFH 表面上的 Fe(III) 会被还原为 Fe(II)。而 Fe(II)的存在已被实验证实：只光照 CFH 溶液并不能生成 Fe(II)，而光照 CFH-Sb(III)共存溶液则产生了大量的 Fe(II)，且在无氧条件下产生的 Fe(II)的浓度大概为 Sb(V)浓度的 2 倍（图 10.7）。

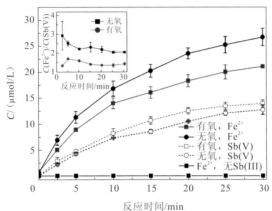

图 10.7　有氧及无氧条件下光氧化 Sb(III)过程中产生的
Sb(V)和 Fe(II)的含量随时间的变化

内插图表示通过化学计量学计算的 Fe(II)/Sb(V)比值；pH=6；[Sb(III)]=18 μmol/L，[Fe(III)]=0.1 mmol/L，[Cl⁻]=12 mmol/L

若 Sb(III)与 CFH 之间存在 LMCT 过程，则电子从 Sb(III)向 Fe(III)转移，并可观察到电荷转移光谱（Mostafa et al.，2013；Crutchley et al.，1989）。如图 10.8 所示，CFH 在紫外和可见光区均有吸收，而 Sb(III)不吸收波长大于 260 nm 的光。然而，当将不同浓度的 Sb(III)加入 CFH 悬浊液时，悬浊液对紫外和可见光（250～500 nm）的吸收被极大增强，且随着 Sb(III)浓度的升高，光吸收强度逐渐增强。上述结果证明了光照条件下 CFH-Sb(III)络合物的存在。进一步对 280 nm 处的光吸收强度进行 Benesi-Hildebrand 拟

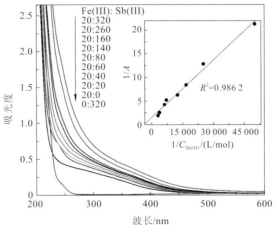

图 10.8　CFH-Sb(III)络合物的紫外可见吸收光谱

内插图表示在 280 nm 处由 Benesi-Hildebrand 法得出的拟合结果；pH=6；[Fe(III)]=20 μmol/L
[拟合结果：$1/A=4.074$（±0.182）×10^{-4}×$1/C_{Sb(III)}+1.493$（±0.389），$R^2=0.986$]

合，线性拟合程度良好（$R^2 = 0.9862$），进而证明 CFH 和 Sb(III) 之间发生了 LMCT 过程，计算得到的 CFH-Sb(III) 络合物的 ε 和 K 的值分别为 5.587×10^3 L/（mol·cm）和 3.662×10^3 L/mol（lg $K = 3.56$）。

无氧条件显著抑制了 Sb(III) 的光氧化（图 10.9 和表 10.1），溶解氧对 Sb(III) 氧化的贡献率为 27%。当 Sb(III) 被氧化为 Sb(IV) 后，在无氧条件下，Sb(IV) 只能与 CFH 表面的 Fe(III) 发生反应，而在氧气存在条件下，Sb(IV) 可与氧气反应生成 Sb(V)。因此，氧气可协助 Sb(III) 的光氧化，加快其氧化速率。

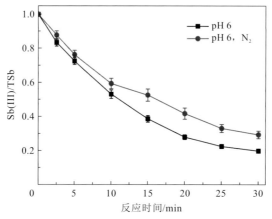

图 10.9　有氧及无氧条件下 Sb(III)/TSb 随时间的变化

pH=6；[Fe(III)]=0.1 mmol/L，[Sb(III)]=18 μmol/L，[Cl]=12 mmol/L

10.4　碱性条件下 Sb(III) 的光氧化机理

当 pH>8 时，Fe(III) 溶液中开始出现沉淀。采用 TEM 观察到疏松的絮状物[图 10.10（a）]。XRD 分析结果表明该沉淀为无定形态，符合 2-线水铁矿特征（Jia et al.，2006）。在该条件下，Sb(III) 也可发生快速的光氧化，说明光照 2-线水铁矿也可氧化 Sb(III)。

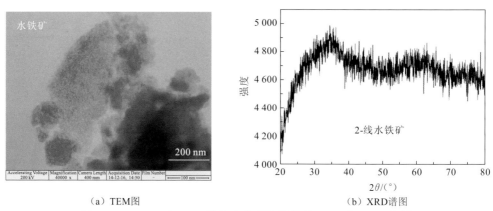

（a）TEM图　　　　　　　　　　　　　（b）XRD谱图

图 10.10　pH 9 时 Fe(III) 溶液中生成沉淀物的 TEM 和 XRD 分析

由表 10.1 可知，当 pH 为 5～9 时，Sb(III) 光氧化速率逐渐降低。当 pH 为 5 时，k_{obs} 为（0.0625 ± 0.0011）min^{-1}；当 pH 为 9 时，k_{obs} 降低至（0.0438 ± 0.0013）min^{-1}。研

究发现，pH 强烈影响胶体的稳定性（Weiser，1931），随着 pH 的升高，CFH 胶体的双电层被逐渐压缩并聚合形成水铁矿，这一过程可通过丁铎尔实验证实，当 pH 为 9 时，悬浊液中可观察到明显的颗粒（图 10.5）。此外，在波长为 280 nm 处的 CFH-Sb(III)络合物的吸光度随 pH 上升而逐渐降低（图 10.11），表明 CFH 的聚合降低了 CFH-Sb(III)络合物的光吸收效率。

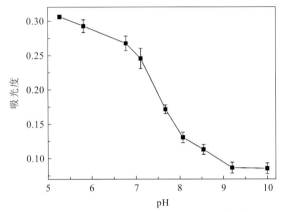

图 10.11　280 nm 处 CFH-Sb(III)络合物的吸光度随 pH 的变化
石英比色皿的长度为 1 cm；[Fe(III)]＝20 μmol/L，[Sb(III)]＝20 μmol/L

因此，当 pH 为 5～9 时，Sb(III)的光氧化速率依赖 CFH 胶体的稳定性，即依赖 H^+ 浓度。因此，Sb(III)的氧化速率方程为

$$-\frac{d[Sb^{III}(OH)_3]}{dt} = k'[H^+]^m[Sb^{III}(OH)_3] \qquad (10.4)$$

由于上述反应符合伪一级反应动力学方程，且在固定 pH 条件下 H^+ 浓度保持恒定，可将反应速率常数 k_{obs} 定义为

$$k_{obs} = k'[H^+]^m \qquad (10.5)$$

$$\lg k_{obs} = m\lg[H^+] + \lg k' \qquad (10.6)$$

通过线性拟合 pH 为 5～9 时的 $\lg k$ 和 $\lg[H^+]$，得出 $m=0.036\,8$，$k'=0.095\,6$（图 10.12）。即反应速率常数 k_{obs} 和 H^+ 浓度之间的关系可表示为

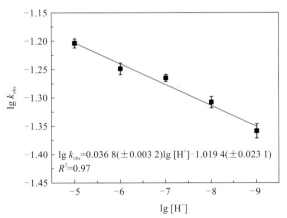

图 10.12　$\lg k_{obs}$ 随 $\lg[H^+]$ 变化趋势
误差线表示标准差（$n=3$）

$$k_{\text{obs}} = 0.095\,6[\text{H}^+]^{0.036\,8} \tag{10.7}$$

因此，pH 为 5～9 时 Sb(III)氧化速率可表示为

$$-\frac{d[\text{Sb}^{\text{III}}(\text{OH})_3]}{dt} = 0.095\,6[\text{H}^+]^{0.036\,8}[\text{Sb}^{\text{III}}(\text{OH})_3] \tag{10.8}$$

如上所述，当 pH 为 5～9 时，Fe(III)和 Sb(III)分别以 CFH/水铁矿和 Sb(OH)$_3$ 形式存在。因此，在该 pH 范围内，或可采用数学描述 Sb(III)氧化速率随 pH 的变化规律。然而，当 pH 为 1～4 和 10 时，不论是 Fe(III)还是 Sb(III)的形态都随 pH 的变化而变化（图 10.1 和图 10.13），该体系的复杂性导致很难统一 pH 为 1～10 时 Sb(III)的光氧化机理。

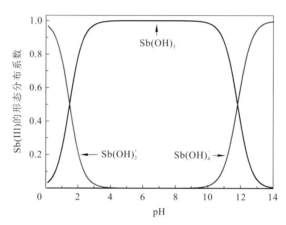

图 10.13　通过 Visual MINTEQ 3.1 软件计算的
Sb(III)随 pH 变化的形态分布系数

然而，与 pH 为 9 时相比[k_{obs}＝（0.043 8±0.001 3）min^{-1}]，pH 为 10 时 Sb(III)氧化的 k_{obs} 略微升高[k_{obs}＝（0.046 0±0.001 1）min^{-1}]（表 10.1）。因为 CFH-Sb(III)络合物在 280 nm 处的吸光度在 pH 为 9 和 10 时基本保持一致（图 10.11），所以 Sb(III)在 pH 为 10 时氧化速率的升高不太可能是因为 CFH 的聚合作用。这一现象可通过 Sb(III)氧化的热力学解释。由于 Sb(OH)$_4^-$ 的 pK_a 为 11.8（Filella et al.，2002a，2002b），当 pH 为 10 时，1.2% 的 Sb(III)以 Sb(OH)$_4^-$ 的形式存在，而当 pH 为 9 时，只有 0.12% 的 Sb(III)以 Sb(OH)$_4^-$ 的形式存在（图 10.13）。从 Sb(OH)$_3$ 氧化到 Sb(OH)$_4^-$ 的自由能变为 110.6 kJ·mol/L，而从 Sb(OH)$_4^-$ 氧化到 Sb(OH)$_6^-$ 的自由能变仅为 45.8 kJ mol/L（Bard et al.，1985）。因此，从 Sb(OH)$_4^-$ 氧化到 Sb(OH)$_6^-$ 的反应在热力学上更容易发生。

当 pH 为 6 时，老化 24 h 后的 CFH 对 Sb(III)光氧化的 k_{obs} 值[k_{obs}＝（0.031 0±0.000 1）min^{-1}] 低于新形成的 CFH 对 Sb(III)光氧化的 k_{obs} 值[k_{obs}＝（0.045 3±0.001 2）min^{-1}]（图 10.14 和表 10.1）。研究发现，新形成的 CFH 在碱性溶液中不稳定（生成水铁矿），通过原子增值、定向聚合作用（Banfield et al.，2000）、氢连和氧连作用逐渐生长（Jolivet et al.，2000），在碱性条件下 CFH 的聚合效率被极大增强（Zhu et al.，2012）。因此，在碱性或老化一段时间的 CFH 悬浮液中 Sb(III)的光氧化速率相对较小。

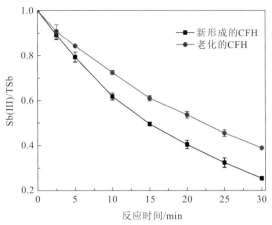

图 10.14 新形成和老化的 CFH 对 Sb(III)/TSb 的影响

pH=6；[Fe(III)]=0.1 mmol/L，[Sb(III)]=24.6 μmol/L

10.5 不同形态无机 Fe(III)对 Sb(III)的光氧化机理

在无机 Fe(III)溶液中 Sb(III)的光氧化机理如图 10.15 所示。

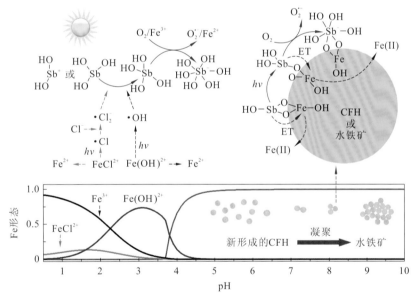

图 10.15 不同形态无机 Fe(III)对 Sb(III)的光氧化机理示意图

不同形态无机 Fe(III)对 Sb(III)的光氧化机理可概括如下。

在酸性条件（pH 1~3）下，$Fe(OH)^{2+}$ 和 $FeCl^{2+}$ 是 Fe(III)的主要形态。由 $Fe(OH)^{2+}$ 和 $FeCl^{2+}$ 光分解产生的·OH 和·Cl_2 自由基是 Sb(III)氧化的重要活性物种（表 10.2，反应 1~5）。该过程导致中间形态 Sb(IV)的产生，随后，Sb(IV)被氧气或 $Fe(OH)^{2+}$ 氧化为 Sb(V)（Leuz et al.，2006）（表 10.2，反应 6）。当 pH 为 1~3 时，采用零级和一级反应速率方程均能较好地对 Sb(III)光氧化的实验数据进行拟合。因此，很难区分 Sb(III)光氧化到底符合哪种反应动力学模型，故进一步进行 Sb(III)光氧化动力学的理论推导，过程如下。

表 10.2　Sb(III)光氧化过程中所涉及的基元反应

序号	反应	速率常数
1	$Fe(OH)^{2+} \xrightarrow{h\nu} Fe^{2+} + \cdot OH$	
2	$FeCl^{2+} \xrightarrow{h\nu} Fe^{2+} + \cdot Cl$	
3	$\cdot Cl + Cl^- \longrightarrow \cdot Cl_2^-$	
	酸性条件下	
4	$Sb^{III}(OH)_3 + \cdot OH \longrightarrow Sb^{IV}(OH)_4$	k_{1a}
5	$Sb^{III}(OH)_3 + H_2O + \cdot Cl_2^- \longrightarrow Sb^{IV}(OH)_4 + 2Cl^- + H^+$	k_{1b}
6	$Sb^{IV}(OH)_4 + 2H_2O + O_2 \longrightarrow Sb^V(OH)_6^- + O_2^{\cdot -} + 2H^+$	k_{2a}
7	$Sb^{IV}(OH)_4 + H_2O + Fe^{III}(OH)^{2+} \longrightarrow Sb^V(OH)_6^- + Fe^{2+} + H^+$	k_{2b}
	中性及碱性条件下	
8	$Fe^{III}(OH)_3 - Sb^{III}(OH)_3 \xrightarrow{h\nu} [Fe^{III}(OH)_3 - Sb^{III}(OH)_3]^*$	k_3
9	$[Fe^{III}(OH)_3 - Sb^{III}(OH)_3]^* \longrightarrow Fe^{II}(OH)_2 + Sb^{IV}(OH)_4$	k_4
10	$Sb^{IV}(OH)_4 + 2H_2O + O_2 \longrightarrow Sb^V(OH)_6^- + O_2^{\cdot -} + 2H^+$	k_{5a}
11	$Sb^{IV}(OH)_4 + H_2O + Fe^{III}(OH)_3 \longrightarrow Sb^V(OH)_6^- + Fe^{II}(OH)_2 + H^+$	k_{5b}

因反应体系中 Fe(III)的浓度远大于 Sb(V)，可假设 Fe(III)光解产生的·OH 和·Cl_2^-的含量是恒定的（表 10.2，反应 1 和 2），同时假设 H_2O 和 O_2 也是过量的。因此，在表 10.2 中所有基元反应均符合伪一级反应动力学方程。

Sb(III)被·OH 和·Cl_2^-氧化为 Sb(IV)（表 10.2，反应 4 和 5）的反应速率可表示为

$$-\frac{d[Sb(III)]}{dt} = k_{1a}[Sb(III)] + k_{1b}[Sb(III)] \tag{10.9}$$
$$= (k_{1a} + k_{1b})[Sb(III)] = k_1[Sb(III)]$$
$$[Sb(III)] = [Sb(III)]_0 e^{-k_1 t} \tag{10.10}$$

式中：方括号内的组分表示不同组分在任意时间 t 的摩尔浓度；$[Sb(III)]_0$ 为 Sb(III)的初始摩尔浓度。

Sb(IV)被 O_2 或 $Fe(OH)^{2+}$氧化为 Sb(V)（表 10.2，反应 6 和 7）的反应速率可表示为

$$-\frac{d[Sb(IV)]}{dt} = -(k_{1a} + k_{1b})[Sb(III)] + (k_{2a} + k_{2b})[Sb(IV)] \tag{10.11}$$
$$= -k_1[Sb(III)]_0 e^{-k_1 t} + k_2[Sb(IV)]$$
$$[Sb(IV)] = \frac{k_1[Sb(III)]_0}{k_2 - k_1}(e^{-k_1 t} - e^{-k_2 t}) \tag{10.12}$$

根据稳态理论，由于 Sb(IV)可迅速转化为 Sb(V)，可认为 Sb(IV)浓度的变化速率接近于 0：

$$-\frac{d[Sb(IV)]}{dt} = -k_1[Sb(III)]_0 e^{-k_1 t} + k_2[Sb(IV)] = 0 \tag{10.13}$$

$$[\mathrm{Sb(IV)}]=\frac{k_1}{k_2}[\mathrm{Sb(III)}]_0\,\mathrm{e}^{-k_1 t} \qquad (10.14)$$

通过联立式（10.12）和式（10.14）可得

$$\mathrm{e}^{-k_2 t}=\frac{k_1}{k_2}\mathrm{e}^{-k_1 t} \qquad (10.15)$$

因此，Sb(V)的生成速率可表示为

$$-\frac{\mathrm{d}[\mathrm{Sb(V)}]}{\mathrm{d}t}=-k_2[\mathrm{Sb(IV)}]=\frac{-k_2 k_1[\mathrm{Sb(III)}]_0}{k_2-k_1}(\mathrm{e}^{-k_1 t}-\mathrm{e}^{-k_2 t})$$

$$=\frac{-k_2 k_1[\mathrm{Sb(III)}]_0}{k_2-k_1}\left(\mathrm{e}^{-k_1 t}-\frac{k_1}{k_2}\mathrm{e}^{-k_1 t}\right)=-k_1[\mathrm{Sb(III)}]_0\,\mathrm{e}^{-k_1 t} \qquad (10.16)$$

$$=-k_1[\mathrm{Sb(III)}]=\frac{\mathrm{d}[\mathrm{Sb(III)}]}{\mathrm{d}t}$$

式（10.16）表示 Sb(III)总消耗速率等于 Sb(V)的生成速率，这表明活性中间体 Sb(IV)对总反应速率没有影响，可认为总速率方程是一个稳态方程。因此，在酸性条件下，Sb(III)的光氧化反应在理论上符合一级反应。

在弱酸性和中碱性条件下（pH>4），Fe(III)逐渐转化为 CFH。当 pH>7 时，CFH 逐渐转化为水铁矿。Sb(III)通过内源络合作用吸附到 CFH 或水铁矿表面形成 Fe(III)-Sb(III)络合物。Fe(III)-Sb(III)络合物可被太阳光激发（波长为 295～459 nm）生成激发态 [Fe(III)-Sb(III)]* （表 10.2，反应 8）。在激发过程中，电子从 Sb(III)转移到 Fe(III)，导致 Sb(III)被氧化为 Sb(IV)，Fe(III)被还原为 Fe(II)（表 10.2，反应 9）。然后，Sb(IV)被氧气和 CFH/水铁矿氧化为 Sb(V)（表 10.2，反应 10 和 11）。

假设在光化学反应进行之前，所有的 Sb(III)均吸附在 Fe(III)的表面，故 Sb(III)的浓度等于 $\mathrm{Fe^{III}(OH)_3\text{-}Sb^{III}(OH)_3}$ 络合物的浓度。如上一小节所示，可认为表 10.2 中反应 8～11 是基元反应且符合伪一级反应动力学方程。

光激发 $[\mathrm{Fe^{III}(OH)_3\text{-}Sb^{III}(OH)_3}]$ 生成 $[\mathrm{Fe^{III}(OH)_3\text{-}Sb^{III}(OH)_3}]^*$ （表 10.2，反应 8）的速率方程可表示为

$$-\frac{\mathrm{d}[\mathrm{Sb(III)}]}{\mathrm{d}t}=k_3[\mathrm{Sb(III)}] \qquad (10.17)$$

$$[\mathrm{Sb(III)}]=[\mathrm{Sb(III)}]_0\,\mathrm{e}^{-k_3 t} \qquad (10.18)$$

$[\mathrm{Fe^{III}(OH)_3\text{-}Sb^{III}(OH)_3}]^*$ 转化为 Sb(IV)（表 10.2，反应 9）的速率方程可表示为

$$-\frac{\mathrm{d}[\mathrm{Sb(III)}^*]}{\mathrm{d}t}=-k_3[\mathrm{Sb(III)}]+k_4[\mathrm{Sb(III)}^*]$$

$$=-k_3[\mathrm{Sb(III)}]_0\,\mathrm{e}^{-k_3 t}+k_4[\mathrm{Sb(III)}^*] \qquad (10.19)$$

$$[\mathrm{Sb(III)}^*]=\frac{k_3[\mathrm{Sb(III)}]_0}{k_4-k_3}(\mathrm{e}^{-k_3 t}-\mathrm{e}^{-k_4 t}) \qquad (10.20)$$

Sb(IV)被氧气和 Fe(OH)$_3$ 氧化为 Sb(V)（表 10.2，反应 10 和 11）的速率方程可表示为

$$-\frac{\mathrm{d}[\mathrm{Sb(IV)}]}{\mathrm{d}t}=-k_4[\mathrm{Sb(III)}^*]+(k_{5a}+k_{5b})[\mathrm{Sb(IV)}]=-k_3[\mathrm{Sb(III)}]_0\,\mathrm{e}^{-k_3 t}+k_5[\mathrm{Sb(IV)}] \qquad (10.21)$$

$$[\mathrm{Sb(IV)}] = \frac{k_3 k_4 [\mathrm{Sb(III)}]_0}{k_4 - k_3} \left(\frac{\mathrm{e}^{-k_3 t}}{k_5 - k_3} - \frac{\mathrm{e}^{-k_4 t}}{k_5 - k_4} \right) \quad (10.22)$$

假设$[\mathrm{Fe^{III}(OH)_3}\text{-}\mathrm{Sb^{III}(OH)_3}]^*$和$\mathrm{Sb(IV)}$浓度的变化速率接近 0，可将总速率方程看作稳态方程：

$$-\frac{\mathrm{d}[\mathrm{Sb(IV)}]}{\mathrm{d}t} = -k_3 [\mathrm{Sb(III)}]_0 \mathrm{e}^{-k_3 t} + k_5 [\mathrm{Sb(IV)}] = 0 \quad (10.23)$$

$$[\mathrm{Sb(IV)}] = \frac{k_3}{k_5} [\mathrm{Sb(III)}]_0 \mathrm{e}^{-k_3 t} \quad (10.24)$$

通过联立式（10.22）和式（10.24）可得

$$\mathrm{e}^{-k_4 t} = \frac{k_3 (k_5 - k_4)}{k_4 (k_5 - k_3)} \mathrm{e}^{-k_3 t} \quad (10.25)$$

因此，$\mathrm{Sb(V)}$的生成速率表示为

$$-\frac{\mathrm{d}[\mathrm{Sb(V)}]}{\mathrm{d}t} = -k_5 [\mathrm{Sb(IV)}] = \frac{-k_3 k_4 k_5 [\mathrm{Sb(III)}]_0}{k_4 - k_3} \left(\frac{\mathrm{e}^{-k_3 t}}{k_5 - k_3} - \frac{\mathrm{e}^{-k_4 t}}{k_5 - k_4} \right)$$

$$= \frac{-k_3 k_4 k_5 [\mathrm{Sb(III)}]_0}{k_4 - k_3} \left(\frac{\mathrm{e}^{-k_3 t}}{k_5 - k_3} - \frac{1}{k_5 - k_4} \cdot \frac{k_3 (k_5 - k_4)}{k_4 (k_5 - k_3)} \mathrm{e}^{-k_3 t} \right) \quad (10.26)$$

$$= \frac{-k_3}{1 - \dfrac{k_3}{k_5}} [\mathrm{Sb(III)}]_0 \mathrm{e}^{-k_3 t} = \frac{-k_3}{1 - \dfrac{k_3}{k_5}} [\mathrm{Sb(III)}]$$

因总反应方程为稳态方程，故$k_5 \gg k_3$；因此有

$$-\frac{\mathrm{d}[\mathrm{Sb(V)}]}{\mathrm{d}t} = \frac{-k_3}{1 - \dfrac{k_3}{k_5}} [\mathrm{Sb(III)}] \approx -k_3 [\mathrm{Sb(III)}] = \frac{\mathrm{d}[\mathrm{Sb(III)}]}{\mathrm{d}t} \quad (10.27)$$

式（10.27）表示 $\mathrm{Sb(III)}$的总消耗速率等于 $\mathrm{Sb(V)}$的生成速率，表明在 pH>4 条件下，$\mathrm{Sb(III)}$的光氧化反应为一级反应。

参 考 文 献

Banfield J F, Welch S A, Zhang H Z, et al., 2000. Aggregation-based crystal growth and microstructure development in natural iron oxyhydroxide biomineralization products. Science, 289(5480): 751-754.

Bard A J, Parsons R, Jordan J, 1985. Standard potentials in aqueous solution. 1st edition. New York: Routledge.

Crutchley R J, Naklicki M L, 1989. Pentaammineruthenium(III) complexes of neutral and anionic (2, 3-dichlorophenyl) cyanamide: A spectroscopic analysis of ligand to metal charge-transfer spectra. Inorganic Chemistry, 28(10): 1955-1958.

Filella M, Belzile N, Chen Y W, 2002a. Antimony in the environment: A review focused on natural waters: I. Occurrence. Earth-Science Reviews, 57(1-2): 125-176.

Filella M, Belzile N, Chen Y W, 2002b. Antimony in the environment: A review focused on natural waters: II. Relevant solution chemistry. Earth-Science Reviews, 59(1-4): 265-285.

Guo X, Wu Z, He M, et al., 2014. Adsorption of antimony onto iron oxyhydroxides: Adsorption behavior and surface structure. Journal of Hazardous Materials, 276: 339-345.

Jia Y, Xu L, Fang Z, et al., 2006. Observation of surface precipitation of arsenate on ferrihydrite. Environmental Science & Technology, 40(10): 3248-3253.

Jolivet J P, Henry M, Livage J, 2000. Metal oxide chemistry and synthesis: From solution to solid state. Hoboken: John Wiley & Sons.

Kiwi J, López A, Nadtochenko V A, 2000. Mechanism and kinetics of the OH-radical intervention during fenton oxidation in the presence of a significant amount of radical scavenger (Cl⁻). Environmental Science & Technology, 34(11): 2162-2168.

Leuz A K, Hug S J, Wehrli B, et al., 2006. Iron-mediated oxidation of antimony(III) by oxygen and hydrogen peroxide compared to arsenic(III) oxidation. Environmental Science & Technology, 40(8): 2565-2571.

Mostafa A, El-Ghossein N, Cieslinski G B, et al., 2013. UV-Vis, IR spectra and thermal studies of charge transfer complexes formed in the reaction of 4-benzylpiperidine with σ- and π-electron acceptors. Journal of Molecular Structure, 1054-1055: 199-208.

Thornton A T, Laurence G S, 1973. Kinetics of oxidation of transition-metal ions by halogen radical anions: Part I. The oxidation of iron(II) by dibromide and dichloride ions generated by flash photolysis. Journal of the Chemical Society, Dalton Transactions(8): 804-813.

Weiser H B, 1931. The mechanism of the coagulation of sols by electrolytes: I. Ferric oxide sols. The Journal of Physical Chemistry, 35(1): 1-26.

Zhu M, Legg B A, Zhang H, et al., 2012. Early stage formation of iron oxyhydroxides during neutralization of simulated acid mine drainage solutions. Environmental Science & Technology, 46(15): 8140-8147.

Zuo Y, Hoigne J, 1992. Formation of hydrogen peroxide and depletion of oxalic acid in atmospheric water by photolysis of iron(III)-oxalato complexes. Environmental Science & Technology, 26(5): 1014-1022.

Zuo Y, Zhan J, Wu T, 2005. Effects of monochromatic UV-visible light and sunlight on Fe(III)-catalyzed oxidation of dissolved sulfur dioxide. Journal of Atmospheric Chemistry, 50: 195-210.

第 11 章　有机 Fe(III)对 Sb(III)的光氧化过程和机理

天然水体中广泛分布着复杂多样的溶解性有机质。其中，一部分溶解性有机质可与 Fe(III)形成稳定的络合物，这一过程强烈影响铁的形态分布和光化学性质。例如，Fe(III)可与草酸形成稳定的络合物 $Fe^{III}(C_2O_4)_3^{3-}$ 和 $Fe^{III}(C_2O_4)_2^-$（Kocar et al., 2003；Balmer et al., 1999；Zuo et al., 1992），其光分解能力是无机 Fe(III)形态 $Fe(OH)^{2+}$ 的 33 倍（Balmer et al., 1999）。此外，溶解性有机质如柠檬酸和富里酸（FA）也可与 Fe(III)形成具有光活性的络合物（Feng et al., 2014；Garg et al., 2013；Hug et al., 2001）。以往研究发现天然水体中的 Fe(III)主要以有机络合物形式存在。本章进一步研究 Sb(III)在含有溶解性有机质的 Fe(III)溶液中的光氧化行为。

11.1　Sb(III)在 Fe(III)-草酸溶液中的光氧化过程

由图 11.1（a）可知，当 pH 为 3～7 时，在无光条件下，Fe(III)-草酸溶液中的 Sb(III)并没有氧化；而在光照条件下，Sb(III)发生了迅速的氧化。Sb(III)在 Fe(III)-草酸溶液中的光氧化速率比在无机 Fe(III)溶液中的快[图 11.1（b）]。在 pH 为 3.0 和 6.2 的 Fe(III)-草酸溶液中，光照 30 min 后，20 μmol/L Sb(III)均完全氧化为 Sb(V)；而在无机 Fe(III)溶液中，光照 30 min 后，仅有 68.6%和 36.6%的 Sb(III)氧化为 Sb(V)。同时，当 pH 为 3.0时，Sb(III)在 Fe(III)溶液中的光氧化速率随着草酸浓度的升高（0.05 mmol/L、0.1 mmol/L、0.25 mmol/L 和 1 mmol/L）而加快（图 11.2）。上述实验结果表明，草酸极大提高了 Sb(III)在 Fe(III)溶液中的光氧化速率。

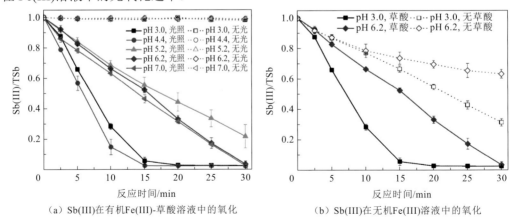

（a）Sb(III)在有机Fe(III)-草酸溶液中的氧化　　　（b）Sb(III)在无机Fe(III)溶液中的氧化

图 11.1　不同反应条件下 Sb(III)在 Fe(III)-草酸溶液中的氧化

[Fe(III)]＝50 μmol/L，[Sb(III)]＝20 μmol/L，[草酸]＝1 mmol/L

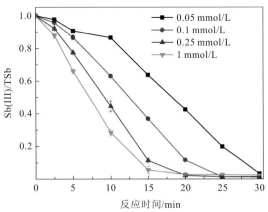

图 11.2　当 pH 为 3.0 时不同草酸浓度下 Sb(III)/TSb 随时间的变化

[Fe(III)]=50 μmol/L，[Sb(III)]=20 μmol/L

与无机 Fe(III)相比，草酸存在的条件下 Fe(III)的形态发生了极大的改变。如图 11.3 所示，当 pH 为 2~8 时，Fe(III)的主要赋存形态由 $Fe(OH)^{2+}$ 转化为 $Fe^{III}(C_2O_4)_3^{3-}$ 和 $Fe^{III}(C_2O_4)_2^-$（Kocar et al.，2003；Balmer et al.，1999；Zuo et al.，1992）。有研究表明，$Fe^{III}(C_2O_4)_3^{3-}$ 和 $Fe^{III}(C_2O_4)_2^-$ 的光解能力是无机 Fe(III)形态 $Fe(OH)^{2+}$ 的 33 倍（Balmer et al.，1999），导致 Sb(III)在 Fe(III)-草酸溶液中的光氧化速率比在无机 Fe(III)溶液中快。

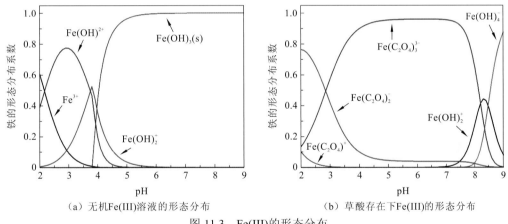

（a）无机 Fe(III)溶液的形态分布　　　　　　（b）草酸存在下 Fe(III)的形态分布

图 11.3　Fe(III)的形态分布

[Fe(III)]=50 μmol/L，[草酸]=1 mmol/L

11.2　Fe(III)-草酸光照体系中活性物种对 Sb(III)氧化的影响

在光照条件下，Fe(III)-草酸络合物可分解产生一系列活性物种（表 11.1）。首先，$Fe^{III}(C_2O_4)_3^{3-}$ 和 $Fe^{III}(C_2O_4)_2^-$ 光解生成 $C_2O_4^{\cdot-}$ 和 Fe(II)（反应 4~5）；其次，$C_2O_4^{\cdot-}$ 发生去羧化反应生成 $CO_2^{\cdot-}$ 并迅速与氧气反应产生超氧自由基（$O_2^{\cdot-}$）（反应 6~7），$O_2^{\cdot-}$ 可进一步转化为 H_2O_2（反应 31~32）。最后，H_2O_2 与 Fe(II)通过芬顿反应生成•OH（反应 16）。对苯醌（PBQ）是 $O_2^{\cdot-}$ [1×10^9 L/（mol·s）]、电子[1.35×10^9 L/（mol·s）]和•OH[6.6×10^9 L/（mol·s）]的高效掩蔽剂（Rodríguez et al.，2015；Patel et al.，1973）。PBQ 的加入完全抑制了

Sb(III)的氧化（图 11.4），初步表明 Sb(III)的氧化是由 Fe(III)-草酸光分解产生的活性物种引起的。

表 11.1　Fe(III)-草酸光分解过程中所涉及的反应方程及其反应速率常数（k）和平衡常数（K）

序号	反应方程式	k 或 K	参考文献
	Sb(III)氧化反应		
1	$Sb^{III}(OH)_3 + \cdot OH \longrightarrow Sb^{IV}(OH)_4$	$8\times10^9\ L/(mol\cdot s)$	Leuz 等（2006）
2	$Sb^{III}(OH)_3 + Fe(IV) \longrightarrow Sb^{IV}(OH)_4 + Fe^{III}(C_2O_4)_2$	$6.3\times10^7\ L/(mol\cdot s)$	Leuz 等（2006）
3	$Sb^{IV}(OH)_4 + 2H_2O + O_2 \longrightarrow Sb^V(OH)_6^- + O_2^{\cdot-} + 2H^+$	$1.1\times10^9\ L/(mol\cdot s)$	Leuz 等（2006）
	不同铁形态的光解反应 [a]		
4	$Fe^{III}(C_2O_4)_2^- \xrightarrow{hv} Fe^{II}(C_2O_4) + C_2O_4^{\cdot-}$	$1\times10^{-3}\ s^{-1}/2.4\times10^{-3}\ s^{-1}$	计算数值 [b]
5	$Fe^{III}(C_2O_4)_3^{3-} \xrightarrow{hv} Fe^{II}(C_2O_4)_2^{2-} + C_2O_4^{\cdot-}$	$1\times10^{-3}\ s^{-1}/2.4\times10^{-3}\ s^{-1}$	计算数值 [b]
6	$C_2O_4^{\cdot-} \longrightarrow CO_2 + CO_2^{\cdot-}$	$2\times10^6\ s^{-1}$	Mulazzani 等（1986）
7	$CO_2^{\cdot-} + O_2 \longrightarrow CO_2 + O_2^{\cdot-}$	$2.4\times10^9\ L/(mol\cdot s)$	Sedlak 等（1993）
	Fe(III)还原和 Fe(II)氧化反应		
8	$Fe^{3+} + O_2^{\cdot-} \longrightarrow Fe^{2+} + O_2$	$1.5\times10^8\ L/(mol\cdot s)$	Zuo 等（1992）
9	$Fe^{3+} + HO_2^{\cdot} \longrightarrow Fe^{2+} + O_2 + H^+$	$1\times10^6\ L/(mol\cdot s)$	Sehested（1969）
10	$Fe^{III}(C_2O_4)_n^{3-2n} + O_2^{\cdot-} \longrightarrow O_2 + Fe^{II}(C_2O_4)_n^{2-2n} + C_2O_4^{2-}$	$1\times10^5\ L/(mol\cdot s)$	Sedlak 等（1993）
11	$Fe^{III}(C_2O_4)_n^{3-2n} + HO_2^{\cdot} \longrightarrow O_2 + Fe^{II}(C_2O_4)_n^{2-2n} + C_2O_4^{2-} + H^+$	$1.2\times10^4\ L/(mol\cdot s)$	Sedlak 等（1993）
12	$Fe^{2+} + O_2^{\cdot-} + 2H^+ \longrightarrow Fe^{3+} + H_2O_2$	$1\times10^7\ L/(mol\cdot s)$	Zhou 等（2004）
13	$Fe^{2+} + HO_2^{\cdot} + H^+ \longrightarrow Fe^{3+} + H_2O_2$	$1.2\times10^5\ L/(mol\cdot s)$	Zhou 等（2004）
14	$Fe(II) + \cdot OH \longrightarrow Fe(III)$	$4.3\times10^8\ L/(mol\cdot s)$	Christensen 等（1981）[e]
15	$Fe^{II}(C_2O_4)_2^{2-} + O_2 \longrightarrow Fe^{III}(C_2O_4)_2^- + H_2O_2$	$3.6\ L/(mol\cdot s)$	Park 等（1997）
	芬顿反应		
16	$Fe^{2+} + H_2O_2 \longrightarrow Fe^{3+} + \cdot OH + OH^-$	$53\ L/(mol\cdot s)$	Pignatello 等（1999）
17	$Fe^{II}(C_2O_4) + H_2O_2 \longrightarrow INT$	$1\times10^4\ L/(mol\cdot s)$	Park 等（1997）
18	$Fe^{II}(C_2O_4)_2^{2-} + H_2O_2 \longrightarrow INT - C_2O_4$	$3\times10^5\ L/(mol\cdot s)$	软件内调整的数值 [c]
19	$INT + C_2O_4^{2-} \rightleftharpoons INT - C_2O_4$	$1\times10^4\ L/(mol\cdot s)$	软件内调整的数值 [c]
20	$INT \longrightarrow Fe^{III}(C_2O_4)^+ + \cdot OH$	$1\times10^9\ L/(mol\cdot s)$	快速反应 [d]
21	$INT - C_2O_4 \longrightarrow Fe(IV)$	$1\times10^9\ L/(mol\cdot s)$	快速反应 [d]
	自由基反应		
22	$Fe(IV) + Fe(II) \longrightarrow 2Fe(III)$	$1\times10^9\ L/(mol\cdot s)$	软件内调整的数值 [c,e]
23	$\cdot OH + \cdot OH \longrightarrow H_2O_2$	$5.2\times10^9\ L/(mol\cdot s)$	Buxton 等（1988）
24	$\cdot OH + O_2^{\cdot-}/HO_2^{\cdot} \longrightarrow OH^-/H_2O + O_2$	$6.6\times10^9\ L/(mol\cdot s)$	Buxton 等（1988）
25	$\cdot OH + H_2O_2 \longrightarrow HO_2^{\cdot} + H_2O$	$3\times10^7\ L/(mol\cdot s)$	Buxton 等（1988）

序号	反应方程式	k 或 K	参考文献
26	$C_2O_4^{2-} + \cdot OH \longrightarrow CO_2 + CO_2^{\cdot-} + OH^-$	7.7×10^6 L/(mol·s)	Sedlak 等（1993）
27	$HC_2O_4^- + \cdot OH \longrightarrow CO_2 + CO_2^{\cdot-} + H_2O$	4.7×10^7 L/(mol·s)	Sedlak 等（1993）
28	$TBA + \cdot OH \longrightarrow$ 产物	5.8×10^8 L/(mol·s)	Park 等（1997）
29	$PBQ + \cdot OH \longrightarrow$ 产物	6.6×10^9 L/(mol·s)	Rodríguez 等（2015）
30	$PBQ + O_2^{\cdot-} \longrightarrow$ 产物	1×10^9 L/(mol·s)	Patel 等（1973）
31	$HO_2^{\cdot} + HO_2^{\cdot} \longrightarrow H_2O_2 + O_2$	8.3×10^5 L/(mol·s)	Zuo 等（1992）
32	$HO_2^{\cdot} + O_2^{\cdot-} + H^+ \longrightarrow H_2O_2 + O_2$	9.7×10^7 L/(mol·s)	Zuo 等（1992）
33	$HO_2^{\cdot} \rightleftharpoons O_2^{\cdot-} + H^+$	1.58×10^{-5} mol/L	Zuo 等（1992）
铁和草酸之间的平衡反应			
34	$Fe^{2+} + C_2O_4^{2-} \rightleftharpoons Fe^{II}(C_2O_4)$	4.17×10^3 L/mol	Martell 等（1975）
35	$Fe^{II}(C_2O_4) + C_2O_4^{2-} \rightleftharpoons Fe^{II}(C_2O_4)_2^{2-}$	1.26×10^2 L/mol	Martell 等（1975）
36	$Fe^{3+} + C_2O_4^{2-} \rightleftharpoons Fe^{III}(C_2O_4)^+$	5.89×10^8 L/mol	Martell 等（1975）
37	$Fe^{III}(C_2O_4)^+ + C_2O_4^{2-} \rightleftharpoons Fe^{III}(C_2O_4)_2^-$	3.31×10^6 L/mol	Martell 等（1975）
38	$Fe^{III}(C_2O_4)_2^- + C_2O_4^{2-} \rightleftharpoons Fe^{III}(C_2O_4)_3^{3-}$	2.75×10^4 L/mol	Martell 等（1975）
39	$HC_2O_4^- \rightleftharpoons C_2O_4^{2-} + H^+$	6.61×10^{-5} mol/L	Martell 等（1975）
40	$Fe^{3+} + H_2O \rightleftharpoons Fe^{III}(OH)^{2+} + H^+$	4.57×10^{-4} mol/L	Martell 等（1975）
41	$Fe^{III}(OH)^{2+} + H_2O \rightleftharpoons Fe^{III}(OH)_2^+ + H^+$	2.51×10^{-4} mol/L	Martell 等（1975）

注：a 因 $Fe^{III}(C_2O_4)^+$ 与 $Fe(OH)^{2+}$ 的光分解效率较低,故未考虑其光分解过程；b 通过计算获得了 $Fe^{III}(C_2O_4)_2^-$ 和 $Fe^{III}(C_2O_4)_3^{3-}$ 的光分解速率（模拟光照下：1×10^{-3} s^{-1}；太阳光照下：2.4×10^{-3} s^{-1}）；c 未知的速率常数在 ACUCHEM 程序内调整获得；d 假定 INT 和 INT-C_2O_4 之间的转化速率极快；e 为了简化模型,将 $Fe^{II}(C_2O_4)$、$Fe^{II}(C_2O_4)_2^{2-}$ 和 Fe^{2+} 与 Fe(IV)或·OH 的反应速率调整为一致。当进行模拟时,将平衡常数用正反应和逆反应表示（$K = k_{for}/k_{back}$）,并令其中一个反应的速率常数$>10^9$

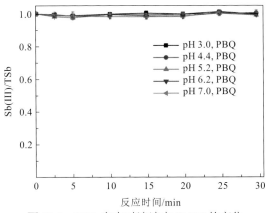

图 11.4　PBQ 存在时溶液中 Sb(III)的变化

[Fe(III)]＝50 μmol/L，[Sb(III)]＝20 μmol/L，[草酸]＝1 mmol/L，[PBQ]＝20 mmol/L

叔丁醇（TBA）是•OH 的一种专属掩蔽剂[k=5.8×10^8 L/（mol·s）]（Park et al.，1997），其不与 $O_2^{\cdot-}$ 和电子（e^-）反应（Kozmér et al.，2016a，2016b；Yin et al.，2009）。TBA 的加入部分抑制了 Sb(III)的光氧化，表明•OH 是 Sb(III)氧化的重要活性物种，而且除•OH 外，还有其他活性物种导致了 Sb(III)氧化（图 11.5）。

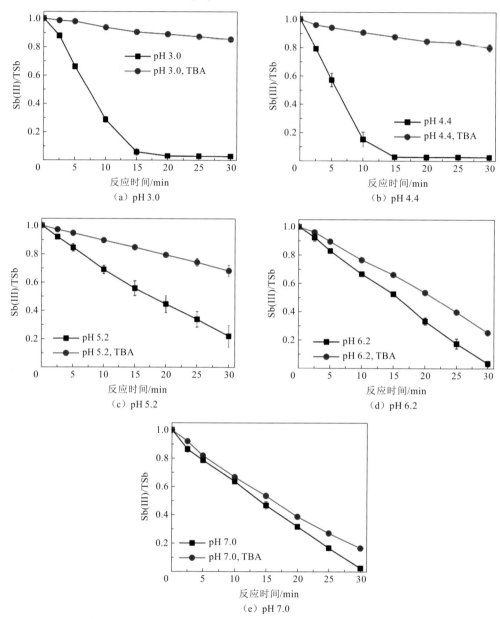

图 11.5　TBA 存在的光照条件下 Fe(III)-草酸溶液中 Sb(III)的变化

[Fe(III)]=50 µmol/L，[Sb(III)]=20 µmol/L，[草酸]=1 mmol/L，[TBA]=400 mmol/L

（1）H_2O_2。H_2O_2 是 Fe(III)-草酸络合物光分解过程中产生的一种重要的活性物种。研究发现，Fe(III)-草酸光分解体系中产生的 H_2O_2 对 Sb(III)氧化的影响极为微弱（图 11.6），这与以往研究结果一致。当 pH 为 3～7 时，Sb(III)与 H_2O_2 的反应速率极低（Leuz et al.，2005；Quentel et al.，2004）。虽然 H_2O_2 不直接参与 Sb(III)的氧化，但是它却是•OH 自由基的重要前驱体（反应 16）。

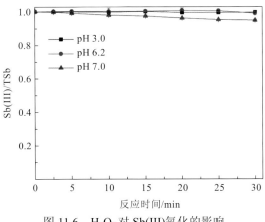

图 11.6　H_2O_2 对 Sb(III)氧化的影响

[H_2O_2]＝1 mmol/L，[Sb(III)]＝20 μmol/L

（2）$O_2^{\cdot-}$ 自由基。$O_2^{\cdot-}$ 是产生的重要活性物种之一。在柠檬酸-铁光解体系中可产生 •OH 和 $O_2^{\cdot-}$ 自由基（Hug et al.，2001）。在该体系中，TBA 的加入完全抑制了 Sb(III)的氧化（图 11.7），说明•OH 是 Sb(III)的唯一氧化剂，推断 $O_2^{\cdot-}$ 并不能氧化 Sb(III)。

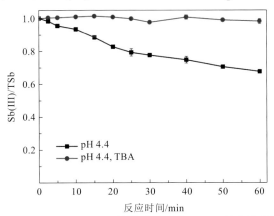

图 11.7　光照下 Fe(III)-柠檬酸溶液中 Sb(III)的变化曲线

[Fe(III)]＝50 μmol/L，[柠檬酸]＝0.66 mmol/L，[Sb(III)]＝20 μmol/L

（3）$CO_2^{\cdot-}$ 自由基。Fe(III)-草酸络合物光解过程首先生成 $CO_2^{\cdot-}$ 自由基，而在无氧条件下，$CO_2^{\cdot-}$ 无法与 O_2 反应产生 $O_2^{\cdot-}$（反应 7），从而抑制一系列活性物种的生成。实验结果表明，在无氧条件下 Sb(III)并未氧化（图 11.8），表明 $CO_2^{\cdot-}$ 不是 Sb(III)有效的氧化剂。

上述实验表明，在 Fe(III)-草酸光解过程中产生的 H_2O_2、$O_2^{\cdot-}$ 和 $CO_2^{\cdot-}$ 并不是 Sb(III)的有效氧化剂，而产生的•OH 可迅速氧化 Sb(III)；另外，TBA 的加入并不能完全抑制 Sb(III)的氧化，说明在该体系中，还存在其他 Sb(III)的氧化剂。以往研究发现，在 Fe(III)-草酸溶液中，异丙醇（IPA）作为•OH 的另外一种有效的掩蔽剂，在 pH 为 7 的条件下也不能完全抑制 Sb(III)的光氧化，在 Fe(III)-草酸体系中产生了某种 Fe(IV)类型的活性物种，并推断 Fe(IV)可有效氧化 Sb(III)（Kocar et al.，2003）。因此，Fe(IV)也可能是 Sb(III)氧化的重要活性物种。

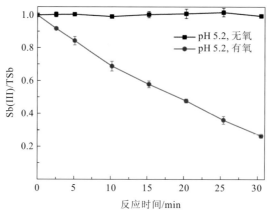

图 11.8 Fe(III)-草酸光分解过程中 Sb(III)随时间的变化曲线

[Fe(III)]＝50 μmol/L，[Sb(III)]＝20 μmol/L，[草酸]＝1 mmol/L

11.3 Fe(III)-草酸光照体系中活性物种的生成机理

在 Fe(III)-草酸络合物光解过程中产生了 Fe(II)和 H_2O_2。以往研究表明，无机 Fe^{2+} 和 H_2O_2 反应生成·OH，而 $Fe(OH)^+$ 和 H_2O_2 反应则可能会形成某种类似 Fe(IV)的物质（Leuz et al.，2006）。然而，草酸可强烈地改变无机 Fe(II)的形态（图 11.9）。当草酸存在时，$Fe^{II}(C_2O_4)$ 和 $Fe^{II}(C_2O_4)_2^{2-}$ 是 Fe(II)的主要形态，进而影响溶液中 Fe(II)和 Sb(III)的反应。例如，草酸可加快 Fe(II)被氧气氧化的速率，进而对 Sb(III)的氧化产生影响。如图 11.10 所示，在无草酸存在且无光条件下，仅有少部分的 Sb(III)和 Fe(II)被氧化；而在草酸存在条件下，Fe(II)快速氧化，并且伴随着 Sb(III)的氧化。结果表明，草酸能够加快 Fe(II)的氧化，进而促进 Sb(III)的氧化。$Fe^{II}(C_2O_4)_2^{2-}$ 和 $Fe^{II}(C_2O_4)$ 可通过双电子转移过程与氧气反应，与无机 Fe(II)相比，这一过程可更有效地形成 H_2O_2（表 11.1，反应 17）（Lee et al.，2014）。此外，草酸也可影响 Fe(II)与 H_2O_2 的反应速率。$Fe^{II}(C_2O_4)$ 与 H_2O_2 的反

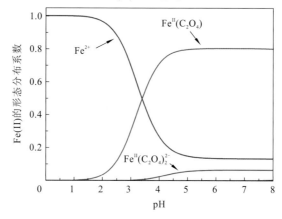

图 11.9 Visual MINTEQ 3.1 形态模拟软件计算的 Fe(II)的形态分布系数

[Fe(II)]＝5 μmol/L，[草酸]＝1 mmol/L

应速率[1×10^4 L/（mol·s）]比 Fe^{2+}与 H_2O_2 的反应速率[53 L/（mol·s）]快三个数量级（表 11.1，反应 16 和 19），使·OH 的生成速率更快，导致 Sb(III)更高效地氧化。因此，草酸改变了 Fe(II)的形态，导致·OH 和 Fe(IV)生成机理的差异。

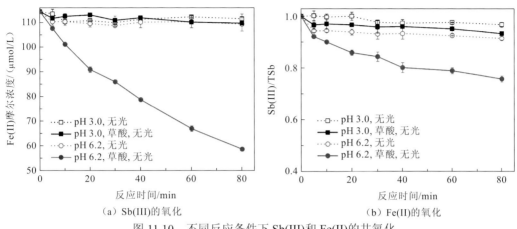

（a）Sb(III)的氧化　　　　　　　　　　（b）Fe(II)的氧化

图 11.10　不同反应条件下 Sb(III)和 Fe(II)的共氧化

[Sb(III)]=20 μmol/L，[草酸]=1 mmol/L，[Fe(II)]=114 μmol/L

当 pH 为 2.8 时，Fe(III)-草酸体系中的 Sb(III)发生了迅速的光氧化；TBA 的加入完全抑制了 Sb(III)的氧化，表明·OH 是 Sb(III)的主要氧化剂（图 11.11）。当 pH 为 2.8 时，Fe(II)主要以 $Fe^{II}(C_2O_4)$ 和 Fe^{2+}的形式存在（图 11.9）。因此，推测 $Fe^{II}(C_2O_4)/Fe^{2+}$ 与 H_2O_2 反应生成·OH。然而，当 pH 为 6.2 时，TBA 仅部分抑制 Sb(III)的氧化。在这种条件下，$Fe^{II}(C_2O_4)_2^{2-}$、$Fe^{II}(C_2O_4)$ 和 Fe^{2+} 是 Fe(II)的主要存在形态，因此，可推断 $Fe^{II}(C_2O_4)_2^{2-}$ 与 H_2O_2 反应生成了活性物种 Fe(IV)。

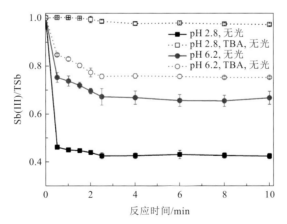

图 11.11　无光条件下 Fe(II)、草酸和 H_2O_2 共存溶液中 Sb(III)的氧化

其中 Sb(III)]=20 μmol/L，[草酸]=1 mmol/L，[Fe(II)]=50 μmol/L，[TBA]=400 mmol/L

首先，$Fe^{II}(C_2O_4)$ 或 $Fe^{II}(C_2O_4)_2^{2-}$ 与 H_2O_2 反应生成[$(H_2O)_3Fe^{II}(C_2O_4)\text{-}O_2H_2$]或[$(H_2O)Fe^{II}(C_2O_4)_2\text{-}O_2H_2$]$^{2-}$，见式（11.1）和式（11.2）。其次，[$(H_2O)_3Fe^{II}(C_2O_4)\text{-}O_2H_2$]通过单电子转移过程使HO—OH键解离并失去一个水分子,并转变为[$(H_2O)_2Fe^{III}(C_2O_4)(OH)(\cdot OH)$]，见式（11.3），[$(H_2O)_2Fe^{III}(C_2O_4)(OH)(\cdot OH)$]迅速解离产生·OH，见式（11.4）。以往研究发现，$Fe(OH)^+$和 H_2O_2 可通过双电子转移过程生成 Fe(IV)（Lee et al.，2014）。

$$[(H_2O)_4Fe^{II}(C_2O_4)] + H_2O_2 \xrightarrow{\text{配体交换}} [(H_2O)_3Fe^{II}(C_2O_4)\text{-}O_2H_2] \quad (11.1)$$

$$[(H_2O)_2Fe^{II}(C_2O_4)_2]^{2-} + H_2O_2 \xrightarrow{\text{配体交换}} [(H_2O)Fe^{II}(C_2O_4)_2\text{-}O_2H_2]^{2-} \quad (11.2)$$

$$[(H_2O)_3Fe^{II}(C_2O_4) - O_2H_2] \xrightarrow{\text{单电子转移}} [(H_2O)_2Fe^{III}(C_2O_4)(OH)(\cdot OH)] \quad (11.3)$$

$$[(H_2O)_2Fe^{III}(C_2O_4)(OH)(\cdot OH)] \xrightarrow{\text{解离}} \cdot OH + [(H_2O)_3Fe^{III}(C_2O_4)(OH)] \quad (11.4)$$

$Fe^{II}(C_2O_4)_2^{2-}$ 的标准电极电势（$E^0(Fe^{III}(C_2O_4)^+)/Fe^{II}(C_2O_4)_2^{2-}) = +0.256\,V_{NHE}$）比 $Fe^{II}(C_2O_4)$（$E^0(Fe^{III}(C_2O_4)^+)/Fe^{II}(C_2O_4)^0) = +0.503\,V_{NHE}$）

和

$$Fe(OH)^+ （E^0(Fe^{III}(OH)^{2+})/Fe^{II}(OH)^+) = +0.356\,V_{NHE}）$$

的电极电势都要小（Strathmann et al., 2002），表明 $Fe^{II}(C_2O_4)_2^{2-}$ 具有较强的还原能力。因此，在 $[(H_2O)Fe^{II}(C_2O_4)_2\text{-}O_2H_2]^{2-}$ 通过单电子转移过程转化为 $[Fe^{III}(C_2O_4)_2(OH)(\cdot OH)]^{2-}$ 后，见式（11.5），$[Fe^{III}(C_2O_4)_2(OH)(\cdot OH)]^{2-}$ 可能会再失去一个电子形成 $Fe(IV)$（$Fe^{IV}(C_2O_4)_2(OH)_2^{2-}$），见式（11.6）。然而，在 pH 为 3.0 的 Fe(III)-草酸体系［图 11.5（a）］及 pH 为 2.8 的 Fe(II)-草酸体系（图 11.11）中，TBA 并不能完全抑制 Sb(III)的氧化。在酸性条件下，$Fe^{II}(C_2O_4)_2^{2-}$ 的含量极低，难以产生足够的 Fe(IV)使 Sb(III)高效氧化。因此，$[(H_2O)_2Fe^{III}(C_2O_4)(OH)(\cdot OH)]$ 与 $[Fe^{III}(C_2O_4)_2(OH)(\cdot OH)]^{2-}$ 之间可能存在平衡，从而导致 $\cdot OH$ 和 Fe(IV)的生成比例随 pH 的改变而变化［式（11.7）］。

$$[(H_2O)Fe^{II}(C_2O_4)_2\text{-}O_2H_2]^{2-} \xrightarrow{\text{单电子转移}} [Fe^{III}(C_2O_4)_2(OH)(\cdot OH)]^{2-} \quad (11.5)$$

$$[Fe^{III}(C_2O_4)_2(OH)(\cdot OH)]^{2-} \xrightarrow{\text{单电子转移}} [Fe^{IV}(C_2O_4)_2(OH)_2]^{2-} \quad (11.6)$$

$$[(H_2O)_2Fe^{III}(C_2O_4)(OH)(\cdot OH)] + C_2O_4^{2-} \rightleftharpoons [Fe^{III}(C_2O_4)_2(OH)(\cdot OH)]^{2-} \quad (11.7)$$

11.4　Fe(III)-草酸光解体系中 Fe(II)、H_2O_2 和 Sb(III)的动力学模拟

在上述反应机理中，Fe(IV)是一种假想的活性物种。本节运用 ACUCHEM 软件进行机理验证。将表 11.1 所列的化学反应、速率常数及平衡常数输入 ACUCHEM，并将运行结果与实验数据进行比较。

11.4.1　$Fe^{III}(C_2O_4)_3^{3-}$ 和 $Fe^{III}(C_2O_4)^-$ 光解速率的计算

表 11.1 中反应 4 和 5 所列出的 $Fe^{III}(C_2O_4)_3^{3-}$ 和 $Fe^{III}(C_2O_4)_2^-$ 的光解速率通过下式计算：

$$-\frac{d[Fe(III)]}{dt} = \Phi_\lambda I_{0\lambda}(1-10^{-\varepsilon_\lambda Cl})\frac{S}{V} \quad (11.8)$$

式中：Φ_λ 为光量子产率；$I_{0\lambda}$ 为光强；ε_λ 为摩尔消光系数；C 为 $Fe^{III}(C_2O_4)_3^{3-}$ 和 $Fe^{III}(C_2O_4)_2^-$ 的浓度；l 为反应器的光程；S 为反应容器的光接触面积；V 为反应溶液的体积。

由于 $Fe^{III}(C_2O_4)_3^{3-}$ 和 $Fe^{III}(C_2O_4)_2^-$ 的吸光度小于 0.1，$1-10^{-\varepsilon_\lambda Cl}$ 近似等于 $2.303\varepsilon_\lambda Cl$，式（11.8）可简化为

$$-\frac{d[\mathrm{Fe(III)}]}{dt} = 2.303 \varPhi_\lambda I_{0\lambda} \varepsilon_\lambda Cl \frac{S}{V} = k_\lambda C \qquad (11.9)$$

由于计算公式中的光强单位［Einstein/（$cm^2 \cdot s$）］与本节实验实际测得的光强单位（W/cm^2）不一致，可通过以下公式统一单位。

1 Einstein（1 摩尔光子）波长为 λ 的光子的能量可表示为

$$E = N_0 h\nu = N_0 hC/\lambda \qquad (11.10)$$

式中：E 为波长为 λ 的光的光子能量；N_0 为阿伏伽德罗常数，6.022×10^{23}；h 为普朗克常数，6.626×10^{-34} J·s；ν 为光子的频率；C 为光速，2.9979×10^{10} cm/s；λ 为光的波长。

代入上述数值可得

$$E = 119.62 \times 10^6 \ \mathrm{J \cdot nm \cdot mol^{-1}}/\lambda \qquad (11.11)$$

即

$$1\ \mathrm{Einstein} = 119.62 \times 10^6 \ \mathrm{J \cdot nm}/\lambda \qquad (11.12)$$

$$1\ \mathrm{J} = \frac{1\ \mathrm{Einstein} \times \lambda}{119.62 \times 10^6} \qquad (11.13)$$

$$1\ \mathrm{W/cm^2} = 1\ \mathrm{J/(s \cdot cm^2)} = \frac{1\ \mathrm{Einstein} \times \lambda}{119.62 \times 10^6}\ \mathrm{s^{-1} \cdot cm^{-2}}$$
$$= \frac{\lambda}{119.62 \times 10^6}\ \mathrm{Einstein/(cm^2 \cdot s)} \qquad (11.14)$$

当波长为 $300 \sim 500$ nm 时，Fe(II)生成的光量子产率变化很小（Hatchard et al.，1997），且 $\mathrm{Fe^{III}(C_2O_4)_3^{3-}}$ 和 $\mathrm{Fe^{III}(C_2O_4)_2}$ 的吸收波长均低于 440 nm，因此可以认为 $\mathrm{Fe^{III}(C_2O_4)_3^{3-}}$ 和 $\mathrm{Fe^{III}(C_2O_4)_2}$ 的光量子产率（$\varPhi_\lambda$）在反应中保持不变。本小节的 $\varPhi_\lambda$ 采用以往报道的数据（pH 为 2.9、草酸/Fe(III)的比例为 167 时，$\varPhi_\lambda=0.32$）（Abrahamson et al.，1994）。ε_λ 的数值采用紫外-可见分光光度计测量 Fe(III)-草酸溶液在不同波长的吸光度获得。$I_{0\lambda}$ 通过氙灯光谱计算。S 为 56 cm^2，V 为 0.1 L，l 为 1.8 cm。

因此，$\mathrm{Fe^{III}(C_2O_4)_3^{3-}}$ 和 $\mathrm{Fe^{III}(C_2O_4)_2}$ 的总光分解系数（k_p）可通过不同波长处 k_λ 的加和计算：

$$k_\mathrm{p} = \sum_\lambda k_\lambda \qquad (11.15)$$

通过计算得出，模拟光照下 k_p 为 1×10^{-3} $\mathrm{s^{-1}}$，太阳光照下 k_p 为 2.4×10^{-3} $\mathrm{s^{-1}}$。

11.4.2 ACUCHEM 软件的模拟结果

基于表 11.1 列出的反应方程和速率常数，采用 ACUCHEM 软件模拟 pH 为 3.0 和 6.2 时 Sb(III)、Fe(II)和 H_2O_2 的浓度随时间的变化趋势，模拟结果如图 11.12（a）～（c）所示。结果表明，模拟的数据与实验数据基本吻合，表明该模型考虑了该体系中所有重要反应，在一定程度上验证了本研究提出的机理。

另外，本小节试图预测 Sb(III)在含有 Fe(III)-草酸的天然水环境中的光氧化行为。将模拟数值调节为 pH 6.0、1.2 μmol/L Fe(III)、0.96 μmol/L Sb(III)和 10 μmol/L 草酸（Fe(III)、Sb(III)和草酸的浓度与天然水环境中的浓度近似），模拟数据与实验数据基本一致［图 11.12（d）］。因此，该模型也能在一定程度上模拟含有 Fe(III)-草酸的天然水体中 Sb(III)的光化学氧化。

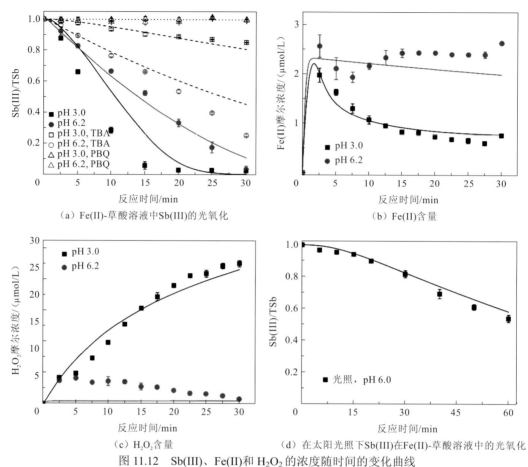

（a）Fe(II)-草酸溶液中Sb(III)的光氧化　　　　（b）Fe(II)含量

（c）H₂O₂含量　　　　（d）在太阳光下Sb(III)在Fe(II)-草酸溶液中的光氧化

图 11.12　Sb(III)、Fe(II)和 H₂O₂ 的浓度随时间的变化曲线

实验数据采用散点表示，模拟数据采用实线表示；（c）中，[Fe(III)]=50 μmol/L，[Sb(III)]=20 μmol/L，

[草酸]=1 mmol/L；（d）中，[Fe(III)]=1.2 μmol/L，[Sb(III)]=0.96 μmol/L，[草酸]=10 μmol/L

　　然而，模拟数据与实验数据之间仍存在一定差异。例如，在 pH 为 6.2 的条件下，模拟数据低估了 Fe(II)和 H₂O₂ 的浓度。由于表 11.1 中的速率常数和平衡常数均引用自文献，且均在不同的实验条件下获得，反应速率和平衡常数的不确定性影响了模型的准确性。需要对动力学数据进行进一步的测定、验证和标准化，以提高模型的准确性。

11.5　Fe(III)-柠檬酸/Fe(III)-富里酸光照体系中
Sb(III)的光氧化机理

　　在光照条件下，Fe(III)-柠檬酸和 Fe(III)-富里酸络合物也可以产生·OH 等活性物种（Feng et al.，2014；Garg et al.，2013）。在无光条件下，Fe(III)-柠檬酸和 Fe(III)-富里酸体系中 Sb(III)未发生氧化；而在光照条件下，Sb(III)被迅速地氧化为 Sb(V)［图 11.13（a）］。

　　在 Fe(III)-柠檬酸体系中，当 pH 为 4 时，TBA 完全抑制了 Sb(III)的氧化；而当 pH 为 7 时，TBA 仅部分抑制了 Sb(III)的氧化，表明 pH 为 7 时除·OH 外还有其他 Sb(III)的氧化剂。在 Fe(III)-富里酸体系中观察到类似现象［图 11.13（b）］。因此，推测 Fe(III)-柠檬酸和 Fe(III)-富里酸体系中同样生成了 Fe(IV)。在太阳光照射下含有 Fe(III) 和 NOM 的溶液中，Sb(III) 也可发生迅速的光氧化（图 11.14）。

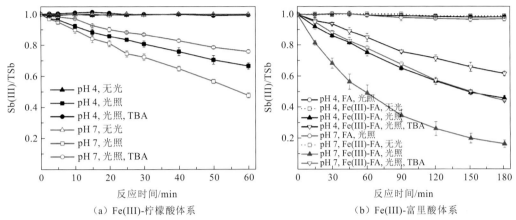

（a）Fe(III)-柠檬酸体系　　　　　　（b）Fe(III)-富里酸体系

图 11.13　在光照条件下 Fe(III)-柠檬酸和 Fe(III)-富里酸体系中 Sb(III)/TSb 随时间的变化

[Fe(III)]=50 μmol/L，[柠檬酸]=0.66 mmol/L，[富里酸]=10 mg/L，[Sb(III)]=20 μmol/L，[TBA]=400 mmol/L

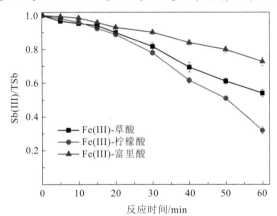

图 11.14　在太阳光照射下 Fe(III)-草酸、柠檬酸铁和 Fe(III)-富里酸体系中 Sb(III) 的变化

[Fe(III)]=1.2 μmol/L，[Sb(III)]=0.96 μmol/L，[草酸]=10 μmol/L，[柠檬酸]=10 μmol/L，[富里酸]=0.1 mg/L

Fe(III)-NOM 溶液中 Sb(III) 的光氧化机理如图 11.15 所示。Fe(III)-NOM 络合物广泛分布于天然水环境中，在太阳光照射下，Fe(III)-NOM 络合物被光激发产生多种活性中间体（O$_2^-$、H$_2$O$_2$ 和 Fe(II)-NOM 络合物），经复杂反应后最终生成•OH 和 Fe(IV)。在酸性条件下，•OH 是 Sb(III) 氧化的活性物种，而在中性条件下，Fe(IV) 是 Sb(III) 的主要氧化剂。

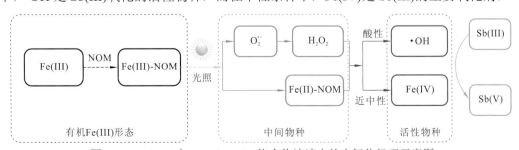

图 11.15　Sb(III) 在 Fe(III)-NOM 络合物溶液中的光氧化机理示意图

参 考 文 献

Abrahamson H B, Rezvani A B, Brushmiller J G, 1994. Photochemical and spectroscopic studies of complexes, of iron(III) with citric acid and other carboxylic acids. Inorganica Chimica Acta, 226(1): 117-127.

Balmer M E, Sulzberger B, 1999. Atrazine degradation in irradiated iron/oxalate systems: Effects of pH and oxalate. Environmental Science & Technology, 33(14): 2418-2424.

Buxton G V, Greenstock C L, Helman W P, et al., 1988. Critical review of rate constants for reactions of hydrated electrons, hydrogen atoms and hydroxyl radicals ($\cdot$OH/$\cdot$O$^-$) in Aqueous Solution. Journal of Physical and Chemical Reference Data, 17(2): 513-886.

Christensen H, Sehested K, 1981. Pulse radiolysis at high temperatures and high pressures. Radiation Physics and Chemistry (1977), 18(3-4): 723-731.

Feng X, Chen Y, Fang Y, et al., 2014. Photodegradation of parabens by Fe(III)-citrate complexes at circumneutral pH: Matrix effect and reaction mechanism. Science of the Total Environment, 472: 130-136.

Garg S, Jiang C, Miller C, et al., 2013. Iron redox transformations in continuously photolyzed acidic solutions containing natural organic matter: Kinetic and mechanistic insights. Environmental Science & Technology, 47(16): 9190-9197.

Hatchard C G, Parker C A, Bowen E J, 1997. A new sensitive chemical actinometer: II. Potassium ferrioxalate as a standard chemical actinometer. Proceedings of the Royal Society of London. Series A. Mathematical and Physical Sciences, 235(1203): 518-536.

Hug S J, Canonica L, Wegelin M, et al., 2001. Solar oxidation and removal of arsenic at circumneutral pH in iron containing waters. Environmental Science & Technology, 35(10): 2114-2121.

Kocar B D, Inskeep W P, 2003. Photochemical oxidation of As(III) in ferrioxalate solutions. Environmental Science & Technology, 37(8): 1581-1588.

Kozmér Z, Arany E, Alapi T, et al., 2016a. New insights regarding the impact of radical transfer and scavenger materials on the OH-initiated phototransformation of phenol. Journal of Photochemistry and Photobiology A: Chemistry, 314: 125-132.

Kozmér Z, Takács E, Wojnárovits L, et al., 2016b. The influence of radical transfer and scavenger materials in various concentrations on the gamma radiolysis of phenol. Radiation Physics and Chemistry, 124: 52-57.

Lee J, Kim J, Choi W, 2014. Oxidation of aquatic pollutants by ferrous-oxalate complexes under dark aerobic conditions. Journal of Hazardous Materials, 274: 79-86.

Leuz A K, Hug S J, Wehrli B, et al., 2006. Iron-mediated oxidation of antimony(III) by oxygen and hydrogen peroxide compared to arsenic(III) oxidation. Environmental Science & Technology, 40(8): 2565-2571.

Leuz A K, Johnson C A, 2005. Oxidation of Sb(III) to Sb(V) by O_2 and H_2O_2 in aqueous solutions. Geochimica et Cosmochimica Acta, 69(5): 1165-1172.

Martell A E, Smith R M, 1975. Critical stability constants. New York: Springer.

Mulazzani Q G, D'angelantonio M, Venturi M, et al., 1986. Interaction of formate and oxalate ions with radiation-generated radicals in aqueous solution. Methylviologen as a mechanistic probe. The Journal of Physical Chemistry, 90(21): 5347-5352.

Park J S, Wood P M, Davies M J, et al., 1997. A kinetic and ESR investigation of iron(II) oxalate oxidation by hydrogen peroxide and dioxygen as a source of hydroxyl radicals. Free Radical Research, 27(5): 447-458.

Patel K B, Willson R L, 1973. Semiquinone free radicals and oxygen: Pulse radiolysis study of one electron transfer equilibria. Journal of the Chemical Society, Faraday Transactions 1: Physical Chemistry in Condensed Phases, 69: 814-825.

Pignatello J J, Liu D, Huston P, 1999. Evidence for an additional oxidant in the photoassisted fenton reaction. Environmental Science & Technology, 33(11): 1832-1839.

Quentel F, Filella M, Elleouet C, et al., 2004. Kinetic studies on Sb(III) oxidation by hydrogen peroxide in aqueous solution. Environmental Science & Technology, 38(10): 2843-2848.

Rodríguez E M, Márquez G, Tena M, et al., 2015. Determination of main species involved in the first steps of TiO_2 photocatalytic degradation of organics with the use of scavengers: The case of ofloxacin. Applied Catalysis B: Environmental, 178: 44-53.

Sedlak D L, Hoigné J, 1993. The role of copper and oxalate in the redox cycling of iron in atmospheric waters. Atmospheric Environment, Part A, General Topics, 27(14): 2173-2185.

Sehested K, Bjergbakke E, Rasmussen O L, et al., 1969. Reactions of H_2O_3 in the pulse-irradiated Fe(II)-O_2 system. Journal Chemical Physics, 51(8): 3159-3166.

Strathmann T J, Stone A T, 2002. Reduction of oxamyl and related pesticides by Fe^{II}: Influence of organic ligands and natural organic matter. Environmental Science & Technology, 36(23): 5172-5183.

Yin M, Li Z, Kou J, et al., 2009. Mechanism investigation of visible light-induced degradation in a heterogeneous TiO_2/Eosin Y/Rhodamine B system. Environmental Science & Technology, 43(21): 8361-8366.

Zhou D, Wu F, Deng N, 2004. Fe(III)-oxalate complexes induced photooxidation of diethylstilbestrol in water. Chemosphere, 57(4): 283-291.

Zuo Y, Hoigne J, 1992. Formation of hydrogen peroxide and depletion of oxalic acid in atmospheric water by photolysis of iron(III)-oxalato complexes. Environmental Science & Technology, 26(5): 1014-1022.

第 12 章　水铁矿悬浮液中 Sb(III)的光氧化过程和机理及移动性

水铁矿是溶解性 Fe(III)水解的最初产物，在地表水环境中广泛分布。上述章节已经对新生态水铁矿对 Sb(III)的氧化机理进行了探讨。研究发现，随着水铁矿的老化，其表面生成的 Fe(III)-Sb(III)络合物的光吸收效率下降，使 Sb(III)的氧化速率下降。由于在上述章节中实验所用水铁矿为新生态水铁矿，在这种条件下计算得到的 Sb(III)的氧化速率并不能代表天然水环境中 Sb(III)的真实氧化速率。因此，对 Sb(III)在老化且稳定的水铁矿悬浮液中的氧化研究有利于更进一步了解天然水环境中 Sb(III)的氧化速率。此外，在光化学反应过程中，锑的形态发生变化，可能导致锑在水铁矿表面的吸附特性发生改变，进而影响锑在水铁矿悬浮液中的移动性。因此，本章进一步分析 Sb(III)在水铁矿悬浮液中的光氧化过程和移动性。

12.1　Sb(III)在水铁矿表面的吸附和光氧化过程

研究发现，在无光条件下，Sb(III)迅速吸附至水铁矿表面（图 12.1），经 8 h 后，仅有 7.5%的 Sb(III)被氧化为 Sb(V)；而在光照 8 h 后，87.5%的 Sb(III)氧化为 Sb(V)。结果显示，水铁矿可强烈吸附 Sb(III)，且光照极大促进了 Sb(III)的氧化。

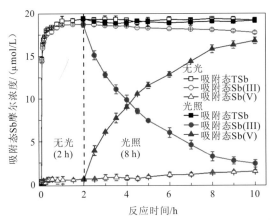

图 12.1　吸附在水铁矿上的不同形态 Sb 的浓度随时间的变化

pH=7，[水铁矿]=0.1 g/L，[Sb(III)]=20 μmol/L

对光照反应前、光照 2 h 和 8 h 后的水铁矿进行 XPS 分析，并对 Sb 3d5/2 光谱进行分峰处理，得到 2 个主要的峰，分别对应 Sb(III)和 Sb(V)，其峰值分别为 529.9 eV 和 530.5 eV（图 12.2 和表 12.1）。在光照之前的水铁矿表面，仅有 8%的 Sb(III)被氧化为 Sb(V)，但随着光照时间的增加，Sb(III)被氧化的比例也逐渐升高，在光照 2 h 和 8 h 后，Sb(III)的转化比例分别达到 58%和 85%。这进一步证实了在光照条件下，水铁矿表面的 Sb(III)被迅速氧化为 Sb(V)。

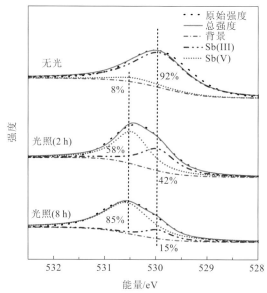

图 12.2　光照前、光照 2 h 和 8 h 后水铁矿的 XPS Sb 3d5/2 光谱

表 12.1　水铁矿的 XPS 分析结果

反应时间/h	Sb 形态	峰位置/eV	峰宽	峰面积	占比/%
0	Sb(III)	529.92	1.22	14 796	92
	Sb(V)	530.47	1.02	1 341	8
2	Sb(III)	529.96	0.83	6 366	42
	Sb(V)	530.47	0.79	8 801	58
8	Sb(III)	529.97	0.63	1 997	15
	Sb(V)	530.56	1.06	11 348	85

12.2　pH 对 Sb(III)光氧化的影响

研究发现，水铁矿悬浮液中 Sb(III)的氧化符合伪一级反应动力学，且 Sb(III)的氧化速率在 pH 为 3 时最大，其次 pH 为 9 和 7 时，而在 pH 为 5 时最小（图 12.3）。无光条件下，在水铁矿悬浮液中未检测到 Fe(II)。在光照条件下，无 Sb(III)存在时，也没有观察到 Fe(II)的产生；而在 Sb(III)存在的条件下检测到 Fe(II)（图 12.4）。当 pH 为 3 时，溶液中生成 Fe(II)的物质的量是 Sb(V)的 2 倍；当 pH 为 5 时，随着反应的进行，Fe(II)/Sb(V)值逐渐降低，初始反应时的比值为 2，而在 8 h 反应后下降为 0.5。当 pH 为 7 和 9 时，在水铁矿悬浮液中未检测到 Fe(II)，可能是由高 pH 条件下 Fe(II)被氧气快速氧化所致。如前面章节所述，Fe(II)被氧气氧化可产生一系列活性物种，如 H_2O_2 和 Fe(IV)等，这

些活性物种也可氧化 Sb(III)（Leuz et al.，2006）。这可解释为何在 pH 为 7 和 9 时 Sb(III) 的氧化速率常数（分别为 0.237 min^{-1} 和 0.242 min^{-1}）比 pH 为 5 时（0.230 min^{-1}）大。

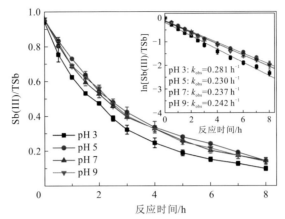

图 12.3　不同 pH 条件下水铁矿悬浮液中 Sb(III) 光氧化

内嵌图表示采用伪一级反应动力学拟合的表观速率常数 k_{obs}；［水铁矿］=0.1 g/L，[Sb(III)]=20 μmol/L

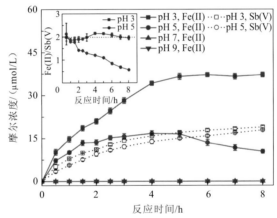

图 12.4　有氧条件下水铁矿悬浮液中产生的 Sb(V) 和 Fe(II) 的浓度变化

内嵌图表示 Fe(II)/Sb(V) 随时间变化趋势；[Sb(III)]=20 μmol/L，［水铁矿］=0.1 g/L

12.3　溶解性有机质对 Sb(III) 光氧化的影响

不同种类溶解性有机质对水铁矿悬浮液中 Sb(III) 光氧化的影响如图 12.5 所示。结果显示，草酸提高了 Sb(III) 的氧化速率，从无草酸时的 0.256 h^{-1} 升高到有草酸时的 0.425 h^{-1}。研究发现，草酸可与铁氧化物表面发生络合反应，在光照条件下通过 LMCT 过程使铁氧化物发生光致溶解，并产生多种活性物种（Belaidi et al.，2012；Wang et al.，2010）。柠檬酸和富里酸均降低了 Sb(III) 的氧化速率。在柠檬酸和富里酸存在的体系中，Sb(III) 的氧化速率分别仅为 0.17 h^{-1} 和 0.18 h^{-1}。这可能是因为柠檬酸和富里酸与 Sb(III) 在水铁矿表面发生竞争吸附作用，使 Sb(III) 的吸附能力下降，间接影响了 Sb(III) 的氧化。

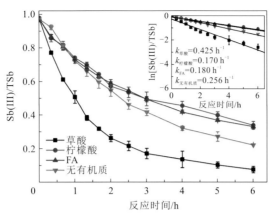

图 12.5　不同种类溶解性有机质对水铁矿溶液中 Sb(III) 光氧化的影响

内嵌图表示采用伪一级反应动力学拟合的表观速率常数 k_{obs}；其中，［水铁矿］＝0.1 g/L，

［Sb(III)］＝20 μmol/L，［草酸］＝1 mmol/L，［柠檬酸］＝1 mmol/L，［富里酸］＝0.1 g/L

12.4　共存离子对 Sb(III) 光氧化的影响

共存离子 Cl^- 和 SO_4^{2-} 对 Sb(III) 在水铁矿表面吸附和氧化的影响如图 12.6 所示。结果显示，Cl^- 轻微抑制了水铁矿对 Sb(III) 的吸附，其吸附量从 0.89 mol/kg 下降到 0.88 mol/kg，但未影响 Sb(III) 的氧化。SO_4^{2-} 明显抑制了 Sb(III) 在水铁矿表面的吸附，Sb(III) 的吸附量从 0.89 mol/kg 下降到 0.83 mol/kg；同时显著降低了 Sb(III) 的氧化速率。

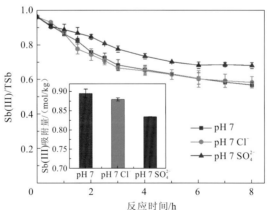

图 12.6　Cl^- 或 SO_4^{2-} 对水铁矿悬浮液中 Sb(III) 氧化的影响

内嵌图表示在 Cl^- 或 SO_4^{2-} 存在下水铁矿对 Sb(III) 的吸附量；［水铁矿］＝0.1 g/L，

［Sb(III)］＝120 μmol/L，［Cl^-］＝50 mmol/L，［SO_4^{2-}］＝50 mmol/L

一般认为，Cl^- 通过外源络合作用吸附到铁氧化物上，而 SO_4^{2-} 既可通过内源络合又可通过外源络合作用吸附到铁氧化物上（Persson et al.，1996）。Cl^- 对 Sb(III) 的吸附影响不大，说明 Sb(III) 不太可能通过外源络合作用吸附到水铁矿表面。SO_4^{2-} 降低了 Sb(III) 的吸附量，表明 SO_4^{2-} 和 Sb(III) 之间发生了竞争吸附作用。因此，Sb(III) 通过内源络合作用吸

附到水铁矿表面，这也进一步支持了以往的研究结果（Guo et al.，2014）。当水铁矿悬浮液中的Sb(III)达到吸附平衡后，部分Sb(III)被氧化为Sb(V)，Sb(V)既可通过内源络合又可通过外源络合作用吸附到水铁矿上（Wang et al.，2015），因此，Cl⁻对Sb(III)吸附的轻微抑制作用可能影响了生成的Sb(V)的吸附。

12.5 光照条件下水铁矿悬浮液中锑的移动性

为了研究光照条件下锑在水铁矿悬浮液中的移动性，将实验中Sb(III)的浓度提升到120 μmol/L，以使锑在水铁矿表面达到吸附饱和状态。如图12.7所示，随着溶液pH的升高，溶液中Sb(V)的浓度也逐渐增加；当pH为3和5时，溶液中的TSb浓度随着反应的进行逐渐降低，说明溶液中的锑逐渐吸附到水铁矿表面；当pH为7和9时，溶液中的TSb浓度随着反应的进行而逐渐升高，表明被水铁矿吸附的锑又释放到溶液中，此时，释放到溶液中的锑主要是Sb(V)。因此，光照强烈影响锑在水铁矿悬浮液中的移动性，在酸性条件下降低锑的移动性，在中碱性条件下提高锑的移动性。

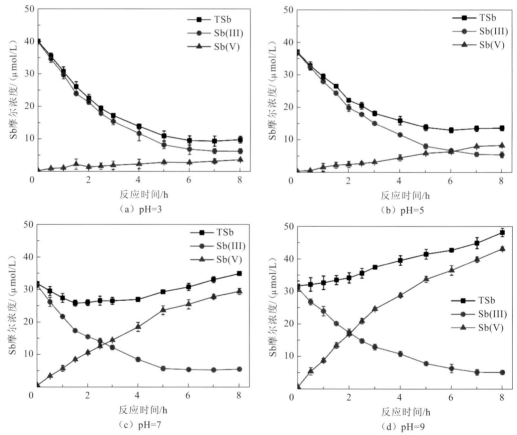

图12.7 光照条件下水铁矿悬浮液中溶解性TSb、Sb(III)和Sb(V)的浓度随时间的变化

[水铁矿]=0.1 g/L，[Sb(III)]=120 μmol/L

在光照条件下，水铁矿悬浮液中锑的形态发生了转化。因此，推测锑的移动性的改变是由其形态转化引起的。如图 12.8 所示，当 pH 为 3～9 时，水铁矿对 Sb(III)的吸附能力均较强，吸附量达到 0.8～0.9 mol/kg，且随着 pH 的变化，吸附量变化不大。然而，水铁矿对 Sb(V)的吸附能力依赖溶液 pH，Sb(V)在水铁矿上的吸附量随着 pH 的升高逐渐减少。例如，当 pH 为 3 时 Sb(V)在水铁矿上的吸附量可达 0.85 mol/kg，而当 pH 为 9 时，吸附量则减少到 0.1 mol/kg 左右。事实上，水铁矿对 Sb(III)和 Sb(V)的吸附性能的差异已早有报道（Qi et al.，2016；Guo et al.，2014），这种差异可通过静电吸附原理来解释。当 pH 为 2～11 时，Sb(V)主要以带负电的 $Sb(OH)_6^-$ 形式存在，而 Sb(III)则以不带电 $Sb(OH)_3$ 形式存在。水铁矿的零电点（PZC）一般为 7.8～7.9（Cornell et al.，2003）。当溶液 pH 低于 7.8～7.9 时，水铁矿表面带正电荷，因此，在低 pH 时，水铁矿可高效地吸附 Sb(III)和 Sb(V)；当溶液 pH 高于 7.8～7.9 时，水铁矿表面带负电荷，在这种情况下，水铁矿仍然可有效地吸附 Sb(III)，而对 Sb(V)的吸附能力减弱。

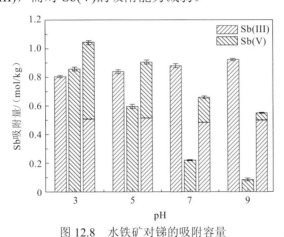

图 12.8　水铁矿对锑的吸附容量

每个 pH 的第一列为 Sb(III)的吸附量，[Sb(III)]=120 μmol/L；第二列为 Sb(V)的吸附量，[Sb(V)]=120 μmol/L；第三列为 Sb(III)和 Sb(V)的吸附量，[Sb(III)]=60 μmol/L，[Sb(V)]=60 μmol/L

Sb(III)可通过内源络合作用吸附到水铁矿表面（Guo et al.，2014），而 Sb(V)既可通过内源络合又可通过外源络合作用吸附到水铁矿上（Wang et al.，2015），因此，当 pH 为 3 时水铁矿对 Sb(V)的吸附能力比 Sb(III)强（图 12.8），若体系中 Sb(III)和 Sb(V)共存，水铁矿对混合价态锑的吸附能力比对单一的 Sb(III)或 Sb(V)的吸附能力都要强。Qi 等（2016）也发现了类似的规律。这可解释随着光化学反应的进行，pH 为 3 和 5 时溶液中锑的移动性减弱的原因。当 pH 为 7 和 9 时，水铁矿表面逐渐开始带负电荷，在这种情况下，Sb(V)的吸附被抑制，Sb(III)氧化为 Sb(V)后，可迅速释放到溶液中，锑的移动性增强。

12.6　水铁矿悬浮液中 Sb(III)的光氧化机理和移动性

本章分析水铁矿悬浮液中 Sb(III)的氧化过程，揭示 Sb(III)在水铁矿悬浮液中的移动性（图 12.9）。首先，Sb(III)通过内源络合作用吸附到水铁矿表面（a），在光照条件下，通过 LMCT 过程 Sb(III)氧化为 Sb(V)、Fe(III)还原为 Fe(II)（b）。Fe(II)在氧化的过程中生成 Fe(IV)，使 Sb(III)氧化为 Sb(V)。在酸性条件下，水铁矿对 Sb(III)和 Sb(V)的吸附能力增强，降低了锑的移动性（c）；在中碱性条件下，水铁矿对 Sb(V)的吸附能力减弱，吸附态 Sb(V)释放到溶液中，提高了锑的移动性（d）。

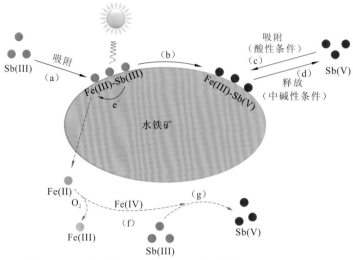

图 12.9　水铁矿悬浮液中的 Sb(III)的光氧化和移动性示意图

参 考 文 献

Belaidi S, Sehili T, Mammeri L, et al., 2012. Photodegradation kinetics of 2, 6-dimetylphenol by natural iron oxide and oxalate in aqueous solution. Journal of Photochemistry and Photobiology A: Chemistry, 237: 31-37.

Cornell R M, Schwertmann U, 2003. The iron oxides: Structure, properties, reactions, occurrences and uses. Weinheim: Wiley-VCH.

Guo X, Wu Z, He M, et al., 2014. Adsorption of antimony onto iron oxyhydroxides: Adsorption behavior and surface structure. Journal of Hazardous Materials, 276: 339-345.

Leuz A K, Hug S J, Wehrli B, et al., 2006. Iron-mediated oxidation of antimony(III) by oxygen and hydrogen peroxide compared to arsenic(III) oxidation. Environmental Science & Technology, 40(8): 2565-2571.

Persson P, Lövgren L, 1996. Potentiometric and spectroscopic studies of sulfate complexation at the goethite-water interface. Geochimica et Cosmochimica Acta, 60(15): 2789-2799.

Qi P, Pichler T, 2016. Sequential and simultaneous adsorption of Sb(III) and Sb(V) on ferrihydrite: Implications for oxidation and competition. Chemosphere, 145: 55-60.

Wang L, Wan C L, Zhang Y, et al., 2015. Mechanism of enhanced Sb(V) removal from aqueous solution using chemically modified aerobic granules. Journal of Hazardous Materials, 284: 43-49.

Wang Y, Liang J B, Liao X D, et al., 2010. Photodegradation of sulfadiazine by goethite-oxalate suspension under UV light irradiation. Industrial & Engineering Chemistry Research, 49(8): 3527-3532.

第 13 章　纤铁矿悬浮液中 Sb(III)的 光氧化过程和机理

在水环境中，不仅广泛存在溶解态 Fe(II)、Fe(III)络合物和无定形铁（水铁矿）等铁形态，还有部分铁以结晶度良好的铁系矿物形式存在。研究发现，大部分铁系矿物均具有光催化特性（Kong et al.，2015；Fan et al.，2014；Wang et al.，2013；Bhandari et al.，2012；Lin et al.，2012），在光照下可产生一系列活性自由基，并对天然水体中的各种重金属和有机物的归趋产生重要影响。

Fan 等（2014）发现在光照条件下，针铁矿悬浮液中的 Sb(III)发生了迅速的氧化，分析是由于针铁矿光催化产生的·OH 对 Sb(III)的氧化作用。然而，目前对另一种在天然水体中广泛分布的铁氧化物纤铁矿（γ-FeOOH）对 Sb(III)的光氧化机理仍不清楚。本章分析 Sb(III)在纤铁矿悬浮液中的光氧化行为，并提出纤铁矿对 Sb(III)的光氧化机理。

13.1　Sb(III)在纤铁矿悬浮液中的光氧化过程

将含有 Sb(III)的纤铁矿悬浮液在无光条件下振荡 24 h 以达到锑的吸附平衡，分别分析鉴定溶液中和吸附在纤铁矿表面上的锑形态。研究发现，无光条件下仅有 2.8%的溶解态 Sb(III)被氧化为 Sb(V)；而经 10 h 光照后，溶液中的 Sb(III)从平衡摩尔浓度 20.8 μmol/L 逐渐下降到 6.3 μmol/L，而 Sb(V)的摩尔浓度从 1.4 μmol/L 上升到 10.8 μmol/L（图 13.1）。采用 XPS 技术分析无光和光照条件下吸附在纤铁矿表面上锑的形态（图 13.2 和表 13.1）。在无光条件下，约 25.1%的吸附态 Sb(III)被氧化为 Sb(V)；在经 10 h 光照后，约有 64.2%的吸附态 Sb(III)转化为 Sb(V)。因此，光照条件下溶液中和吸附在纤铁矿表面上的 Sb(III)均被部分氧化为 Sb(V)。

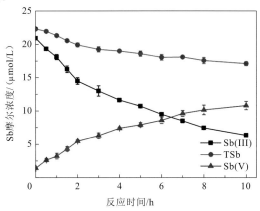

图 13.1　光照条件下纤铁矿悬浮液中溶解态 Sb(III)、Sb(V)和 TSb 的浓度变化

[纤铁矿]=0.1 g/L，[Sb(III)]=50 μmol/L

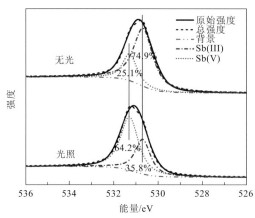

图 13.2 无光和经 10 h 光照后纤铁矿的 Sb 3d$_{5/2}$ 光谱

[纤铁矿]=0.1 g/L，[Sb(III)]=50 μmol/L

表 13.1 无光和经 10 h 光照后纤铁矿表面吸附态锑的 XPS 结果

时间/h	Sb 形态	位置/eV	峰面积	占比/%
0	Sb(III)	530.69	17 426	74.9
	Sb(V)	531.29	5 832	25.1
10	Sb(III)	529.69	14 299	35.8
	Sb(V)	531.29	25 652	64.2

13.2　pH 对 Sb(III)光氧化的影响

在光照条件下，纤铁矿溶液中 TSb 的浓度随 pH 的下降而不断降低[图 13.3（a）]，表明光照条件下溶液中溶解态锑不断吸附到纤铁矿表面，即光照降低了锑的移动性。由于光照条件下 Sb(III)不断向 Sb(V)转化，该现象可能与纤铁矿对 Sb(III)和 Sb(V)吸附能力不同有关。由图 13.3（b）和表 13.2 可知，当 pH 为 7 和 9 时 Sb(III)的氧化速率最大，其氧化速率常数分别达到（0.093 7±0.007 8）h^{-1} 和（0.095 1±0.002 6）h^{-1}，而 pH 为 5 时的氧化速率最小，速率常数为（0.049 0±0.000 7）h^{-1}。

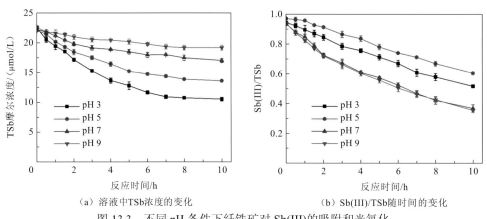

（a）溶液中 TSb 浓度的变化　　　　　　　　（b）Sb(III)/TSb 随时间的变化

图 13.3 不同 pH 条件下纤铁矿对 Sb(III)的吸附和光氧化

[纤铁矿]=0.1 g/L，[Sb(III)]=50 μmol/L

表 13.2　不同反应条件下纤铁矿悬浮液中 Sb(III)氧化的伪一级动力学反应速率常数

反应条件	反应速率常数 k_{obs}/h^{-1}	标准差	反应条件	反应速率常数 k_{obs}/h^{-1}	标准差
pH 3	0.061 3	0.001 8	F	0.112 5	0.004 9
pH 5	0.049 0	0.000 7	F+TBA	0.047 0	0.000 8
pH 7	0.093 7	0.007 8	N$_2$	0.076 8	0.000 5
pH 9	0.095 1	0.002 6	400 nm	0.020 2	0.000 8
IPA	0.071 5	0.004 3	400 nm+TBA	0.015 1	0.002 9
TBA	0.048 8	0.004 1	PO$_4^{3-}$	0.020 0	0.001 2

13.3　Fe(II)的生成及影响

图 13.4 所示为光照条件下纤铁矿悬浮液中产生的 Fe(II)浓度。结果表明，溶液中 Fe(II) 的生成量随 pH 的升高逐渐降低。在酸性条件下，Fe(II)主要以 Fe^{2+}的形式存在，该形态 与氧气的反应速率较低；在高 pH 条件下，Fe(II)主要以 Fe(OH)$^+$和 Fe(OH)$_2$的形式存在， 且极容易被氧气氧化（Waite et al.，1984），导致一系列自由基的生成，进而促进 Sb(III) 的氧化。图 13.4 中的内嵌图所示为[0.5Fe(II)/TSb]/[Sb(V)$_{aq}$/TSb$_{aq}$]随时间变化的趋势。其 中，Sb(V)$_{aq}$/TSb$_{aq}$ 表示纤铁矿悬浮液中产生的 Sb(V)与 TSb 摩尔浓度的比值，而 Fe(II)/TSb 表示生成的 Fe(II)与锑初始摩尔浓度的比值。由于每氧化 1 mol 的 Sb(III)可生成 2 mol 的 Fe(II)，0.5Fe(II)/TSb 可表示为纤铁矿悬浮液中 Sb(V)的总生成量与锑初始摩尔浓度的比 值。当 pH 为 5 时，[0.5Fe(II)/TSb]/[Sb(V)$_{aq}$/TSb$_{aq}$]的比值随时间逐渐降低，这与 Fe(II)的 逐渐氧化有关；而当 pH 为 3 时，[0.5Fe(II)/TSb]/[Sb(V)$_{aq}$/TSb$_{aq}$]的比值接近 1。在此条件 下，纤铁矿悬浮液中 Sb(III)的氧化速率可由溶解态 Sb(III)的氧化速率近似表示。因此， 本章中计算得出的纤铁矿悬浮液中溶解态 Sb(III)的氧化速率可准确地表示纤铁矿悬浮液 中 Sb(III)的总氧化速率。

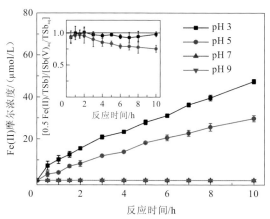

图 13.4　不同 pH 下纤铁矿悬浮液中的 Fe(II)产生量随时间的变化

[Sb(III)]=50 μmol/L，[纤铁矿]=0.1 g/L

13.4 纤铁矿悬浮液中 Sb(III)的光氧化机理

纤铁矿是一种具有半导体性质的矿物，其禁带宽度较低，仅为 2.06 eV（Leland et al.，1987）。因此，在光照条件下，纤铁矿可通过光催化反应生成•OH 等自由基，并氧化 Sb(III)。•OH 自由基掩蔽剂异丙醇（IPA）和叔丁醇（TBA）部分抑制了 Sb(III)的氧化（图 13.5），表明在光照条件下纤铁矿悬浮液中产生的•OH 是 Sb(III)的高效氧化剂之一。•OH 的生成机理可表示为

$$\gamma\text{-FeOOH} + h\nu \longrightarrow \text{e}^- + \text{h}^+ \tag{13.1}$$

$$\text{H}_2\text{O} + \text{h}^+ \longrightarrow \text{H}^+ + \cdot\text{OH} \tag{13.2}$$

$$\text{OH}^- + \text{h}^+ \longrightarrow \cdot\text{OH} \tag{13.3}$$

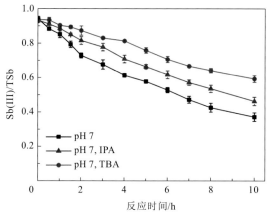

图 13.5　IPA 和 TBA 对纤铁矿悬浮液中 Sb(III)氧化的影响

[纤铁矿]=0.1 g/L，[Sb(III)]=50 µmol/L，[TBA]=360 mmol/L，[IPA]=360 mmol/L

以往研究发现，F 可加速半导体光催化体系中反应物的光催化反应。Minero 等（2000）发现，F 可加速苯酚在二氧化钛悬浮液中的光降解，分析原因可能是 F 取代了二氧化钛表面的羟基，使产生的空穴与吸附的水分子反应，进而产生更多的•OH；也有研究分析可能是吸附在半导体表面的 F 通过氢键作用促进•OH 解吸附，使更多•OH 扩散到周围溶液中（Xu et al.，2007）。因此，若在纤铁矿体系中的 Sb(III)主要以半导体光催化机理被氧化，则 F 的加入会提高体系中•OH 的浓度，进而促进 Sb(III)的氧化。由图 13.6 可知，F 的加入提高了 Sb(III)的氧化速率，当 pH 为 7 时，Sb(III)的氧化速率由无 F 存在时的（0.093 7±0.007 8）h^{-1}上升到有 F 存在时的（0.112 5±0.004 9）h^{-1}。若用 TBA 将体系中产生的•OH 猝灭掉，Sb(III)的氧化速率（0.047 0 h^{-1}±0.000 8 h^{-1}）与无 F 但有 TBA 存在的体系中的氧化速率（0.048 8 h^{-1}±0.004 1 h^{-1}）相当，表明纤铁矿悬浮液中的 Sb(III)是通过光催化原理被氧化的。

在半导体光催化反应中，价带上的电子被光激发而跃迁到导带上，形成导带电子（e_{cb}^-），在价带上则产生空穴（h_{vb}^+）。其中，空穴可氧化水分子或表面羟基而产生•OH，电子则被氧气等捕获。若导带电子不能被及时捕获，电子会与空穴快速汇合，使光催化反应停止。一般来说，电子可被吸附在半导体材料表面的分子氧捕获产生•O$_2^-$。然而，在纤

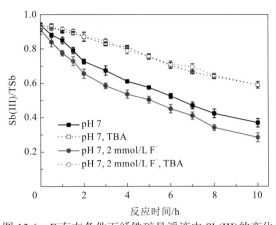

图 13.6 F⁻存在条件下纤铁矿悬浮液中 Sb(III)的变化

[纤铁矿]=0.1 g/L，[Sb(III)]=50 μmol/L，[F⁻]=2 mmol/L，[TBA]=360 mmol/L

铁矿光催化体系中，在无氧条件下 Sb(III)的氧化速率仅被略微抑制（图 13.7 和表 13.2），表明该体系中电子的捕获剂并非分子氧。在铁氧化物光催化反应中，以 α-Fe₂O₃ 为例，由于其导带电位较大（$E^0=0.25$ V vs. NHE），难以还原分子氧[$E^0(O_2/\cdot O_2^-)=-0.05$ V vs. NHE]，分子氧捕获电子的速率非常低（6×10^{-9} s⁻¹），导带电子不太可能被氧气捕获（Bandara et al.，2001），而极可能被铁氧化物表面的 Fe(III)捕获，使 Fe(III)还原为 Fe(II)（Xu et al.，2007；Leland et al.，1987）。

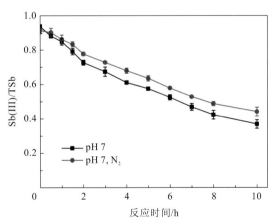

图 13.7 无氧条件下纤铁矿悬浮液中 Sb(III)的变化

[纤铁矿]=0.1 g/L，[Sb(III)]=50 μmol/L

TBA 仅部分抑制了 Sb(III)的氧化（图 13.5）。因此，纤铁矿悬浮液体系中可能存在 Sb(III)的其他氧化剂。由于空穴具有强氧化性（3.2 eV）（Tachikawa et al.，2009），Sb(III)可能被空穴直接氧化。另外，与水铁矿光氧化 Sb(III)的机理相似，Sb(III)也可能与纤铁矿表面的 Fe(III)发生 LMCT 反应，电子从 Sb(III)转移到 Fe(III)（导带上）。在此过程中，纤铁矿本身并没有被光激发，只是起到了电子传递的作用。许多学者都对半导体光催化的上述两种过程进行了研究。例如，在纤铁矿光催化降解多种有机物的过程中既包含空穴的直接氧化，又包含 LMCT 过程（Pehkonen et al.，1993）。在铁氧化物和草酸体系中，铁氧化物表面 Fe(III)与草酸配合形成配合物，并通过 LMCT 过程使草酸降解（Sulzberger et al.，1995）；铁矿也可通过光催化机理和 LMCT 机理同时光降解 2-苯胺（Pulgarin et al.，1995）。因此，反应物不同，所涉及的反应机理也不一样。

由于纤铁矿的禁带宽度为 2.06 eV，波长小于 602 nm 的光均可使纤铁矿发生光催化作用。将波长 400 nm 以下的光滤除后，Sb(III)的氧化速率受到了很大的抑制（图 13.8）；进一步将 TBA 加入反应体系中，Sb(III)的氧化速率仅被微弱地抑制，氧化速率由无 TBA 时的（$0.020\ 2 \pm 0.000\ 8$）h^{-1} 下降到有 TBA 时的（$0.015\ 1 \pm 0.002\ 9$）h^{-1}。若空穴可直接氧化 Sb(III)，则在不同波长，空穴和·OH 对 Sb(III)氧化的贡献率应保持一致。在全波长时，·OH 对 Sb(III)的氧化贡献率为 48%，而在滤去波长 400 nm 以下的光后，这一比例则下降到 25%。因此，空穴不太可能直接参与 Sb(III)的氧化。有研究表明，氧化铁和羟基氧化铁产生的价带空穴迁移到其表面的扩散长度非常短，只有 2～10 nm（Cesar et al.，2006），空穴更有可能优先氧化表面羟基，而对与羟基氧相连的 Sb(III)的氧化能力较弱。因此，在波长大于 400 nm 的光照射下，Sb(III)更有可能通过 LMCT 过程在纤铁矿表面发生氧化。

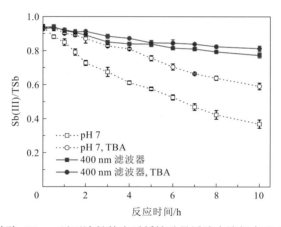

图 13.8　滤除 400 nm 以下波长的光后纤铁矿悬浮液中溶解态 Sb(III)的变化

[纤铁矿] $=0.1$ g/L，[Sb(III)] $=50$ μmol/L

为确定 Sb(III)与纤铁矿之间是否发生了 LMCT 过程，测定获得吸附了不同浓度 Sb(III)的纤铁矿的紫外-可见漫反射光谱（图 13.9）。由图可知，随着 Sb(III)浓度的升高，在 600～800 nm 波长范围内的纤铁矿的反射光谱强度逐渐降低，表明在纤铁矿表面形成了 Fe(III)-Sb(III)络合物。因此，在光照条件下纤铁矿表面的 Fe(III)-Sb(III)络合物通过 LMCT 过程氧化 Sb(III)。

纤铁矿悬浮液中 Sb(III)的光氧化机理如图 13.10 所示。在光照激发下，纤铁矿发生半导体光催化反应，产生空穴/电子对。其中，空穴可氧化 OH^-/H_2O 产生·OH 并氧化 Sb(III)；导带上的电子可使 Fe(III)还原为 Fe(II)。另外，Sb(III)也可与纤铁矿表面上的 Fe(III)络合形成 Fe(III)-Sb(III)络合物，通过 LMCT 过程使 Sb(III)氧化。

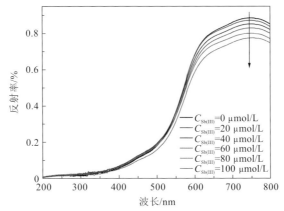

图 13.9　吸附了不同浓度锑的纤铁矿的紫外-可见漫反射光谱

[纤铁矿]=0.1 g/L

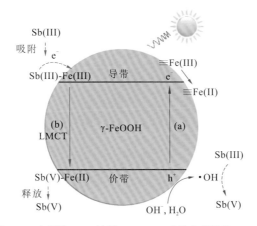

Sb(III)与Fe(III)之间的LMCT过程　　　　　直接价带激发

图 13.10　Sb(III)在纤铁矿悬浮液中的光氧化机理示意图

（a）表示半导体光催化；（b）表示 LMCT 过程

参 考 文 献

Bandara J, Tennakone K, Kiwi J, 2001. Surface mechanism of molecular recognition between aminophenols and iron oxide surfaces. Langmuir, 17(13): 3964-3969.

Bhandari N, Reeder R J, Strongin D R, 2012. Photoinduced oxidation of arsenite to arsenate in the presence of goethite. Environmental Science & Technology, 46(15): 8044-8051.

Cesar I, Kay A, Martinez J A G, et al., 2006. Translucent thin film Fe$_2$O$_3$ photoanodes for efficient water splitting by sunlight: Nanostructure-directing effect of Si-doping. Journal of the American Chemical Society, 128(14): 4582-4583.

Fan J X, Wang Y J, Fan T T, et al., 2014. Photo-induced oxidation of Sb(III) on goethite. Chemosphere, 95: 295-300.

Kong L, Hu X, He M, 2015. Mechanisms of Sb(III) oxidation by pyrite-induced hydroxyl radicals and hydrogen peroxide. Environmental Science & Technology, 49(6): 3499-3505.

Leland J K, Bard A J, 1987. Photochemistry of colloidal semiconducting iron oxide polymorphs. The Journal of Physical Chemistry, 91(19): 5076-5083.

Lin Y, Wei Y, Sun Y, 2012. Room-temperature synthesis and photocatalytic properties of lepidocrocite by monowavelength visible light irradiation. Journal of Molecular Catalysis A: Chemical, 353-354: 67-73.

Minero C, Mariella G, Maurino V, et al., 2000. Photocatalytic transformation of organic compounds in the presence of inorganic ions: 2. Competitive reactions of phenol and alcohols on a titanium dioxide-fluoride system. Langmuir, 16(23): 8964-8972.

Pehkonen S O, Siefert R, Erel Y, et al., 1993. Photoreduction of iron oxyhydroxides in the presence of important atmospheric organic compounds. Environmental Science & Technology, 27(10): 2056-2062.

Pulgarin C O, Kiwi J, 1995. Iron oxide-mediated degradation, photodegradation, and biodegradation of aminophenols. Langmuir, 11(2): 519-526.

Sulzberger B, Laubscher H, 1995. Reactivity of various types of iron(III) (hydr)oxides towards light-induced dissolution. Marine Chemistry, 50(1): 103-115.

Tachikawa T, Majima T, 2009. Single-molecule fluorescence imaging of TiO_2 photocatalytic reactions. Langmuir, 25(14): 7791-7802.

Waite T D, Morel F M M, 1984. Coulometric study of the redox dynamics of iron in seawater. Analytical Chemistry, 56(4): 787-792.

Wang Y, Xu J, Zhao Y, et al., 2013. Photooxidation of arsenite by natural goethite in suspended solution. Environmental Science and Pollution Research, 20(1): 31-38.

Xu Y, Lv K, Xiong Z, et al., 2007. Rate enhancement and rate inhibition of phenol degradation over irradiated anatase and rutile TiO_2 on the addition of NaF: New insight into the mechanism. The Journal of Physical Chemistry C, 111(51): 19024-19032.

第 14 章　黄铁矿对 Sb(III) 的氧化过程和机理

在自然环境中，黄铁矿（FeS_2）是分布最广泛的含硫矿物，也是锑的伴生矿物。黄铁矿中的硫为 -1 价，具有一定的还原性，以往研究发现黄铁矿可还原 Sb(V)；然而，还有研究发现，在黄铁矿表面存在很多硫缺损的位点，由于在这些位点上缺少硫，其表面的铁以 Fe(III) 形式存在。这些 Fe(III) 非常不稳定，可与水反应产生·OH 和 H_2O_2。因此，黄铁矿可能氧化或还原 Sb。本章分析在有氧、无氧、光照和表面氧化等条件下黄铁矿悬浮液中 Sb(III) 的形态转化过程，并探讨其反应机理。

14.1　研　究　方　法

14.1.1　黄铁矿的预处理

将黄铁矿研磨过 200 目筛，用 1 mol/L HCl 浸泡 30 min，以去除黄铁矿表面的氧化物层。去离子水润洗黄铁矿，至 pH 接近中性后，真空抽滤，冷冻干燥，并储存于氮气环境中，即为纯黄铁矿（pristine pyrite）。按照下列方法制备表面氧化的黄铁矿（surface-oxidized pyrite，SOP）。将纯黄铁矿分别置于 pH 为 3、5、7 的溶液中进行表面氧化，为了维持离子强度稳定和溶解氧充足，向溶液中加入 1 mol/L KCl，并进行磁力搅拌。14 天后，将黄铁矿真空抽滤并冷冻干燥，得到在 pH 为 3、5、7 的溶液中表面氧化的黄铁矿（SOP (H_2O)），根据反应体系的 pH 进一步命名为 SOP (pH 3)、SOP (pH 5)、SOP (pH 7)。另外，将纯黄铁矿暴露于空气中 14 天，氮气保存，得到空气中表面氧化的黄铁矿 SOP (air)。

为了考察表面氧化对黄铁矿的表面特性的影响，采用扫描电子显微镜（SEM）和 X 射线衍射（XRD）对氧化前后的黄铁矿进行表征，用 BET 法测定矿物的比表面积。另外，X 射线光电子能谱（XPS）用于分析纯黄铁矿和 SOP 表面的氧、铁和锑原子的存在形态，并用 Casa XPS 软件对数据进行分析。

14.1.2　Sb(III) 的氧化动力学实验

向 pH 为 3、5 和 7 的溶液中加入 2 μmol/L Sb(III)，0.5 g/L 纯黄铁矿或 SOP。在指定时间间隔取出 3 mL 溶液，经 0.22 μm 乙酸纤维素膜去除矿物颗粒，用于测定溶液中 Sb(III) 和总锑（TSb）的浓度。其中，进行无氧实验之前，将溶液充氮气 6 h 以去除溶解氧。光反应于光化学反应器中进行，暗反应于无光的振荡箱内进行。

为探究氧化产物对黄铁矿表面 Fe(II) 位点（Fe(II)$_{pyrite}$）对反应活性影响，对溶解性

Fe(II)（Fe(II)$_{aq}$）进行掩蔽。其中，2，2'-联吡啶（BPY）作为 Fe(II)$_{aq}$ 的掩蔽剂，BPY 可以与 Fe(II)$_{aq}$ 生成稳定的络合物（Fe(II)-BPY$_3$），有效地抑制 Fe(II)$_{aq}$ 通过催化氧化反应或芬顿反应生成氧化活性物质（reactive oxygen species，ROS）（Zhang et al.，2016），但是 BPY 并不会对 Fe(II)$_{pyrite}$ 位点产生影响（Katsoyiannis et al.，2008）。其余实验条件和步骤同上。

为研究 Fe(II)$_{aq}$ 对 Sb(III)氧化的影响，向 pH 为 3、5 和 7 的溶液中加入 2 μmol/L Sb(III) 和 5 μmol/L Fe(II)$_{aq}$，但不加入黄铁矿。在指定时间间隔取出 3 mL 溶液，测定溶液中 Sb(III) 和 TSb 浓度。

上述溶液中均含有 12 mmol/L KCl，以保证反应体系背景离子强度一定。pH 3 的溶液用 1 mol/L HCl 和 KOH 调节 pH，pH 5 和 7 的溶液用 1 mol/L MES 缓冲液、0.1 mol/L HCl 和 0.1 mol/L KOH 调节 pH。配制 200 mL 溶液于 250 mL 锥形瓶中，于 20℃、200 r/min 恒温振荡反应 6 h，反应过程避光。

14.1.3 循环伏安法

溶解氧在 Fe(II)$_{pyrite}$ 位点发生还原反应是黄铁矿生成 ROS 的重要途径，因此采用循环伏安法考察 O$_2$ 在矿物表面发生还原反应的能力。实验采用玻碳电极（glassy carbon electrode，GCE）作为基体工作电极，以铂丝为对电极，以饱和甘汞电极为参比电极。实验前用麂皮和粒径不同的 Al$_2$O$_3$ 糊将玻碳电极抛光至镜面光亮，之后分别在无水乙醇和 1∶1（体积比）HNO$_3$ 中超声清洗各 1 min，N$_2$ 吹干。取 1 mg 纯黄铁矿或 SOP，在 1∶1（体积比）乙醇溶液中超声分散 3 h，得到均一的分散液。之后用微量进样器取 10 μL 分散液，滴在抛光后的玻碳电极表面，室温下自然风干。用上述方法得到 1 种表面修饰有纯黄铁矿的电极（pyrite-GCE）和 2 种表面修饰有 SOP 的电极（SOP-GCE）。将电极置于 0.1 mol/L KCl 溶液中，在 0.1～0.65 V 的电压下进行循环伏安扫描，扫描速率为 0.1 V/s。进行无氧实验前，向反应溶液中通高纯氮气 15 min，以除去溶液中的溶解氧。对照组采用未修饰的玻碳电极进行实验。

14.1.4 Sb(III)和 Sb(V)的分析测定

参照课题组之前的报道，采用氢化物发生-原子荧光光谱法测定 Sb(III)和 TSb 的浓度（Kong et al.，2015）。

（1）Sb(III)浓度的测定：首先将 1 mL 1∶1（体积比）盐酸和 0.5 mL 20%的柠檬酸混合，加入 1 mL 样品，用超纯水定容到 10 mL，立即用原子荧光光谱仪测定样品中 Sb(III)的浓度。

（2）Sb(V)浓度的测定：首先将 1 mL 1∶1（体积比）盐酸、0.5 mL 5%的硫脲和 0.5 mL 5%的抗坏血酸溶液混合，加入 1 mL 样品，用超纯水定容到 10 mL，于 25℃下放置 15 min，用原子荧光光谱仪测定样品中 TSb 的浓度。样品中 Sb(V)的浓度等于 TSb 的浓度减去

Sb(III)的浓度。

原子荧光光谱仪的相关参数:灯电流为 80 mA,负高压为 290 V,载气流量为 400 mL/min,屏蔽器流量为 800 mL/min。校正曲线现配现用,浓度为 0～50 μg/L,该方法的线性范围是 5～50 μg/L,检出限为 0.01 μg/L。

14.1.5 Fe(II)$_{aq}$ 的测定

采用邻二氮菲分光光度法测定黄铁矿悬浮液中 Fe(II)$_{aq}$ 的浓度。为了消除体系中的 Fe(III)$_{aq}$ 对 Fe(II)$_{aq}$ 测定的干扰,常加入 NH$_4$F 作为 Fe(III)$_{aq}$ 的掩蔽剂(Katsoyiannis et al.,2008)。而 NH$_4$F 会加速 Fe(II)$_{aq}$ 的氧化,但是当反应体系 pH 较低时,其对 Fe(II)$_{aq}$ 氧化的促进作用会被抑制(Tamura et al.,1974),因此在加入 NH$_4$F 之前,用盐酸将体系 pH 调至强酸性。

具体测定方法:取样 2 mL,依次加入 0.5 mL 1∶1(体积比)HCl,1.5 mL 样品,0.5 mL 2 mol/L NH$_4$F,0.2 mL 2 g/L 的邻二氮菲及 1 mL 饱和乙酸铵。显色 15 min 后,测定 510 nm 下的吸光度。该方法的检出限为 0.1 μmol/L。

14.1.6 H$_2$O$_2$ 的测定

采用分光光度法测定体系中 H$_2$O$_2$ 的浓度。N, N-二乙基对苯二胺(DPD)可以与 H$_2$O$_2$ 发生氧化反应,并在 551 nm 处有最大吸收(Bader et al.,1988)。但是反应体系中存在大量 Fe(II)$_{aq}$ 和 Fe(III)$_{aq}$,会对 H$_2$O$_2$ 的测定产生影响:Fe(II)$_{aq}$ 可以通过芬顿反应将 H$_2$O$_2$ 分解,H$_2$O$_2$ 浓度的测定值偏低;Fe(III)$_{aq}$ 可以将 DPD 氧化,产生与 H$_2$O$_2$ 相同的信号,导致测出的 H$_2$O$_2$ 浓度偏高。因此,向反应体系中加入 BPY 和 Na$_2$EDTA,将共存的 Fe(II)$_{aq}$ 和 Fe(III)$_{aq}$ 络合,排除其对 H$_2$O$_2$ 测定的干扰(Katsoyiannis et al.,2008)。

测定方法:取样 2 mL,依次加入 200 μL 30 mmol/L BPY,100 μL 100 mmol/L Na$_2$EDTA,400 μL 0.5 mol/L 磷酸盐缓冲液,20 μL 1%(体积分数)DPD 和 10 μL 的过氧化物酶,显色 1 min,使用分光光度计测定在 551 nm 处的吸光度。该方法检出限为 0.2 μg/L。

14.1.7 电子自旋共振分析

采用 ESR 技术对反应体系中的 ·OH 和 O$_2^{\cdot-}$ 进行表征。其中 DMPO 和 BMPO 分别作为 ·OH 和 O$_2^{\cdot-}$ 的捕获剂。当 pH 为 3、5 和 7 时,黄铁矿在水中避光振荡 40 s 后,取溶液加入 50 μL 的样品管进行测定。仪器参数根据相关文献(Kong et al.,2015)设定:扫描宽度为 100 G,功率衰减为 13 dB,调制幅度为 2 G,扫描时间为 40 s。

14.1.8 动力学拟合

采用 Kintecus V5.50 进行动力学拟合(Ianni,2003),模拟液相中 Fe(II)$_{aq}$ 的氧化,

O_2 在 $Fe(II)_{pyrite}$ 位点还原，以及考察氧化程度对黄铁矿反应活性的影响。其中，采用蒙特卡罗拟合模拟 $Fe(II)_{pyrite}$ 和 $Fe(III)_{oxide}$ 在 SOP (air) 表面的分布及占比，并对 SOP (air) 表面 O_2 还原的速率常数进行计算（蒙特卡罗拟合和 O_2 还原速率常数的计算过程详见附录1）。

14.1.9　数据分析

为了考察不同反应条件下 Sb(III) 的氧化速率，对 Sb(III) 的氧化数据进行零级/伪一级反应动力学拟合，并计算 Sb(III) 的氧化速率常数。

零级反应动力学的表达式为

$$\frac{[Sb(III)]}{[Sb(III)]_{tot}} = -k_{obs} \times t \tag{14.1}$$

伪一级反应动力学的表达式为

$$\ln\frac{[Sb(III)]}{[Sb(III)]_{tot}} = -k_{obs} \times t \tag{14.2}$$

式中：[Sb(III)] 为不同反应时间 t 时样品中 Sb(III) 的浓度；$[Sb(III)]_{tot}$ 为反应开始前 Sb(III) 的浓度；k_{obs} 为经过零级/伪一级反应动力学拟合后，计算得出的表观氧化速率常数。

14.2　纯黄铁矿对 Sb(III) 的氧化过程

14.2.1　Sb(III) 在黄铁矿悬浮液中的氧化

研究发现，在无光条件下，黄铁矿悬浮液中的溶解态 Sb(III) 逐渐氧化为 Sb(V)［图 14.1（a）］。溶液中 Sb(III) 的氧化符合伪一级反应动力学，且氧化速率随 pH 的升高而增大［图 14.1（b）］。无黄铁矿时 Sb(III) 则未被氧化（图 14.2）。上述结果表明，黄铁矿导致了 Sb(III) 的氧化。XPS 结果显示，在黄铁矿表面吸附的锑主要为 Sb(V)，约占吸附总锑的 73.0%。因此，溶液中和黄铁矿表面上的 Sb(III) 均被氧化为 Sb(V)（图 14.3）。

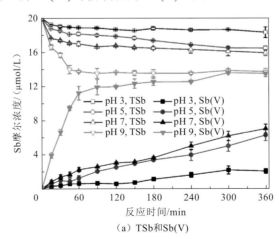

（a）TSb和Sb(V)

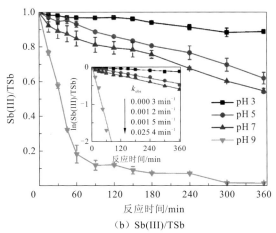

（b）Sb(III)/TSb

图 14.1　黄铁矿悬浮液中 TSb 和 Sb(V)的浓度及溶液中 Sb(III)/TSb 随时间的变化

内嵌图表示通过伪一级反应动力学模型拟合的 k_{obs}；[FeS$_2$]=0.25 g/L，[Sb(III)]=20 μmol/L

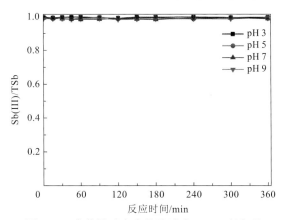

图 14.2　在黄铁矿存在的溶液中 Sb(III)的氧化

[Sb(III)]=20 μmol/L

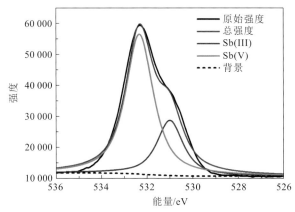

图 14.3　黄铁矿的 XPS Sb 3d5/2 光谱

以往研究发现，在黄铁矿表面存在硫缺损位点（sulfur-deficient defects）（Guevremont et al.，1998，1997）。在有氧条件下，这些硫缺损位点上的 Fe(II)$_{pyrite}$ 可与氧气反应生成 H$_2$O$_2$ 和 Fe(III)$_{pyrite}$（表 14.1，反应 8 和 9），产生的 Fe(III)$_{pyrite}$ 进一步与吸附在黄铁矿表

面的 H_2O 反应生成·OH 自由基（表 14.1，反应 10）（Cohn et al.，2006）；因此，在黄铁矿悬浮液中，·OH 自由基和 H_2O_2 可能是 Sb(III) 的氧化剂。运用 ESR 技术表征黄铁矿悬浮液中·OH 自由基，结果（图 14.4）显示，当 pH 为 3 时，·OH 自由基的浓度最高，而当 pH 为 9 时，其浓度最低。在黄铁矿氧化过程中，可产生 Fe(II) 并释放到溶液中（表 14.1，反应 5 和 6），当 pH 为 3 时，反应 6 h 后的溶液中生成了约 2.5 μmol/L 的 Fe(II)。因此，在酸性条件下，Fe(II) 和 H_2O_2 可通过芬顿反应生成·OH 自由基（表 14.1，反应 15 和 16）。由于在中碱性条件下生成的 Fe(II) 被氧气迅速氧化，碱性条件下·OH 自由基的生成受到抑制。

表 14.1　黄铁矿-锑体系中的可能发生的化学反应及其速率常数

序号	反应	速率常数[s^{-1} 或 L/（mol·s）]	参考文献
	锑氧化反应		
1	$Sb(III) + \cdot OH \longrightarrow Sb(IV)$	8×10^9	Leuz 等（2006）
2	$Sb(III) + H_2O_2 \longrightarrow Sb(IV)$		Leuz 等（2005）
3	$Sb(III) + Fe(IV) \longrightarrow Sb(IV) + Fe^{3+}$		Leuz 等（2006）
4	$Sb(IV) + O_2 \longrightarrow Sb(V) + \cdot O_2^-$	1.1×10^9	Leuz 等（2006）
	黄铁矿氧化反应		
5	$2FeS_2 + 7O_2 + 2H_2O \longrightarrow 2Fe^{2+} + 4SO_4^{2-} + 4H^+$		Schoonen 等（2010）
6	$FeS_2 + 14Fe^{3+} + 8H_2O \longrightarrow 15Fe^{2+} + 2SO_4^{2-} + 16H^+$		Schoonen 等（2010）
7	$2FeS_2 + 15H_2O_2 \longrightarrow 2Fe^{3+} + 4SO_4^{2-} + 2H^+ + 14H_2O$		McKibben 等（1986）
	黄铁矿硫缺损位点上的反应		
8	$Fe(II)_{pyrite} + O_2 \longrightarrow Fe(III)_{pyrite} + O_2^{\cdot -}$		Cohn 等（2006）
9	$Fe(II)_{pyrite} + O_2^{\cdot -} + 2H^+ \longrightarrow Fe(III)_{pyrite} + H_2O_2$		Cohn 等（2006）
10	$Fe(III)_{pyrite} + H_2O \longrightarrow Fe(II)_{pyrite} + \cdot OH$		Borda 等（2003）
	Fe^{II} 氧化反应		
11	$Fe^{II}_{(aq)} + O_2 \longrightarrow Fe^{III}_{aq} + O_2^{\cdot -}$		King（1998）
12	$Fe^{II}_{(aq)} + O_2^{\cdot -} + 2H^+ \longrightarrow Fe^{III}_{aq} + H_2O_2$	1×10^7	Rush 等（1985）
13	$Fe^{II}_{(aq)} + HO_2^{\cdot} + H^+ \longrightarrow Fe^{III}_{aq} + H_2O_2$	1.2×10^6	Rush 等（1985）
14	$Fe^{II}_{(aq)} + \cdot OH \longrightarrow Fe^{III}_{aq} + OH^-$	3.2×10^8	Stuglik 等（1981）
	芬顿反应		
15	$Fe^{2+} + H_2O_2 \longrightarrow Fe^{3+} + \cdot OH + OH^-$		
16	$Fe^{II}OH^+ + H_2O_2 \longrightarrow Fe^{III}OH^{2+} + \cdot OH + OH^-$		
	优化后的芬顿反应		
17	$Fe^{2+} + H_2O_2 \longrightarrow INT$		Hug 等（2003）
18	$Fe^{II}OH^+ + H_2O_2 \longrightarrow INT\text{-}OH$		Hug 等（2003）
19	$INT\text{-}OH + H^+ \longrightarrow INT$		Hug 等（2003）
20	$INT \longrightarrow Fe^{III}OH^{2+} + \cdot OH^2$		Hug 等（2003）

序号	反应	速率常数[s⁻¹或 L/（mol·s）]	参考文献
21	$INT\text{-}OH \longrightarrow Fe(IV)$		Hug 等（2003）
黄铁矿的光催化反应			
22	$FeS_2 + hv \longrightarrow e^- + h^+$		
23	$H_2O + h^+ \longrightarrow H^+ + \cdot OH$		
24	$O_2 + e^- \longrightarrow O_2^{\cdot -}$		
自由基反应			
25	$\cdot OH + \cdot OH \longrightarrow H_2O_2$	5.2×10^9	Buxton 等（1988）
26	$HO_2^\cdot + O_2^{\cdot -} + H^+ \longrightarrow H_2O_2 + O_2$	9.7×10^7	Rush 等（1985）
27	$HO_2^\cdot + HO_2^\cdot \longrightarrow H_2O_2 + O_2$	8.3×10^5	Rush 等（1985）
28	$HO_2^\cdot + \cdot OH \longrightarrow O_2 + H_2O$	6.6×10^9	Buxton 等（1988）
29	$H_2O_2 + \cdot OH \longrightarrow HO_2^\cdot + H_2O$	3×10^7	Buxton 等（1988）
30	$\cdot O_2^- + H^+ \rightleftharpoons HO_2^\cdot$	$1\times10^{12}/1.58\times10^7$ (pK_a4.8)	Rush 等（1985）
31	$\cdot OH + TBA \longrightarrow O_2^{\cdot -} + products$	（3.8～7.6）$\times10^8$	Anipsitakis 等（2004）

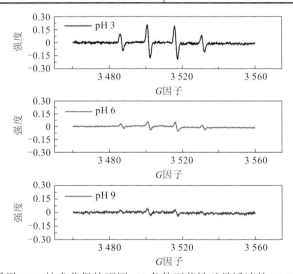

图 14.4　采用 ESR 技术获得的不同 pH 条件下黄铁矿悬浮液的 DMPO-OH 光谱

在不同 pH 下，·OH 自由基的强度与 Sb(III)的氧化速率大小之间呈负相关关系，表明存在 Sb(III)的其他氧化剂。黄铁矿悬浮液中产生 H_2O_2 可能是 Sb(III)潜在的氧化剂。由图 14.5 可知，当 pH 为 3 和 5 时，Sb(III)并不与 H_2O_2 反应。而在 pH 为 7 和 9 的溶液中，Sb(III)被氧化为 Sb(V)，且与 pH 为 7 时相比，pH 为 9 时 Sb(III)的氧化速率更快。以往研究发现，在碱性条件下，H_2O_2 可高效氧化 Sb(III)（Leuz et al.，2005；Quentel et al.，2004）。因此，可作出假设：在酸性条件下，由黄铁矿产生的·OH 是 Sb(III)的主要氧化剂；而在中碱性溶液中，H_2O_2 是 Sb(III)的主要氧化剂。

TBA 和过氧化氢酶分别是·OH 和 H_2O_2 的高效掩蔽剂。其中，过氧化氢酶不仅可以将 H_2O_2 有效地分解为氧气和 H_2O，也可与·OH 发生反应（2.6×10^{11} L/（mol·s））（Schoonen et al.，2010)。掩蔽实验结果（图 14.6）显示，当 pH 为 3 时，TBA 完全抑制了 Sb(III) 的氧化，随着 pH 的上升，TBA 对 Sb(III)氧化的抑制作用逐渐减弱。这一结果与 ESR 结果相符，表明在低 pH 条件下，·OH 自由基是 Sb(III) 的重要氧化剂。而在 pH 为 5 和 9 的条件下，过氧化氢酶显著降低了 Sb(III)的氧化速率，表明在碱性条件下，H_2O_2 是 Sb(III) 的重要氧化剂。

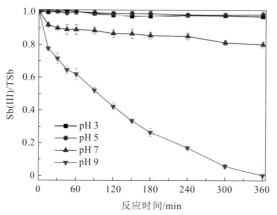

图 14.5　不同 pH 条件下 H_2O_2 溶液中 Sb(III)的氧化

[H_2O_2]=50 μmol/L，[Sb(III)]=20 μmol/L

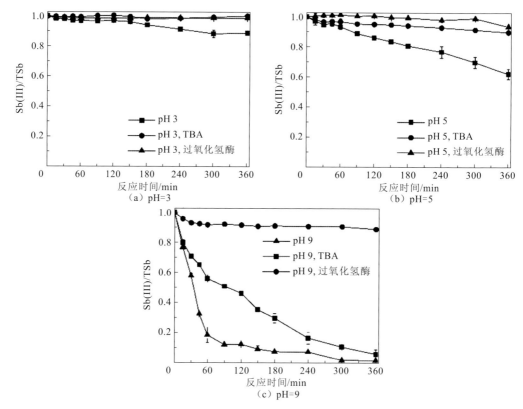

图 14.6　TBA 和过氧化氢酶对 Sb(III)氧化的影响

[FeS_2]=0.25 g/L，[Sb(III)]=20 μmol/L，[TBA]=200 mmol/L，[过氧化氢酶]=0.075 g/L

14.2.2　无氧条件下黄铁矿悬浮液中 Sb(III)的氧化

图 14.7 所示为在 pH 5 时，在有氧和无氧条件下 Sb(III)的氧化速率。在有氧条件下，37.9%的 Sb(III)被氧化为 Sb(V)，而在无氧条件下，这一比例下降为 15.6%，表明氧气提高了 Sb(III)的氧化速率。在无氧条件下，在反应前 2 h 内 Sb(III)氧化的 k_{obs} 为 0.001 0 min^{-1}，该值仅稍低于有氧条件下的 k_{obs}（0.001 2 min^{-1}），而在反应 2 h 之后 Sb(III)氧化的 k_{obs}（0.000 1 min^{-1}）远低于在有氧条件下 Sb(III)氧化的 k_{obs}。

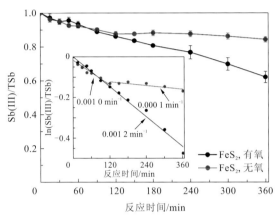

图 14.7　有氧和无氧条件下 Sb(III)的氧化

内嵌图表示伪一级反应动力学拟合得到的 Sb(III)氧化的 k_{obs}；[FeS_2]=0.25 g/L，[Sb(III)]=20 μmol/L

在有氧条件下，黄铁矿表面的 $Fe(II)_{pyrite}$ 位点和 $Fe(III)_{pyrite}$ 位点之间的反应可构成动态循环（表 14.1，反应 8～10）。然而，在无氧条件下，$Fe(II)_{pyrite}$ 向 $Fe(III)_{pyrite}$ 的转化被抑制，导致难以生成•OH 和 H_2O_2。然而，在无氧条件下反应前 2 h 内 Sb(III)氧化仍可发生，可能是由于最初存在于黄铁矿表面的 $Fe(III)_{pyrite}$ 可与 H_2O 反应产生•OH 和 H_2O_2，而一旦这些 $Fe(III)_{pyrite}$ 被消耗完全，Sb(III)的氧化反应就停止。因此，溶解氧是黄铁矿悬浮液中 Sb(III)氧化的主导因素。

14.2.3　光照条件下黄铁矿悬浮液中 Sb(III)的氧化

黄铁矿是一种半导体矿物，其禁带宽度只有 0.95 eV，因此在光照条件下可被光激发（Liu et al.，2013；Ferrer et al.，1990）。如图 14.8 所示，在光照条件下，无黄铁矿存在时 Sb(III)无法被氧化，而黄铁矿存在时 Sb(III)被迅速氧化为 Sb(V)，其氧化速率（k_{obs}=0.014 2 min^{-1}）是暗反应时（k_{obs}=0.003 3 min^{-1}）的 4.3 倍。上述实验表明，光照显著促进了黄铁矿悬浮液中 Sb(III)的氧化速率。

在光照条件下，黄铁矿可捕获光子，促使铁原子 d 轨道上的孤对电子转移到导带上，导致在价带上形成空穴-电子对（h^+-e^-）。在此过程中，空穴转移到黄铁矿表面，与吸附的水分子反应产生•OH 自由基（表 14.1，反应 22 和 23）（Schoonen et al.，2010）。因此，在光照条件下的黄铁矿悬浮液中可产生更多的•OH 自由基。ESR 光谱也证明了光照条件下•OH 自由基产生量的增加（图 14.9）。然而，TBA 并不能完全抑制 Sb(III)的氧化（图 14.8），

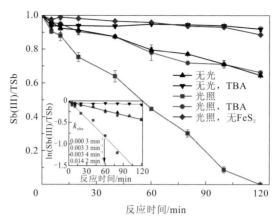

图 14.8　光照条件下黄铁矿悬浮液中 Sb(III)的氧化

内嵌图表示伪一级反应动力学拟合得到的 Sb(III)氧化的 k_{obs} 值；
[FeS$_2$]=0.25 g/L，[Sb(III)]=20 μmol/L，[TBA]=200 mmol/L

这可能是由于•OH 合并产生的 H$_2$O$_2$ 对 Sb(III)有氧化作用（表 14.1，反应 25），以往研究发现，光照可促进黄铁矿溶液中 H$_2$O$_2$ 的产生（Borda et al.，2001）。

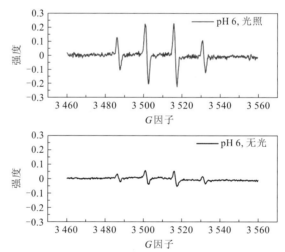

图 14.9　采用 ESR 获得的光照和无光条件下黄铁矿的 DMPO-OH 光谱

[FeS$_2$]=2.5 g/L

14.2.4　Sb(III)在黄铁矿悬浮液中的氧化机理

根据上述结果，提出黄铁矿悬浮液中 Sb(III)的氧化机理（图 14.10），如下。

（1）黄铁矿表面硫缺损位点上的≡Fe(II)氧化产生的•OH 和 H$_2$O$_2$ 对 Sb(III)的氧化。≡Fe(II)可被氧气氧化产生 H$_2$O$_2$ 和≡Fe(III)，同时，产生的≡Fe(III)与 H$_2$O 反应生成•OH 和 H$_2$O$_2$。

（2）黄铁矿溶出的 Fe(II)在氧化过程中产生的•OH、H$_2$O$_2$ 和 Fe(IV)对 Sb(III)的氧化。在黄铁矿自身被氧化的过程中产生的溶解性 Fe(II)可与 O$_2$ 反应生成 H$_2$O$_2$。在中碱性条件下，Fe^{II}OH$^+$成为 Fe^{II} 的主要形态，它可与 H$_2$O$_2$ 反应生成 Fe(IV)。而在酸性条件下，通

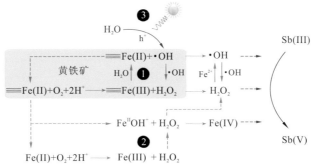

图 14.10　黄铁矿悬浮液中 Sb(III)可能的氧化机理示意图

❶黄铁矿表面的 ≡≡Fe(II)导致 Sb(III)的氧化；❷溶解到溶液中的 Fe^{II} 导致 Sb(III)的氧化；❸光催化过程导致 Sb(III)的氧化

过芬顿反应生成•OH 自由基。

（3）光照黄铁矿产生的•OH 和 H_2O_2 对 Sb(III)的氧化。在光照条件下，黄铁矿可被光激发，产生更多•OH 和 H_2O_2，促进 Sb(III)的氧化。

因此，在黄铁矿悬浮液中产生的•OH、H_2O_2 和 Fe(IV)是 Sb(III)的主要氧化剂。

14.3　水溶液中黄铁矿的表面氧化对其 Sb(III)氧化活性的影响及机理

14.3.1　对黄铁矿表面特性的影响

为了研究不同 pH 条件下，氧化产物对黄铁矿表面特性的影响，用 SEM、XPS、FTIR 和 XRD 对 SOP (H₂O)和纯黄铁矿进行表征。

图 14.11 为 SOP (H₂O)和纯黄铁矿的 SEM 分析。结果表明，与纯黄铁矿相比，SOP (H₂O)表面出现絮状氧化产物，且氧化产物的生成量随氧化体系 pH 的升高而增加：SOP (pH 3)的表面出现少许絮状的氧化产物，SOP (pH 5)和 SOP (pH7)的表面已完全被絮状氧化产物包裹。对 SOP (H₂O)和纯黄铁矿进行 EDS 分析，并对表面氧化前后各元素的占比进行分析。如图 14.12 所示，纯黄铁矿表面 S 和 Fe 的原子百分比分别为 67.33%和 32.67%，近似于 2∶1，且没有检出 O 元素；SOP (pH 3)，SOP (pH 5)和 SOP (pH 7)表面 O 的原子百分比依次为 22.84%、38.62%和 44.40%，同样说明随着氧化体系 pH 升高，SOP(H₂O)表面氧化产物的生成量逐渐增加。

为了进一步研究氧化产物的主要成分，用 XPS 对 SOP (H₂O)和纯黄铁矿表面 O 和 Fe 的存在形态进行分析。图 14.13 为得到的 O 1s 图谱，对实验数据进行分峰处理，在 529.93 eV、531.23 eV 和 532.09 eV 处分别出现了峰 a、峰 b 和峰 c。根据文献报道，峰 a 和峰 b 对应铁的氢氧化物或者铁的羟基络合物，峰 c 对应 SO_4^{2-}。纯黄铁矿表面峰 c 的占比高达 96.77%，说明纯黄铁矿表面的 O 绝大多数存在于 SO_4^{2-} 中。这是由于分析测试过程中纯黄铁矿表面不可避免地暴露于空气中，矿物表面会迅速被氧气氧化生成 SO_4^{2-}（Schaufusz et al.，1998）。在 SOP (pH 3)、SOP (pH 5)和 SOP (pH 7)中，峰 a 和峰 b 的占比逐渐升高，说明黄铁矿在溶液中的表面氧化产物为铁的（氢）氧化物，且生成量随 pH 升高而增加。

（a）纯黄铁矿 　　　　　　　　　（b）SOP (pH 3)

（c）SOP (pH 5) 　　　　　　　　（d）SOP (pH 7)

图 14.11　SOP (H₂O)和纯黄铁矿的 SEM 分析

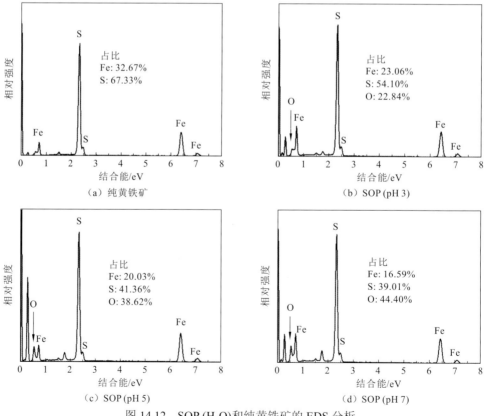

（a）纯黄铁矿 　　　　　　　　　（b）SOP (pH 3)

（c）SOP (pH 5) 　　　　　　　　（d）SOP (pH 7)

图 14.12　SOP (H₂O)和纯黄铁矿的 EDS 分析

因修约加和不为 100%

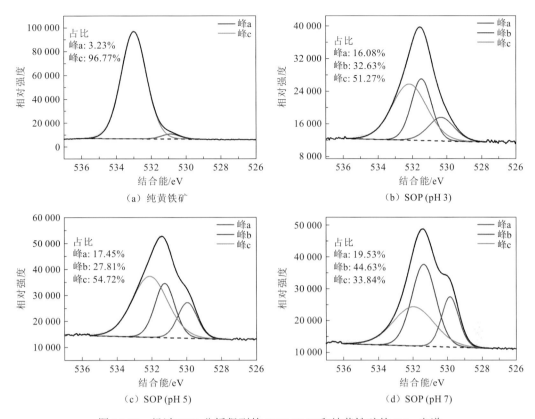

图 14.13　经过 XPS 分析得到的 SOP (H_2O)和纯黄铁矿的 O 1s 光谱

因修约加和不为 100%

图 14.14 为 Fe 2p3/2 图谱。其中，结合能在 707.18 eV 的峰对应着 Fe(II)—S 键，是 FeS_2 的特征峰（Kong et al.，2015）；结合能在 709.11 eV 的峰对应着 Fe(II)—O 键，是 Fe(II) 的羟基络合物的特征峰（Todd et al.，2003）；结合能在 711.22 eV 的峰对应着 Fe(III)—O 键，是 FeOOH 的特征峰（Giannetti et al.，2001）。纯黄铁矿表面 85.90%的 Fe 仍以 FeS_2 形态存在，仅有少量 Fe 以 Fe(II)—O 键和 Fe(III)—O 键存在。这可能是分析测试过程中 黄铁矿表面与空气接触所致（Kong et al.，2015）。随着氧化溶液 pH 升高，SOP (H_2O)表 面 Fe(II)—S 键的占比逐渐降低，说明黄铁矿表面的 S—S 键逐渐被氧化。而 SOP (H_2O) 表面 Fe(II)—O 键和 Fe(III)—O 键的占比同样值得注意，Fe(II)—O 键在 SOP (pH 3)、 SOP (pH 5)和 SOP (pH 7)的表面分别占 14.27%、11.01%和 6.76%；而 Fe(III)—O 键分别 占 5.95%、19.92%和 34.65%。结果表明，pH 较低时，氧化产物主要为 Fe(II)的（氢）氧 化物；随着 pH 升高，Fe(III)的（氢）氧化物占比逐渐升高。

另外，溶液氧化后，黄铁矿的比表面积增大，且随着溶液的 pH 升高，比表面积的 增大更加明显（表 14.2），这是由于铁的羟基络合物常具有更大的比表面积，随着氧化 产物生成量的增加，SOP (H_2O)具有更大的比表面积。图 14.15 为 SOP (H_2O)的 XRD 图 谱。实验结果表明，溶液氧化后黄铁矿表面没有出现新的衍射峰，这是因为溶液氧化产 物的含量或者结晶度过低（Zhang et al.，2016）。

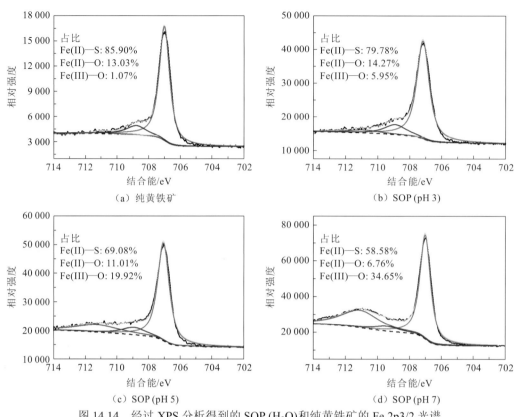

图 14.14　经过 XPS 分析得到的 SOP (H_2O)和纯黄铁矿的 Fe 2p3/2 光谱

因修约加和不为 100%

表 14.2　SOP (H_2O)和纯黄铁矿的比表面积比较

样品	比表面积/(m^2/g)
纯黄铁矿	5.761
SOP (pH 3)	7.531
SOP (pH 5)	8.136
SOP (pH 7)	9.726

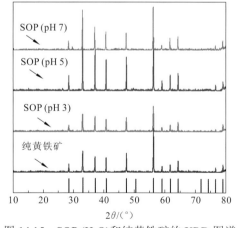

图 14.15　SOP (H_2O)和纯黄铁矿的 XRD 图谱

14.3.2 黄铁矿的 Sb(III)氧化活性比较

为了比较溶液氧化前后黄铁矿对 Sb(III)的氧化活性，在 pH 为 3、5 和 7 的溶液中，加入 2 μmol/L Sb(III)和 0.5 g/L 的 SOP (H₂O)或纯黄铁矿，进行 Sb(III)的氧化动力学实验。实验表明，随着反应进行，SOP (H₂O)和纯黄铁矿悬浮液中均有 Sb(V)生成，而未加入黄铁矿的对照组，在 6 h 的实验中，并没有 Sb(V)生成（图 14.16）。实验表明，仅存在溶解氧并不能氧化 Sb(III)，黄铁矿的催化氧化是 Sb(V)生成的主要原因。

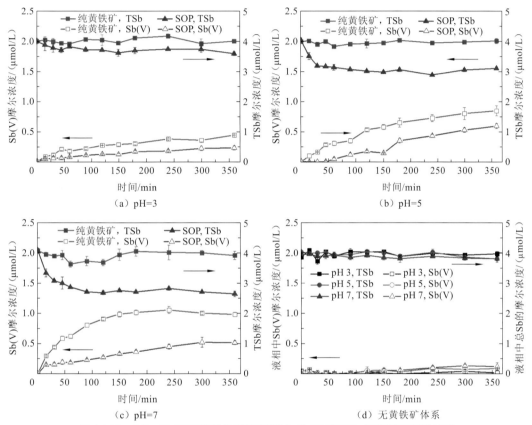

图 14.16　SOP (H₂O)和纯黄铁矿悬浮液中 Sb(V)和 TSb 浓度随时间的变化

[FeS₂]=0.5 g/L，[Sb(III)]=2 μmol/L

SOP (H₂O)和纯黄铁矿体系中，Sb(III)氧化速率的差异是另一个关注重点。当 pH 为 3、5 和 7 时，SOP (H₂O)悬浮液中 Sb(III)的氧化速率均慢于纯黄铁矿，而且随着 pH 升高，氧化速率的差异逐渐明显（图 14.17）。Sb(III)的氧化反应能够很好地被伪一级反应动力学拟合，为了更加严谨地比较 SOP (H₂O)和纯黄铁矿的 Sb(III)氧化活性，计算经比表面积标准化的反应速率常数。由表 14.3 可知，当 pH 为 3、5 和 7 时，SOP (H₂O)悬浮液中 Sb(III)的标准化反应速率常数分别为 $1.2×10^{-4}$ min^{-1}·m^{-2}、$5.3×10^{-4}$ min^{-1}·m^{-2} 和 $4.9×10^{-4}$ min^{-1}·m^{-2}，而纯黄铁矿悬浮液中 Sb(III)的标准化反应速率常数分别为 $2.1×10^{-4}$ min^{-1}·m^{-2}、$9.2×10^{-4}$ min^{-1}·m^{-2} 和 $5.62×10^{-3}$ min^{-1}·m^{-2}。实验结果表明，SOP (H₂O)的 Sb(III)氧化速率均明显小于纯黄铁矿体系。

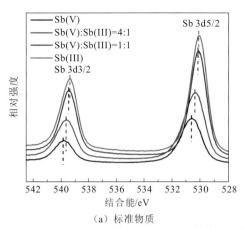
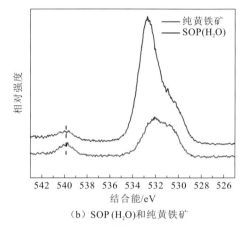

（a）标准物质　　　　　　　　　（b）SOP (H₂O)和纯黄铁矿

图 14.17　XPS 分析得到的 Sb 3d3/2 和 Sb 3d5/2 图谱

表 14.3　**SOP (H₂O)和纯黄铁矿悬浮液中 Sb(III)的初始氧化速率常数**
和经比表面积标准化的反应速率常数

	纯黄铁矿		SOP (H₂O)	
pH	初始氧化速率常数 /min⁻¹	标准化反应速率常数 /（min⁻¹·m⁻²）	初始氧化速率常数 /min⁻¹	标准化反应速率常数 /（min⁻¹·m⁻²）
3	0.001 2	0.000 21	0.000 9	0.000 12
5	0.005 3	0.000 92	0.004 3	0.000 53
7	0.032 4	0.005 62	0.004 8	0.000 49

随着反应的进行，SOP (H₂O)悬浮液中 TSb 浓度不断降低，而纯黄铁矿悬浮液中 TSb 浓度变化并不明显（图 14.16），说明溶液氧化产物增强了黄铁矿对锑的吸附能力。这是由于铁的羟基络合物能够与 Sb(III) 和 Sb(V) 形成内源络合物，对锑的吸附能力增强（Qi et al.，2016；Guo et al.，2014）。另外，溶液氧化后，黄铁矿的比表面积增大（表 14.2），提供更多的锑吸附位点。

采用 XPS 技术对矿物表面吸附锑的价态进行分析。首先将 Sb₂O₃ 和 KSb(OH)₆ 分别作为 Sb(III) 和 Sb(V) 的标准物质进行 XPS 分析。图 14.17（a）为标准物质的 Sb 3d 图谱，随着 Sb(V)占比升高，Sb 3d3/2 和 3d5/2 的结合能均发生正向偏移，这说明 XPS 分析可以对黄铁矿表面锑元素的存在形态进行定性分析。由于 Sb 3d5/2 和 O 1s 重叠，对 Sb 3d5/2 图谱的分析会受到 O 1s 的干扰（Huang et al.，2006），仅有 Sb 3d3/2 图谱被用于锑形态的分析。图 14.17（b）为 SOP (H₂O)和纯黄铁矿吸附锑后的 Sb 3d 图谱。实验证明，溶液氧化前后的黄铁矿，锑的结合能并没有发生明显偏移。说明溶液氧化前后，黄铁矿表面 Sb(III)和 Sb(V)的占比相近。另外，在 Sb 3d 图谱中，SOP (H₂O)的峰强明显高于纯黄铁矿，同样说明 SOP (H₂O)表面吸附了更多锑。因此，推测溶液氧化过程中，黄铁矿表面生成的铁羟基络合物抑制了黄铁矿的 Sb(III)氧化活性，但增强了 Sb 的吸附能力。

14.3.3 对黄铁矿生成 ROS 的影响

文献报道，有氧条件下黄铁矿能够生成大量 ROS 氧化 Sb(III)，如 H_2O_2、·OH 和 HO_2^-（Hu et al.，2015；Kong et al.，2015）。因此，测定溶液氧化前后，黄铁矿悬浮液中 SOP 的浓度变化。另外，黄铁矿主要通过释放可溶态 Fe(II)（Fe(II)$_{aq}$）和 O_2 在矿物表面还原两种途径生成 ROS。为了进一步探究溶液氧化通过何种机制抑制黄铁矿的 Sb(III) 氧化活性，对悬浮液中 Fe(II)$_{aq}$ 的浓度及 O_2 在黄铁矿表面的还原能力进行测定，并通过掩蔽实验确定这两种途径在生成 ROS 中的贡献。

一方面，黄铁矿溶出的 Fe(II)$_{aq}$ 可以在 O_2 的催化氧化下生成活性物质：中碱性条件下，Fe(II)$_{aq}$ 迅速被 O_2 氧化，生成 H_2O_2（表 14.4，反应式 1～4）；Fe(II)$_{aq}$ 可以通过芬顿反应生成·OH（表 14.4，反应式 5 和 6）。该过程中生成的·OH 能够结合为 H_2O_2（表 14.4，反应式 10）。另一方面，O_2 可以从 Fe(II)$_{pyrite}$ 上得到 e^-，生成 Fe(III)$_{oxide}$ 和 O_2^-（表 14.4，反应式 7），O_2^- 可以继续发生一系列反应生成 H_2O_2（表 14.4，反应式 8 和 11～13）；而 Fe(III)$_{oxide}$ 可以进一步将黄铁矿表面吸附的水氧化为·OH（表 14.4，反应式 9）。反应生成的活性物质能够有效地将 Sb(III) 氧化（表 14.4，反应式 14～17）。因此，推测氧化产物影响了黄铁矿表面 Fe(II)$_{aq}$ 的溶出和 O_2 的还原，导致 ROS 的含量存在差异，最终影响黄铁矿的 Sb(III) 氧化活性。

表 14.4　黄铁矿悬浮液中有关的化学反应及其反应速率

序号	反应	速率常数[s^{-1} 或 L/(mol·s)]	参考文献
	Fe(II)$_{aq}$ 的氧化反应		
1	Fe(II)$_{aq}$ + O_2 ⟶ Fe(III)$_{aq}$ + O_2^-		King 等（1998）
2	Fe(II)$_{aq}$ + O_2^- ⟶ Fe(III)$_{aq}$ + H_2O_2	1×10^7	Rush 等（1985）
3	Fe(II)$_{aq}$ + ·HO_2 + H^+ ⟶ Fe(III)$_{aq}$ + H_2O_2	1.2×10^6	Rush 等（1985）
4	Fe(II)$_{aq}$ + ·OH ⟶ Fe(III)$_{aq}$ + OH^-	3.2×10^8	Stuglik 等（1981）
	芬顿反应		
5	Fe(II) + H_2O_2 ⟶ Fe(III) + ·OH + OH^-		Schoonen 等（2010）
6	$Fe^{II}OH^+$ + H_2O_2 ⟶ $Fe^{III}OH^{2+}$ + ·OH + OH^-		
	黄铁矿表面 S 缺损位点上的反应		
7	Fe(II)$_{pyrite}$ + O_2 ⟶ Fe(III)$_{oxide}$ + O_2^-		Cohn 等（2006）
8	Fe(II)$_{pyrite}$ + O_2^- + $2H^+$ ⟶ Fe(III)$_{oxide}$ + H_2O_2		Cohn 等（2006）
9	Fe(III)$_{oxide}$ + H_2O ⟶ Fe(II)$_{pyrite}$ + ·OH		Borda 等（2003）
	活性自由基间的反应		
10	·OH + ·OH ⟶ H_2O_2	5.2×10^9	Buxton 等（1988）
11	O_2^- + H^+ ⇌ HO_2^-		Hao 等（2014）
12	HO_2^- + HO_2^- ⟶ H_2O_2 + O_2		Hao 等（2014）
13	HO_2^- + O_2^- + H_2O ⟶ H_2O_2 + O_2 + OH^-		Hao 等（2014）

序号	反应	速率常数[s^{-1} 或 L/（mol·s）]	参考文献
	Sb(III)的氧化反应		
14	Sb(III)+·OH $\longrightarrow$ Sb(IV)	8×10^9	Leuz 等（2006）
15	Sb(III)+H_2O_2 $\longrightarrow$ Sb(IV)		Leuz 等（2005）
16	Sb(IV)+O_2 $\longrightarrow$ Sb(V)+$O_2^{\cdot-}$	1.1×10^9	Leuz 等（2006）
17	Sb(OH)$_3$+2$O_2^{\cdot-}$+3H_2O+H^+ $\longrightarrow$ Sb(OH)$_6^-$+2H_2O_2		Hu 等（2015）
	铁氢氧化物对 H_2O_2 的分解		
18	Fe(III)$_{oxide}$+H_2O_2 $\longrightarrow$ $^+$Fe(IV)=O+H_2O		Schoonen 等（2010）
19	$^+$Fe(IV)=O+H_2O_2 $\longrightarrow$ Fe(III)$_{oxide}$+H_2O+O_2		Schoonen 等（2010）

注：Fe(II)$_{aq}$ 和 Fe(III)$_{aq}$ 分别代表 SOP(H_2O)和纯黄铁矿悬浮液中可溶态的 Fe(II)和 Fe(III)；Fe(II)$_{pyrite}$ 和 Fe(III)$_{oxide}$ 分别代表 SOP(H_2O)和纯黄铁矿表面的 Fe(II)和 Fe(III)位点

14.3.4 黄铁矿生成 H_2O_2、·OH 和 $O_2^{\cdot-}$ 的分析

采用 ESR 技术和分光光度法对悬浮液中·OH 和 H_2O_2 的浓度进行分析，如图 14.18 和 14.19 所示，当 pH 为 3、5 和 7 时，SOP(H_2O)悬浮液中·OH 和 H_2O_2 的浓度均低于纯黄铁矿。这可能是由于氧化产物具有类似于 H_2O_2 酶的作用，氧化产物中的 Fe(III)$_{oxide}$ 相

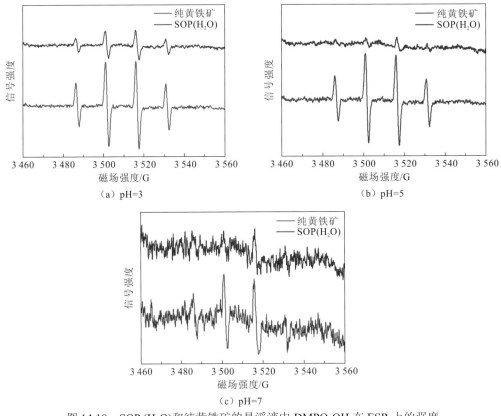

（a）pH=3　　　　　　　　　　（b）pH=5

（c）pH=7

图 14.18　SOP(H_2O)和纯黄铁矿的悬浮液中 DMPO-OH 在 ESR 上的强度

[FeS$_2$]=5 g/L

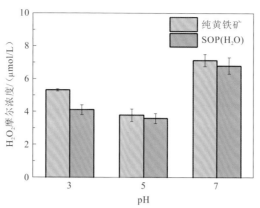

图 14.19　不同 pH 条件下 SOP (H₂O) 和纯黄铁矿悬浮液中 H₂O₂ 的浓度

[FeS₂]=0.5 g/L

当于 H_2O_2 酶的活性中心，能够将 H_2O_2 分解为 H_2O 和 O_2（表 14.4，反应 18 和 19）。因此反应体系中 H_2O_2 的浓度降低，·OH 的生成也受到抑制（表 14.4，反应 5 和 6）（Schoonen et al.，2010）。同时，对 SOP (H₂O) 和纯黄铁矿悬浮液中 $O_2^{\cdot-}$ 的浓度进行分析。未加入黄铁矿，体系中并未检出 $O_2^{\cdot-}$；而含有黄铁矿的体系在 pH 为 3、5 和 7 时，SOP (H₂O) 和纯黄铁矿悬浮液中 $O_2^{\cdot-}$ 的浓度并没有明显差别（图 14.20）。因此，H_2O_2 和·OH 的浓度降低是导致 SOP (H₂O) 的 Sb(III) 氧化活性下降的主要原因，此外表面氧化产物将 H_2O_2 分解，抑制·OH 生成。

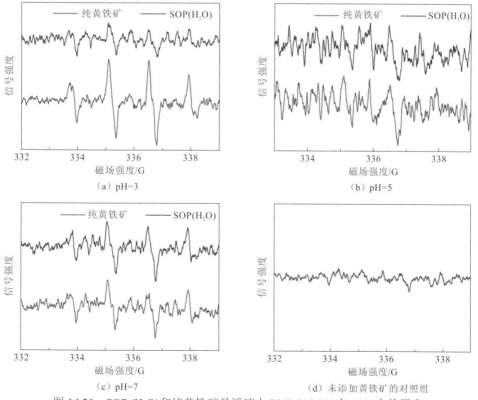

图 14.20　SOP (H₂O) 和纯黄铁矿悬浮液中 BMPO-OOH 在 ESR 上的强度

[FeS₂]=5 g/L

14.3.5　对黄铁矿溶出 Fe(II)$_{aq}$ 能力的影响

Kong 等（2016a）报道，黄铁矿溶出的 Fe(II)$_{aq}$ 在 O$_2$ 的作用下能够生成大量 ROS，对黄铁矿体系中的 Sb(III) 氧化起到重要作用。本章实验验证了这一结论。在 pH 为 3、5 和 7 的 Fe(II)$_{aq}$ 和 Sb(III) 共存体系中，进行 Sb(III) 的氧化实验。实验结果表明，不同 pH 下，Fe(II)$_{aq}$ 均能将 Sb(III) 氧化，且氧化速率随 pH 升高而加快（图 14.21）。

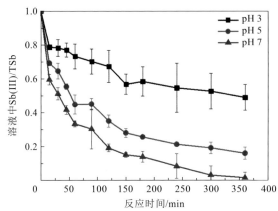

图 14.21　pH 3、5 和 7 的 Fe(II) 溶液中 Sb(III)/TSb 的变化

[Sb(III)]=2 μmol/L，[Fe(II)]=20 μmol/L

图 14.22 为 SOP (H$_2$O) 和纯黄铁矿悬浮液中 Fe(II)$_{aq}$ 浓度的比较。当 pH 为 3、5 和 7 时，SOP (H$_2$O) 悬浮液中 Fe(II)$_{aq}$ 的最大摩尔浓度分别为 20.58 μmol/L、5.80 μmol/L 和 8.65 μmol/L，而纯黄铁矿悬浮液中 Fe(II)$_{aq}$ 的最大摩尔浓度分别为 23.86 μmol/L、6.95 μmol/L 和 9.33 μmol/L，而未添加黄铁矿的对照组并没有检出 Fe(II)$_{aq}$。与纯黄铁矿相比，SOP (H$_2$O) 悬浮液中 Fe(II)$_{aq}$ 的浓度均明显低于纯黄铁矿。实验结果表明，发生表面氧化后，黄铁矿溶出 Fe(II)$_{aq}$ 的能力被抑制。另外，当 pH 为 5 和 7 时，反应一段时间后，Fe(II)$_{aq}$ 的浓度迅速降低，这是由于 Fe(II)$_{aq}$ 迅速被氧化，而这一浓度变化趋势也与 Zhang 等（2017）报道一致。因此，溶液氧化后黄铁矿溶出 Fe(II)$_{aq}$ 的浓度降低，Fe(II)$_{aq}$ 发生催化氧化反应和芬顿反应生成 ROS 的过程受到抑制，这是黄铁矿 Sb(III) 氧化活性降低的原因之一。

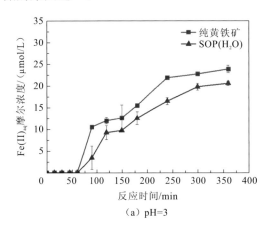

（a）pH=3

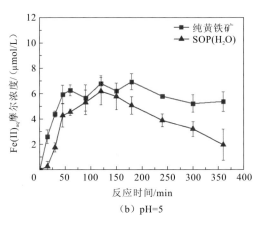

（b）pH=5

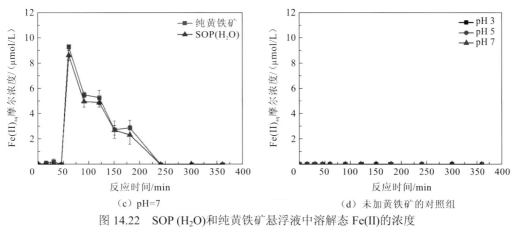

图 14.22　SOP (H₂O)和纯黄铁矿悬浮液中溶解态 Fe(II)的浓度

$[FeS_2]=0.5 \text{ g/L}$

　　另外，向含有 Sb(III)的黄铁矿悬浮液中加入 BPY，抑制 Fe(II)$_{aq}$ 对 Sb(III)的氧化作用。实验发现，Sb(III)的氧化并未被完全抑制，说明黄铁矿体系中仍存在其他的 Sb(III) 氧化途径。

14.3.6　对黄铁矿表面还原 O₂ 的能力的影响

　　O₂ 在黄铁矿表面发生还原反应同样是黄铁矿氧化 Sb(III)的主要机制。黄铁矿表面存在大量硫缺损位点（Murphy et al.，2009），O₂ 可以在硫缺损位点上的 Fe(II)$_{pyrite}$ 发生还原反应，生成 Fe(III)$_{oxide}$ 和 H₂O₂（表 14.4，反应 7 和 8）。生成的 Fe(III)$_{oxide}$ 可以进一步与 H₂O 反应生成•OH（表 14.4，反应 9），两个•OH 可以结合为 H₂O₂（表 14.4，反应 10）。Zhang 等（2016）发现，酸性黄铁矿悬浮液中，81.9%的•OH 来源于 O₂ 的还原反应。Kong 等（2015）也报道，O₂ 的还原反应是黄铁矿氧化 Sb(III)的关键步骤，有氧条件下的黄铁矿悬浮液中，Sb(III)氧化效率为 37.9%，而无氧条件下 Sb(III)氧化效率降至 15.6%。这是由于无氧条件下，黄铁矿表面的 Fe(II)$_{pyrite}$ 和 Fe(III)$_{oxide}$ 无法维持动态平衡，当 Fe(III)$_{oxide}$ 耗尽时，黄铁矿无法继续生成活性物质氧化 Sb(III)。因此，O₂ 在黄铁矿表面的还原反应对 Sb(III)的氧化同样有重要意义。

　　为了考察溶液氧化前后，O₂ 在黄铁矿表面发生还原反应的能力，采用循环伏安法考察 O₂ 在矿物表面得到 e⁻ 的能力。由图 14.23 可知，在有氧条件下，O₂ 在 0.43 V 附近出现不可逆的还原峰，而无氧条件下和裸玻碳电极组均没有还原峰出现。O₂/H₂O₂ 的标准电极电势为 0.45 V，O₂ 在黄铁矿修饰的碳糊电极表面和多壁碳纳米管修饰的玻碳电极表面分别在 0.37 V 和 0.4 V 附近出现还原峰（Zhang et al.，2016；Alexeyeva et al.，2007），与本小节实验结果相近。因此，位于 0.43 V 附近的还原峰对应着 O₂ 在黄铁矿表面得到 e⁻，还原为 H₂O₂ 这一过程。与 pyrite-GCE 相比，O₂ 在 SOP-GCE 上的峰强降低，电流密度减小，说明 SOP (H₂O)表面 O₂ 的还原能力受到抑制。

　　为了定量研究表面氧化产物对 O₂ 还原的影响，当 pH 为 3、5 和 7 时,向含有 2 μmol/L Sb(III)和 0.5 g/L 黄铁矿的溶液中加入 BPY[图 14.24（a）、（c）和（e）]，其中 BPY 能够与 Fe(II)$_{aq}$ 生成稳定的络合物，抑制 Fe(II)$_{aq}$ 对 Sb(III)的氧化作用，但不会对 O₂ 在黄

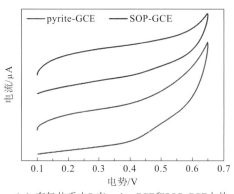

（a）有氧体系中O₂在pyrite-GCE和SOP-GCE上的循环伏安图

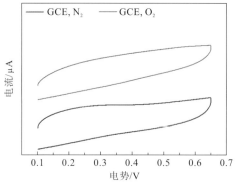

（b）无氧体系中pyrite-GCE上的循环伏安图和O₂在裸玻碳电极上的循环伏安图

图14.23　运用循环伏安法分析 O_2 在黄铁矿表面的还原能力结果

扫描速率为 100 mV/s

铁矿表面的 $Fe(II)_{pyrite}$ 位点产生影响。对 Sb(III)的氧化反应进行伪一级反应动力学拟合，并计算不同反应条件下 Sb(III)的氧化速率常数[图 14.24（b）、（d）和（f）]。与纯黄铁矿相比，SOP (pH 3)、SOP (pH 5)和 SOP (pH 7)的 Sb(III)氧化速率常数分别降低了 33.3%、34.8%和 56.2%，说明随着溶液 pH 升高，铁的羟基络合物对 O_2 还原生成 ROS 的抑制作用逐渐增强。这是因为随着 pH 升高，氧化物层逐渐变厚且致密，使 O_2 扩散至黄铁矿表面的速率大幅降低（Huminicki et al.，2009），O_2 的还原反应也因此受到抑制，H_2O_2 和 ·OH 的生成量减少，最终黄铁矿的 Sb(III)氧化活性降低。

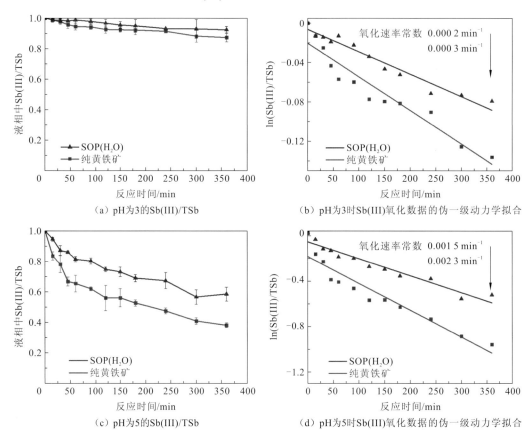

（a）pH为3的Sb(III)/TSb

（b）pH为3时Sb(III)氧化数据的伪一级动力学拟合

（c）pH为5的Sb(III)/TSb

（d）pH为5时Sb(III)氧化数据的伪一级动力学拟合

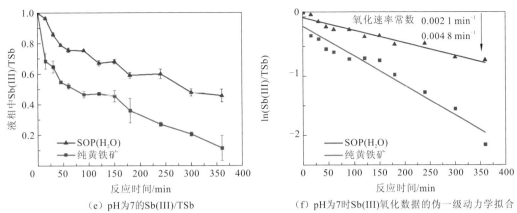

（e）pH为7的Sb(III)/TSb   （f）pH为7时Sb(III)氧化数据的伪一级动力学拟合

图 14.24　运用循环伏安法分析加入 BPY 后 SOP(H_2O)和纯黄铁矿悬浮液中 O_2

在矿物表面的还原能力及 O_2 还原对 Sb(III)氧化的贡献

$[FeS_2]=0.5$ g/L，$[BPY]=20$ μmol/L，$[Sb(III)]=2$ μmol/L

14.3.7　对黄铁矿氧化 Sb(III)活性的抑制机理

图 14.25 所示为溶液氧化产物对黄铁矿与锑之间界面反应的影响机理。

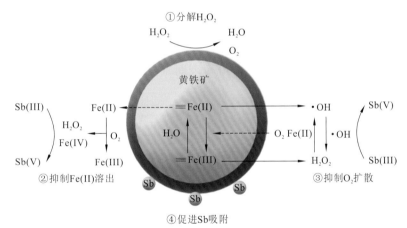

图 14.25　黄铁矿的溶液氧化对锑的环境行为的影响

（1）表面氧化产物对 H_2O_2 的分解。表面氧化产物的主要成分是铁的羟基络合物，能够将 H_2O_2 分解为 H_2O 和 O_2，减少反应体系中 H_2O_2 的浓度，抑制•OH 的生成。

（2）表面氧化产物抑制 $Fe(II)_{aq}$ 溶出。黄铁矿溶出的 $Fe(II)_{aq}$ 可以在 O_2 的催化氧化下生成•OH 和 H_2O_2，而氧化产物的生成抑制了黄铁矿溶出 $Fe(II)_{aq}$，ROS 的生成量降低。

（3）表面氧化产物抑制 O_2 还原。O_2 可以在硫缺损点位上的 $Fe(II)_{pyrite}$ 发生还原反应，生成 $Fe(III)_{oxide}$ 和 H_2O_2，而 $Fe(III)_{oxide}$ 能够和 H_2O 进一步反应生成•OH。致密的表面氧化物层显著降低了 O_2 扩散至矿物表面的速率，抑制了 O_2 的还原反应，黄铁矿悬浮液中 ROS 的含量降低。

SOP (H_2O)的 Sb(III)氧化活性降低主要是因为溶液氧化产物抑制上述三种途径的发生，导致悬浮液中 H_2O_2 和•OH 的浓度下降。

另外，溶液氧化可以促进黄铁矿对锑的吸附，由于溶液氧化后，黄铁矿的表面积增加，提供了更多的锑吸附位点；另外，主要成分为铁的羟基络合物（氢）氧化物的氧化层对 Sb(III)和 Sb(V)均有较强的吸附能力，因此溶液氧化后，黄铁矿表面对锑的吸附能力增强。

14.4 空气中黄铁矿的表面氧化对其 Sb(III)氧化活性的影响及机理

黄铁矿暴露于空气中同样会迅速发生表面氧化，而且反应机制和氧化产物与发生在水溶液中的表面氧化有较大差异（Chandra et al., 2010）。另外，空气中发生的表面氧化对黄铁矿反应活性的影响尚存在较大争议。有学者认为，黄铁矿在空气中发生表面氧化后，以 $Fe_2(SO_4)_3$ 为主要成分的氧化物层具有吸湿性，在矿物表面生成一层硫酸薄膜，抑制 O_2 扩散至矿物表面，黄铁矿的反应活性受到抑制（Jerz et al., 2004）；另有学者认为，氧化产物中的 Fe(III)位点（Fe(III)$_{oxide}$）可以作为黄铁矿表面的 Fe(II)位点（Fe(II)$_{pyrite}$）和 O_2 间电子传递的媒介，电子传递速率加快，促进 O_2 得到电子生成 O_2^-，最终黄铁矿的反应活性升高（Eggleston et al., 1996）。因此，为了探究空气中的表面氧化对黄铁矿反应活性的影响，本节结合动力学实验和动力学模型拟合，考察表面氧化产物对黄铁矿生成 ROS 的影响机制，并以 Sb(III)为例分析表面氧化对黄铁矿共存组分的影响。

14.4.1 对黄铁矿表面特性的影响

为考察空气氧化对黄铁矿表面特性的影响，采用 SEM-EDS、XPS 和 XRD 对空气氧化前后的黄铁矿进行表征。

图 14.26 所示为纯黄铁矿和 SOP (air)的 SEM-EDS 分析。纯黄铁矿表面光滑，其表面 S 原子和 Fe 原子的占比分别为 67.33%和 32.67%（约为 2∶1），说明纯黄铁矿表面没有杂质或表面氧化产物。SOP (air)表面出现大量斑块状产物，O 原子占比为 21.14%，说明 SOP (air)发生了显著的表面氧化。

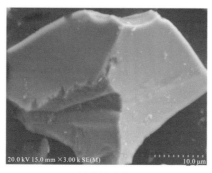

（a）纯黄铁矿的SEM图

（b）SOP(air)的SEM图

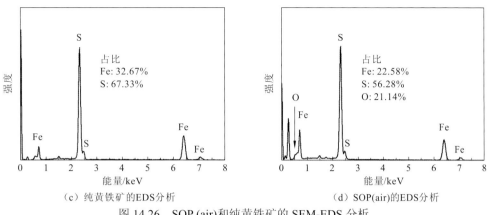

（c）纯黄铁矿的EDS分析　　　　　　　（d）SOP(air)的EDS分析

图 14.26　SOP (air)和纯黄铁矿的 SEM-EDS 分析

　　为了进一步分析氧化产物的组分，用 XPS 对 SOP (air)和纯黄铁矿表面 Fe 和 O 的形态进行分析。图 14.27（a）和（b）为纯黄铁矿和 SOP (air)的 Fe 2p3/2 谱图，经分峰后得到位于 707.2 eV、709.1 eV 和 711.0 eV 的三个峰，分别对应 Fe(II)—S 键、Fe(II)—O 键和 Fe(III)—O 键（Kong et al.，2016a）。空气氧化后，Fe(II)—S 键特征峰面积的占比明显降低，Fe(III)—O 键特征峰面积的占比显著升至 16.45%，而 Fe(II)—O 键特征峰面积的占比也小幅升至 13.98%。这说明 FeS_2 被氧化为 Fe(II)和 Fe(III)的（氢）氧化物。图 14.27（c）和（d）为纯黄铁矿和 SOP (air)的 S 2p3/2 谱图，经分峰后得到位于 162.9 eV、164.1 eV

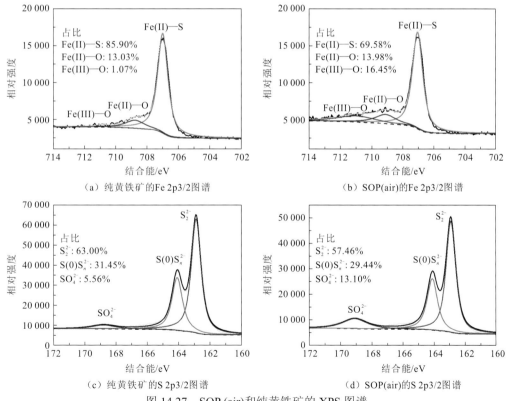

（a）纯黄铁矿的Fe 2p3/2图谱　　　　　　　（b）SOP(air)的Fe 2p3/2图谱

（c）纯黄铁矿的S 2p3/2图谱　　　　　　　（d）SOP(air)的S 2p3/2图谱

图 14.27　SOP (air)和纯黄铁矿的 XPS 图谱

注：因修约加和可能不为 100%

和 168.8 eV 的三个峰，分别对应 S_2^{2-}、$S(0)/S_n^{2-}$ 和 SO_4^{2-}。表面氧化后，S_2^{2-} 特征峰面积的占比由 63.0% 下降至 57.46%，SO_4^{2-} 特征峰面积的占比由 5.56% 升至 13.10%。这说明空气将黄铁矿原有的 S—S 键氧化为了 SO_4^{2-}。综上，黄铁矿表面的氧化产物以 $Fe_2(SO_4)_3$ 和铁的（氢）氧化物为主。

Wang 等（2021）报道，黄铁矿的表面特性决定了其反应活性。因此，对 SOP (air) 和纯黄铁矿反应活性进行比较。

14.4.2　$Fe(II)_{aq}$ 氧化生成·OH 和 H_2O_2 的分析

黄铁矿溶出的 $Fe(II)_{aq}$ 发生的氧化反应和芬顿反应是生成·OH 和 H_2O_2 的重要途径（表 14.5，式 1~4 和 6）。因此，黄铁矿溶出的 $Fe(II)_{aq}$ 浓度对其反应活性至关重要。对 SOP (air) 和纯黄铁矿体系中的 $Fe(II)_{aq}$ 进行分析。如图 14.28 所示：当 pH 为 3 和 5 时，SOP (air) 溶出 $Fe(II)_{aq}$ 的浓度均高于纯黄铁矿；当 pH 为 7 时，SOP (air) 和纯黄铁矿悬浮液中 $Fe(II)_{aq}$ 的浓度变化趋势相似，反应 1 h 后 $Fe(II)_{aq}$ 浓度达到峰值，之后迅速降低，反应 4 h 后低于检测限。这是由于 $Fe(II)_{aq}$ 无法在中性条件下稳定存在，与 Zhang 等（2017）报道相符。因此，实验结果表明，当 pH 为 3 和 5 时，SOP (air) 溶出 $Fe(II)_{aq}$ 的能力增强。

表 14.5　液相中的化学反应

序号	反应方程式	反应速率常数	参考文献
1	$Fe(II)_{aq} + O_2 \longrightarrow Fe(III)_{aq} + O_2^{\cdot-}$	pH 3：4.2×10^{-4} L/（mol·s） pH 5：2.4×10^{-2} L/（mol·s） pH 7：1.26 L/（mol·s）	根据 King 等（1995）计算
2	$Fe(II)_{aq} + O_2^{\cdot-} + 2H^+ \longrightarrow Fe(III)_{aq} + H_2O_2$	1×10^7 L/（mol·s）	Rush 等（1985）
3	$Fe(II)_{aq} + \cdot HO_2 + H^+ \longrightarrow Fe(III)_{aq} + H_2O_2$	1.2×10^6 L/（mol·s）	Rush 等（1985）
4	$Fe(II)_{aq} + \cdot OH \longrightarrow Fe(III)_{aq} + OH^-$	3.2×10^8 L/（mol·s）	Stuglik 等（1981）
5	$H_2O_2 + Fe(OH)_3 \longrightarrow H_2O + 0.5O_2 + Fe(OH)_3$	0.031 L/（mol·s）	Lin 等（1998）
6	$Fe(II)_{aq} + H_2O_2 \longrightarrow Fe(III)_{aq} + \cdot OH + OH^-$	pH 3：214 L/（mol·s） pH 5：1.5×10^3 L/（mol·s） pH 7：1×10^4 L/（mol·s）	根据 King 等（1995）计算
7	$Fe(III)_{aq} + O_2^{\cdot-} \longrightarrow Fe(II)_{aq} + O_2$	1.5×10^8 L/（mol·s）	King 等（1995）
8	$Fe(III)_{aq} + H_2O_2 \longrightarrow Fe(II)_{aq} + O_2^{\cdot-} + 2H^+$	2.5×10^{-3} L/（mol·s）	Jones 等（2015）
9	$Fe(III)_{oxide} + Fe(III)_{aq} \longrightarrow 2Fe(OH)_3$	4.1×10^7	Rose 等（2003）
10	$O_2^{\cdot-} + H^+ \rightleftharpoons \cdot HO_2$	$1 \times 10^{12}/1.58 \times 10^7 (pK_a 4.8)$	Rush 等（1985）

注：$Fe(II)_{aq}$ 和 $Fe(III)_{aq}$ 分别代表 SOP (air) 和纯黄铁矿悬浮液中可溶态的 Fe(II) 和 Fe(III)

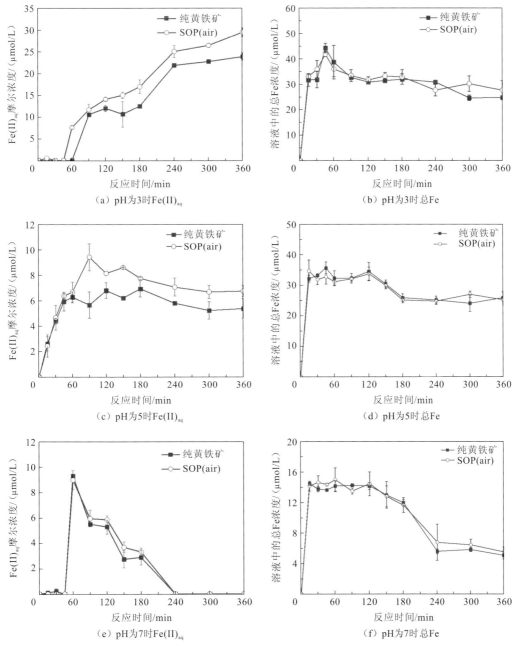

图 14.28 pH 为 3、5 和 7 的 SOP (air)和纯黄铁矿悬浮液中 Fe(II)$_{aq}$和总 Fe 的浓度变化

[Sb(III)]＝2 μmol/L，[FeS$_2$]＝0.5 g/L

　　进一步对液相中·OH 和 H$_2$O$_2$ 的浓度进行分析。由图 14.29 所示：当 pH 为 3 时，SOP (air)和纯黄铁矿悬浮液中·OH 和 H$_2$O$_2$ 的浓度并没有显著差异；当 pH 为 5 和 7 时，SOP (air)悬浮液中·OH 和 H$_2$O$_2$ 的浓度低于纯黄铁矿。虽然 SOP (air)溶出 Fe(II)$_{aq}$ 的能力增强，但是 Fe(II)$_{aq}$ 进一步生成·OH 和 H$_2$O$_2$ 却被抑制。Schoonen 等（2010）发现了类似的实验现象，并认为黄铁矿表面的 Fe(III)（氢）氧化物具有类似于 H$_2$O$_2$ 酶的作用，能够将液相中的 H$_2$O$_2$ 分解为 H$_2$O 和 O$_2$（表 14.5，反应式 5），芬顿反应生成·OH 的过程也随之被抑制。

图 14.29 为 SOP (air)和纯黄铁矿 Fe 2p3/2 谱图。SOP (air)表面 Fe(II)—S 键特征峰的面积占比低于纯黄铁矿，但 Fe(III)—O 键特征峰的面积占比却高于纯黄铁矿。随着 pH 升高，SOP (air)表面 Fe(III)—O 键特征峰的面积占比也随之升高。因此，推断 SOP (air)表面 Fe(III)（氢）氧化物的分解作用是 SOP (air)悬浮液中 ROS 浓度降低的主要原因。随着 pH 升高，SOP (air)表面生成了更多的 Fe(III)（氢）氧化物，对 SOP (air)悬浮液中 ROS 生成的抑制作用也更加显著。

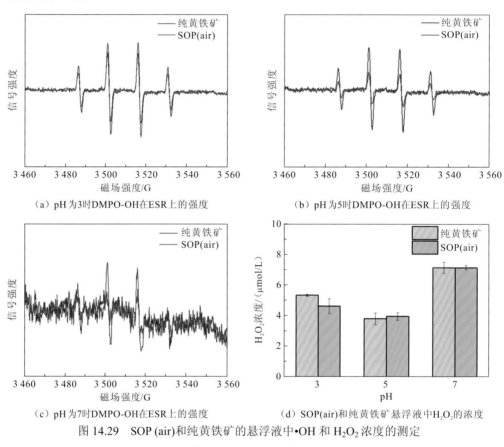

(a) pH 为 3 时 DMPO-OH 在 ESR 上的强度　　　　(b) pH 为 5 时 DMPO-OH 在 ESR 上的强度

(c) pH 为 7 时 DMPO-OH 在 ESR 上的强度　　　　(d) SOP(air)和纯黄铁矿悬浮液中 H_2O_2 的浓度

图 14.29　SOP (air)和纯黄铁矿的悬浮液中·OH 和 H_2O_2 浓度的测定

(a)～(c)中[FeS_2]=5 g/L；(d)中[FeS_2]=0.5 g/L

　　为了进一步验证上述假设，建立一个动力学模型来模拟液相中 Fe(II)$_{aq}$ 生成·OH 和 H_2O_2 的过程（模型中涉及的反应方程式见表 14.5）。将反应体系中 Fe(II)$_{aq}$ 和 Fe(III)$_{aq}$ 的浓度及 SOP (air)和纯黄铁矿表面的 Fe(II)位点和 Fe(III)位点数量输入模型（其中，Fe 的总浓度和 Fe(III)$_{aq}$ 浓度如图 14.28 所示，Fe(III)$_{aq}$ 浓度等于体系中总 Fe 浓度减去 Fe(II)$_{aq}$ 浓度，矿物表面 Fe(II)位点和 Fe(III)位点数量计算过程详见附录 2）。模拟结果如图 14.30 所示，pH 为 3 的 SOP (air)和纯黄铁矿悬浮液中，·OH 和 H_2O_2 的浓度相近；pH 为 5 和 7 的纯黄铁矿悬浮液中 ROS 的浓度高于 SOP (air)，且浓度的差异随 pH 升高而增加。综上，拟合结果与实验结果相符，即 SOP 表面生成的 Fe(III)氢氧化物将悬浮液中的 H_2O_2 分解，导致 SOP (air)体系中 ROS 浓度降低。随着 pH 升高，SOP (air)表面 Fe(III)氢氧化物增加，对 ROS 生成的抑制作用也更为显著。

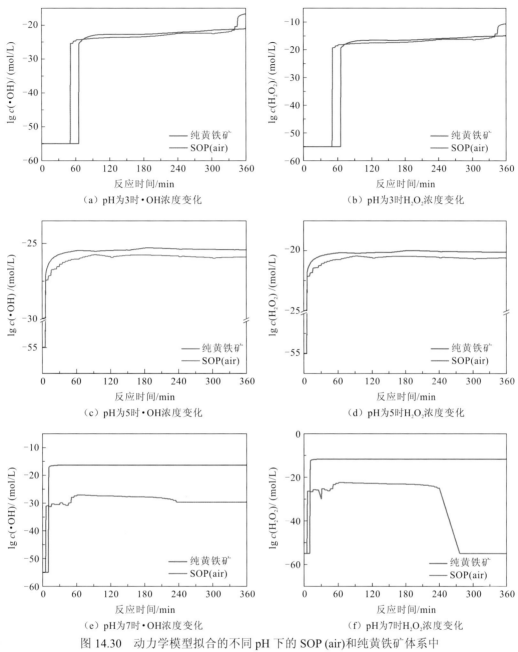

（a）pH为3时·OH浓度变化

（b）pH为3时H₂O₂浓度变化

（c）pH为5时·OH浓度变化

（d）pH为5时H₂O₂浓度变化

（e）pH为7时·OH浓度变化

（f）pH为7时H₂O₂浓度变化

图 14.30　动力学模型拟合的不同 pH 下的 SOP (air) 和纯黄铁矿体系中
Fe(II)aq 氧化生成·OH 和 H$_2$O$_2$ 的浓度

14.4.3　黄铁矿的 Sb(III)氧化活性比较

O$_2$ 在黄铁矿表面的 Fe(II)$_{pyrite}$ 位点发生还原反应，是黄铁矿生成 ROS 的另一种重要途径：O$_2$ 与 Fe(II)$_{pyrite}$ 形成表面络合物，通过电子转移被还原为 O$_2^{\cdot-}$（表 14.6，反应式 1），生成的 O$_2^{\cdot-}$ 与 Fe(II)$_{pyrite}$ 进一步反应生成 H$_2$O$_2$ 和·OH（表 14.6，反应式 2）。考察空气氧化对 O$_2$ 在 Fe(II)$_{pyrite}$ 位点还原的影响。

表 14.6　矿物表面的化学反应

序号	反应方程式	反应速率常数	参考文献
1	$Fe(II)_{pyrite} + O_2 \longrightarrow Fe(III)_{oxide} + O_2^{\cdot-}$	SOP (air)：$2.28\times10^{-17}\ s^{-1}$ 纯黄铁矿：$1.56\times10^{-20}\ s^{-1}$	根据 Eggleston 等（1996）计算
2	$Fe(II)_{pyrite} + O_2^{\cdot-} + 2H^+ \longrightarrow Fe(III)_{oxide} + H_2O_2$	1×10^7 L/（mol·s）	Pham 等（2008）
3	$Fe(II)_{pyrite} + H_2O_2 \longrightarrow Fe(III)_{oxide} + 0.015\cdot OH + OH^-$	4.79×10^3 L/（mol·s）	Pham 等（2008）
4	$Fe(II)_{pyrite} + \cdot OH \longrightarrow Fe(III)_{oxide} + OH^-$	5×10^8 L/（mol·s）	Rose 等（2002）
5	$Fe(III)_{oxide} + O_2^{\cdot-} \longrightarrow Fe(II)_{pyrite} + O_2$	1.5×10^8 L/（mol·s）	Rose 等（2002）
6	$Fe(III)_{oxide} + H_2O_2 \longrightarrow Fe(II)_{pyrite} + O_2^{\cdot-} + 2H^+$	2.5×10^{-3} L/（mol·s）	Jones 等（2015）
7	$Fe(III)_{oxide} + Fe(III)_{oxide} \longrightarrow 2Fe(OH)_3$	4.1×10^7 L/（mol·s）	Rose 等（2003）

注：$Fe(II)_{pyrite}$ 和 $Fe(III)_{oxide}$ 分别代表 SOP (air)和纯黄铁矿表面的 Fe(II)和 Fe(III)位点

采用循环伏安法比较 O_2 在 SOP (air)和纯黄铁矿表面发生还原反应的速率。如图 14.31 所示，曲线在 0.43 V 附近出现了明显的峰，对应 O_2 还原为 H_2O_2 这一过程（Wang et al.，2020）。与 pyrite-GCE 相比，O_2 在 SOP (air)-GCE 上的还原峰峰强和电流密度均升高。说明空气氧化后，SOP (air)和 O_2 间电子传递速率加快。此外，采用 ESR 对黄铁矿悬浮液中 $O_2^{\cdot-}$ 的浓度进行分析。如图 14.32 所示，当 pH 为 3 时，SOP (air)和纯黄铁矿生成的 $O_2^{\cdot-}$ 浓度相近，而当 pH 为 5 和 7 时，SOP (air)悬浮液中生成了更多的 $O_2^{\cdot-}$。Fang 等（2013）报道 $O_2^{\cdot-}$ 是黄铁矿生成 ROS 的关键：$O_2^{\cdot-}$ 能够在 $Fe(II)_{pyrite}$ 位点生成 H_2O_2，并被 $Fe(II)_{pyrite}$ 进一步分解为·OH（表 14.6，反应式 2 和 3）。因此，在 SOP (air)表面 O_2 的还原反应更易发生，这将提高 SOP (air)的反应活性。

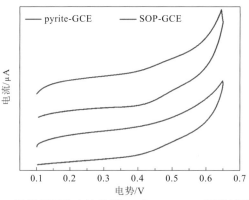

图 14.31　运用循环伏安法分析 O_2 在 SOP (air)表面的还原能力

Schoonen 等（2010）报道，$Fe(III)_{oxide}$ 位点可以作为 $Fe(II)_{pyrite}$ 位点和 O_2 间电子传递的媒介，促进 O_2 在 $Fe(II)_{pyrite}$ 位点上发生还原反应，最终更多的·OH 和 H_2O_2 在黄铁矿表面生成。为了验证 $Fe(III)_{oxide}$ 点位的生成是否为 SOP (air)反应活性升高的直接原因，采用动力学模型对这一过程进行拟合（动力学拟合涉及的方程式见表 14.6。采用蒙特卡罗拟合对 $Fe(II)_{pyrite}$ 和 $Fe(III)_{oxide}$ 位点的分布和占比进行模拟，最终计算出 O_2 在黄铁矿表面的还原速率代入动力学模型，具体过程见附录 1）。如图 14.33 所示，动力学拟合结果表明，当 pH 为 3、5 和 7 时，与纯黄铁矿相比，O_2 在 $Fe(II)_{pyrite}$ 位点上的还原反应的确生成了更多的·OH 和 H_2O_2。

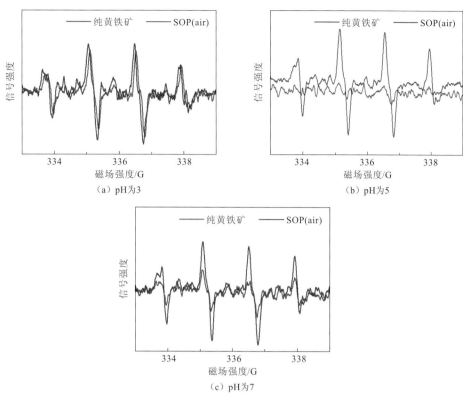

图 14.32　SOP (air)和纯黄铁矿在 pH 为 3、5 和 7 的悬浮液中 $O_2^{\cdot-}$ 的 ESR 图谱

反应时间＝300 s；$[FeS_2]$＝5 g/L

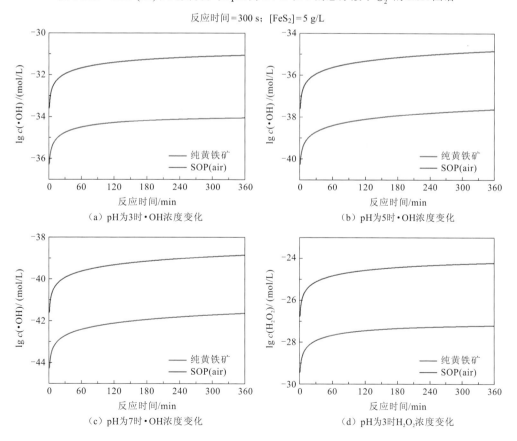

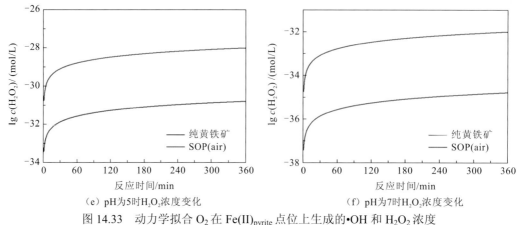

（e）pH为5时H₂O₂浓度变化   （f）pH为7时H₂O₂浓度变化

图 14.33   动力学拟合 O_2 在 $Fe(II)_{pyrite}$ 点位上生成的·OH 和 H_2O_2 浓度

由此，实验和动力学拟合均表明，$Fe(III)_{oxide}$ 位点作为 $Fe(II)_{pyrite}$ 和 O_2 间电子转移的媒介，促进了 O_2 在 SOP (air)表面的还原，有利于矿物表面生成·OH 和 H_2O_2。

14.4.4   氧化程度对黄铁矿反应活性的影响

上述实验及模型拟合结果已经证明，SOP (air)表面的氧化产物对其反应活性有重要影响，然而不同氧化程度对黄铁矿反应活性的影响尚不明确。因此，采用动力学模型对不同氧化程度下黄铁矿的反应活性进行拟合，其中黄铁矿的氧化程度以 $Fe(III)_{oxide}$ 位点在其表面的占比表示。

首先，对不同氧化程度下黄铁矿悬浮液中 $Fe(II)_{aq}$ 生成·OH 和 H_2O_2 的浓度进行拟合。如图 14.34 所示，随着氧化程度增加，SOP (air)悬浮液中·OH 和 H_2O_2 的浓度逐渐降低，这说明 $Fe(III)$（氢）氧化物对悬浮液中·OH 和 H_2O_2 的分解能力随氧化程度增加而增强。

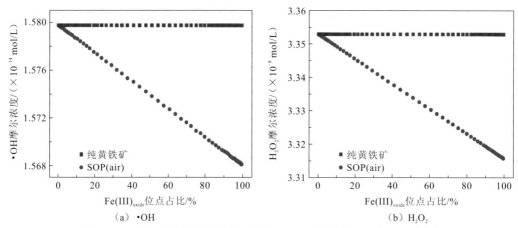

（a）·OH   （b）H_2O_2

图 14.34   动力学拟合不同氧化程度下 $Fe(II)_{aq}$ 生成的·OH 和 H_2O_2 浓度

此外，对不同氧化程度下，O_2 在 $Fe(II)_{pyrite}$ 位点的还原速率进行拟合。如图 14.35 所示，首先对 SOP (air)表面的位点进行分类。定义 i 为 $Fe(II)_{pyrite}$ 位点周围 $Fe(III)_{oxide}$ 位点的数量（$4 \geqslant i \geqslant 0$），由此可以将 $Fe(II)_{pyrite}$ 位点命名为 N^i，其中 N^0 表示该 $Fe(II)_{pyrite}$ 位点周围并不存在 $Fe(III)_{oxide}$ 位点。其中，不同氧化程度下，SOP (air)表面的 N^0、N^1、N^2、

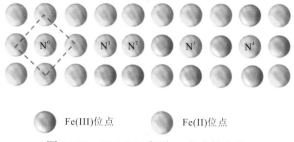

Fe(III)位点   Fe(II)位点

图 14.35　SOP (air)表面 Fe 位点的分类

N^3 和 N^4 位点的分布及占比采用蒙特卡罗拟合进行计算，具体过程见附录 1。Eggleston 等（1996）报道，纯黄铁矿表面 O_2 的还原速率常数为 1.56×10^{-20} s^{-1}。图 14.36（a）为不同氧化程度下 O_2 的还原速率常数。计算结果表明，O_2 在 SOP (air)表面的还原速率常数为 $2.04 \times 10^{-20} \sim 1.93 \times 10^{-17}$ s^{-1}。因此，黄铁矿发生表面氧化后，O_2 在黄铁矿表面 $Fe(II)_{pyrite}$ 位点上的还原速率升高。随着氧化程度升高，O_2 还原的速率常数不断增大，当 $Fe(III)_{oxide}$ 位点占比为 47.72%时达到最大值；氧化程度继续升高，O_2 还原的速率常数则随之降低。这是因为 O_2 在 $Fe(II)_{pyrite}$ 位点的还原速率常数与 i 成正比。经计算，O_2 在 N^0、N^1、N^2、N^3 和 N^4 位点的还原速率常数分别为 $1.32 \times 10^{-15}[Fe(II)_{N0}]s^{-1}$、$1.15 \times 10^{-10}[Fe(II)_{N1}]s^{-1}$、$2.30 \times 10^{-10}[Fe(II)_{N2}]s^{-1}$、$3.45 \times 10^{-10}[Fe(II)_{N3}]s^{-1}$ 和 $4.60 \times 10^{-10}[Fe(II)_{N4}]s^{-1}$（计算结果详见附录 1）。与 N^0 相比，N^1、N^2、N^3 和 N^4 位点的反应活性更高，因此在开始阶段，整个 SOP (air)表面 O_2 的还原速率常数随着 N^1、N^2、N^3 和 N^4 位点的占比升高而增大。然而，随着空气氧化的进行，越来越多的 $Fe(II)_{pyrite}$ 被氧化为 $Fe(III)_{oxide}$，黄铁矿表面能参与 O_2 还原的活性位点逐渐减少，因此后半阶段 O_2 还原速率随表面氧化程度升高而降低。

　　进一步对不同氧化程度下，O_2 还原生成的·OH 和 H_2O_2 浓度进行拟合。如图 14.36（b）和（c）所示，当 $Fe(III)_{oxide}$ 位点占比低于 95%时，SOP (air)表面生成的·OH 和 H_2O_2 浓度高于纯黄铁矿。随着氧化程度增加，SOP (air)表面生成的·OH 和 H_2O_2 浓度随之升高，这同样是由于 $Fe(III)_{oxide}$ 促进电子转移，有利于·OH 和 H_2O_2 的生成；当 $Fe(III)_{oxide}$ 位点占比继续升高时，SOP (air)表面生成的·OH 和 H_2O_2 浓度反而降低，这是因为大多数 $Fe(II)_{pyrite}$ 位点被氧化为 $Fe(III)_{oxide}$ 位点，O_2 还原的活性位点减少。

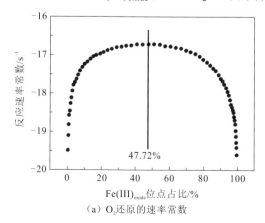

（a）O_2 还原的速率常数

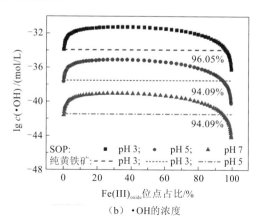

（b）·OH 的浓度

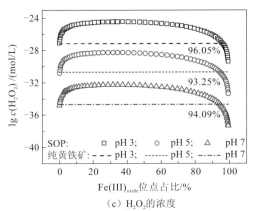

图 14.36　动力学拟合不同氧化程度下 Fe(II)pyrite 位点上 O_2 还原的速率常数

及生成·OH 和 H_2O_2 的浓度

综上，根据动力学模型的拟合结果，表面氧化产物对黄铁矿生成·OH 和 H_2O_2 既有促进作用，也有抑制作用：一方面，Fe(III)氢氧化物将 Fe(II)aq 生成的 ROS 分解，抑制悬浮液中·OH 和 H_2O_2 的生成；另一方面，Fe(III)氢氧化物促进 O_2 在 Fe(II)pyrite 还原，促进·OH 和 H_2O_2 在黄铁矿表面的生成。总之，表面氧化程度是黄铁矿反应活性的关键因素。

本小节得出与 Eggleston 等（1996）相同的结论，即 Fe(III)oxide 位点对电子转移的促进作用有利于黄铁矿表面生成·OH 和 H_2O_2，但是并未发现氧化层对 O_2 扩散的抑制作用（Jerz et al.，2004）。可能是由于实验条件的差异，例如样品的矿物组成、湿度和氧化时间等，这些因素都会对表面氧化机理和氧化产物产生影响，最终改变黄铁矿的反应活性。因此，系统研究氧化条件对黄铁矿反应活性的影响是必要的。

14.4.5　对共存组分形态转化的影响及环境意义

黄铁矿具有很强的反应活性，对共存组分的存在形态和地质化学循环过程有显著影响（Zhang et al.，2016；Liu et al.，2013）。其中，锑常与黄铁矿伴生，黄铁矿参与锑的迁移转化过程（Kong et al.，2015）。因此，通过考察 Sb(III)氧化速率的变化评估黄铁矿表面氧化产生的环境影响。

在 pH 为 3、5 和 7 的体系中，加入 2 μmol/L Sb(III)和 0.5 g/L SOP (air)或纯黄铁矿，进行 Sb(III)氧化动力学实验。如图 14.37（a）～（c）所示，未加入矿物的对照组中 Sb(III)并未被氧化；在 SOP (air)悬浮液中，Sb(V)的生成速率明显快于纯黄铁矿。Sb(III)的氧化能够很好地被伪一级反应动力学模型拟合，为了比较空气氧化前后黄铁矿的 Sb(III)氧化活性，计算经比表面积标准化的反应速率常数。如图 14.37 所示，当 pH 为 3、5 和 7 时，SOP (air)体系中 Sb(III)的氧化速率常数分别为纯黄铁矿体系的 2.57 倍、2.88 倍和 3.85 倍，说明空气氧化后，黄铁矿的 Sb(III)氧化活性增强，且 pH 升高促进作用更加显著。

为了考察 Sb(III)氧化过程中 Fe(II)aq 和 Fe(II)pyrite 的贡献，进行掩蔽实验。BPY 可以与 Fe(II)aq 生成稳定的络合物，抑制 Fe(II)aq 生成 ROS，但并不会对 Fe(II)pyrite 位点产生影响（Zhang et al.，2016；Katsoyiannis et al.，2008）。如图 14.37（d）～（f）所示，加入 BPY

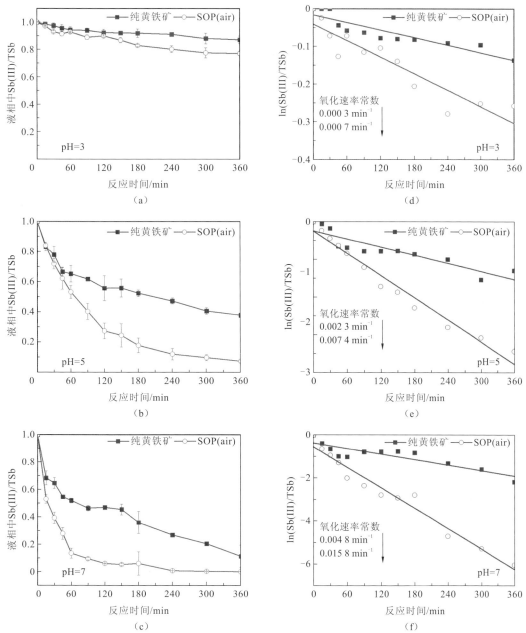

图 14.37　BPY 加入前后 SOP (air)和纯黄铁矿悬浮液中 Sb(III)/TSb 随时间变化趋势

和 Sb(III)氧化数据的伪一级动力学拟合

（a）～（c）为 BPY 加入前 Sb(III)/TSb 的浓度比随时间变化趋势；

（d）～（f）为 BPY 加入后 Sb(III)氧化数据的伪一级动力学拟合

$[FeS_2]=0.5$ g/L，$[BPY]=20$ μmol/L，$[Sb(III)]=2$ μmol/L

后纯黄铁矿体系中 Sb(III)的氧化速率抑制更为显著：当 pH 为 3、5 和 7 时，纯黄铁矿体系中 Sb(III)的氧化速率常数分别为 0.000 3 $min^{-1} \cdot m^{-2}$、0.002 3 $min^{-1} \cdot m^{-2}$ 和 0.004 8 $min^{-1} \cdot m^{-2}$；SOP (air)体系中 Sb(III)的氧化速率常数分别为 0.000 7 $min^{-1} \cdot m^{-2}$、0.007 4 $min^{-1} \cdot m^{-2}$ 和 0.015 8 $min^{-1} \cdot m^{-2}$。由此可得，当 pH 为 3、5 和 7 时，SOP 表面 Fe(II)$_{pyrite}$ 位点的反应活

性分别是纯黄铁矿表面的 2.33 倍、3.22 倍和 3.29 倍。由此可知，空气表面氧化后黄铁矿反应活性增强主要是由于 Fe(II)$_{pyrite}$ 位点活性增强，这与黄铁矿的溶液氧化对锑的作用机制（图 14.25）相符。

14.4.6　空气氧化产物对黄铁矿反应活性的影响机制

图 14.38 为空气氧化产物对黄铁矿反应活性影响机制的示意图。

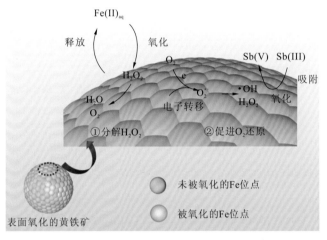

图 14.38　空气氧化产物对黄铁矿反应活性的影响机制示意图

（1）分解液相中的 H$_2$O$_2$：Fe(II)$_{aq}$ 的氧化反应是黄铁矿悬浮液中生成 ROS 的重要途径。虽然 SOP 更易溶出 Fe(II)$_{aq}$，但是氧化产物中的 Fe(III)$_{oxide}$ 位点具有类似 H$_2$O$_2$ 酶的作用，将 H$_2$O$_2$ 分解为 H$_2$O，并抑制·OH 的生成。随着氧化程度的升高，氧化产物对悬浮液中 ROS 生成的抑制作用也增强。

（2）促进 O$_2$ 在 Fe(II)$_{pyrite}$ 的还原：O$_2$ 在黄铁矿表面的 Fe(II)$_{pyrite}$ 位点发生还原反应是黄铁矿生成 ROS 的另一条重要途径。与纯黄铁矿相比，SOP (air)表面 O$_2$ 的还原速率常数显著增大。此外，Fe(III)$_{oxide}$ 位点在 SOP (air)表面的占比决定了 O$_2$ 的还原速率常数：当 Fe(III)$_{oxide}$ 位点占比低于 47.72%时，O$_2$ 的还原速率常数随 Fe(III)$_{oxide}$ 位点占比升高而增大；当 Fe(III)$_{oxide}$ 位点占比继续升高时，O$_2$ 的还原速率常数随之降低。这是由于 Fe(III)$_{oxide}$ 位点能够促进电子在 O$_2$ 和 Fe(II)$_{pyrite}$ 位点间传递，有利于黄铁矿表面生成 ROS。但当 Fe(III)$_{oxide}$ 位点继续增加时，参与 O$_2$ 还原反应的 Fe(II)$_{pyrite}$ 位点占比持续降低，抑制 O$_2$ 在黄铁矿表面的还原，黄铁矿表面生成的 ROS 含量随之降低。

参 考 文 献

Agrawal S G, Fimmen R L, Chin Y P, 2009. Reduction of Cr(VI) to Cr(III) by Fe(II) in the presence of fulvic acids and in lacustrine pore water. Chemical Geology, 262(3-4): 328-335.

Alexeyeva N, Tammeveski K, 2007. Electrochemical reduction of oxygen on multiwalled carbon nanotube modified glassy carbon electrodes in acid media. Electrochemical and Solid State Letters, 10(5): F18-F21.

Anipsitakis G P, Dionysiou D D, 2004. Radical generation by the interaction of transition metals with common oxidants. Environmental Science & Technology, 38(13): 3705-3712.

Bader H, Sturzenegger V, Hoigne J, 1988. Photometric method for the determination of low concentrations of hydrogen peroxide by the peroxidase catalyzed oxidation of N, N-diethyl-p-phenylenediamine (DPD). Water Research, 22(9): 1109-1115.

Borda M J, Elsetinow A R, Schoonen M A, et al., 2001. Pyrite-induced hydrogen peroxide formation as a driving force in the evolution of photosynthetic organisms on an early earth. Astrobiology, 1(3): 283-288.

Borda M J, Elsetinow A R, Strongin D R, et al., 2003. A mechanism for the production of hydroxyl radical at surface defect sites on pyrite. Geochimica et Cosmochimica Acta, 67(5): 935-939.

Buerge I J, Hug S J, 1998. Influence of organic ligands on chromium(VI) reduction by iron(II). Environmental Science & Technology, 32(14): 2092-2099.

Buschmann J, Sigg L, 2004. Antimony(III) binding to humic substances: Influence of pH and type of humic acid. Environmental Science & Technology, 38(17): 4535-4541.

Buxton G V, Greenstock C L, Helman W P, et al., 1988. Critical review of rate constants for reactions of hydrated electrons, hydrogen atoms and hydroxyl radicals ($\cdot$OH and $\cdot$O$^-$ in aqueous solution). Journal of Physical and Chemical Reference Data, 17(2): 513-886.

Cai Y B, Mi Y T, Zhang H, 2016. Kinetic modeling of antimony(III) oxidation and sorption in soils. Journal of Hazardous Materials, 316(1): 102-209.

Chandra A P, Gerson A R, 2010. The mechanisms of pyrite oxidation and leaching: A fundamental perspective. Surface Science Reports, 65(9): 293-315.

Cohn C A, Mueller S, Wimmer E, et al., 2006. Pyrite-induced hydroxyl radical formation and its effect on nucleic acids. Geochemical Transactions, 7(1): 1-11.

Daugherty E E, Gilbert B, Nico P S, et al., 2017. Complexation and redox buffering of iron(II) by dissolved organic matter. Environmental Science & Technology, 51(19): 11096-11104.

Eggleston C M, Ehrhardt J J, Stumm W, 1996. Surface structural controls on pyrite oxidation kinetics: An XPS-UPS, STM, and modeling study. American Mineralogist, 81(9-10): 1036-1056.

Fan J X, Wang Y J, Fan T T, et al., 2014. Photo-induced oxidation of Sb(III) on goethite. Chemosphere, 95(1): 295-300.

Fang G D, Zhou D M, Dionysiou D D, 2013. Superoxide mediated production of hydroxyl radicals by magnetite nanoparticles: Demonstration in the degradation of 2-chlorobiphenyl. Journal of Hazardous Materials, 250(1): 68-75.

Ferrer I J, Nevskaia D M, Delasheras C, et al., 1990. About the band gap nature of FeS_2 as determined from optical and photoelectrochemical measurements. Solid State Communications, 74(9): 913-916.

Fisher J M, Reese J G, Pellechia P J, et al., 2006. Role of Fe(III), phosphate, dissolved organic matter, and nitrate during the photodegradation of domoic acid in the marine environment. Environmental Science & Technology, 40(7): 2200-2205.

Ge L K, Chen J W, Wei X X, et al., 2010. Aquatic photochemistry of fluoroquinolone antibiotics: Kinetics, pathways, and multivariate effects of main water constituents. Environmental Science & Technology, 44(7): 2400-2405.

Ge L K, Na G S, Chen C E, et al., 2016. Aqueous photochemical degradation of hydroxylated PAHs: Kinetics, pathways, and multivariate effects of main water constituents. Environmental Science & Technology, 547(1): 166-172.

Giannetti B F, Bonilla S H, Zinola C F, et al., 2001. A study of the main oxidation products of natural pyrite by voltammetric and photoelectrochemical responses. Hydrometallurgy, 60(1): 41-53.

Guevremont J M, Strongin D R, Schoonen M A A, 1997. Effects of surface imperfections on the binding of CH_3OH and H_2O on $FeS_2(100)$: Using adsorbed Xe as a probe of mineral surface structure. Surface Science, 391(1-3): 109-124.

Guevremont J M, Strongin D R, Schoonen M A A, 1998. Photoemission of adsorbed xenon, X-ray photoelectron spectroscopy, and temperature-programmed desorption studies of H_2O on $FeS_2(100)$. Langmuir, 14(6): 1361-1366.

Guo X, Wu Z, He M, et al., 2014. Adsorption of antimony onto iron oxyhydroxides: Adsorption behavior and surface structure. Journal of Hazardous Materials, 276(1): 339-345.

Hao F, Guo W, Lin X, et al., 2014. Degradation of acid orange 7 in aqueous solution by dioxygen activation in a pyrite/H_2O/O_2 system. Environmental Science and Pollution Research, 21(10): 6723-6728.

Hu X, He M, Kong L, 2015. Photopromoted oxidative dissolution of stibnite. Applied Geochemistry, 61(1): 53-61.

Huang Y, Ruiz P, 2006. The nature of antimony-enriched surface layer of Fe-Sb mixed oxides. Applied Surface Science, 252(22): 7849-7855.

Hug S J, Leupin O, 2003. Iron-catalyzed oxidation of arsenic(III) by oxygen and by hydrogen peroxide: pH-dependent formation of oxidants in the fenton reaction. Environmental Science & Technology, 37(12): 2734-2742.

Huminicki D M C, Rimstidt J D, 2009. Iron oxyhydroxide coating of pyrite for acid mine drainage control. Applied Geochemistry, 24(9): 1626-1634.

Ianni J C, 2003. A comparison of the Bader-Deuflhard and the Cash-Karp Runge-Kutta integrators for the GRI-MECH 3.0 model based on the chemical kinetics code Kintecus. Proceedings of the 2nd MIT Conference on Computational Fluid and Solid Mechanics, MIT, Cambridge: 1368-1372.

Jerz J K, Rimstidt J D, 2004. Pyrite oxidation in moist air. Geochimica et Cosmochimica Acta, 68(4): 701-714.

Jones A M, Griffin P J, Waite T D, 2015. Ferrous iron oxidation by molecular oxygen under acidic conditions: The effect of citrate, EDTA and fulvic acid. Geochimica et Cosmochimica Acta, 160(1): 117-131.

Katsoyiannis I A, Ruettimann T, Hug S J, 2008. pH dependence of Fenton reagent generation and As(III) oxidation and removal by corrosion of zero valent iron in aerated water. Environmental Science & Technology, 42(19): 7424-7430.

King D W, 1998. Role of carbonate speciation on the oxidation rate of Fe(II) in aquatic systems. Environmental Science & Technology, 32(19): 2997-3003.

King D W, Lounsbury H A, Millero F J, 1995. Rates and mechanism of Fe(II) oxidation at nanomolar total iron concentrations. Environmental Science & Technology, 29(3): 818-824.

Kong L H, He M C, Hu X Y, 2016a. Rapid photooxidation of Sb(III) in the presence of different Fe(III) species. Geochimica et Cosmochimica Acta, 180(1): 214-226.

Kong L H, He M C, 2016b. Mechanisms of Sb(III) photooxidation by the excitation of organic Fe(III) complexes. Environmental Science & Technology, 50(13): 6974-6982.

Kong L H, Hu X Y, He M C, 2015. Mechanisms of Sb(III) oxidation by pyrite-induced hydroxyl radicals and hydrogen peroxide. Environmental Science & Technology, 49(6): 3499-3505.

Lcik H, Celik S O, Cakmakci M, et al., 2016. Simultaneous oxidation/co-precipitation of As(III) and Fe(II) with hypochlorite and ozone. Oxidation Communication, 39(3A): 2682-2692.

Leuz A K, Hug S J, Wehrli B, et al., 2006. Iron-mediated oxidation of antimony(III) by oxygen and hydrogen peroxide compared to arsenic(III) oxidation. Environmental Science & Technology, 40(8): 2565-2571.

Leuz A K, Johnson C A, 2005. Oxidation of Sb(III) to Sb(V) by O_2 and H_2O_2 in aqueous solutions. Geochimica et Cosmochimica Acta, 69(5): 1165-1172.

Liao P, Li W L, Jiang Y, et al., 2017. Formation, aggregation, and deposition dynamics of nom-iron colloids at anoxic-oxic interfaces. Environmental Science & Technology 51(21): 12235-12245.

Lin S S, Gurol M D, 1998. Catalytic decomposition of hydrogen peroxide on iron oxide: Kinetics, mechanism, and implications. Environmental Science & Technology, 32(10): 1417-1423.

Liu S L, Li M M, Li S, et al., 2013. Synthesis and adsorption/photocatalysis performance of pyrite FeS_2. Applied Surface Science, 268(1): 213-217.

McKibben M A, Barnes H L, 1986. Oxidation of pyrite in low temperature acidic solutions: Rate laws and surface textures. Geochimica et Cosmochimica Acta, 50(7): 1509-1520.

Miller C J, Rose A L, Waite T D, 2009. Impact of natural organic matter on H_2O_2-mediated oxidation of Fe(II) in a simulated freshwater system. Geochimica et Cosmochimica Acta, 73(10): 2758-2768.

Miller C J, Rose A L, Waite T D, 2013. Hydroxyl radical production by H_2O_2-mediated oxidation of Fe(II) complexed by suwannee river fulvic acid under circumneutral freshwater conditions. Environmental Science & Technology, 47(2): 829-835.

Murphy R, Strongin D R, 2009. Surface reactivity of pyrite and related sulfides. Surface Science Reports, 64(1): 1-45.

Ng T W, Chow A T, Wong P K, 2014. Dual roles of dissolved organic matter in photo-irradiated Fe(III)-contained waters. Journal of Photochemistry and Photobiology A: Chemistry, 290: 116-124.

Pham A N, Waite T D, 2008. Oxygenation of Fe(II) in natural waters revisited: Kinetic modeling approaches, rate constant estimation and the importance of various reaction pathways. Geochimica et Cosmochimica Acta, 72(15): 3616-3630.

Pierce J W, Siegel F R, 1979. Suspended particulate matter on the southern argentine shelf. Marine Geology, 29(1-4): 73-91.

Qi P, Pichler T, 2016. Sequential and simultaneous adsorption of Sb(III) and Sb(V) on ferrihydrite: Implications for oxidation and competition. Chemosphere, 145(1): 55-60.

Quentel F, Filella M, Elleouet C, et al., 2004. Kinetic studies on Sb(III) oxidation by hydrogen peroxide in aqueous solution. Environmental Science & Technology, 38(10): 2843-2848.

Rose A L, Waite T D, 2002. Kinetic model for Fe(II) oxidation in seawater in the absence and presence of natural organic matter. Environmental Science & Technology, 36(3): 433-444.

Rose A L, Waite T D, 2003. Kinetics of hydrolysis and precipitation of ferric iron in seawater. Environmental

Science & Technology, 37(17): 3897-3903.

Rush J D, Bielski B H J, 1985. Pulse radiolytics studies of the reaction of perhydroxyl/superoxide O^{2-} with iron(II)/iron(III) ions: The reactivity of HO_2/O^{2-} with ferric ions and its implication on the occurrence of the Haber-Weiss reaction. Journal of Physical Chemistry, 89(23): 5062-5066.

Schaufusz A G, Nesbitt H W, Kartio I, et al., 1998. Incipient oxidation of fractured pyrite surfaces in air. Journal of Electron Spectroscopy & Related Phenomena, 96(1): 69-82.

Schoonen M A A, Harrington A D, Laffers R, et al., 2010. Role of hydrogen peroxide and hydroxyl radical in pyrite oxidation by molecular oxygen. Geochimica et Cosmochimica Acta, 74(17): 4971-4987.

Stuglik Z, Pawełzagórski Z, 1981. Pulse radiolysis of neutral iron(II) solutions: Oxidation of ferrous ions by OH radicals. Radiation Physics & Chemistry, 17(4): 229-233.

Tamura H, Goto K, Yotsuyanagi T, et al., 1974. Spectrophotometric determination of iron(II) with 1, 10-phenanthroline in the presence of large amounts of iron(III). Talanta, 21(4): 314-318.

Todd E C, Sherman D M, Purton J A, 2003. Surface oxidation of pyrite under ambient atmospheric and aqueous (pH = 2 to 10) conditions: Electronic structure and mineralogy from X-ray absorption spectroscopy. Geochimica et Cosmochimica Acta, 67(5): 881-893.

Voelker B M, Morel F M M, Sulzberger B, 1997. Iron redox cycling in surface waters: Effects of humic substances and light. Environmental Science & Technology, 31(4): 1004-1011.

Wang W T, He M C, Ouyang W Y, et al., 2021. Influence of atmospheric surface oxidation on the formation of H_2O_2 and $\cdot OH$ at pyrite-water interface: Mechanism and kinetic model. Chemical Geology, 571: 120176.

Wang W T, Zhang C J, Shan J, et al., 2020. Comparison of the reaction kinetics and mechanisms of Sb(III) oxidation by reactive oxygen species from pristine and surface-oxidized pyrite. Chemical Geology, 552: 119790.

Wang X Q, He M C, Lin C Y, et al., 2012. Antimony(III) oxidation and antimony(V) adsorption reactions on synthetic manganite. Geochemisry, 72(1): 41-47.

Werner J J, Chintapalli M, Lundeen R A, et al., 2007. Environmental photochemistry of tylosin: Efficient, reversible photoisomerization to a less-active isomer, followed by photolysis. Journal of Agricultural and Food Chemistry, 55(17): 7062-7068.

Xu W, Wang H J, Liu R P, et al., 2011. The mechanism of antimony(III) removal and its reactions on the surfaces of Fe-Mn binary oxide. Journal of Colloid and Interface Science, 363(1): 320-326.

Zhang P, Yuan S, 2017. Production of hydroxyl radicals from abiotic oxidation of pyrite by oxygen under circumneutral conditions in the presence of low-molecular-weight organic acids. Geochimica et Cosmochimica Acta, 218(1): 153-166.

Zhang P, Yuan S, Liao P, 2016. Mechanisms of hydroxyl radical production from abiotic oxidation of pyrite under acidic conditions. Geochimica et Cosmochimica Acta, 172(1): 444-457.

第 15 章　锰氧化物对锑的氧化过程和机理

与氧化铁矿物相比，氧化锰（MnO_2）矿物对重金属具有更强的亲和性和专性吸附能力，对砷、铬和硒等变价元素有更强的氧化能力和吸附能力。不同锰氧化物具有不同的形态、结构及物理化学性质。锰氧八面体的排列方式和形成隧道开口的两个基面之间的八面体链数量的不同，会形成各种锰氧化物的结构变体。水锰矿（$\gamma\text{-MnOOH}$）、锰钾矿（$\alpha\text{-MnO}_2$）、软锰矿（$\beta\text{-MnO}_2$）和拉锰矿（$\gamma\text{-MnO}_2$）等为隧道结构型的 MnO_2，由八面体单链、双链或多链组成，通过链内共棱和链间共角顶氧在平面上连接呈网状隧道结构，隧道沿垂直于该平面的方向延伸（冯雄汉，2003）。水钠锰矿（$\delta\text{-MnO}_2$）为层状结构型的 MnO_2，此类锰氧化物是由 MnO_6 八面体沿 a、b 轴方向联结成层，层与层之间通过 H_2O、OH^- 或不同阳离子及其水合物连接，沿 c 轴方向彼此叠置而成的层状矿物（刘凡 等，2002）。独特的隧道、层状结构赋予氧化锰矿物较大的比表面积、较高的阳离子交换性能、较低的零电点、较强的吸附能力及强烈的氧化还原活性，从而影响和决定营养元素和污染物在土壤、水体中的释放、迁移和生物有效性（刘承帅，2007；Jun et al.，2003）。本章着重对比研究隧道状结构的 $\gamma\text{-MnOOH}$ 和 $\beta\text{-MnO}_2$ 对 Sb(III)的吸附氧化机理；对比分析不同锰氧化物剂量、不同 pH、不同温度及加入 Mn^{2+} 条件下，$\gamma\text{-MnOOH}$ 和 $\beta\text{-MnO}_2$ 对 Sb(III)的氧化动力学过程。选用的水锰矿和软锰矿的氧化度分别为 2.95 和 3.79。

15.1　$\beta\text{-MnO}_2$、$\gamma\text{-MnOOH}$ 对 Sb(III)与 Sb(V)的吸附热力学

15.1.1　不同 pH 下 Sb(III)与 Sb(V)的吸附等温线

等温吸附是一种热力学分析方法，它根据化学反应平衡原理研究重金属在一定条件下的吸附反应的状态特征。本小节用吸附等温线来衡量 $\gamma\text{-MnOOH}$ 对 Sb(III)和 Sb(V)的吸附能力。图 15.1 所示为在 3 个 pH 条件（pH=4、7、9）下 $\beta\text{-MnO}_2$ 和 $\gamma\text{-MnOOH}$ 对 Sb(III)和 Sb(V)的等温吸附过程。酸性条件有利于两种矿物对 Sb(III)与 Sb(V)的吸附，随着 pH 的升高，吸附能力逐渐减弱。

在恒定温度下，吸附过程达到平衡时，溶液中的平衡浓度和固体表面的吸附量之间的关系可以用吸附等温线来表达。吸附等温线反映了不同平衡浓度下吸附剂的吸附容量，是考察吸附剂对吸附质亲和能力与容量的重要参数。采用 Langmuir 吸附等温线来描述吸附过程，Langmuir 模型基于两个假设：所有的表面吸附位点都是相同的，吸附位点的活化能不随表面覆盖率变化而变化；表面吸附为单层吸附。其数学表达式为

$$q_e = \frac{Q_{max} b C_e}{1 + b C_e} \tag{15.1}$$

式中：q_e 为平衡吸附量；Q_{max} 为吸附剂最大吸附量；b 为 Langmuir 常数；C_e 为达到平衡时溶液中吸附质的摩尔浓度。

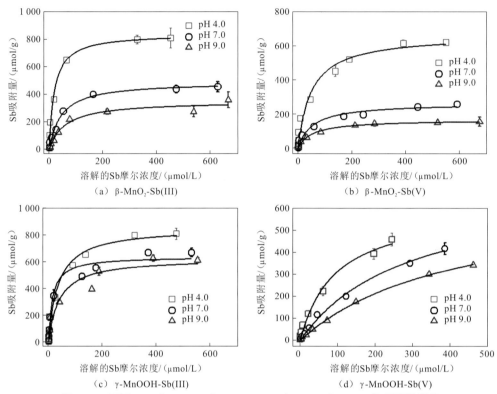

图 15.1　不同 pH 下 β-MnO$_2$ 和 γ-MnOOH 对 Sb(III)和 Sb(V)的吸附等温线

　　锰氧化物的表面吸附位点密度是了解金属离子与锰氧化物络合机理的重要信息，其计算公式为

$$D = Q_{max} \times N_A / S \qquad (15.2)$$

式中：D 为表面吸附位点密度；Q_{max} 为由 Langmuir 吸附等温模型计算的 β-MnO$_2$ 和 γ-MnOOH 在不同 pH 时的最大吸附量；N_A 为阿伏伽德罗常数；S 为 β-MnO$_2$ 和 γ-MnOOH 的比表面积（分别为 64.2 m^2/g 和 49.6 m^2/g）。

　　由图 15.1 和表 15.1 可知，Langmuir 模型较好地拟合了 Sb(III)和 Sb(V)在 β-MnO$_2$ 和 γ-MnOOH 表面的吸附（R^2>0.93）。根据拟合参数计算 Q_{max} 和表面吸附位点密度，发现当 pH 为 4、7 和 9 时，β-MnO$_2$ 对 Sb(III)的 Q_{max} 分别为 837.4 μmol/g、486.6 μmol/g 和 348.3 μmol/g，对应的表面吸附位点密度分别为 1.020 sites/nm^2、0.591 sites/nm^2 和 0.423 sites/nm^2；β-MnO$_2$ 对 Sb(V)的 Q_{max} 为 663.7 μmol/g、263.3 μmol/g 和 166.5 μmol/g，对应的表面吸附位点密度分别为 0.806 sites/nm^2、0.319 sites/nm^2 和 0.202 sites/nm^2；γ-MnOOH 对 Sb(III)的 Q_{max} 为 854.9 μmol/g、640.5 μmol/g 和 628.7 μmol/g，对应的表面吸附位点密度分别为 0.802 sites/nm^2、0.601 sites/nm^2 和 0.589 sites/nm^2；γ-MnOOH 对 Sb(V)的 Q_{max} 为 680.6 μmol/g、659.1 μmol/g 和 605.7 μmol/g，对应的表面吸附位点密度为 0.638 sites/nm^2、0.618 sites/nm^2 和 0.567 sites/nm^2。随着 pH 升高，Q_{max} 和表面吸附位点密度逐渐降低。pH 较高时，Sb(III)和 Sb(V)在 γ-MnOOH 表面的 Q_{max} 远高于在 β-MnO$_2$

表面的 Q_{max}。Sb(III)在两种矿物表面的吸附量高于 Sb(V)。Bai 等（2017）和 Sun 等（2019）也发现，微生物作用形成的锰氧化物和层状水钠锰矿吸附锑的能力随 pH 升高逐渐降低。当 pH 为 4 时，Sb(III)在 β-MnO$_2$ 和 γ-MnOOH 表面的 Q_{max} 分别为 0.84 mmol/g 和 0.85 mmol/g，这与 Xu 等（2011）报道的 pH 4.8 时 Sb(III)在 MnO$_2$ 上的吸附量（0.81 mmol/g）相当。与 Q_{max} 相反，Sb(III)和 Sb(V)在 β-MnO$_2$ 表面的吸附位点密度高于在 γ-MnOOH 表面的吸附位点密度。除了 pH、反应物浓度等外在因素，表面吸附位点密度主要与锰氧化物表面活性羟基密度有关。Sb(III)与锰氧化物发生氧化还原反应可能导致更多的活性羟基位点生成（Sun et al.，2019）。

表 15.1　β-MnO$_2$ 和 γ-MnOOH 吸附 Sb(III)与 Sb(V)的 Langmuir 吸附等温模型拟合参数

矿物类型	Sb 形态	pH	Q_{max} /（μmol/g）	b /μmol^{-1}	R^2	D/（sites/nm^2）
β-MnO$_2$	Sb(III)	4	837.4	0.054	0.979	1.020
		7	486.6	0.023	0.983	0.591
		9	348.3	0.017	0.972	0.423
	Sb(V)	4	663.7	0.020	0.987	0.806
		7	263.3	0.018	0.986	0.319
		9	166.5	0.018	0.993	0.202
γ-MnOOH	Sb(III)	4	854.9	0.029	0.938	0.802
		7	640.5	0.070	0.987	0.601
		9	628.7	0.026	0.978	0.589
	Sb(V)	4	680.6	0.023	0.971	0.638
		7	659.1	0.002	0.999	0.618
		9	605.7	0.011	0.987	0.567

15.1.2　离子强度对 β-MnO$_2$、γ-MnOOH 吸附 Sb(V)的影响

对三种不同离子强度（0.001 mol/L、0.01 mol/L 和 0.1 mol/L）下 Sb(III)和 Sb(V)在 β-MnO$_2$ 和 γ-MnOOH 上的吸附进行比较。Sb(III)的结果如图 15.2 所示，Sb(V)的结果如图 15.3 所示。当 pH 为 3～4 时，吸附在 β-MnO$_2$ 上的 Sb(III)和 Sb(V)的量分别接近总 Sb(III)和 Sb(V)加入量的 100%。当 pH 较高时，Sb(III)和 Sb(V)的吸附量显著减少，这可能与矿物表面电荷有关。Sb(III)和 Sb(V)在 γ-MnOOH 上的吸附具有相似趋势。在较高的 pH 下，γ-MnOOH 比 β-MnO$_2$ 更有利于 Sb(III)和 Sb(V)的吸附。在较低的 pH 和较高的离子强度下，Sb(V)在 β-MnO$_2$ 上的吸附增强，这与 Sb(V)在层状水钠锰矿上的吸附行为一致（Sun et al.，2019；Vergeer，2013），提高离子强度会增强表面电荷的屏蔽作用，减弱离子与表面电荷之间的排斥或吸引作用（Tao et al.，2004）。然而，Sb(V)在 γ-MnOOH 上的吸附不受离子强度的影响。这种变化在一定程度上反映了 γ-MnOOH 与 β-MnO$_2$ 对 Sb(V)吸附机制的差异。

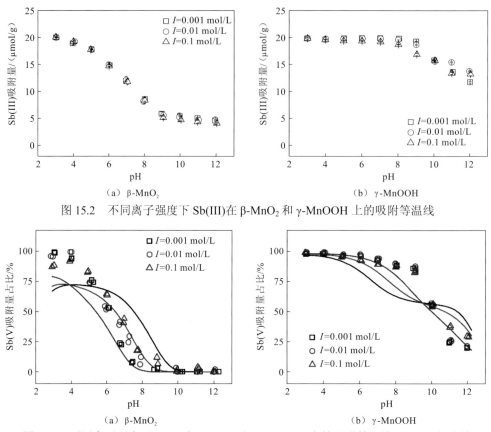

图 15.2　不同离子强度下 Sb(III)在 β-MnO₂ 和 γ-MnOOH 上的吸附等温线

图 15.3　不同离子强度下 Sb(V)在 β-MnO₂ 和 γ-MnOOH 上的吸附等温线及 DLM 拟合线

利用扩散层模型（DLM）预测不同离子强度下 Sb(V)在两种矿物表面的吸附（Vergeer，2013；Dixit et al.，2003），并通过 Visual MINTEQ V.3.1 模型计算 Sb(V)的吸附平衡常数（Yang et al.，2019；Doherty，2010），表 15.2 列出了表面物种及其表面络合常数。Sb(V)在 β-MnO₂ 上的吸附常数比在 γ-MnOOH 上的低得多（5.01～5.38 个 lg 单位）。如图 15.3 所示，两种矿物的 DLM 拟合与实验数据之间取得了较好的一致性，在较高的 pH（pH>9）下，Sb(V)在 γ-MnOOH 上的吸附存在些许差异。基于离子强度对 Sb(V)在 γ-MnOOH 表面的吸附没有显著影响，表明 Sb(V)和 γ-MnOOH 之间以内圈层络合为主，DLM 拟合证实了这一点。然而，当 pH 为 4～8 时，离子强度对 Sb(V)在 β-MnO₂ 上吸附的影响较大，在较高的离子强度下锑的吸附量更高。研究发现，低 pH 时离子强度的增强会降低锰氧化物表面负电荷。磷酸盐（Geelhoed et al.，1997）和亚硒酸盐（Saeki et al.，1995）的吸附增强，并被认为是外圈层络合。因此，Sb(V)可能通过外层络合与 β-MnO₂ 结合，这一点得到了 Mustafa 等（2008）和 Vergeer（2013）研究的支持。

表 15.2　Sb(V)在锰氧化物表面吸附的表面络合常数

反应	常数
锑酸去质子	lg K
$Sb(OH)_6^- + 3H_2O \rightleftharpoons Sb(OH)_6^- + 6H^+$	-2.47[a]
$Sb(OH)_6^- + K^+ \rightleftharpoons KSb(OH)_6^0$	2.0[a]

反应	常数		
表面络合	DLM (pK_a)		
$\equiv Mn^{III}OH_2^+ \rightleftharpoons \equiv Mn^{III}OH + H^+$	2.75		
$\equiv Mn^{III}OH \rightleftharpoons \equiv Mn^{III}O^- + H^+$	4.90		
$\equiv Mn^{IV}OH_2^+ \rightleftharpoons \equiv Mn^{IV}OH + H^+$	7.82		
$\equiv Mn^{IV}OH \rightleftharpoons \equiv Mn^{IV}O^- + H^+$	11.49		
锑酸根吸附	lg K		
$\equiv Mn^{III}OH + H^+ + Sb(OH)_6^- \rightleftharpoons \equiv Mn^{III}OH_2Sb(OH)_6$	18.70[b]	18.58[c]	18.47[d]
$\equiv Mn^{IV}OH + H^+ + Sb(OH)_6^- \rightleftharpoons \equiv Mn^{IV}OH_2Sb(OH)_6$	13.32[b]	13.33[c]	13.46[c]

注：a 参考文献 Wilson 等（2010）；b $I=0.001$ mol/L；c $I=0.01$ mol/L；d $I=0.1$ mol/L

15.2　Sb(III)在 β-MnO$_2$、γ-MnOOH 表面的吸附氧化动力学

假设溶液中 O$_2$ 的摩尔浓度为 0.28 mol/L，那么当 pH 为 8.5 时，氧化一半的 Sb(III)所需时间为 170 年（Leuz et al.，2005）。但锰氧化物的存在，可能会对 O$_2$ 氧化 Sb(III)起催化作用。因而整个实验过程都在 N$_2$ 的保护下进行，实验温度为 25 ℃，pH 为 4。图 15.4 所示为将 Sb(III)添加到 β-MnO$_2$ 和 γ-MnOOH 悬浮液中后，溶液中 Sb(III)、Sb(V)和 Mn(II)浓度随时间的变化。在反应初始 15 min 内，约 60%的 Sb(III)从溶液中去除，而 Sb(V)和 Mn(II)的浓度迅速升高，这表明体系中发生了氧化还原反应，Sb(III)被氧化为 Sb(V)，β-MnO$_2$ 和 γ-MnOOH 表面的 Mn(IV)和/或 Mn(III)被还原为 Mn(II)（Wang et al.，2012）。将 Sb(III)加入层状水钠锰矿混悬液中也观察到这种过程（Sun et al.，2019）；反应 15 min 后，Sb(III)、Sb(V)浓度逐渐降低，这与 β-MnO$_2$ 和 γ-MnOOH 对锑的吸附作用有关；Mn(II)浓度逐步升高，这可能与吸附在两种锰氧化物表面的 Sb(III)与 Mn(IV)或 Mn(III)发生氧化还原反应、反应产物 Mn(II)释放进入溶液有关。

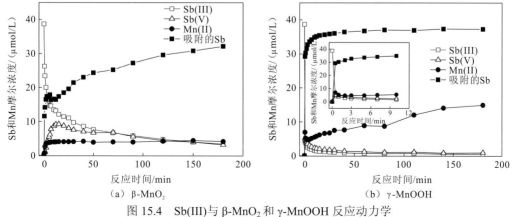

图 15.4　Sb(III)与 β-MnO$_2$ 和 γ-MnOOH 反应动力学

锰氧化物对 Sb(III)的氧化反应式为

$$MnO_2 + Sb(OH)_3 + 2H^+ === Mn^{2+} + H_3SbO_4 + H_2O \qquad (15.3)$$

$$2MnOOH + Sb(OH)_3 === 2MnO + H_3SbO_4 + H_2O \qquad (15.4)$$

则氧化动力学公式可表示为

$$-\frac{dSb(III)}{dt} = K[MnO_2]^a[Sb(III)]^b[H^+]^c - K_{-1}[Mn^{2+}]^l[H_3SbO_4]^m[H_2O]^n \qquad (15.5)$$

在反应初始阶段，可认为氧化还原产物 Mn^{2+}、MnO 和 H_3SbO_4 对反应速率无影响。与 Sb(III)相比，MnO_2 和 MnOOH 浓度很高，反应过程中它们的浓度可视为常数。反应中 pH 保持恒定，因而 H^+ 浓度可视为常数，故短时间内上述两个反应是一级反应。因而也可简化为

$$-\frac{dSb(II)}{dt} = K_{obs}[Sb(III)] \qquad (15.6)$$

对上式积分，可得

$$\ln\frac{A}{A_0} = -K_{obs}t \qquad (15.7)$$

以 $\ln(A/A_0)$ 对 t 作图，并对该反应前期阶段的初始速率作准一级动力学模型拟合，β-MnO_2 和 γ-MnOOH 在前 7 min 内对 Sb(III)的一级氧化速率大小顺序为：γ-MnOOH（0.023 5 L/（μmol·min））>β-MnO_2（0.009 4 L/（μmol·min））。反应终止时氧化量分别为：水锰矿（63.6 μmol/g）>软锰矿（58.3 μmol/g）。矿物的晶体结构决定其性质，比表面积较大的 γ-MnOOH 氧化 Sb(III)的速率较快，而比表面积较小的 β-MnO_2 氧化 Sb(III)的速率较慢。β-MnO_2 是锰氧化物最稳定的形式，具有 1×1 的隧道结构。其组成与纯 MnO_2 只有稍微的偏差。每个单胞由 2 个 Mn 原子核、4 个氧原子组成，每个 Mn 原子被周围 6 个 O 原子包围，6 个氧原子组成 1 个八面体，八面体中间容纳 1 个 Mn 原子，八面体之间由相互构成 90°的长轴连接，每个 O 原子都是三配位的（崔雪峰，2008）。晶体沿 c 轴延伸呈短柱状，有时为针状（Taylor，1964）。这种稳定的结构不容易受外界条件的干扰，因而对 Sb(III)的氧化量较小。γ-MnOOH 结构与 β-MnO_2 类似，但锰全部为正三价，其中一半的 O 被•OH 取代，共棱相连的 Mn(III)八面体链内的 OH 与相邻共角顶相连的 Mn(III)八面体链的 O 形成氢键，氢键使其构型变成单斜晶系，Jahn-Teller 效应使 Mn(III)八面体严重变形（McKenzie，1989）。受 Jahn-Teller 效应影响，Mn(III)矿物表面反应位点与 Mn(IV)矿物表面的反应位点相比更不稳定（Nico et al.，2000），越不稳定的表面官能团导致越快的表面配合基交换（Zhu et al.，2009），因此氧化速率和吸附量更高。此外，根据晶体场理论，Mn(IV)为 d^3 离子，晶体场稳定化能高；而 Mn(III)为 d^4 离子，稳定化能比较低，与羟基或水等配位体交换及电子传递速率均高于 Mn(IV)。因而 Mn(III)的氧化能力强于 Mn(IV)，电极电位更高（何振立 等，1998）。

15.2.1 锰氧化物初始浓度对反应的影响

图 15.5 为不同初始浓度的 β-MnO_2 和 γ-MnOOH 与 Sb(III)反应的准二级动力学模型（pseudo-second-order）拟合曲线，动力学参数见表 15.3。随着矿物剂量从 0.02 g/L 增加

到 0.12 g/L，Sb(III)去除速率常数明显降低。β-MnO$_2$ 对 Sb(III)的平衡吸附量 Q_e 从 28.05 μmol/g 增至 52.55 μmol/g 后，又下降至 46.62 μmol/g，而 γ-MnOOH 的 Q_e 则从 211.1 μmol/g 增至 360.6 μmol/g。当矿物质量浓度为 0.02 g/L 时，β-MnO$_2$ 去除 Sb(III)的速率常数较 γ-MnOOH 高，随矿物浓度升高，γ-MnOOH 去除 Sb(III)的速率常数远高于 β-MnO$_2$。在相同的初始条件下，β-MnO$_2$ 的 Q_e 值远低于 γ-MnOOH，这可能与 γ-MnOOH 具有更大比表面积和更低的 Mn 聚合度有关。

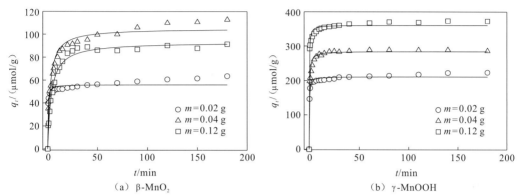

图 15.5　不同初始锰氧化物浓度下 Sb(III)与 β-MnO$_2$ 和 γ-MnOOH 反应的准二级动力学拟合曲线

m 为锰氧化物投加量

表 15.3　β-MnO$_2$ 和 γ-MnOOH 在不同浓度下消耗 Sb(III)的准二级动力学模型拟合参数

Sb(III) /(μmol/L)	β-MnO$_2$ /(g/L)	K /[L/(μmol·min)]	Q_e /(μmol/g)	R^2	γ-MnOOH /(g/L)	K /[L/(μmol·min)]	Q_e /(μmol/g)	R^2
38.7	0.02	0.127 8	28.05	0.939	0.02	0.021 4	211.1	0.986
38.7	0.04	0.007 8	52.55	0.954	0.04	0.011 2	284.6	0.983
38.7	0.12	0.005 9	46.62	0.985	0.12	0.017 2	360.6	0.984

注：K 为准二级动力学平衡常数

15.2.2　pH 对锰氧化物与 Sb(III)反应的影响

不同 pH 下，β-MnO$_2$ 和 γ-MnOOH 与 Sb(III)反应体系溶液中 Sb(III)、Sb(V)随时间变化见图 15.6。随着 pH 从 3.0 升至 8.5，β-MnO$_2$ 反应体系溶液中 Sb(III)的消耗量逐渐减少，Sb(V)的释放量逐渐增加。而 γ-MnOOH 反应体系中 Sb(III)的消耗量和 Sb(V)的释放量随 pH 升高无明显变化。pH 升高，即 H$^+$浓度下降，使得具有负电性的锰氧化物表面的氧化还原电位和对 Sb(III)氧化产物 Sb(V)的吸附位减少，降低对 Sb(III)的消耗量。此外，根据四价锰氧化物与 Sb(III)的反应过程[式（15.3）]，随着反应体系 pH 升高，H$^+$浓度降低，反应平衡向左移动，氧化量减小。而对 Mn(III)氧化物 γ-MnOOH[式（15.4）]来说，pH 变化对反应效果影响不明显。

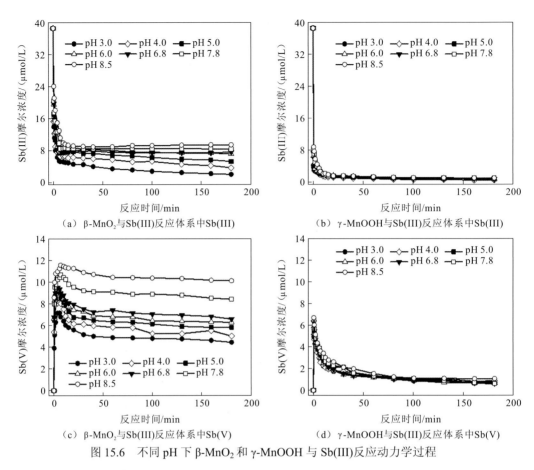

（a）β-MnO₂ 与 Sb(III)反应体系中 Sb(III)　　　（b）γ-MnOOH 与 Sb(III)反应体系中 Sb(III)

（c）β-MnO₂ 与 Sb(III)反应体系中 Sb(V)　　　（d）γ-MnOOH 与 Sb(III)反应体系中 Sb(V)

图 15.6　不同 pH 下 β-MnO₂ 和 γ-MnOOH 与 Sb(III)反应动力学过程

利用准二级动力学模型对 β-MnO₂ 和 γ-MnOOH 与 Sb(III)反应的速率进行拟合，结果见表 15.4。速率常数 K 并不随 pH 上升呈现规律性变化。当 pH 从 3.0 上升至 8.5 时，β-MnO₂ 与 Sb(III)反应的速率常数 K 随着 pH 的升高而升高；而 γ-MnOOH 与 Sb(III)反应的速率常数 K 随 pH 的升高略有降低。β-MnO₂ 与 Sb(III)反应的 Q_e 随着 pH 的升高而明显降低，而 γ-MnOOH 与 Sb(III)反应的 Q_e 没有显著差异。此外，β-MnO₂ 与 Sb(III)反应的 Q_e 明显低于 γ-MnOOH 与 Sb(III)反应的 Q_e。

表 15.4　不同 pH 下 β-MnO₂ 和 γ-MnOOH 与 Sb(III)反应的准二级动力学拟合参数

矿物类型	pH	K /[g/（μmol·min）]	Q_e/（μmol/g）	R^2
	3.0	0.009 9	53.48	0.998
	4.0	0.009 4	49.02	0.990
	5.0	0.009 8	45.66	0.991
β-MnO₂	6.0	0.015 4	42.02	0.997
	6.8	0.020 5	40.82	0.998
	7.8	0.021 1	36.36	0.996
	8.5	0.027 0	30.21	0.995

矿物类型	pH	$K/[g/(\mu mol\cdot min)]$	$Q_e/(\mu mol/g)$	R^2
	3.0	0.026 2	61.73	0.996
	4.0	0.023 6	62.11	0.995
	5.0	0.019 9	61.73	0.999
γ-MnOOH	6.0	0.019 1	62.11	0.997
	6.8	0.018 0	62.11	0.998
	7.8	0.016 7	61.73	1.000
	8.5	0.019 3	60.98	0.993

15.2.3 温度对锰氧化物与 Sb(III)反应的影响

分别在 0 ℃、25 ℃和 40 ℃下研究温度对 β-MnO₂、γ-MnOOH 与 Sb(III)反应的影响。水溶液中 Sb(III)和 Sb(V)的浓度随时间的变化如图 15.7 所示。温度升高对 Sb(III)消耗无明显影响，但显著影响 Sb(V)的释放，且释放量随着温度的升高显著增加。同样，不同温度下的反应动力学过程符合准二级动力学模型（$R^2 > 0.990$，$p < 0.01$）（表 15.5）。

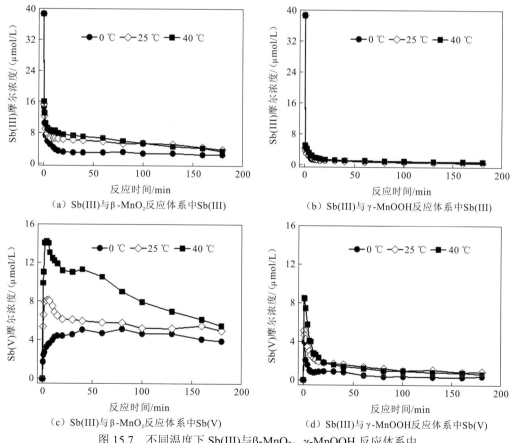

（a）Sb(III)与β-MnO₂反应体系中Sb(III)   （b）Sb(III)与γ-MnOOH反应体系中Sb(III)

（c）Sb(III)与β-MnO₂反应体系中Sb(V)   （d）Sb(III)与γ-MnOOH反应体系中Sb(V)

图 15.7　不同温度下 Sb(III)与β-MnO₂、γ-MnOOH 反应体系中
Sb(III)和 Sb(V)的浓度变化

表 15.5　Sb(III)与锰氧化物在不同温度下反应的准二级动力学模型拟合参数

Sb(III)与锰氧化物	温度 /℃	准二级动力学参数			热力学参数/ (kJ/mol)		
		R^2	Q_e /(μmol/g)	K /[g/(μmol·min)]	ΔG	ΔH	E_a
Sb(III)/β-MnO$_2$	0±2	0.99	53.76	0.019 9	−22.365	−7.84	29.02
	25±2	0.99	51.81	0.010 4	−21.456	$R^2=0.89$	
	40±2	0.99	49.50	0.002 8	−20.574		
Sb(III)/γ-MnOOH	0±2	1	62.89	0.051 6	−24.740	−7.00	19.35
	25±2	1	62.11	0.023 6	−26.545	$R^2=0.96$	
	40±2	1	62.11	0.017 6	−27.801		

两种锰氧化物与 Sb(III)反应的吉布斯自由能ΔG 均小于 0,说明两个反应均是自发进行的过程。随温度升高,β-MnO$_2$ 与 Sb(III)反应的ΔG 逐渐降低,而 γ-MnOOH 与 Sb(III)反应的ΔG 逐渐升高,因此较低温度有利于 Sb(III)与 β-MnO$_2$ 反应,而较高温度有利于 Sb(III)与 γ-MnOOH 反应。β-MnO$_2$、γ-MnOOH 与 Sb(III)反应焓变ΔH 均小于 0,分别为 −7.84 kJ/mol 和−7.00 kJ/mol,说明这两个反应均属于放热反应。由阿伦尼乌斯公式推出的活化能(E_a),是反应速率常数随温度变化的经验公式,也是与动力学反应速率非常相关的参数,E_a 越低,反应速率越快。γ-MnOOH 与 Sb(III)反应所需的活化能(19.35 kJ/mol)小于 β-MnO$_2$ 与 Sb(III)反应所需的活化能(29.02 kJ/mol),因此,γ-MnOOH 与 Sb(III)的反应速率[0.017 6〜0.051 6 g/(μmol·min)]比 β-MnO$_2$ 与 Sb(III)的反应速率[0.002 8〜0.019 9 g/(μmol·min)]快,γ-MnOOH 与 Sb(III)的反应的平衡吸附量(62.11〜62.89 μmol/g)也高于 β-MnO$_2$ 与 Sb(III)的平衡吸附量(49.50〜53.76 μmol/g)。

土壤和沉积物固相组分中,锰氧化物对 Sb(III)的氧化能力强,是氧化和吸附 Sb(III)的主体。矿物对 As(III)的氧化主要受动力学控制(Sun et al.,1998),与此相似,锰氧化物对 Sb(III)的氧化也受动力学作用的控制,这一方面增加了 Sb(III)与锰氧化物的接触时间,另一方面将反应生成的 Sb(III)进行吸附固定,降低了溶液中 Sb(V)的浓度,从而推动锰氧化物氧化 Sb(III)的反应向右进行。这种氧化吸附机制增强了土壤和沉积物的自净能力,减少了 Sb(III)对环境的毒害,为含锑高的土壤和水体的污染治理提供了新思路。

15.2.4　外源 Mn^{2+}对锰氧化物与 Sb(III)反应的影响

锰氧化物是控制和影响土壤、沉积物及水环境中重金属浓度的重要组分。对重金属具有强烈的亲和性与专属吸附能力,对 Co、Cr、Pu 和 As 等变价元素具有很强的氧化能力。例如水钠锰矿可以将 Mn^{2+}氧化成 Mn^{3+}、将 Co^{2+}氧化成 Co^{3+},由于 Mn^{3+}和 Co^{3+}的离子半径相近($r_{Mn^{3+}}=0.066$ nm,$r_{Co^{3+}}=0.063$ nm),所以 Mn^{2+}在水钠锰矿表面的氧化可能与 Co^{2+}在水锰矿表面的氧化具有相似的反应过程,可导致水钠锰矿层状结构中八面体空位数量减少(赵巍,2009)。因此,以未加入竞争性阳离子为对照,研究 Mn^{2+}处理前后 β-MnO$_2$、γ-MnOOH 对 Sb(III)的吸附量和氧化量的变化,以期进一步阐释 β-MnO$_2$、γ-MnOOH 与 Sb(III)反应的机理。用 Mn^{2+}提前饱和过的两种锰氧化物对 Sb(III)的氧化量并没有因反应位的减少而发生大的缩减(图 15.8)。

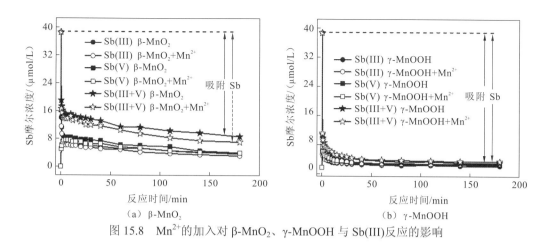

图 15.8 Mn²⁺的加入对 β-MnO₂、γ-MnOOH 与 Sb(III)反应的影响

Tournassat 等（2002）研究发现，砷主要与锰氧化物八面体层的边位结构进行反应。而 Mn^{2+} 与八面体空位和边位结构均进行反应（Manceau et al.，2007；Peacock et al.，2007）。锰氧化物的八面体空位带有高密度的负电荷，对阳离子具有很强的亲和力（Lafferty et al.，2010），Lafferty 等（2010）推测在含有 Mn^{2+} 和砷的反应体系中，Mn^{2+} 首先与水钠锰矿反应，将强电负性的八面体空位占满，然后才与砷竞争八面体层的边位结构反应位。锑与砷具有类似的结构和性质，因而可推测锑与 β-MnO₂、γ-MnOOH 反应，也可能符合以上推理。Lanson 等（2002）研究发现，吸附重金属后水钠锰矿层内只存在 Mn^{3+} 和 Mn^{4+}，而不存在 Mn^{2+}，这是由于 Mn^{2+} 与处于水钠锰矿边位结构的 Mn(IV)发生了歧化反应，形成了 Mn(III)活性反应位。新形成的 Mn(III)活性反应位对 Sb(III)的吸附和氧化又起到一定的促进作用。

15.3 β-MnO₂、γ-MnOOH 与锑反应的光谱学

使用 X 射线吸收近边结构（XANES）光谱对吸附在 β-MnO₂ 和 γ-MnOOH 上的 Sb(III)和 Sb(V)进行表征（图 15.9），发现 Sb₂O₃ 和 KSb(OH)₆ 分别作为 Sb(III)和 Sb(V)标准物质，吸收峰值分别出现在 4 706.2 eV 和 4 711 eV 处。Sb(III)、Sb(V)与 β-MnO₂ 和 γ-MnOOH 反应后，其吸收峰与 KSb(OH)₆ 吸收峰重叠，表明吸附在两种锰氧化物表面的 Sb(III)均被氧化为 Sb(V)。

红外光谱可以反映组分的长程结构和短程结构信息，是 X 射线衍射结构分析的有效辅助手段（Potter et al.，1979），常用于矿物的分析和鉴定，在研究弱晶质的矿物和非晶型组分的结构环境时，是一种方便且强有力的局域结构的探针技术（Kang et al.，2007）。基于动力学结果，Sb(III)与两种锰氧化物反应迅速生成 Sb(V)，Sb(V)在水溶液中通常以六元锑酸根的形式存在，锑酸根离子内部存在一个 SbO_6 的八面体核，该八面体核共存在 6 种形式，但仅有 ν3(F_{1u})和 ν4(F_{1u})具有红外反应活性。ν3 模式的振动是由 Sb—O 的不对称伸展造成的，ν4 模式归因于 Sb—O 的弯曲运动。对固体六元锑酸盐的红外光谱研究表明，位于 3 220 cm⁻¹ 处的吸收带是由 ν(O—H)的伸展造成的、位于 1 105 cm⁻¹ 和 735 cm⁻¹ 处的吸收带是由 δ(O—H)和 γ(O—H)的变形造成的。ν(Sb—O)模式的振动通常在 500～680 cm⁻¹ 处有特征峰。

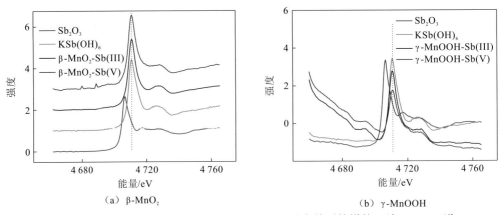

图 15.9　β-MnO$_2$、γ-MnOOH 与 Sb(III)、Sb(V)反应前后的锑的 L 边 XANES 谱

β-MnO$_2$ 的吸收带分别位于 575 cm^{-1}、1 113 cm^{-1}、1 626 cm^{-1}、2 852 cm^{-1}、2 922 cm^{-1}、3 433 cm^{-1} 左右[图 15.10（a）]。其中，575 cm^{-1} 为 β-MnO$_2$ 的特征吸收带。1 626 cm^{-1}、2 852 cm^{-1}、2 922 cm^{-1} 和 3 433 cm^{-1} 对应于隧道水和吸附水的伸缩振动和弯曲振动吸收带、1 110 cm^{-1} 属于 Mn—O 伸缩振动带（Potter et al.，1979）。β-MnO$_2$ 的最强 Mn—O 振动吸收峰位于 575 cm^{-1} 处，表明 Mn—O 键力较强，使得该指纹区的其他特征吸收带与之重叠而无法分辨。吸附 Sb(III)和 Sb(V)后，尽管样品的各个吸收带均较吸附前略微向高波数移动，吸附 Sb(III)后的波数分别移至 588 cm^{-1}、1 115 cm^{-1}、1 633 cm^{-1}、2 856 cm^{-1} 和 2 924 cm^{-1}，而 3 433 cm^{-1} 处的吸收带略微向低频移动，为 3 431 cm^{-1}；吸附 Sb(V)后的波数分别移至 580 cm^{-1}、1 115 cm^{-1}、1 635 cm^{-1}、2 858 cm^{-1}、2 926 cm^{-1} 和 3 442 cm^{-1}。但 β-MnO$_2$ 表面晶格振动几乎没有变化，因此，Sb(V)在 β-MnO$_2$ 上的结合以外表面络合为主。

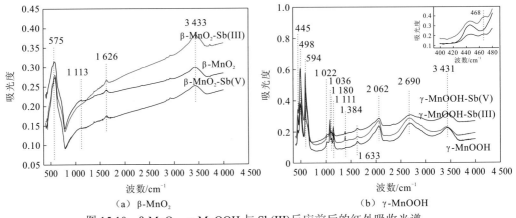

图 15.10　β-MnO$_2$、γ-MnOOH 与 Sb(III)反应前后的红外吸收光谱

γ-MnOOH 与 Sb(III)或 Sb(V)掺杂的 γ-MnOOH 的 FTIR 光谱存在明显差异[图 15.10（b）]。445 cm^{-1}、498 cm^{-1} 和 594 cm^{-1} 为特征吸收带，归因于 Mn—O 键的振动；波数大于 800 cm^{-1} 的吸收峰是由 OH 键的振动和弯曲造成的，包括 γ-OH（1 074 cm^{-1}）、δ$_2$-OH（1 110 cm^{-1}）和 δ$_1$-OH（1 146 cm^{-1}）；位于 2 600～2 700 cm^{-1} 处比较宽的吸收带是由 γ-MnOOH 结构中长度约为 2.60 Å 的 O—H…O 伸展形成的（Hagen et al.，1981）。2 062 cm^{-1} 处的吸收带是由 2 960 cm^{-1} 处 OH 的伸展与 594 cm^{-1} 处活跃的晶格模式互相结合而成，即

$2\ 960\ cm^{-1} - 594\ cm^{-1} = 2\ 096\ cm^{-1}$。位 于 $1\ 623\ cm^{-1}$ 和 $3\ 440\ cm^{-1}$ 处的吸收带归因于 γ-MnOOH 表面吸附着痕量的水分，当温度升高至 110 ℃左右，这个峰就会消失（Yang et al.，2005）。γ-MnOOH 与 Sb(III)反应后，$2\ 062\ cm^{-1}$、$2\ 690\ cm^{-1}$ 和 $3\ 431\ cm^{-1}$ 吸收带略向低频移动，为 $2\ 056\ cm^{-1}$、$2\ 683\ cm^{-1}$ 和 $3\ 425\ cm^{-1}$。吸收峰变宽，吸收强度下降，表明 Sb(III)与高波数区的羟基反应强烈，生成的 Sb(V)将部分 H 取代，因而吸收峰趋于平缓。Sb(V)与 γ-MnOOH 反应的红外光谱与 Sb(III)略有不同，这表明 Sb(III)和 Sb(V)与 γ-MnOOH 的反应机理有差异。与 γ-MnOOH 相比，Sb(III)或 Sb(V)掺杂的 γ-MnOOH 在 $1\ 384\ cm^{-1}$ 处出现了一个新的峰，这可能归因于 γ-MnOOH 表面上与锑形态相关的 H—O 振动（Xu et al.，2011）。此外，Sb(III)或 Sb(V)掺杂的 γ-MnOOH 在 $468\ cm^{-1}$ 处也出现了一个新的峰，这可能归因于 Sb(V)拉伸振动。这些结果证实了 Sb(V)在 γ-MnOOH 上的结合以内表面络合为主。

参 考 文 献

崔雪峰, 2008. 金红石型 TiO_2 表面扫描隧道显微术研究. 合肥: 中国科学技术大学.

冯雄汉, 2003. 几种常见氧化锰矿物的合成、转化及表面化学性质. 武汉: 华中农业大学.

何振立, 周启星, 谢正苗, 1998. 污染及有益元素的土壤化学平衡. 北京: 中国环境科学出版社.

刘承帅, 2007. 铁锰氧化物/水界面有机污染物的氧化降解研究. 广州: 中国科学院广州地球化学研究所.

刘凡, 谭文峰, 王贻俊, 2002. 土壤中氧化锰矿物的类型及其与土壤环境条件的关系. 土壤通报, 33: 175-180.

赵巍, 2009. 水钠锰矿吸附 Pb^{2+} 微观机理研究. 武汉: 华中农业大学.

Bai Y, Jefferson W A, Liang J, et al., 2017. Antimony oxidation and adsorption by in-situ formed biogenic Mn oxide and Fe-Mn oxides. Journal of Environmental Sciences, 54: 126-134.

Dixit S, Hering J G, 2003. Comparison of arsenic(V) and arsenic(III) sorption onto iron oxide minerals: Implications for arsenic mobility. Environmental Science & Technology, 37: 4182-4189.

Doherty J, 2010. PEST: Model-independent parameter estimation. User Manual 5th ed. Brisbane, Queensland, Australia: Watermark Numerical Computing.

Geelhoed J S, Hiemstra T, Riemsdijk W H V, 1997. Phosphate and sulfate adsorption on goethite: Single anion and competitive adsorption. Geochimica et Cosmochimica Acta, 6: 2389-2396.

Hagen W, Tielens A G G M, Greenberg J M, 1981. The infrared spectra of amorphous solid water and ice I_c between 10 and 140 K. Chemical Physics, 56: 367-379.

Jun Y S, Martin S T, 2003. Microscopic observations of reductive manganite dissolution under oxic conditions. Environmental Science & Technology, 37: 2363-2370.

Kang L, Zhang M, Liu Z H, et al., 2007. IR spectra of manganese oxides with layered or tunnel structures. Spectrochimica Acta Part A: Molecular and Biomolecular Spectroscopy, 67: 3-4.

Lafferty B J, Ginder-Vogel M, Sparks D L, 2010. Arsenite oxidation by a poorly crystalline manganese-oxide: 1. Stirred-flow experiments. Environmental Science & Technology, 44: 8460-8466.

Lanson B, Drits V A, Gaillot A C, et al., 2002. Structure of heavy-metal sorbed birnessite: Part 1. Results from X-ray diffraction. American Mineralogist, 87(11-12): 1631-1645.

Leuz A K, Johnson C A, 2005. Oxidation of Sb(III) to Sb(V) by O_2 and H_2O_2 in aqueous solutions. Geochimica et Cosmochimica Acta, 69(5): 1165-1172.

Leuz A K, Hug S J, Wehrli B, et al., 2006. Iron-mediated oxidation of antimony(III) by oxygen and hydrogen peroxide compared to Arsenic(III) oxidation. Environmental Science & Technology, 40: 2565-2571.

Manceau A, Lanson M, Geoffroy N, 2007. Natural speciation of Ni, Zn, Ba, and As in ferromanganese coatings on quartz using X-ray fluorescence, absorption, and diffraction. Geochimica et Cosmochimica Acta, 71(1): 95-128.

Manning B A, Goldberg S, 1997. Adsorption and stability of arsenic(III) at the clay mineral-water interface. Environmental Science & Technology, 31: 2005-2011.

Mckenzie R M, 1989. Manganese oxides and hydroxides//Dixon J B, Weed S B. Minerals in soil environments. 2nd edition. Madison: SSSA Book Series .

Mustafa S, Zaman M I, Khan S, 2008. Temperature effect on the mechanism of phosphate anions sorption by β-MnO$_2$. Chemical Engineering Journal, 141: 51-57.

Nico P S, Zasoski R J, 2000. Importance of Mn(III) availability on the rate of Cr(III) oxidation on δ-MnO$_2$. Environmental Science & Technology, 34: 3363-3367.

Peacock C L, Sherman D M, 2007. Sorption of Ni by birnessite: Equilibrium controls on Ni in seawater. Chemical Geology, 238: 94-106.

Potter R M, Rossman G R, 1979. The tetravalent manganese oxides: Identification, hydration, and structural relationships by infrared spectroscopy. America Mineral, 64: 1199-1218.

Saeki K, Matsumoto S, Tatsukawa R, 1995. Selenite adsorption by manganese oxides. Soil Sciences, 160: 265-272.

Sun Q, Cui P X, Liu C, et al., 2019. Antimony oxidation and sorption behavior on birnessites with different properties (δ-MnO$_2$ and triclinic birnessite). Environmental Pollution, 246: 990-998.

Sun X, Doner H E, 1998. Adsorption and oxidation of arsenite on goethite. Soil Science, 163: 278-287.

Tao Z Y, Chu T W, Li W J, et al., 2004. Cation adsorption of NpO$_2^{2+}$, UO$_2^{2+}$, Zn^{2+}, Sr^{2+}, Yb^{3+}, and Am^{3+}onto oxides of Al, Si, and Fe from aqueous solution: Ionic strength effect. Colloid Surface A: Physicochemical and Engineering, 242: 39-45.

Taylor S R, 1964. Abundance of chemical elements in the continental crust: A new table. Geochimica et Cosmochimica Acta, 28: 1273-1285.

Tournassat C, Charlet L, Bosbach D, et al., 2002. Arsenic(III) oxidation by birnessite and precipitation of manganese(II) arsenate. Environmental Science & Technology, 36: 493-500.

Vergeer K A, 2013. Adsorption of antimony by birnessite and the impact of antimony on the electrostatic surface properties of variable-charge soil minerals. Knoxville: University of Tennessee.

Wang X Q, He M C, Lin C Y, et al., 2012. Antimony(III) oxidation and antimony(V) adsorption reactions on synthetic manganite. Geochemistry, 72: 41-47.

Wilson S C, Lockwood P V, Ashley P M, et al., 2010. The chemistry and behaviour of antimony in the soil environment with comparisons to arsenic: A critical review. Environmental Pollution, 158: 1169-1181.

Xu W, Wang H, Liu R, et al., 2011. The mechanism of antimony(III) removal and its reactions on the surfaces of Fe-Mn Binary Oxide. Journal of Colloid and Interface Science, 363: 320-326.

Yang R, Wang Z, Dai L, et al., 2005. Synthesis and characterization of single-crystalline nanorods of α-MnO$_2$ and γ-MnOOH. Materials Chemistry and Physics, 93: 149-153.

Yang Y, Peng Y M, Wang Y, et al., 2019. Surface complexation model of Cd in paddy soil and its validation with bioavailability. Chinese Science Bulletin, 64(33): 3449-3457.

Zhu M, Paul K W, Kubicki J D, et al., 2009. Quantum chemical study of arsenic(III, V) adsorption on Mn-oxides: Implications for arsenic(III) oxidation. Environmental Science & Technology, 43: 6655-6661.

第 16 章　天然水中活性组分对 Sb(III) 光氧化的影响

天然水中含有大量可氧化 Sb(III)的活性物质，包括铁锰矿物、溶解性有机质、硅酸盐等。过往研究多聚焦单一物质氧化 Sb(III)的过程与机制，复杂天然水体系中 Sb(III)的转化过程尚未有系统研究。天然水中大量活性物质的赋存形态较为复杂，按照粒径可分为颗粒物、水胶体和真溶态物质。本章通过粒径对天然水活性组分进行分级，并分析真实水体中 Sb(III)的氧化机理。

16.1　天然水中颗粒物和水胶体对 Sb(III)氧化的影响

16.1.1　颗粒物与水胶体的分离与收集

天然水胶体和悬浮颗粒物（suspended particulate matter，SPM）的定义在不同研究领域中各有不同。在水环境化学领域，胶体的定义为水体中直径为 1 nm～1 μm 的颗粒物，而悬浮颗粒物则是粒径大于 1 μm 的物质（Pierce et al.，1979）。本章为更好地对颗粒物进行研究，将颗粒物分级为粗颗粒物（$d>1$ μm），成分多为铁锰矿物；悬浮颗粒物（1 μm>$d>0.1$ μm），成分多为硅酸盐和铁锰络合物；水胶体（$d<0.1$ μm，分子量>1 kDa，1 kDa=$1.660\ 54\times10^{-24}$ kg），成分多为小分子量的 DOM（类蛋白质、类腐殖质）及胶体态铁；真溶态（分子量<1 kDa），成分多为有机酸及八大离子（其中，1 kDa 分子量的颗粒物相当于粒径为 1 nm 的颗粒物）（Gontijo et al.，2016；Wang et al.，2009；Maskaoui et al.，2007）。

16.1.2　颗粒物与水胶体的物理化学性质

为更好地分析天然水中颗粒物与水胶体氧化 Sb(III)的过程与机制，对其物理化学性质进行表征。3 组天然水样中 4 种亚水样的物理化学性质分别见表 16.1。利用三维荧光光谱测定水样的荧光强度，将三维荧光图谱分为 5 个区域，分别代表不同的荧光组分：区域 I 为类酪氨酸荧光组分；区域 II 为类色氨酸荧光组分；区域 III 为类富里酸荧光组分；区域 IV 为溶解性的微生物代谢物类荧光组分；区域 V 为类腐殖酸荧光组分，结果见图 16.1～图 16.3。

表 16.1　分级水样中各元素质量浓度

水样	类别	TOC	Fe_{tot}	Mn_{tot}	Na^+	K^+	Mg^{2+}	Ca^{2+}	Cl^-	NO_3^-	SO_4^{2-}
A	$d>1\ \mu m$	1.08	0.05	0.001	0.03	0	-0.04	-0.84	-0.03	0	-0.03
	$1\ \mu m>d>0.1\ \mu m$	0.33	0.04	0.09	-0.05	0	0.03	0.90	-0.02	0.02	0.04
	$0.1\ \mu m>d$, 分子量$>1\ kDa$	0.77	0.02	0.08	-0.50	-0.01	-0.01	-0.86	0.01	0.16	0.01
	分子量$<1\ kDa$	1	0.05	0.003	2.70	0.61	1.62	9.94	0.81	1.73	4.04
B	$d>1\ \mu m$	1.46	0.11	9.2×10^{-3}	-0.66	-0.57	3.5	-1.52	-6.22	-0.31	-5.5
	$1\ \mu m>d>0.1\ \mu m$	0.95	0.01	0	-0.20	0.10	2.3	0.17	0.36	0.49	0.2
	$0.1\ \mu m>d$, 分子量$>1\ kDa$	1.53	0.01	0	0.1	1.04	2.3	5.31	7.32	-0.18	9.12
	分子量$<1\ kDa$	8.58	0.02	0.1×10^{-2}	1.76×10^2	13.3	32.8	31	1.79×10^2	0.33	1.12×10^2
C	$d>1\ \mu m$	0.09	0.01	2.2×10^{-3}	-25.7	45.8	29.80	1.28×10^3	4.77	1.04×10^2	0.09
	$1\ \mu m>d>0.1\ \mu m$	0.03	0.2×10^{-2}	8.09×10^{-3}	46.90	97.8	17.10	86.7	0.34	-92.6	0.03
	$0.1\ \mu m>d$, 分子量$>1\ kDa$	0.12	0	3.77×10^{-2}	8.91	59.3	8.62	5.89×10^2	2.55	1.67×10^2	0.12
	分子量$<1\ kDa$	0.05	0.1×10^{-2}	1.06×10^{-4}	2.38×10^2	1.26×10^3	2.21×10^2	1.69×10^4	47.4	1.43×10^3	0.05

注：除 TOC 的单位为 mgC/L 外，其余元素的单位为 mg/L；水样 A（兰家洞水库），水样 B（官厅水库），水样 C（胶州湾），后同

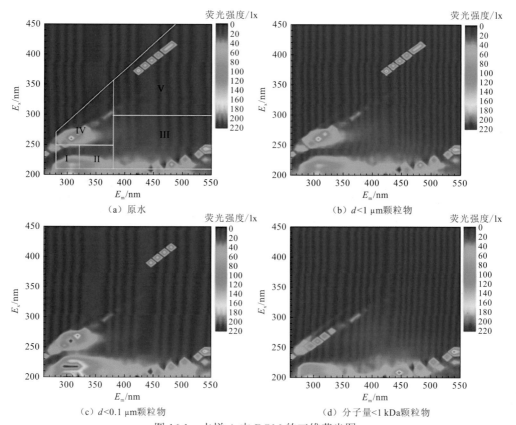

（a）原水　　（b）$d<1\ \mu m$颗粒物

（c）$d<0.1\ \mu m$颗粒物　　（d）分子量$<1\ kDa$颗粒物

图 16.1　水样 A 中 DOM 的三维荧光图

E_x 为荧光发射波长，E_m 为激发波长，后同

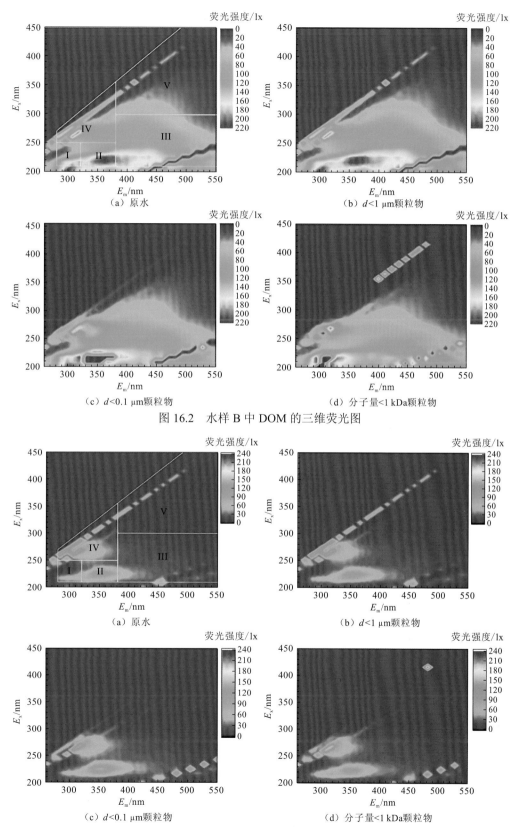

图 16.2　水样 B 中 DOM 的三维荧光图

图 16.3　水样 C 中 DOM 的三维荧光图

针对分级水样中的铁锰浓度，水样 C 中 4 种亚水样的总铁浓度均分别高于水样 B 和水样 A。对水样 A 和水样 C 来说，分级去除颗粒和水胶体后，总铁的浓度逐渐降低。其中，在大颗粒物分子（$d>1$ μm）和溶解性物质（分子量<1 kDa）中，铁的浓度相对较高。然而，在水样 B 中，去除大分子颗粒物后，总铁的浓度下降了 71.3%。这些结果表明，水样 B 中的铁大部分集中在大颗粒，水样 A 和水样 C 中的铁多以大颗粒和真溶态的形式存在。另外，三组天然水中总锰的浓度都相对较低（水样 A：0.021 mg/L，水样 B：0.010 5 mg/L，水样 C：0.013 mg/L）。

针对分级水样中的溶解性离子，三组天然水样之间差异较大。水样 B 中的某些离子（Na^+、K^+、Mg^{2+}、Ca^{2+}、Cl^- 和 SO_4^{2-}）浓度比水样 A 高，但只高出两个数量级，而在水样 C 中，所有离子（Na^+、K^+、Mg^{2+}、Ca^{2+}、Cl^-、NO_3^- 和 SO_4^{2-}）浓度均高于水样 A 和水样 B，其中浓度最高的离子（Na^+ 和 Cl^-）浓度高出水样 A 5 个数量级。除基本化学性质外，还测量 3 组天然水样中 SPM 的浓度。水样 C 中 SPM 的浓度最高（11.28 mg/L），水样 A 次之（9.72 mg/L），水样 B 最低（1.18 mg/L）。

针对分级水样中的天然有机质，水样 B 中的 TOC 浓度高于水样 A 和水样 C，且是水样 C 的 4 倍。随着颗粒物和水胶体的去除，水样 A、水样 B 及水样 C 中的 TOC 浓度均逐渐下降。这表明天然水体中 NOM 有不同的存在形式，且 NOM 的存在形式对 Sb(III) 的氧化有影响。在水样 A 中，含有较高 TOC 浓度的是大颗粒和溶解物质；在水样 B 中，大多数 NOM 以真溶态的形式存在；在水样 C 中，多数 NOM 以胶体态和真溶态的形态存在。此外，由图 16.1～图 16.3 可知：水样 A 中类蛋白类腐殖质占比较高；在水样 B 中，NOM 主要由黄腐酸和类氨基酸类腐殖质组成；在水样 C 中，NOM 主要以类蛋白的形态存在。

16.1.3　不同水样组分对 Sb(III) 分布的影响

图 16.4 所示为外源添加 Sb(III) 至天然水后，其在天然水不同组分中的分布。在水样 A 中，由于细颗粒物（1 μm>d>0.1 μm）的去除，Sb(III) 的浓度降低了近 75%，而 Sb(V)

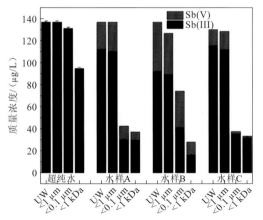
（a）添加 Sb(III) 后不同组分中 Sb(III) 和 Sb(V) 的分布

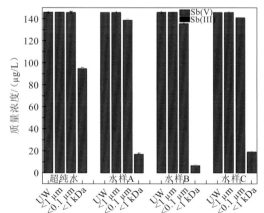
（b）添加 Sb(V) 后不同组分中 Sb(III) 和 Sb(V) 的分布

图 16.4　实验室条件下天然水中不同组分对 Sb(III) 分布的影响

$[Sb(III)]_0 = 1$ μmol/L

的浓度几乎没有变化。这说明细颗粒物对 Sb(III)的吸附能力强于对 Sb(V)的吸附能力。随着水胶体的去除，Sb(III)的浓度没有显著变化，而 Sb(V)的浓度下降了 87.6%，表明天然水中的水胶体可以吸附 Sb(V)，但是对 Sb(III)的吸附效果较差。然而，在水样 B 中，Sb(III)可以被水胶体和细颗粒物吸附，这可能与水样 B 中黄腐酸腐殖质较易吸附 Sb(III) 有关。另外，在水样 B 中，水胶体对 Sb(V)的吸附量高达 94.94%，高于水样 A。水样 C 中不同组分对 Sb 的吸附结果与水样 A 类似。上述研究表明天然水中有机质的类型影响了颗粒物和水胶体对 Sb(III)和 Sb(V)的吸附。

16.1.4 Sb(III)初始浓度对其氧化的影响

Sb(III)的初始浓度对 Sb(III)氧化的影响如图 16.5 和图 16.6 所示。结果表明，纯水难以氧化 Sb(III)，但 Sb(III)在天然水中可被快速氧化。由于均质溶液中的溶解氧难以氧化 Sb(III)（Leuz et al.，2005），天然水体中的活性物质是 Sb(III)被氧化的直接因素。

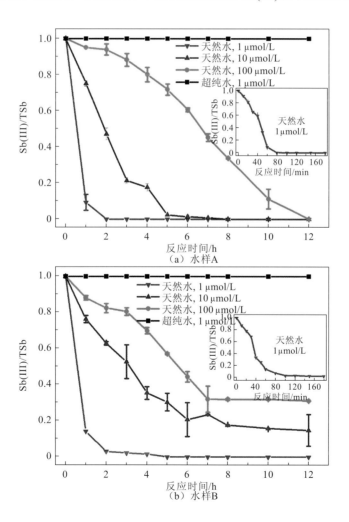

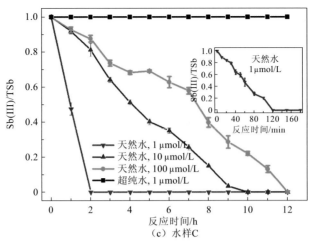

图 16.5　光照条件下 Sb(III)的初始浓度对 Sb(III)氧化的影响

用 Sb(III)浓度占 TSb 浓度的比值表示

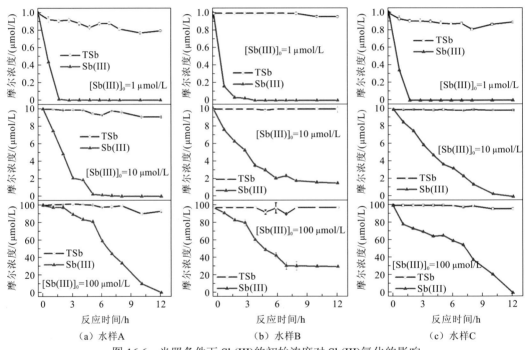

图 16.6　光照条件下 Sb(III)的初始浓度对 Sb(III)氧化的影响

用 Sb(III)和 TSb 的摩尔浓度表示

图 16.5 表明在 3～12 h 内，三组天然水样中 Sb(III)的浓度均有所下降，提示其被氧化。另外，逐渐增大 Sb(III)的初始浓度，Sb(III)的氧化速率逐渐下降。这可能是由于 [Sb(III)]/[活性物质]升高导致 Sb(III)与活性物质结合的位点减少，从而降低 Sb(III)的氧化速率（Buschmann et al.，2004）。此外，TSb 的含量在氧化期间几乎不变，这表明在此期间 Sb 没有被吸附。结合过往研究（Cai et al.，2016）推测，天然水中 Sb(III)的氧化经历了吸附—氧化—解吸过程。第一步是 Sb(III)被吸附到天然水中的活性物质上；第二步是 Sb(III)被氧化为 Sb(V)；第三步是 Sb(V)从颗粒物表面解吸，回到天然水中。然而，活性物质氧化 Sb(III)的具体机制仍不明确，需要进一步研究。

16.1.5 颗粒物与水胶体对 Sb(III)氧化的影响

颗粒物和水胶体对 Sb(III)的氧化影响如图 16.7 所示。无光条件下，三组天然水样中 Sb(III)的氧化速率较慢。而在光照条件下，水样 A 中 Sb(III)的氧化速率可以拟合零级反应。当$[Sb(III)]_0 = 1$ μmol/L 时，Sb(III)的氧化速率系数$[1.24×10^{-2}$ μg/（L·min）]比无光条件下的氧化速率系数高 210 倍（$5.87×10^{-5}$ μg/L·min）。在水样 B 中，氧化反应速率拟合

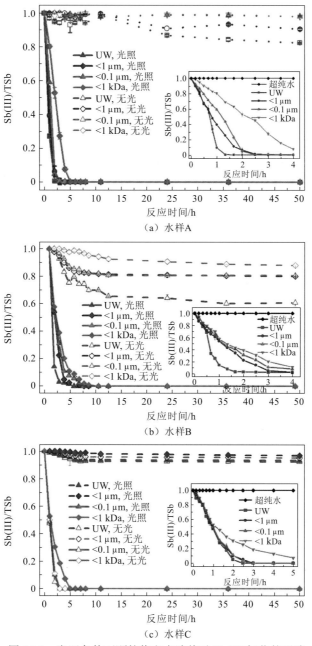

（a）水样A

（b）水样B

（c）水样C

图 16.7 光照条件下颗粒物和水胶体对 Sb(III)氧化的影响

$[Sb(III)]_0 = 1$ μmol/L

伪一级动力学方程。当$[Sb(III)]_0 = 1$ μmol/L 时，光照条件下，Sb(III)的氧化速率系数（1.72×10^{-2} min^{-1}）比无光条件下高 28 倍（0.59×10^{-3} min^{-1}）。在水样 C 中，氧化速率拟合伪一级动力学方程。当$[Sb(III)]_0 = 1$ μmol/L 时，光照条件下，Sb(III)的氧化速率系数（2.5×10^{-2} min^{-1}）比无光条件下高 946 倍（2.64×10^{-5} min^{-1}）。这些结果表明，在无光条件下，Sb(III)氧化速率慢，但是光照会迅速加快 Sb(III)的氧化。综上可以推测，天然水中活性物质（铁锰和有机质）的光氧化行为是 Sb(III)在天然水中被氧化的主要途径。

在光照条件下，大颗粒物的去除导致 Sb(III)氧化速率的降低。在水样 A 中，Sb(III)的氧化速率系数[8.92×10^{-3} μg/（L·min）]较原水下降了 24.1%。与水样 A 类似，水样 B 中 Sb(III)氧化速率系数（1.29×10^{-3} min^{-1}）较原水下降了 25%。在水样 C 中，Sb(III)氧化速率系数（2.00×10^{-2} min^{-1}）较原水下降了 20%。这可能与大颗粒物中含有大量的铁，在光照条件下可以促进 Sb(III)的氧化有关。由表 16.1 可知，在水样 A、水样 B 和水样 C 中，大颗粒物中均含有大量的铁氧化物和少量的锰氧化物。已有研究表明天然水中 Fe 可促进 Sb(III)的氧化（Kong et al., 2016a；Kong et al., 2015；Fan et al., 2014）。此外，虽然 Mn 同样可加速 Sb(III)的氧化（Wang et al., 2012），但是天然水中 Mn 的浓度远低于文献中报道可氧化 Sb(III)的浓度，因此天然水中 Mn 对 Sb(III)的影响有待系统研究。由上述结论可知，在光照条件下，天然水中铁氧化物浓度和锰氧化物浓度的升高会显著促进 Sb(III)的氧化。大颗粒物由于含有较多的铁锰氧化物，对 Sb(III)的氧化有显著的影响。

在 $d<0.1$ μm 的分级水样中，水样 A 中 Sb(III)的氧化速率系数[6.63×10^{-3} μg/（L·min）]、水样 B 中 Sb(III)的氧化速率系数（1.02×10^{-2} min^{-1}）、水样 C 中 Sb(III)的氧化速率系数（1.91×10^{-2} min^{-1}）与各自的原水水样中 Sb(III)的氧化速率系数相比，均呈降低趋势。对比表 16.1 中水样的基本理化性质可发现，在水样 A 中，随着大颗粒物的去除，总 Mn 的浓度下降了 45%，但是氧化速率系数却无显著降低。该结果与图 16.8 和表 16.2 一致，表明 Mn 的含量与天然水中 Sb(III)氧化速率系数没有显著相关性。而与 Mn 不同的是，Fe 和 NOM 的含量对 Sb(III)的氧化影响显著（图 16.8，表 16.2）。综上所述，天然水中的细颗粒物虽然具有较大的比表面积可以快速吸附 Sb(III)，但由于其 Fe/NOM 的含量很低或天然水中细颗粒物（0.1 μm$<d<1$ μm）本身含量较低，对 Sb(III)的氧化影响较小。

当颗粒物和水胶体均被去除后，Sb(III)的氧化速率显著低于原水水样。在分子量 <1 kDa 亚水样中，水样 A 中 Sb(III)的氧化速率系数为 3.85×10^{-3} μg/（L·min），显著低于原水水样中 Sb(III)的氧化速率系数，其中水胶体的贡献率为 21.8%；水样 B 中 Sb(III)的氧化速率系数（0.77×10^{-2} min^{-1}）降低的幅度小于水样 A，并且该氧化速率系数与水样 B 中 $d<0.1$ μm 的分级水样中 Sb(III)的氧化速率系数相近；水样 C 中 Sb(III)的氧化速率系数为 0.874×10^{-2} min^{-1}，水胶体对 Sb(III)氧化的贡献率为 41%。水样 B 中水胶体对 Sb(III)的贡献率明显低于水样 A 和水样 C 可能由以下原因造成：在水样 A 和水样 C 中，水胶体中含有大量的 Fe（0.02 mg/L，0.12 mg/L）和 NOM（0.767 mgC/L，0.549 mgC/L）；然而，在水样 B 中，水胶体中含有少量的 Fe（0.004 mg/L）和大量的 NOM（1.525 mgC/L）。因此，无 Fe 协同的情况下，有机质可能无法直接氧化 Sb(III)。据文献报道，天然水中的 Fe 和 NOM 可通过形成络合物从而氧化 Sb(III)，络合物在光照条件下生成 Fe(IV)和·OH 进一步促进 Sb(III)的氧化（Kong et al., 2016a；Miller et al., 2013；Leuz et al., 2006）。综上，Fe 和 NOM 的络合物可能在天然水中 Sb(III)的氧化中发挥关键作用。

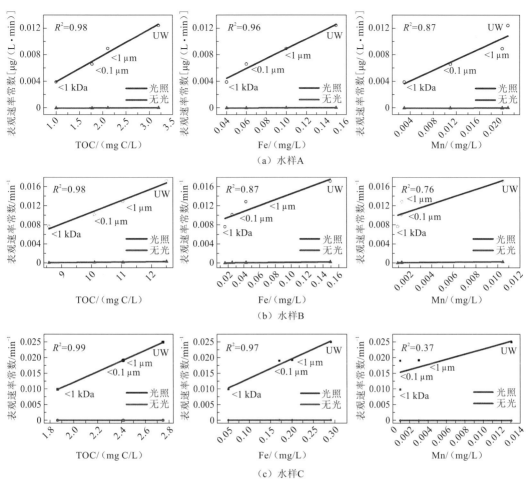

图 16.8　Sb(III)的氧化速率系数和天然水中活性物质（铁、天然有机质和锰）的浓度的相关关系

[Sb(III)]$_0$ = 1 μmol/L

表 16.2　铁、锰和天然有机质的浓度与三组天然水样中 Sb(III)氧化速率系数的一元线性拟合

活性物质	水样	反应条件	线性拟合方程	R^2
TOC	A	光照	$y = 0.003\ 9x + 1 \times 10^{-5}$	0.98
		无光	$y = 3 \times 10^{-5}x - 3 \times 10^{-5}$	0.86
	B	光照	$y = 0.002\ 4x - 0.013\ 7$	0.98
		无光	$y = 6 \times 10^{-5}x - 0.000\ 4$	0.89
	C	光照	$y = 0.017x - 0.021\ 9$	0.99
		无光	$y = 2 \times 10^{-5}x - 2 \times 10^{-5}$	0.86
Fe	A	光照	$y = 0.073\ 4x + 0.000\ 8$	0.96
		无光	$y = 0.000\ 5x - 2 \times 10^{-5}$	0.97
	B	光照	$y = 0.061\ 1x + 0.008\ 4$	0.87
		无光	$y = 0.001\ 6x + 8 \times 10^{-5}$	0.92
	C	光照	$y = 0.062\ 5x + 0.007\ 2$	0.97
		无光	$y = 7 \times 10^{-5}x + 6 \times 10^{-6}$	0.94

活性物质	水样	反应条件	线性拟合方程	R^2
Mn	A	光照	$y = 0.397\,9x + 0.002\,5$	0.87
		无光	$y = 0.002\,5x - 9 \times 10^{-6}$	0.71
	B	光照	$y = 0.756\,3x + 0.009\,4$	0.76
		无光	$y = 0.020\,4x + 1 \times 10^{-4}$	0.87
	C	光照	$y = 0.828\,8x + 0.014\,6$	0.58
		无光	$y = 0.001x + 1 \times 10^{-5}$	0.62

天然水中溶解性物质同样也可以氧化 Sb(III)，但速率较低。在天然水样 B 中，Sb(III) 无法在 4 h 内被氧化完全。尽管水样 B 中<1 kDa 的分级水样仍存在大量的离子（Na^+、K^+、Mg^{2+}、Ca^{2+}、Cl^- 和 SO_4^{2-}）和较高浓度的 NOM，但是水样 B 中 Fe 的浓度（0.016 mg/L）较水样 A（0.05 mg/L）低 68%。该差异导致了水样 A 中<1 kDa 亚水样的 Sb(III)氧化速率系数稍高于水样 B。而对于天然水样 A 和水样 C，水样 C 中<1 kDa 分级水样的溶解性离子浓度较水样 A 高，但两个水样中 Sb(III)被氧化所用时长相近。该结果表明，天然水中常见溶解离子对 Sb(III)的氧化影响较小，其中，铁的浓度可能是天然水中 Sb(III)氧化的限制性因素。

综上，在光照条件下，Fe、Mn 和 NOM 可能影响天然水中 Sb(III)的氧化。Mn 的含量与 Sb(III)的氧化速率没有显著的相关性，而 Fe 和 NOM 的含量与 Sb(III)的氧化速率系数呈显著正相关。另外，天然水中的 Fe 和 NOM 可能协同氧化 Sb(III)，其中 Fe 可能是限制性因素。

16.1.6　天然水中自由基对 Sb(III)氧化的影响

自由基对 Sb(III)的氧化影响如图 16.9 和表 16.3 所示。针对不同的自由基，本小节研究使用不同的清除剂。叔丁醇（TBA）是·OH 的特定清除剂，清除效率高且可特异性清除。对苯醌（PBQ）与超氧自由基（$O_2^{\cdot-}$）具有较高的反应速率，可被广泛应用于 $O_2^{\cdot-}$ 的掩蔽实验中。同时，PBQ 也是水合电子的优良捕获剂。另外，山梨醇（SOA）是 DOM 三重激发态（$^3DOM^*$）的清除剂。

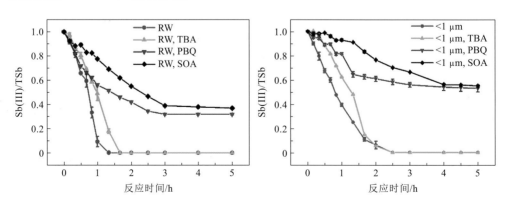

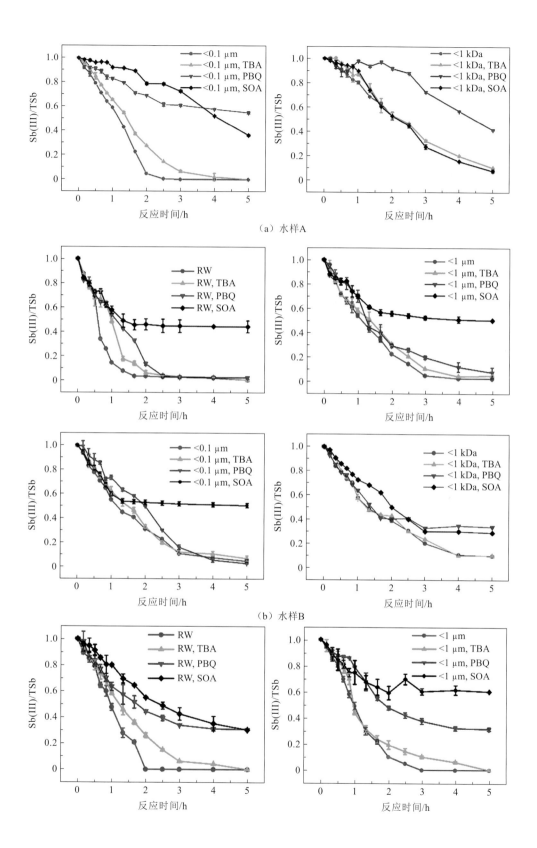

（a）水样A

（b）水样B

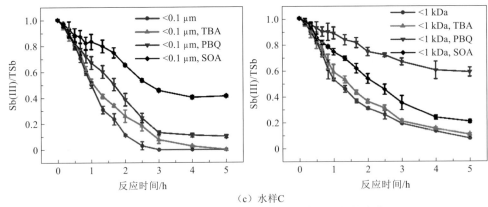

（c）水样C

图 16.9　不同条件下 Sb(III)在天然水中光氧化的变化

RW 为原水；$[Sb(III)]_0 = 1$ μmol/L，$[TBA] = 100$ mmol/L，$[PBQ] = 10$ mmol/L，$[SOA] = 3.92$ μmol/L

表 16.3　不同条件下用零级或准一级模型拟合 Sb(III)氧化的速率系数值

水样	准一级模型				零级模型			
	K_{obs}/min^{-1}				K_{obs}/[μg/(L·min)]			
	原始	TBA	PBQ	SOA	原始	TBA	PBQ	SOA
				水样 A				
RW	0.078 7	0.021 5	0.006 4	0.003 3	0.012 4	0.010 3	n.a.	n.a.
< 1 μm	0.039 7	0.021 5	0.003 8	0.003 3	0.008 9	0.007 9	n.a.	0.001 8
< 0.1 μm	0.035 9	0.016 1	0.002 0	0.003 3	0.006 6	0.004 1	n.a.	0.001 2
< 1 kDa	n.a.	n.a.	0.002 9	n.a.	0.003 9	0.003 0	0.002 0	0.003 1
				水样 B				
RW	0.017 2	0.015 8	0.013 0	0.002 7	0.011 6	0.006 5	0.005 1	n.a.
< 1 μm	0.012 9	0.010 0	0.008 7	0.002 3	0.005 3	0.004 9	0.005 1	n.a.
< 0.1 μm	0.010 2	0.008 9	0.012 0	0.002 2	0.005 0	0.004 9	0.003 7	n.a.
< 1 kDa	0.007 7	0.007 6	0.003 6	0.004 1	0.003 7	0.003 6	n.a.	n.a.
				水样 C				
RW	0.025 0	0.013 0	0.003 9	0.004 0	0.008 3	0.003 3	0.002 3	0.002 3
< 1 μm	0.020 0	0.011 0	0.003 8	0.001 7	0.005 6	0.003 3	0.002 3	0.001 3
< 0.1 μm	0.019 0	0.015 0	0.007 6	0.003 0	0.005 6	0.003 3	0.003 0	0.002 0
< 1 kDa	0.008 7	0.007 6	0.001 8	0.005 3	0.003 1	0.003 0	0.001 4	0.002 7

注：$[Sb(III)]_0 = 1$ μmol/L，$[TBA] = 100$ mmol/L，$[PBQ] = 10$ mmol/L，$[SOA] = 3.92$ μmol/L；n.a.表示浓度低于检出限（0.01 μg/L）

　　根据图 16.9 及表 16.3，Sb(III)在天然水中的氧化显著受到猝灭剂的影响。在某些猝灭剂的作用下，Sb(III)的氧化甚至无法进行。因此，间接氧化同样是天然水中的活性物质氧化 Sb(III)的重要途径。

　　对天然水样来说，添加 TBA 后的 Sb(III)氧化反应结果表明•OH 的存在加速了 Sb(III)的氧化，但其影响较小。然而添加了 PBQ 的反应体系中，Sb(III)的氧化速率显著变慢。这表明 $O_2^{\cdot-}$ 及铁的电子传递对 Sb(III)的氧化有显著增强作用。另外，在添加了 SOA 的

Sb(III)氧化体系中，Sb(III)的氧化速率变慢。在分别添加 PBQ 和 SOA 的反应体系中，5 h 内，Sb(III)均无法被完全氧化并形成反应平衡状态。这表明天然有机质产生的 $^3DOM^*$ 对 Sb(III)氧化的贡献率较高，该结果与前人研究结果一致。去除了大颗粒物的分级水样（$d<1\ \mu m$）中，三种猝灭剂的氧化反应与原水中的结论相似。直接电子传递、$O_2^{\cdot-}$ 和 $^3DOM^*$ 对 Sb(III)氧化有显著影响，•OH 对 Sb(III)氧化的影响较小。而在 $d<0.1\ \mu m$ 的分级水样中，直接电子传递和 $O_2^{\cdot-}$ 对 Sb(III)的氧化有显著影响，•OH 对 Sb(III)的氧化有影响但影响较小，$^3DOM^*$ 对 Sb(III)氧化的贡献率有所下降。在 <1 kDa 的水样中，结果完全与以上三种水样相反，$^3DOM^*$ 对 Sb(III)氧化的贡献率下降到 21%，直接电子传递和 $O_2^{\cdot-}$ 对 Sb(III)氧化有显著的影响，•OH 仍然影响较少。该结果可能与溶解性有机物（小分子有机物）难以产生 $^3DOM^*$（Buschmann et al.，2005a），但是真溶态的 Fe 和 NOM 仍可通过直接电子传递和在光照条件下产生 $O_2^{\cdot-}$ 来氧化 Sb(III)有关。

图 16.9（b）是自由基作用下天然水样 B 中 Sb(III)的氧化结果。与水样 A 一致，直接电子传递、$O_2^{\cdot-}$ 及 $^3DOM^*$ 在 Sb(III)的氧化中发挥关键作用。原水水样添加了 SOA 后，Sb(III)的氧化速率系数下降了 50%。此外，水样 B 中含有大量的 NOM，因此 $^3DOM^*$ 在 Sb(III)氧化中扮演重要角色。然而在 <1 kDa 的分级水样中，添加 SOA 后，Sb(III)的氧化速率并没有明显的变化。该结果验证了溶解性有机物（小分子有机物）难以产生 $^3DOM^*$ 的推测。

在天然水样 C 中，掩蔽剂对 Sb(III)氧化的影响与水样 A 和水样 B 中基本一致，结果表明直接电子传递、$O_2^{\cdot-}$ 及 $^3DOM^*$ 是 Sb(III)氧化中的重要途径，•OH 的贡献率较前两种水样有所上升。这可能是因为海水的离子强度较高，影响了电子传递，从而突出了•OH 的氧化作用。

总而言之，天然水中的 Fe 和 NOM 受光照激发产生的自由基和电子传递是天然水中 Sb(III)氧化的重要因素。其中，$^3DOM^*$、电子传递和 $O_2^{\cdot-}$ 是 Sb(III)重要的直接氧化物。在天然水体系中，•OH 对 Sb(III)的氧化有影响但影响较小。这一结论与之前的研究结果相悖，无法验证铁氧化 Sb(III)中•OH 是直接氧化物。

以往研究多集中于单个氧化物对 Sb(III)均相氧化（Kong et al.，2016b；Xu et al.，2011；Buschmann et al.，2005b），很少涉及复杂体系。本节为了探究 Sb(III)在天然水中具体的氧化机理，选择从颗粒物和水胶体的角度出发，探索 Sb(III)在天然水中的氧化速率和氧化机理。结果表明光照条件下，Sb(III)易被氧化。对比光照条件下超纯水中 Sb(III)的氧化过程可发现，天然水中活性物质的光氧化行为是 Sb(III)被快速氧化的主要原因。本研究将天然水中的活性物质分级为大颗粒物、细颗粒物、水胶体及真溶态物质。如图 16.10 所示，模拟实验的结果表明天然水中大颗粒物和水胶体对 Sb(III)有较强的氧化作用，其中，铁氧化物和 NOM 是大颗粒物发挥氧化作用的关键。根据自由基猝灭实验，在添加了特定的自由基猝灭剂后 Sb(III)的氧化速率明显变慢，其中，$O_2^{\cdot-}$、电子传递及 $^3DOM^*$ 对 Sb(III)的氧化有明显的直接作用，而•OH 的氧化作用较低。

本节阐明天然水中的颗粒物和水胶体对 Sb(III)氧化的影响，并根据氧化速率初步探索了其氧化机理，为更好地预测 Sb 在天然水环境中的迁移转化提供支持。

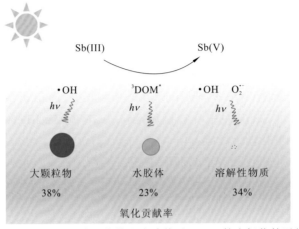

图 16.10   天然水中颗粒物和水胶体对 Sb(III)的光氧化的贡献

16.2   铁和溶解性有机质的络合物对 Sb(III)光氧化的影响

结合前述内容可知，天然水中的 Fe 和 NOM 是 Sb(III)氧化的关键物质，但未对何种物质在 Sb(III)的氧化中起主导作用得出定论。本节分析天然有机质（以 HA 为例）存在下 Fe 元素（Fe(II)和 Fe(III)）与 HA 的络合情况，并据交叉实验判断两者在 Sb(III)氧化中的影响比重，厘清氧化速率差异，推测其络合情况，并完善 HA 和铁络合物光氧化 Sb(III)的机理，最终揭示对 Sb(III)氧化起主导作用的物质，并推测天然水中 Sb(III)被氧化的主要途径及机制。

16.2.1   Fe(III)与 NOM 影响下 Sb(III)的光氧化过程

由图 16.11 可知，无光条件下，Fe(III)及 NOM 均无法氧化 Sb(III)；而在光照条件下，Sb(III)可被快速氧化。使用零级反应拟合 Sb(III)氧化动力学，在仅有 50 μmol/L 的 Fe(III)溶液中，Sb(III)氧化的速率较快，氧化速率系数达到 6.341×10^{-3} μg/（L·min）。在仅有 NOM（100 mg/L）的反应体系中，Sb(III)氧化的速率较慢，氧化速率系数只有 1.144×10^{-3} μg/（L·min）。而在 Fe(III)（50 μmol/L）体系中添加 NOM（100 mg/L）后，Sb(III)的氧化速率系数[2.741×10^{-3} μg/（L·min）]介于两者之间，较单一 Fe(III)氧化 Sb(III)的反应速率下降 47%。该结果提示在单一 Fe(III)的氧化体系中，Sb(III)可被 Fe(III)快速光氧化成 Sb(V)，而在加入了另一种氧化剂 NOM 后，Sb(III)的氧化速率降低。该结果表明 Fe(III)-NOM 络合物对 Sb(III)的氧化能力低于 Fe(III)。这可能是因为：①Fe(III)-NOM 络合物在光照条件下对 Sb(III)的氧化机理不同于 Fe(III)；②NOM 的存在阻碍了 Fe(III)的氧化能力，表现为阻碍Fe(III)产生自由基或是减少 Fe(III)产生自由基的量来阻碍 Fe(III)与 Sb(III)之间的电子传递。之前的研究表明，NOM 的存在可抑制其他光敏感剂的氧化作用，具体表现为：①光掩蔽作用，NOM 与 Fe(III)竞争吸收光能（Werner et al.，2007），而光反应第一定律即为光化学反应必须在吸收光能后进行，因此 NOM 的存在会降低 Fe(III) 的光氧化能力；②捕获作用，NOM 可以捕获其他光敏感物质在光照条件下激发产生的自由基（•OH，$^1O_2$，$O_2^{•-}$）（Ge et al.，2016，2010；Werner et al.，2007；Fisher et al.，2006）。

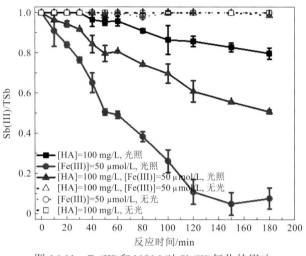

图 16.11　Fe(III)和 NOM 对 Sb(III)氧化的影响

[Sb(III)]＝20 μmol/L，pH＝7

16.2.2　Fe(III)与 NOM 浓度的比值对 Sb(III)光氧化的影响

1. Fe(III)/NOM 比值的影响

Fe(III)浓度升高后，Sb(III)的氧化速率有明显的升高趋势（图 16.12）。其中，当 Fe(III) 的摩尔浓度为 10 μmol/L 时，Sb(III)的氧化速率系数为 $1.213×10^{-3}$ min^{-1}。而当 Fe(III)的摩尔浓度为 200 μmol/L 时，Sb(III)的氧化速率系数为 $4.878×10^{-3}$ min^{-1}，是前者的 4 倍，氧化速率明显提高。该结果补充了 16.2.1 小节中的结论，即在 NOM 氧化 Sb(III)的体系中逐步升高 Fe(III)的浓度可提高 Sb(III)的氧化速率。然而，当 Fe(III)的浓度较初始浓度（10 μmol/L）增大 5 倍、10 倍与 20 倍时，Sb(III)的氧化速率系数分别增大了 1.05 倍、1.49 倍与 3.02 倍。这可能是因为在 Fe(III)-HA 共存的反应体系中，HA 具备的羧基和羰基等基团抑制了 Fe(III)对 Sb(III)的氧化作用（Ng et al.，2014）。综上，该体系中对 Sb(III) 起氧化作用的可能为 Fe(III)-HA 络合物。

由于本小节建立的 Fe(III)和 NOM 的协同氧化体系中，Fe(III)和 NOM 提前 12 h 达到络合，当 $t=0$ 时，反应体系中出现的 Fe(II)表明 HA 可还原 Fe(III)（Voelker et al.，1997）。在氧化 Sb(III)的过程中，Fe(II)的浓度有一定的降低，但并不显著。该结果可能与 Sb(III) 和 Fe(II)发生了共氧化有关（Elcik et al.，2016）。综上，Fe(III)-HA 的体系中，Fe(III)被 HA 部分还原为 Fe(II)，其中，Fe(II)可与 Sb(III)共氧化为 Fe(III)和 Sb(V)；此外，HA 的存在降低了 Fe(III)的氧化能力，这可能是因为 HA 含有的羧基和羰基阻止了 Fe(III)产生自由基，从而降低了 Fe(III)氧化 Sb(III)的能力。

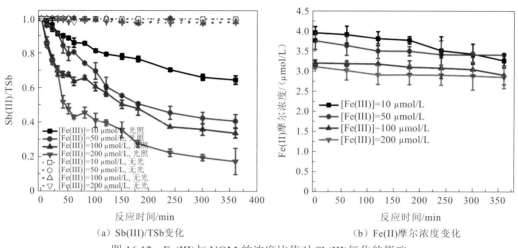

（a）Sb(III)/TSb变化 　　　　　　　（b）Fe(II)摩尔浓度变化

图 16.12　Fe(III)与 NOM 的浓度比值对 Sb(III)氧化的影响

[Sb(III)]$_0$=20 μmol/L，pH=7

2. NOM/Fe(III)比值的影响

光照和无光条件下，在相同浓度 Fe(III)氧化 Sb(III)的反应体系中梯度加入 NOM 后 Sb(III)氧化的变化如图 16.13 所示。结果表明在恒定 Fe(III)浓度（50 μmol/L）的条件下，梯度加入 NOM 后，Sb(III)的氧化速率逐步下降。当 NOM 的浓度较初始浓度（10 mg/L）增大了 5 倍、10 倍与 20 倍时，Sb(III)的氧化速率系数分别为仅有 Fe(III)氧化时的 18.6%、3.9%、2.5%。结果表明添加越多的 NOM，Sb(III)的氧化速率反而变慢，这可能与 HA 的光掩蔽剂性质有关，其存在可降低 Fe(III)的氧化作用。图 16.13 的结果与图 16.12 的结果相似，反应体系中已出现 Fe(II)说明 HA 对 Fe(III)有一定的还原作用，反应过程中 Fe(II)基本保持平衡状态的同时有一定的下降趋势，说明 Fe(II)在与 Fe(III)共存时，可氧化 Sb(III)但其氧化效果较差。

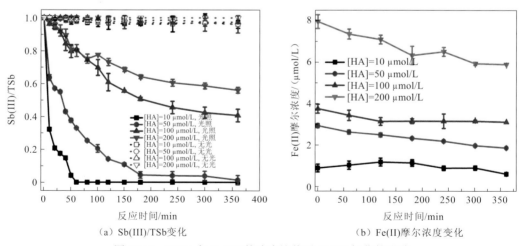

（a）Sb(III)/TSb变化 　　　　　　　（b）Fe(II)摩尔浓度变化

图 16.13　NOM 与 Fe(III)的浓度比值对 Sb(III)氧化的影响

[Sb(III)]$_0$=20 μmol/L，pH=7

16.2.3 Fe(II)与NOM影响下Sb(III)的光氧化过程

由于Fe(II)-NOM在天然水中普遍存在（Daugherty et al., 2017; Agrawal et al., 2009; Buerge et al., 1998），该络合物对Sb(III)氧化的影响同样需要研究。类似于Fe(III)，Fe(II)与NOM在无光条件下无法氧化Sb(III)（图16.14）。而在光照条件下，氧化作用非常明显。在仅含有Fe(II)（50 μmol/L）的氧化体系中，Sb(III)的氧化速率系数为5.269×10^{-3} μg/(L·min)。而在添加100 mg/L的HA后，Sb(III)的氧化速率[1.167×10^{-3} μg/(L·min)]明显变慢，与单独100 mg/L HA氧化Sb(III)的反应速率[$1.095\ 2 \times 10^{-3}$ μg/(L·min)]相近。对比Fe(III)对Sb(III)的氧化反应速率系数[6.341×10^{-3} μg/(L·min)]，Fe(II)氧化能力较弱，且Fe(II)-NOM对Sb(III)的氧化能力弱于Fe(III)-NOM络合物。这可能是因为在Fe(II)-NOM体系中，Fe(II)产生自由基氧化Sb(III)的能力弱于Fe(III)。Fe(II)产生的·OH和类Fe(IV)是Sb(III)的主要氧化剂（Miller et al., 2009; Rose et al., 2002），但加入HA后，Sb(III)的氧化速率显著降低。该结果表明Fe(II)-NOM络合物对Sb(III)的氧化能力低于Fe(II)。这可能是因为：①光照条件下Fe(II)-NOM络合物对Sb(III)的氧化机理不同于Fe(II)；②NOM的存在阻碍了Fe(II)的氧化能力，表现为阻碍Fe(II)产生自由基或阻碍Fe(II)与Sb(III)之间的电子传递。

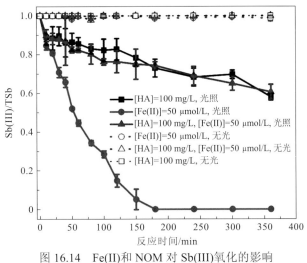

图16.14　Fe(II)和NOM对Sb(III)氧化的影响

[Sb(III)]=20 μmol/L，pH=7

16.2.4 Fe(II)与NOM浓度的比值对Sb(III)光氧化的影响

1. Fe(II)/NOM比值的影响

提高Fe(II)的浓度后，Sb(III)氧化速率有明显的升高趋势（图16.15）。在Fe(II)摩尔浓度为10 μmol/L时，Sb(III)的氧化速率系数为$0.740\ 3 \times 10^{-3}$ min^{-1}；而当Fe(II)的浓度升高5倍、10倍、20倍时，Sb(III)的氧化速率系数分别升高0.88倍、1.76倍、9.36倍。Sb(III)的氧化速率与Fe(II)的浓度呈现显著正相关关系但并非成倍增长，这可能与Fe(II)会与NOM生成络合物有关。

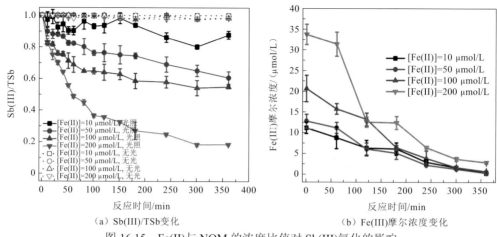

（a）Sb(III)/TSb变化

（b）Fe(III)摩尔浓度变化

图 16.15　Fe(II)与 NOM 的浓度比值对 Sb(III)氧化的影响

[Sb(III)]$_0$＝20 μmol/L，pH＝7

　　此外，当 t＝0 时，Fe(III)有部分存在，且初始 Fe(II)的浓度越高，Fe(III)的浓度越高。该结果表明即使 HA 的存在可阻止 Fe(II)被氧化成 Fe(III)（Daugherty et al.，2017；Liao et al.，2017），然而，当 Fe(II)的浓度较高时，仍有部分 Fe(II)会被溶解氧氧化成 Fe(III)，但是由于 Fe(III)比 Fe(II)具备更强的氧化能力，Fe(II)氧化生成的 Fe(III)会被 Sb(III)迅速还原为 Fe(II)。综上所述，Fe(II)-HA 体系中，Fe(II)有一部分被溶解氧氧化成 Fe(III)，其中，Fe(II)可以与 Sb(III)共氧化为 Fe(III)和 Sb(V)，但 HA 的存在降低了 Fe(II)的氧化能力。由于 HA 在光照条件下是一种光掩蔽剂，HA 含有的羧基和羰基都可以阻止 Fe(II)吸收光能产生具有孤对电子对的自由基，从而降低 Fe(II)氧化 Sb(III)的能力。

2. NOM/Fe(II)比值的影响

　　如图 16.16 所示，在恒定 Fe(II)（50 μmol/L）的体系中梯度加入 NOM 后，Sb(III)的氧化速率逐步下降；当 NOM 的浓度升高 5 倍、10 倍、20 倍时，Sb(III)的氧化速率系数是原始速率的 21.9%、2.9%、2.9%（表 16.4）。NOM 的添加使 Sb(III)的氧化速率降低。该结论进一步验证了 HA 与 Fe(II)共存时可能是一种光掩蔽剂，降低 Fe(III)的氧化作用。

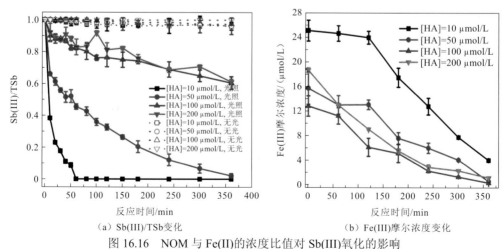

（a）Sb(III)/TSb变化

（b）Fe(III)摩尔浓度变化

图 16.16　NOM 与 Fe(II)的浓度比值对 Sb(III)氧化的影响

[Sb(III)]$_0$＝20 μmol/L，pH＝7

表 16.4 不同条件下伪一级反应动力学拟合的光照条件下 Sb(III)氧化速率系数

样品	氧化速率系数/min^{-1}	
	Fe(III)	Fe(II)
[Fe]=50 μmol/L，NOM=10 mg/L	0.063 8	0.048 8
[Fe]=50 μmol/L，NOM=50 mg/L	0.011 9	0.010 7
[Fe]=50 μmol/L，NOM=100 mg/L	0.002 5	0.001 4
[Fe]=50 μmol/L，NOM=200 mg/L	0.000 9	0.001 4
[Fe]=10 μmol/L，NOM=50 mg/L	0.001 6	0.000 7
[Fe]=50 μmol/L，NOM=50 mg/L	0.002 5	0.001 4
[Fe]=100 μmol/L，NOM=50 mg/L	0.003 0	0.002 0
[Fe]=200 μmol/L，NOM=50 mg/L	0.004 9	0.004 7

注：$[Sb(III)]_0=20$ μmol/L，pH=7

本节分别研究了 Fe(III)和 NOM 共存及 Fe(II)和 NOM 共存对 Sb(III)光氧化的影响。结果表明在 Fe(III)-NOM 体系中，NOM 首先会将部分 Fe(III)还原为 Fe(II)。因此，体系中存在 Fe(III)-NOM 和 Fe(II)-NOM 两种络合物。在 Fe(III)-NOM 体系中，Fe(III)是关键氧化因素，NOM 的存在会抑制 Sb(III)的氧化，表现为：①与 Fe(III)竞争光能；②捕获 Fe(III)光照激发产生的自由基。NOM 可产生•OH 与 $^3DOM^*$，在 Sb(III)的氧化中发挥促进作用（Buschmann et al.，2005b）；然而 NOM 同时可发挥光氧化掩蔽剂的作用。此外，Fe(III)氧化 Sb(III)的机理可能是 Fe(III)在中性条件下光照激发产生类 Fe(IV)物质、$O_2^{\cdot-}$ 与 H_2O_2 等具有强氧化作用的中间物质，从而对 Sb(III)产生氧化作用。在由 Fe(III)还原为 Fe(II)而生成的 Fe(II)-NOM 络合物体系中，Fe(II)氧化 Sb(III)的能力弱于 Fe(III)。在 Fe(II)被氧化的过程中，产生的•OH 和类 Fe(IV)物质是 Sb(III)的主要氧化剂。在加入 HA 后的 Fe(II)体系中，Sb(III)的氧化速率显著变慢。该结果表明 Fe(II)-NOM 络合物对 Sb(III)的氧化能力低于 Fe(II)。这可能是因为 NOM 的存在阻碍了 Fe(II)产生自由基或阻碍 Fe(II)与 Sb(III)之间的电子传递。上述过程可能是天然表层水中 Sb(III)被氧化的主要途径。

16.3 不同途径 Sb(III)氧化速率系数的比较

环境中的锑主要以三价和五价的形式存在，锑的存在形态影响其毒性及迁移性。因此，对锑形态转化的研究有利于揭示锑的环境地球化学循环过程。天然水中锑污染是自然环境中锑污染的重要部分，而锑在天然水环境中的转化又与锑的形态、移动性和生物有效性有关。另外，天然水中的铁和天然有机质是两种常见的氧化物质，对锑的迁移转化有重要的影响。因此，为了揭示 Sb(III)在环境中的归宿及迁移转化规律，本节探究天然水体中颗粒物和水胶体对 Sb(III)氧化的影响，并筛选出天然水中的铁和有机质是影响 Sb(III)氧化的重要因素，并进一步分析 Fe(II)-NOM 和 Fe(III)-NOM 对 Sb(III)的催化氧化过程及机理，主要结论如下。

（1）天然水中 Sb(III)可被迅速光氧化，其中活性物质是 Sb(III)被氧化的主要原因。

结合前人的研究及水样活性物质的基本理化性质可推测天然水中的铁氧化物与 NOM 是主要氧化物质。

（2）$O_2^{\cdot-}$、直接电子传递及 $^3DOM^*$ 对 Sb(III)的氧化有明显的直接作用，而 $\cdot OH$ 的作用不大。

（3）不同来源的天然水对 Sb(III)氧化的影响主要集中于水样的理化性质的差异（Fe 和 NOM 的浓度的差异），天然水中的常见离子对 Sb(III)的氧化影响较小。表 16.5 列出了 Sb(III)通过不同途径氧化的氧化速率系数。

表 16.5　Sb(III)通过不同途径氧化的氧化速率系数

序号	氧化过程	氧化速率系数	参考文献
1	Sb(III)+·OH $\longrightarrow$ Sb(IV)$_{(aq)}$	8×10^9 L/（mol·s）	Leuz 等（2006）
2	Sb(IV)+O_2 $\longrightarrow$ Sb(V)$_{(aq)}$	1.1×10^9 L/（mol·s）	Leuz 等（2006）
3	Sb(III)+Fe(III) $\longrightarrow$ Sb(V)$_{(aq)}$	9.4×10^{-4} s^{-1}	Kong 等（2016b）
4	Sb(III)+H_2O_2 $\longrightarrow$ Sb(V)$_{(aq)}$	1.6×10^{-4} s^{-1}	Leuz 等（2005）
5	Sb(III)+pyrite $\longrightarrow$ Sb(V)$_{(aq)}$	0.65×10^{-4} s^{-1}	Kong 等（2015）
6	Sb(III)+NOM $\longrightarrow$ Sb(V)$_{(aq)}$	2.705×10^{-4} s^{-1}	Buschmann 等（2005b）
8	Sb(III)+red soil $\longrightarrow$ Sb(V)$_{(s)}$	3.33×10^{-8} s^{-1}	Cai 等（2016）
9	Sb(III)+天然水样 A $\longrightarrow$ Sb(V)$_{(aq)}$	1.24×10^{-2} μg/（L·min）	本章
10	Sb(III)+天然水样 B $\longrightarrow$ Sb(V)$_{(aq)}$	2.86×10^{-4} s^{-1}	本章
11	Sb(III)+天然水样 C $\longrightarrow$ Sb(V)$_{(aq)}$	2.5×10^{-2} μg/（L·min）	本章
12	Sb(III)+Fe(III)-NOM $\longrightarrow$ Sb(V)$_{(aq)}$	1.98×10^{-4} s^{-1}	本章
13	Sb(III)+Fe(II)-NOM $\longrightarrow$ Sb(V)$_{(aq)}$	1.78×10^{-4} s^{-1}	本章

参 考 文 献

Agrawal S G, Fimmen R L, Chin Y P, 2009. Reduction of Cr(VI) to Cr(III) by Fe(II) in the presence of fulvic acids and in lacustrine pore water. Chemical Geology, 262(3-4): 328-335.

Buerge I J, Hug S J, 1998. Influence of organic ligands on chromium(VI) reduction by iron(II). Environmental Science & Technology, 32(14): 2092-2099.

Buschmann J, Sigg L, 2004. Antimony(III) binding to humic substances: Influence of pH and type of humic acid. Environmental Science & Technology, 38(17): 4535-4541.

Buschmann J, Canonica S, Lindauer U, et al., 2005a. Photoirradiation of dissolved humic acid induces arsenic(III) oxidation. Environmental Science & Technology, 39(24): 9541-9546.

Buschmann J, Canonica S, Sigg L, 2005b. Photoinduced oxidation of antimony(III) in the presence of humic acid. Environmental Science & Technology, 39(14): 5335-5341.

Cai Y B, Mi Y T, Zhang H, 2016. Kinetic modeling of antimony(III) oxidation and sorption in soils. Journal of Hazardous Materials, 316: 102-109.

Chen T C, Hseu Z Y, Jean J S, et al., 2016. Association between arsenic and different-sized dissolved organic matter in the groundwater of black-foot disease area, Taiwan. Chemosphere, 159: 214-220.

Daugherty E E, Gilbert B, Nico P S, et al., 2017. Complexation and redox buffering of iron(II) by dissolved organic matter. Environmental Science & Technology, 51(19): 11096-11104.

Elcik H, Celik S O, Cakmakci M, Sahinkaya E, et al., 2016. Simultaneous oxidation/co-precipitation of As(III) and Fe(II) with hypochlorite and ozone. Oxidation Communication, 39(3A): 2682-2692.

Fabris R, Chowa C W K, Drikas M, et al., 2008. Comparison of NOM character in selected Australian and Norwegian drinking waters. Water Research, 42(15): 4188-4196.

Fan J X, Wang Y J, Fan T T, et al., 2014. Photo-induced oxidation of Sb(III) on goethite. Chemosphere, 95: 295-300.

Fisher J M, Reese J G, Pellechia P J, et al., 2006. Role of Fe(III), phosphate, dissolved organic matter, and nitrate during the photodegradation of domoic acid in the marine environment. Environmental Science & Technology, 40(7): 2200-2205.

Ge L K, Chen J W, Wei X X, et al., 2010. Aquatic photochemistry of fluoroquinolone antibiotics: Kinetics, pathways, and multivariate effects of main water constituents. Environmental Science & Technology, 44(7): 2400-2405.

Ge L K, Na G S, Chen C E, et al., 2016. Aqueous photochemical degradation of hydroxylated PAHs: Kinetics, pathways, and multivariate effects of main water constituents. Science of the Total Environment. 547: 166-172.

Gontijo E S J, Watanabe C H, Monteiro A S C, et al., 2016. Distribution and bioavailability of arsenic in natural waters of a mining area studied by ultrafiltration and diffusive gradients in thin films. Chemosphere, 164: 290-298.

Kong L H, He M C, 2016a. Mechanisms of Sb(III) photooxidation by the excitation of organic Fe(III) complexes. Environmental Science & Technology, 50(13): 6974-6982.

Kong L H, He M C, Hu X Y, 2016b. Rapid photooxidation of Sb(III) in the presence of different Fe(III) species. Geochimica et Cosmochimica Acta, 180: 214-226.

Kong L H, Hu X Y, He M C, 2015. Mechanisms of Sb(III) oxidation by pyrite-induced hydroxyl radicals and hydrogen peroxide. Environmental Science & Technology, 49(6): 3499-3505.

Leuz A K, Hug S J, Wehrli B, et al., 2006. Iron-mediated oxidation of antimony(III) by oxygen and hydrogen peroxide compared to arsenic(III) oxidation. Environmental Science & Technology, 40(8): 2565-2571.

Leuz A K, Johnson C A R, 2005. Oxidation of Sb(III) to Sb(V) by O_2 and H_2O_2 in aqueous solutions. Geochimica et Cosmochimica Acta, 69(5): 1165-1172.

Liao P, Li W L, Jiang Y, et al., 2017. Formation, aggregation, and deposition dynamics of NOM-iron colloids at anoxic-oxic interfaces. Environmental Science & Technology, 51(21): 12235-12245.

Maskaoui K, Hibberd A, Zhou J L, 2007. Assessment of the interaction between aquatic colloids and pharmaceuticals facilitated by cross-flow ultrafiltration. Environmental Science & Technology, 41: 8038-8043.

Miller C J, Rose A L, Waite T D, 2009. Impact of natural organic matter on H_2O_2-mediated oxidation of Fe(II) in a simulated freshwater system. Geochimica et Cosmochimica Acta, 73(10): 2758-2768.

Miller C J, Rose A L, Waite T D, 2013. Hydroxyl radical production by H_2O_2-mediated oxidation of Fe(II) complexed by Suwannee River fulvic acid under circumneutral freshwater conditions. Environmental Science & Technology, 47(2): 829-835.

Ng T W, Chow A T, Wong P K, 2014. Dual roles of dissolved organic matter in photo-irradiated Fe(III)-contained waters. Journal Photochemistry Photobiology A-Chemisty, 290: 116-124.

Park J S B, Wood P M, Davies M J, et al., 1997. A kinetic and ESR investigation of iron(II) oxalate oxidation by hydrogen peroxide and dioxygen as a source of hydroxyl radicals. Free Radical Research, 27(5): 447-458.

Pierce J W, Siegel F R, 1979. Suspended particulate matter on the southern Argentine shelf. Marine Geology, 29(1-4): 73-91.

Prasse C, Wenk J, Jasper J T, et al., 2015. Co-occurrence of photochemical and microbiological transformation processes in open-water unit process wetlands. Environmental Science & Technology, 49(24): 14136-14145.

Rodriguez E M, Marquez G, Tena M, et al., 2015. Determination of main species involved in the first steps of TiO_2 photocatalytic degradation of organics with the use of scavengers: The case of ofloxacin. Applied Catalysis B: Environmental, 178: 44-53.

Rose A L, Waite T D, 2002. Kinetic model for Fe(II) oxidation in seawater in the absence and presence of natural organic matter. Environmental Science & Technology, 36(3): 433-444.

Voelker B M, Morel F M M, Sulzberger B, 1997. Iron redox cycling in surface waters: Effects of humic substances and light. Environmental Science & Technology, 31(4): 1004-1011.

Wang F, Zhu G W, He R R, 2009. Distribution of colloidal enzymatically hydrolysable phosphorus in natural waters. Scientia Limnologica Sinica, 21: 483-489.

Wang X Q, He M C, Lin C Y, et al., 2012. Antimony(III) oxidation and antimony(V) adsorption reactions on synthetic manganite. Chemie der Erde-Geochemistry, 72: 41-47.

Wang Z W, Wu Z C, Tang S J, 2009. Characterization of dissolved organic matter in a submerged membrane bioreactor by using three-dimensional excitation and emission matrix fluorescence spectroscopy. Water Research, 43(6): 1533-1540.

Werner J J, Chintapalli M, Lundeen R A, 2007. Environmental photochemistry of tylosin: Efficient, reversible photoisomerization to a less-active isomer, followed by photolysis. Journal of Agricultural and Food Chemistry, 55(17): 7062-7068.

Xu W, Wang H J, Liu R P, et al., 2011. The mechanism of antimony(III) removal and its reactions on the surfaces of Fe-Mn Binary Oxide. Journal of Colloid and Interface Science, 363(1): 320-326.

附录 1　SOP (air) 表面 O_2 的还原速率常数的计算

首先，对 SOP (air) 表面的位点进行分类。定义 i 为 $Fe(II)_{pyrite}$ 位点周围 $Fe(III)_{oxide}$ 位点的数量（$0 \leqslant i \leqslant 4$），由此可以将 $Fe(II)_{pyrite}$ 位点命名为 N^i，其中 N^0 表示该 $Fe(II)_{pyrite}$ 位点周围并不存在 $Fe(III)_{oxide}$ 位点。定义 $P(N^i)$ 为 $Fe(II)_{pyrite}$ 位点被 O_2 氧化的概率。Eggleston 等（1996）报道，N^i 被 O_2 氧化的概率与 i 成正比，因此 $P(N^2)=2P(N^1)$、$P(N^3)=3P(N^1)$、$P(N^4)=4P(N^1)$。Eggleston 等（1996）采用参数 $P(N^0)=0.000\ 4$、$P(N^1)=0.1$、$P(N^2)=0.2$、$P(N^3)=0.3$、$P(N^4)=0.4$，很好地拟合了 SOP (air) 表面 Fe(III) 位点的分布，因此采用相同的参数。

采用蒙特卡罗拟合模拟 Fe 位点在 SOP (air) 表面的分布及 N^0、N^1、N^2、N^3、N^4 位点的占比。采用一个 100×100 的网格，其中灰色的格点代表 Fe(III) 位点，白色的格点代表 Fe(II) 位点。拟合结果如图 1 所示。根据 XPS 分析，SOP (air) 表面 Fe(III)—O 键占比为 16.45%，拟合结果中 Fe(III) 位点占比为 15.15%，与实验结果相近。拟合结果中灰色格点呈斑块状分布，与 SEM 分析相符。因此，拟合很好地模拟了 SOP (air) 表面 Fe 位点的分布。N^0、N^1、N^2、N^3 和 N^4 位点的占比分别为 68.10%、11.11%、4.59%、0.91% 和 0.14%。

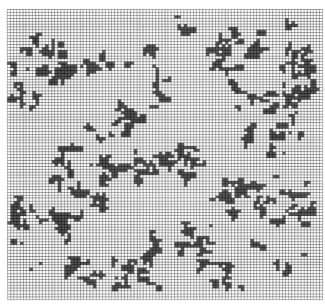

图 1　MC 拟合模拟 SOP (air) 表面 Fe 位点的分布情况

Eggleston 等（1996）报道，O_2 在 N^0 位点上的还原反应为

$$Fe(II)_s + O_2 \longrightarrow Fe(III)_s + O_2^{\cdot-} \tag{1}$$

O_2 在 N^i 位点（$0 < i \leqslant 4$）上的还原反应为

$$Fe(II)_s + Fe(III)_o \longrightarrow Fe(III)_s + Fe(II)_o \tag{2}$$

$$Fe(II)_o + trap \ \rightleftharpoons \ Fe(II)_o \tag{3}$$

$$Fe(II)_o + O_2 \ \longrightarrow \ Fe(III)_o + O_2^{\bullet -} \tag{4}$$

式中：下标 s 和 o 分别表示该 Fe 位点与 S 元素或 O 元素相连，对应正文中的 $Fe(II)_{pyrite}$ 或 $Fe(III)_{oxide}$。

N^0 位点上 O_2 还原的速率常数为 $k_1[Fe(II)]$，N^i 位点上 O_2 还原的速率常数为

$$ik_2k_3[trap][Fe(II)] / k_{-2} + k_3[trap] \tag{5}$$

式中：[Fe(II)] 为 SOP(air) 悬浮液中 Fe(II) 位点的浓度。为了简化计算，将 SOP(air) 悬浮液中 Fe(II) 位点的浓度定为 1.18×10^{-5} mol/L（$= 9.88 \times 10^{-6} + 1.94 \times 10^{-6}$）。$k_1$、$k_2$、$k_{-2}$ 和 $k_3[trap]$ 分别为 1.32×10^{-15}、1.55×10^{-10}、6.46×10^9 和 1.84×10^{10} s^{-1}（Eggleston et al.，1996）。由此，纯黄铁矿表面 O_2 还原的速率常数为 1.56×10^{-20} s^{-1}，式（5）可以简化为 $1.15 \times 10^{-10}[Fe(II)]_{Ni}$ s^{-1}。N^0、N^1、N^2、N^3 和 N^4 位点上，O_2 还原的速率常数分别为 $1.32 \times 10^{-15}[Fe(II)_{N^0}]$ s^{-1}、$1.15 \times 10^{-10}[Fe(II)_{N^1}]$ s^{-1}、$2.30 \times 10^{-10}[Fe(II)_{N^2}]$ s^{-1}（$= 1.15 \times 10^{-10} \times 2$）、$3.45 \times 10^{-10}[Fe(II)_{N^3}]$ s^{-1}（$= 1.15 \times 10^{-10} \times 3$）和 $4.60 \times 10^{-10}[Fe(II)_{N^4}]$ s^{-1}（$= 1.15 \times 10^{-10} \times 4$）。$[Fe(II)_{N^0}]$、$[Fe(II)_{N^1}]$、$[Fe(II)_{N^2}]$、$[Fe(II)_{N^3}]$ 和 $[Fe(II)_{N^4}]$ 分别等于 8.05×10^{-6} mol/L（$= 1.18 \times 10^{-5} \times 68.10\%$）、$1.31 \times 10^{-6}$ mol/L（$= 1.18 \times 10^{-5} \times 11.11\%$）、$5.43 \times 10^{-6}$ mol/L（$= 1.18 \times 10^{-5} \times 4.59\%$）、$1.08 \times 10^{-7}$ mol/L（$= 1.18 \times 10^{-5} \times 0.91\%$）和 1.66×10^{-8} mol/L（$= 1.18 \times 10^{-5} \times 0.14\%$）。因此，在 N^0、N^1、N^2、N^3 和 N^4 位点，O_2 还原的速率常数分别为 7.23×10^{-21} s^{-1}、1.67×10^{-17} s^{-1}、5.71×10^{-18} s^{-1}、3.37×10^{-19} s^{-1} 和 1.06×10^{-20} s^{-1}。

因此，SOP (air) 表面 O_2 还原的平均速率常数为

$$2.28 \times 10^{-17} \text{ s}^{-1} = (7.23 \times 10^{-21}[N^0] + 1.67 \times 10^{-17}[N^1] + 5.71 \times 10^{-18}[N^2]$$
$$+ 3.37 \times 10^{-19}[N^3] + 1.06 \times 10^{-20}[N^4]) \times [Fe]^{-1}$$

参 考 文 献

Eggleston C M, Ehrhardt J J, Stumm W, 1996. Surface structural controls on pyrite oxidation kinetics: An XPS-UPS, STM, and modeling study. American Mineralogist, 81(9-10): 1036-1056.

附录2 SOP (air)和纯黄铁矿表面 Fe(II)和 Fe(III)位点数量的计算

图 2 为黄铁矿晶胞的示意图。黄铁矿晶胞的边长为 5.42 Å，Fe 原子分布于晶胞的角和面心，因此晶胞的上表面含有 1.5 个 Fe 原子，每个晶格的上表面面积为 2.94×10^{19} m^2（$=(5.42 \times 10^{-10}$ $m)^2$）。经过 BET 法测得 SOP (air)和纯黄铁矿的表面积为 2.79 m^2/g 和 5.76 m^2/g，因此 1g SOP (air)和纯黄铁矿分别含有 9.49×10^{18}（$=2.79/(2.94 \times 10^{-19})$）个和 1.96×10^{19}（$=5.76/(2.94 \times 10^{-19})$）个晶胞，相当于 2.36×10^{-5}（$=9.49 \times 10^{18} \times 1.5/N_A$）mol 和 4.88×10^{-5}（$=1.96 \times 10^{19} \times 1.5/N_A$）mol Fe 原子，其中 N_A 为阿伏伽德罗常数，约等于 6.02×10^{23}。根据 XPS 分析，SOP (air)表面 Fe(II)和 Fe(III)位点的占比分别为 83.55%和 16.45%，纯黄铁矿表面 Fe(II)和 Fe(III)位点的占比分别为 98.93%和 1.07%，由此可得 SOP (air)表面 Fe(II)和 Fe(III)位点的数量为 1.97×10^{-5} mol/g 和 3.89×10^{-5} mol/g，纯黄铁矿表面 Fe(II)和 Fe(III)位点的数量为 1.21×10^{-5} mol/g 和 1.31×10^{-7} mol/g。实验体系为 500 mL 溶液中投加 0.25 g SOP (air)或纯黄铁矿，因此 SOP (air)悬浮液中 Fe(II)位点和 Fe(III)位点的浓度分别为 9.88×10^{-6} mol/L 和 1.94×10^{-6} mol/L，纯黄铁矿悬浮液中 Fe(II)位点和 Fe(III)位点的浓度分别为 2.42×10^{-5} mol/L 和 2.61×10^{-7} mol/L。将 Fe(II)位点和 Fe(III)位点浓度输入动力学模型，在 14.4.2 小节和 14.4.3 小节分别讨论了 Fe(III)$_{oxide}$ 位点对 H_2O_2 的分解作用及 Fe(II)$_{pyrite}$ 位点生成•OH 和 H_2O_2 的浓度；在 14.4.4 小节分析了氧化程度对黄铁矿反应活性的影响。

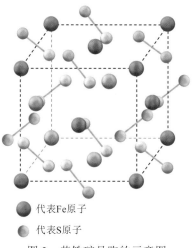

代表Fe原子

代表S原子

图 2　黄铁矿晶胞的示意图